高地应力地下洞室群围岩稳定分析与控制技术

巨广宏　王启鸿　许建军　刘建锋 等　著

科 学 出 版 社

北　京

内 容 简 介

我国西部高山峡谷地区的水电工程厂房多布置在岸坡内，地下洞室群修建面临高地应力带来的开挖卸荷、岩爆、块体失稳等工程地质问题。本书基于重大工程实践，阐述高地应力反演、岩体本构模型和围岩稳定性计算的方法，提出匹配脆弹塑性损伤的非线性霍克-布朗模型精确执行算法，开发考虑结构面分布特征的圆盘模型，实现洞室开挖关键块体快速切割与精确定位，揭示高地应力条件地下洞室群力学响应机理，总结控制地下工程开挖稳定的工程措施，具有针对性、实用性和专门性。

本书可供高等院校水利水电工程、地质工程、土木工程等专业师生阅读，也可供相关领域从事勘察、设计及施工的科研人员和技术人员参考。

图书在版编目（CIP）数据

高地应力地下洞室群围岩稳定分析与控制技术 / 巨广宏等著. -- 北京 : 科学出版社, 2024. 9. -- ISBN 978-7-03-079154-2

Ⅰ. TU929

中国国家版本馆 CIP 数据核字第 2024XQ3475 号

责任编辑：杨　丹　汤宇晨 / 责任校对：崔向琳

责任印制：徐晓晨 / 封面设计：陈　敬

科学出版社 出版

北京东黄城根北街 16 号

邮政编码：100717

http://www.sciencep.com

北京华宇信诺印刷有限公司印刷

科学出版社发行　各地新华书店经销

*

2024 年 9 月第　一　版　开本：720×1000　1/16

2025 年 1 月第二次印刷　印张：17 1/2

字数：345 000

定价：218.00 元

（如有印装质量问题，我社负责调换）

《高地应力地下洞室群围岩稳定分析与控制技术》作者名单

巨广宏　王启鸿　许建军　刘建锋
叶　飞　肖前丰　杨　芸　程　辉
江荣昊　常文娟

序

近年来，我国能源需求持续增加，一大批水电站在西部地区相继建成。西部地区初始地应力量级大，水电站地下厂房洞室群开挖面临高地应力、高地震烈度、高边坡“三高”难题，其中高地应力问题尤为突出。高地应力环境下修建地下厂房洞室群面临开挖卸荷、岩爆、大变形、块体失稳等重大工程难题。鉴于此，成功解决高地应力环境工程建设过程的科学技术难题，不仅可为我国大江大河水能资源开发提供技术支撑，而且可为采矿、国防、储能等行业的大型地下工程修建提供重要参考。

该书作者及其团队长期从事水电工程地下厂房洞室群开挖稳定性计算和高地应力环境下开挖扰动效应研究，结合现场工作实践著成此书。通览全书，主要具有以下创新性：一是建立了横观各向同性岩体三维地应力测量理论，提出了基于灰色理论的岩体地应力场回归分析方法；二是基于 MTS 三轴试验描述了完整岩石的卸荷力学行为，构建了岩体脆弹塑性损伤本构模型和非线性霍克-布朗模型，提出了地下洞室开挖非线性霍克-布朗模型弹塑性执行算法；三是开发了考虑结构面分布特征的圆盘模型，实现了洞室开挖关键块体快速切割与精确定位；四是提出了非线性霍克-布朗模型嵌入 $FLAC^{3D}$ 的计算方法，揭示了高地应力环境下水电站地下厂房洞室群力学响应机理，并提出了控制开挖稳定性的工程措施。可以看出，该书系统研究了高地应力环境下地下厂房洞室群围岩变形行为与稳定性，具有显著的针对性、实用性和专门性，特点鲜明。

我国西部高山峡谷地区基础设施建设，特别是大型水电工程建设，高地应力环境地下厂房洞室群开挖稳定性已经成为普遍关注的工程地质难题。高地应力对地下洞室的围岩应力、位移分布、破坏形式表现出显著的控制作用。该书依托拉西瓦水电站工程，从理论和工程实践两方面详细阐述了高地应力反演、岩体本构模型、洞室开挖稳定性计算等分析方法和成果，对同类工程问题的研究具有重要借鉴和启发作用，是一部具有理论高度和学术启发性的著作。

彭建兵

中国科学院院士　彭建兵

2024 年 7 月

前　言

二十一世纪以来，我国西部地区的水电站建设取得了显著进展。西部地区的地质环境复杂，构造活动频繁，特别是在高地应力环境下修建地下厂房洞室群时，往往会遭遇开挖卸荷引发的应力重分布、岩爆和块体失稳等严重的工程地质问题，这些问题对围岩的稳定性分析和安全控制提出了严峻的挑战。本书作者及团队长期从事水电工程地下洞室群开挖稳定性评价和高地应力环境下开挖扰动效应研究，取得了一系列成果和经验。在此基础上，中国电建集团西北勘测设计研究院有限公司(以下简称“西北院”)联合其他单位撰写本书。

本书依托西北院重大科研项目“高山峡谷坝址高地应力的工程效应与安全控制关键技术”，系统探讨了高地应力条件下地下洞室群围岩稳定性的理论和工程实践问题。研究成果的特色和创新体现在以下几章：第 2 章，建立了精确的地应力场模型，准确反映不同深度和地质条件下的应力分布；第 3 章，建立非线性霍克-布朗模型，描述了岩体的脆弹塑性损伤行为；第 4 章，基于灰色理论的回归分析技术评估围岩局部和整体稳定性；第 5 章和第 6 章，基于拉西瓦工程，分析评价了地下厂房洞室群的稳定性，提出合理的开挖顺序和支护设计。本书详细阐述了高地应力反演、岩体应力应变关系及围岩稳定性计算等分析方法和成果，为相关领域的研究和实践提供了参考。

本书的撰写分工如下：巨广宏和常文娟撰写第 1 章；杨芸和程辉撰写第 2 章；刘建锋和许建军撰写第 3 章；巨广宏和叶飞撰写第 4 章；巨广宏和肖前丰撰写第 5 章；王启鸿和江荣昊撰写第 6 章；全书由巨广宏制订大纲并统稿。

本书撰写过程中得到了成都理工大学聂德新教授团队和四川大学符文熹教授团队的大力支持和帮助，付梓之际向他们表示诚挚的感谢。

限于作者水平，书中难免存在不足之处，欢迎广大读者批评指正！

目　录

第1章　绪　　论

1.1　工 程 背 景

我国有多条大江大河，包括长江、黄河、珠江、淮河、海河、辽河和松花江7大水系，以及澜沧江、雅鲁藏布江和怒江等国际河流。这些大江大河拥有得天独厚的水能资源，形成了金沙江水电基地，雅砻江水电基地，大渡河水电基地，乌江水电基地，长江上游水电基地，南盘江、红水河水电基地，澜沧江干流水电基地，黄河上游水电基地，黄河中游水电基地，湘西水电基地，闽、浙、赣水电基地，东北水电基地和怒江水电基地13大水电基地。

新中国成立初期，受当时经济发展和用电情况影响，水电站主要集中修建在我国东部地区，当时修建的大型水电站不多。20世纪50年代末，开始修建大型水电站，在黄河干流兴建的刘家峡水电站就是其中之一。随着改革开放，国民经济发展，我国西部地区水能资源开发跃升到重要位置。特别是20世纪末21世纪初，“西部大开发”和“西电东送”战略的实施，西部地区丰富的水能资源逐步得到开发利用。

2001年，红水河龙滩水电站开工兴建，拉开了水电开发新的序幕。随后，澜沧江、红水河、乌江、金沙江、雅砻江、大渡河和黄河上游的水电资源全面开发，形成南、中、北三条“西电东送”大通道。黄河上游的拉西瓦水电站，澜沧江的小湾水电站、糯扎渡水电站，金沙江的向家坝水电站、溪洛渡水电站、乌东德水电站、白鹤滩水电站，雅砻江的锦屏一级和二级水电站相继建成，且都是装机容量超过300万kW的水电站。这些水电站的总体特点是位于西部的高山峡谷地区，受地形地质条件限制，大型地下厂房洞室群广泛应用。部分水电站地下厂房洞室群规模如表1.1.1所示。

表1.1.1　部分水电站地下厂房洞室群规模

水电站	水系	洞室群规模		
		主厂房 长L×宽W×高H/(m×m×m)	主变室 长L×宽W×高H/(m×m×m)	调压井 长L×宽W×高H/(m×m×m)或直径Φ×高H/(m×m)
大朝山	澜沧江	234.00×26.40×63.00	157.65×16.20×17.95	271.49×22.49×73.69
二滩	雅砻江	280.29×30.70×65.38	214.90×18.30×25.00	203.00×19.80×68.90

续表

水电站	水系	洞室群规模		
		主厂房 长L×宽W×高H/(m×m×m)	主变室 长L×宽W×高H/(m×m×m)	调压井 长L×宽W×高H/(m×m×m)或 直径Φ×高H/(m×m)
龙滩	红水河	398.90×30.70×77.30	397.00×19.50×22.50	67.00×21.60×89.70、 74.30×21.60×89.70、 95.30×21.60×89.70
拉西瓦	黄河	343.75×30.00×74.84	354.75×29.00×53.00	32.00×69.30、32.00×69.30
小湾	澜沧江	298.40×30.60×79.38	257.00×22.00×32.00	38.00×91.02、38.00×91.02
三峡	长江	311.30×32.60×87.30	—	—
小浪底	黄河	251.50×26.20×61.44	174.70×14.40×17.85	175.80×(16.60/6.00)×20.65
瀑布沟	大渡河	294.10×30.70×70.10	250.30×18.30×25.60	178.87×17.40×54.15
大岗山	大渡河	226.58×30.38×73.78	144.00×18.80×25.60	132.00×24.00×75.08
向家坝	金沙江	255.40×33.40×88.20	192.30×26.30×24.40	—
溪洛渡左岸	金沙江	439.74×28.40×75.60	349.29×19.89×33.32	317.00×25.00×95.00
溪洛渡右岸	金沙江	443.34×28.40×75.60	352.89×19.89×33.32	317.00×25.00×95.00
官地	雅砻江	243.44×31.00×76.30	197.39×18.89×25.29	205.00×21.50×72.50
锦屏一级	雅砻江	204.52×25.90×68.83	201.60×19.30×32.54	41.00×80.50、37.00×79.50

我国西部地区水能资源开发总体面临“三高”的难题，即高地应力、高地震烈度、高边坡。这与区域地质环境和构造运动活跃密切相关。西部地区水电站广泛采用地下厂房洞室群，除受地形地质条件限制外，还与高地震烈度有关。从历史地震灾害特点和工程经验来看，地下工程的抗震性能总体优于地表工程。由于西部地区的初始地应力水平高，水电站地下厂房存在明显的洞室群效应和开挖扰动效应，与高地应力相关的工程安全问题十分突出。典型工程有二滩水电站地下厂房、锦屏一级水电站地下厂房、锦屏二级水电站引水洞和拉西瓦水电站地下厂房等。

国外在高地应力区修建大型水电站地下洞室群方面的经验并不多。这些年我国在修建西部地区大型水电站地下厂房洞室群的过程中，成功解决了复杂工程的技术难题，凝聚了我国学术界和工程界的智慧。解决与高地应力相关的科学技术问题，为我国大江大河水电站的成功修建提供了重要的理论指导和技术支撑。

1.2 地下洞室围岩变形破坏研究进展

岩体是一种非连续介质，是包含不连续结构面的地质体。岩体形成过程中经受变形和遭受破坏。岩石力学主要研究环境应力改变时经历过变形和遭受过破坏的岩体产生再变形、再破坏的规律。国内外学者取得的广泛一致的认识是，地应力、岩体结构、岩体质量及使岩体发生再变形、再破坏的外界因素(如地下洞室施工开挖)对岩体变形破坏起着举足轻重的作用。

1.2.1 地应力对围岩变形破坏的影响

地下洞室开挖洞周围岩的变形破坏与开挖前原岩的初始应力场密切相关(陶振宇，1980)。伴随地下洞室开挖，洞周开挖面地应力解除，洞室围岩应力逐渐释放、调整和重分布(董林鹭等，2023)。相应地，洞室围岩的力学性质和变形机制会随着环境应力改变而不断变化(刘威军等，2022)。当洞室围岩内存在结构面时，地应力环境的变化会引起结构面力学效应的改变，进而对洞室围岩的力学性质和变形破坏产生影响(周家文等，2020)。因此，从地应力角度出发，研究地下洞室围岩变形破坏规律是正确的途径。

通过分析研究高地应力区地下工程开挖后的力学响应，发现高地应力区洞室开挖有其独特性。张志良和徐志英(1991)指出，高地应力作用下结构面紧密、相互嵌固，开挖面应力解除后，岩石一旦破坏，不是形成明显的破坏面，而是碎散成块度大小均匀的碎块，岩体总是表现出弹塑性；受高地应力的压密作用，结构面影响效应减弱，完整性提高。董林鹭等(2023)采用微震监测技术和数值模拟手段，结合常规监测、现场踏勘，发现高地应力区开挖卸荷产生的高边墙水平应力和拱顶垂直应力会加速轴向裂缝的扩展。杨静熙等(2019)以锦屏一级水电站和猴子岩水电站的地下洞室群为工程案例，建立了高地应力硬岩大型洞室群围岩变形破坏与岩石强度应力比之间的联系，揭示了围岩应力诱导型破坏随岩石强度应力比的变化规律。丁秀丽等(2023)统计了国内外典型隧洞围岩大变形工程案例，分析了不同围岩大变形的特征规律，采用强度应力比方法提出了挤压大变形判别公式。方智淳(2023)通过理论分析、数值模拟、模型试验，研究了高地应力环境下软硬互层岩体厚度、倾角对岩体强度变化规律与破坏形式的影响。胡夏嵩(2002)根据低地应力条件下地下洞室围岩的变形破坏规律，提出了低地应力区洞室围岩的变形破坏存在掉石块型、拱顶塌落型和侧壁滑落型这三种基本类型，定性分析了这三种类型的形成机制，同时指出岩性组成、岩体结构、监测位移量和岩层产状变化这四个方面对研究低地应力区洞室围岩的变形破坏具有重要意义。

地下洞室开挖后引起地应力释放，应力环境改变会引起一系列的反应(付长波等，2024；郝俊锁等，2022；胡楠，2021)。20 世纪 90 年代以来，学术界就应力释放对围岩稳定性的重要影响逐渐取得广泛一致的认识(李建斌等，2023；Ghorbani et al.，2020；陈宗基和傅冰骏，1992)。邵国建和王东升(1999)的研究表明，初始地应力场的差异主要表现在侧向地应力分量不同，岩体初始应力场侧向应力分量增大，意味着在洞周开挖过程中侧向释放的应力增大，导致侧墙内缩位移增大，拱顶沉降位移减少。严鹏等(2008，2007)的研究表明，高地应力条件下地下洞室开挖瞬态卸荷诱发的振动，可能占围岩总体振动响应的很大一部分，这一发现对于解释施工期地下洞室围岩位移呈现的一些波动特征具有重要意义。

我国大型水电工程大多建于西部高山峡谷且地质条件极为复杂的地区。这些地区往往具有很高的地应力，施工期地应力引发的地下工程安全问题十分突出。高地应力环境下地下洞室围岩的变形破坏机制成为重要研究课题，已取得丰硕的成果。李宏哲等(2007)研究了高地应力条件下岩石卸荷变形特性，发现卸荷更容易导致岩石破坏，高地应力条件下岩样破坏形态在很大程度上取决于破坏时围压的大小，初始应力状态和破坏路径对岩样产生的影响相对较小。江权等(2008)研究了高地应力环境下拉西瓦水电站地下厂房洞室群围岩的变形和破损特点，得到围岩位移的特征：①主厂房下游边墙为洞室群位移最大部位，主变室边墙位移也比较大；②主厂房下游边墙位移(55～62mm)大于上游边墙位移(40～45mm)；③主变室上游边墙位移(24～26mm)大于下游边墙位移(17～23mm)。主要原因一方面是主厂房和主变室具有大跨度、高边墙的特点，另一方面是主厂房、主变室、母线洞等多洞室交叉连通加剧了对围岩的扰动。卢波等(2010)以锦屏一级水电站地下厂房洞室群为研究对象，针对高地应力、低强度应力比条件下开挖施工引起的围岩变形开裂和相关力学问题展开了研究，结果表明，高地应力环境下锦屏一级水电站地下厂房围岩的变形破坏，主要受岩体基本力学特性、地应力大小及方位、开挖后最大主应力和最小主应力之间差值等因素的共同作用。黄润秋等(2011)针对锦屏一级水电站地下厂房洞室群围岩变形情况，结合地质、监测、物探、施工和试验资料作了深入研究，结果表明高地应力和相对低强度的脆性岩石是地下厂房围岩变形开裂较大的基本地质环境因素，地应力方向和岩体结构是变形开裂特征差异的主要因素，施工开挖方案及进度、洞室群效应等是形成局部地段高围岩二次应力的促进因素。

1.2.2　岩体结构对围岩变形破坏的影响

岩体是结构面和结构体两种基本单元组合而成的。岩体内结构面的存在使岩石产生不连续性、非均匀性和各向异性，改变了岩石材料的力学性质，使岩体的破坏机制和力学性质与其他材料不同(谷德振，1979)。因此，关于岩体结构的研究一直是学术前沿和热点课题。

早在20世纪50年代，就有学者认识到结构面对岩体力学特性和工程稳定性的控制作用，指出这是岩体和岩块力学与工程特性差异的根本原因，从此有了关于岩体结构的研究(谷德振，1979)。孙玉科和李建国(1965)在20世纪60年代提出了岩体结构的概念，逐渐形成了岩体结构控制岩体稳定的重要观点。20 世纪 70 年代末，岩体结构力学效应的研究越来越受到重视，随着研究工作的不断深入，研究者逐渐认识到岩体结构的力学效应不仅表现在岩体力学性质上，而且岩体变形和破坏存在明显的结构控制作用(孙玉科，1997)。20 世纪 80 年代，孙广忠(1988)全面系统地研究了岩体变形破坏的基本规律。“岩体结构控制论”这一理论已成为研究地下洞室围岩变形机制的主要理论。

岩体中的结构面包括节理裂隙、断层、劈理、裂缝和软弱夹层等，工程岩体的变形及稳定性与结构面密切相关(李鹏和王启鸿，2023)。基于“岩体结构控制论”，罗国煜等(1982)提出了优势结构面理论。该理论是针对岩坡问题提出的，随后在国内外产生了重大影响，并相继应用于一些岩土工程实践中。李广诚(2022)指出，结构面在岩体变形破坏过程中所起作用的大小，很大程度上取决于结构面的自然特性。张志强等(2005)应用有限元程序研究了软弱夹层分布部位(拱顶、拱肩、边墙)对地下洞室洞壁位移的影响，得到地下洞室洞壁点的位移因软弱夹层分布不同而存在较大的差异，软弱夹层分布部位的位移是无夹层时的 5～10 倍，在直边墙部位出现软弱夹层甚至会引起该侧边墙中部位移增加 10 倍以上。Chen 等(2024)通过数值模拟分析了深部随机节理对多平行隧道围岩变形的影响，研究得到，随节理密度的增大，围岩中的应力变得更加均匀，这会导致岩体更加破碎，变形稳定性降低，且不利于关键结构层的形成。

断层是岩体工程中最常见的一类规模较大的结构面(樊纯坛等，2023)。黄达等(2009)采用数值计算方法研究了断层对地下洞室的影响，计算中分别考虑了倾角 30°、60°、90°的断层在洞室不同部位出现的工况。结果表明，围岩变形主要集中在断层面与开挖面间的岩体，并非断层与洞室相交时变形较大，当侧压系数较大时，围岩内含有走向平行于洞室轴线的直立断层时甚至会产生更大的变形；在远离断层影响区的某些部位，变形有所减小；断层位于拱顶部位时，断层摩擦强度对围岩变形的影响较大，断层位于边墙部位时，黏聚力对围岩变形影响较大，且这种影响规律随侧压系数的增大而增大。

1.2.3　岩体质量对围岩变形破坏的影响

虽然岩体质量不能直接反映地下洞室围岩的变形机制，但是岩体质量是各种复杂岩体工程特性的综合体现。地下洞室围岩级别能反映岩体的风化程度、结构特征和物理力学性质等。岩体质量分级可以为工程岩体变形分析研究时进行工程类比提供重要依据。因此，岩体质量研究是地下洞室围岩变形机制研究中不可或缺的重要组成部分。

从地下洞室围岩分类的发展历程看，大体可以归纳为两个系统，即以围岩强度指标为基础和以围岩稳定性为基础(樊纯坛等，2023；谷德振，1979)。国外最常用的分类方法有 Q 分类体系(Barton et al., 1974)和岩体质量指标(RMR)分类(Bieniawski, 1979)。我国工程实践主要还是以国家标准《工程岩体分级标准》(GB 52018—2014)的 BQ 法为依据，进行地下洞室围岩等级划分。我国水电工程蓬勃发展，地下工程数量与日俱增，特别是巨型地下工程，地下洞室围岩稳定性是突出的工程地质问题。按稳定性进行地下洞室围岩分类日益受到重视，多种围岩分类方法得到综合应用(黄宏伟和陈佳耀，2023；王焘等，2023；葛华等，2007；张绍民等，2007；喻勇等，2004)。

1.2.4 施工因素对围岩变形破坏的影响

1) 爆破振动

地下洞室开挖主要采用钻爆法进行施工。爆破开挖对邻近已开挖洞室和开挖洞室本身的影响是不可避免的。爆破开挖引起的爆破振动、围岩卸荷和爆破本身导致的岩体损伤对围岩变形具有重要影响(赵铁拴等，2023；Xiao et al., 2019；Yang et al., 2017；Chen et al., 2016；Mojtabai and Beattie, 1996)。关于爆破振动的破坏特性，卢文波等(1996)从爆破振动与地应力和岩体结构间的相互影响、爆破损伤范围、爆破振动对地下洞室的影响、爆破振动对特殊工程部位(如岩锚梁)的影响等方面开展了系统研究，取得了丰硕成果。李宁等(2009)针对不同情况(围岩类别、洞间距、岩体阻尼比、单响药量)下爆破振动对相邻已有洞室的影响，采用数值计算方法进行了系统研究，得出一些量化规律：Ⅲ类围岩，洞间距为 1.5D～2.0D(D 为洞室宽度)时，单响药量应控制在 15kg 以内；Ⅳ类围岩，洞间距为 1.5D～2.0D 时，单响药量应控制在 12kg 以内；Ⅴ类围岩，洞间距为 1.0D～1.5D 时，单响药量应控制在 10kg 以内。周朝等(2020)利用现场的微震信息标定岩体动态损失过程的力学参数，定量评价岩体损伤。乔国栋等(2024)研究了爆破振动作用下高地应力巷道的动力响应及其稳定性，随着初始地应力的增大，围岩主要表现为受压剪破坏。

2) 开挖卸荷

开挖会改变岩体形状和地应力环境。开挖卸荷过程中出现地应力释放和临空边界，岩体中的残余应力进一步释放，进而引起地下洞室围岩局部破坏甚至整体失稳(樊纯坛等，2023；燕乔等，2022)。事实上，任何涉及开挖的岩体工程，都不同程度地存在卸荷破坏现象。因此，岩体在卸荷条件下的力学特性研究一直是学术界和工程界探讨的热点问题(梁金平等，2023；Thonstad et al., 2017；Varas et al., 2005；沈明荣等，2003；王军怀和余永志，1999；哈秋舲等，1998；吴刚，1997；李天斌和王兰生，1993；Wong et al., 1992；许东俊和耿乃光，1986；Brady et al., 1985；姚孝新等，1980)。

我国大规模水电工程建设中，大型地下厂房洞室群开挖施工过程中面临的岩体卸荷问题非常突出，这促使我国更多学者投入对岩体卸荷力学特性及工程岩体卸荷力学响应的研究中。研究主要通过室内岩石试验、岩体模型试验、工程卸荷现象的观测分析和数值模拟来进行。高春玉等(2005)依据锦屏一级水电站坝址区岩体应力状况，采用常规三轴试验和卸荷全过程三轴试验，研究了大理岩在四种加荷路径下的力学特性。张宏博等(2007)采用卸除围压并追踪轴压随动减小的试验方法，用岩石三轴仪探究了岩石在不同卸荷应力路径下的变形与破坏特征。黄润秋和黄达(2008)结合三峡水利工程地下主厂房围岩应力环境，对开挖区的花岗岩开展了卸荷试验。黄达和黄润秋(2010)以三峡水利工程右岸地下厂房围岩为原型，概化出典型的裂隙岩体模型，通过两种卸荷应力路径下的相似材料物理模型试验，捕获了裂隙岩体卸荷变形破坏、强度及裂隙扩展演化过程，探究了卸荷条件下岩体裂隙扩展的力学机制。张成良等(2007)采用有限元软件对地下厂房工程进行了开挖卸荷模拟，研究了不同开挖阶段地下洞室围岩的位移和不同开挖空间岩体的变形规律。

综合上述文献资料分析，可以看出国内外学者关于岩体开挖卸荷松弛效应的研究，主要是针对准静态过程的研究。随着研究工作的深入及爆破效应影响的研究(徐则民等，2003；王贤能和黄润秋，1998；Carter and Booker，1990)，人们逐渐认识到开挖卸荷的确是动态过程，卸荷分析也从传统的静荷载模式向动力学分析模式转变。许红涛和卢文波(2003)以瞬态荷载作用下弹性介质中球形空腔的动态响应解析解为基础，分析了球腔压力随时间变化过程中球腔围岩介质中的应力场、应变场。卢文波等(2008)提出岩体爆破开挖过程中初始应力场的卸荷是动态过程的观点,利用波动理论分析了岩块在初始应力场瞬态卸荷条件下的运动过程。金李等(2007)通过对节理岩体动态卸荷效应的分析，探究了动态卸荷作用对节理岩体渗透特性的影响机制和基本规律。

大量的工程实践表明，地下洞室开挖必定会对洞室周边一定范围内的岩体产生扰动。因此，开挖卸荷效应的研究与开挖扰动区的研究是分不开的。国内外关于开挖扰动区的研究工作主要是围绕地下工程(特别是与核废料储存相关的工程)开展的(Butcher et al.，2021；Fairhurst and Damjanac，2018；Wang et al.，2015；Chen et al.，2014；Everitt and Lajtai，2004；Sheng et al.，2002；Souley et al.，2001；Young and Collins，2001；Falls and Young，1998)。我国20世纪70年代开始对地下洞室开挖扰动区的研究。董方庭等(1994)采用试验方法进行研究，提出了松动圈支护理论。周火明等(2004)、邓建辉等(2002)、夏熙伦等(1999)、杨振宏和李辉(1999)也对地下洞室松动圈开展了数值模拟和原位测试研究。这些学者在对地下洞室松动圈研究中，逐渐认识到开挖扰动造成岩体松动，进而不断改变围岩的材料属性，围岩力学参数不断减小。因此，数值模拟时考虑地下洞室松动圈的影响对提高模拟结果的可靠性具有重要意义。在进行岩土工程反分析时，越来越多的学者考虑地下洞室松动圈的影响(倪绍虎和肖明，2009；李仲奎等，1999)，考虑后反演得到的地下洞室围岩三维参数场更符合工程实际情况,所得参数更为可信。

1.3 地下洞室围岩变形机制研究方法

地下洞室围岩变形机制的研究方法可以归纳为工程地质类比法和模拟试验法。其中，模拟试验法包括物理模拟法和数值计算法。工程地质类比法根据拟建地下洞室的工程地质条件、岩体力学特性、动态观测资料，结合具有类似条件的已建地下工程，开展综合分析和对比，取得相应资料进行稳定计算，从而判断地下洞室围岩的稳定性(杨志法等，1997)。根据众多地下工程实践总结出的各类围岩分类标准，是工程地质类比法在地下洞室稳定性评价中的具体应用，如学术界和工程界普遍使用的 RQD 分类、RMR 分类、Q 系统分类和 Z 系统分类等(Zhang，2016；Cai et al.，2004；Barton，2002；Hoek and Brown，1997；Palmstrøm，1996；Bieniawski，1993；Laubscher，1990)。

随着计算机技术和数值计算方法的飞跃发展,数值模拟技术取得了长足进步。下面简要介绍一些常用的数值分析方法。

1) 有限元法

有限元法(finite element method,FEM)对以非均质各向异性和非线性为特征的介质有良好的适应性，能考虑地下洞室围岩的非均质和不连续性，可以给出岩体应力、变形的大小和分布，可依据应力应变规律分析地下洞室围岩的变形破坏机制(张继勋和刘秋生，2005)。鉴于 FEM 对岩石介质有良好的适应性，大量商业化软件相继开发应用于解决实际问题，包括将 FEM 应用到地下洞室围岩稳定和变形分析(梁明纯等，2021)。学者结合工程实例，以有限元法为基础取得了大量研究成果。卓家寿等(1993)采用三维非线性 FEM，综合考虑材料的弹塑性、断层与软弱夹层实际分布，对地下洞室群的进口段、转弯段、地下厂房进行了计算分析，较好地揭示了围岩位移、应力、塑性区及软弱夹层的工程响应。肖明等(2000)采用三维非线性 FEM，对修建于层状各向异性岩体中的地下洞室群稳定性进行了分析论证。孙开畅和孙志禹(2006)采用三维弹塑性损伤 FEM，对向家坝水电站地下厂房洞室群进行了计算，探讨了围岩力学参数和围岩力学模型对洞周塑性区、应力和位移的影响。张成良等(2007)采用商用有限元软件，对地下厂房工程进行了开挖卸荷模拟，较好地揭示了不同开挖阶段围岩的位移响应和不同开挖空间岩体的变形规律。

2) 不连续变形分析法

不连续变形分析(discontinuous deformation analysis，DDA)法是石根华与古德曼(Goodman)基于岩体介质非连续性提出的一种数值分析方法。该方法解决了不连续介质在空间上的稳定性计算问题，成为地下洞室稳定性评价的重要基础理论(刘军和李仲奎，2004；周少怀和杨家岭，2000)。石广斌等(2006)将DDA法应用于地下厂房岩锚吊车梁的稳定性研究，采用非连续介质力学模型分析了岩锚吊车梁受外力作用的失稳形式。邬爱清等(2006)采用DDA法研究初始应力水平、锚固、岩体结构条件和结构面强度参数等对地下厂房围岩变形破坏的影响。杜鑫等(2023)采用DDA法，模拟了爆炸应力波和爆生气体共同作用下地下层状岩体的单孔爆破。

3) 关键块体理论

关键块体理论(key block theory，KBT)由石根华率先提出，后与Goodman合作进行了完善(Goodman and Shi，1985)。刘锦华和吕祖珩(1988)对关键块体理论的基本原理、分析方法及在岩石边坡、地下洞室、坝基、坝肩等岩体工程中的应用作了全面系统的介绍。关键块体理论在地下洞室围岩稳定分析中的应用日益广泛，伴随我国水电工程建设取得了一定研究成果(李海轮等，2021；曾海钊等，2009；杨庆等，2007；毛海和等，2005；张奇华等，2004；张子新和孙钧，2002；黄正加等，2001)。

4) 离散元法

离散元法(distinct element method，DEM)是Cundall于20世纪70年代初提出的(佘万禧，1986)。鉴于岩体是一种非连续的介质，非连续介质力学的分析方法更具适宜性，依泰斯卡(ITASCA)公司开发的基于离散元法的UDEC软件能够较好地模拟岩体结构面“优势性”，成为解决复杂岩体工程问题的重要手段，在我国取得了长足发展，并取得了大量研究成果(Li et al.，2022)。魏进兵等(2003)以龙滩水电站地下洞室群为研究对象，针对岩体中断层和错动非常发育的情况，应用有限元法和离散元法耦合模拟了地下洞室群开挖过程中围岩的变形破坏特征。王涛等(2005)针对水电工程地下洞室群围岩稳定问题，采用三维离散元软件3DEC对随机结构面进行了模拟，计算出开挖过程中可能出现的破坏块体。樊启祥和王义锋(2010)以向家坝水电站地下厂房洞室群为研究对象，采用三维离散元法与应力位移监测相结合的研究对策，对围岩稳定性进行了综合分析。

5) 连续介质快速拉格朗日分析

连续介质快速拉格朗日分析(fast Lagrangian analysis of continua，FLAC)是ITASCA公司开发的显式有限差分程序(谢云鹏等，2021；沈强，2020；曾静等，2006；杨为民等，2005；梁海波等，1996)。我国学者应用FLAC法在地下洞室围岩变形和破坏机理方面开展了一系列的研究，取得了大量成果。陈帅宇等(2003)采用FLAC^{3D}模拟地下洞室群施工开挖过程，研究了复杂地质条件下地下洞室群开挖围岩的变形与应力状态，分析了地下厂房围岩塑性区分布和围岩稳定性。卢书强等(2006)采用FLAC^{3D}模拟研究了一水电站大跨度、高边墙地下厂房洞室群开挖围岩的二次应力场、变形场和塑性破坏区的变化特征，获得地下厂房洞室群围岩应力、变形和破坏区的分布特征和变化规律。黄达和黄润秋(2009)采用 FLAC^{3D} 计算软件，以水电工程中常见的直墙拱形地下洞室为例，对不同地应力场和断层分布条件下的围岩变形、应力和塑性区进行了深入研究，并结合三峡水利工程地下主厂房施工监测变形进行了相应探讨。孟国涛等(2020)采用 FLAC^{3D} 软件，分析了白鹤滩水电站右岸地下厂房洞室群围岩应力集中、破裂扩展和时效变形的分布特征，揭示了地下厂房拱顶深层变形机理。

除了上述常用的数值方法，断裂力学、损伤力学、模糊理论等其他理论和方法也广泛用于地下工程稳定分析。此外，有学者研究了不同方法的耦合问题，也取得了很好的效果。李仲奎等(1998)采用模式搜索优化技术和节理裂隙岩体模型非线性有限元方法，编制了 C++反馈分析控制程序 NAPARM96，利用地下厂房监测系统提供的实测信息，从时间和空间两个系列对地下厂房洞室群进行了仿真和位移反馈分析。常斌等(2004)应用神经网络误差逆传播方法，构建了地下洞室自动化分析平台。马莎等(2008)为了探索准确预报地下厂房洞室群围岩位移的新途径，将混沌理论引入地下厂房洞室群围岩位移研究中。金长宇等(2009)提出一种将神经元网络和模糊逻辑有机结合的新型模糊推理系统——ANFIS(adaptive-network-based fuzzy inference system)，对人工神经网络(artificial neural network，ANN)方法预测地下洞室群围岩变形时间序列存在的缺陷有一定的弥补作用。

物理模拟法基于相似性原理和量纲分析原理，通过模型试验来研究地下洞室围岩的应力应变状态，进而研究围岩稳定性(曾亚武和赵震英，2001)。许多学者针对围岩变形进行了大量的实验研究。赖跃强和姜小兰(1998)采用地质力学模型平面应变试验技术，依托乌江彭水水利枢纽地下厂房洞室群，以主厂房、调压井为重点对象，分析研究了开挖过程中围岩应力、洞周位移、断层对洞室的影响和洞室变形破坏机理等。陈卫忠等(1998)通过物理模型试验，对节理岩体中地下洞室围岩变形情况进行了研究。姜小兰等(2005)对锦屏一级地下厂房洞室群进行了地质模型试验分析研究。

1.4　岩体地应力测试分析方法

1.4.1　地应力测试方法

我国西部高山峡谷区的大型水电工程勘测、设计和建设中，工程技术人员非常重视岩体地应力的研究。岩石力学之所以发展成为力学的独立分支，是因为岩体结构和岩体赋存环境的复杂性，即岩体独特的内部结构和复杂的初始应力条件。如果不了解岩体中的应力状态，岩体工程只能是一门技术，而不是一门科学。因此，研究岩体地应力的重要性已得到广大岩石力学工作者的一致认同。

岩体地应力的试验研究方法主要分为室内和现场两种。现场地应力测量是评价岩体应力状态最直接和最有效的方法。从20世纪50年代Hast(1967)应用压磁电感元件开始，岩体应力现场测量工作发展至今，已有几十种地应力测量方法应用于实际工程，如应力恢复法、钻孔应力解除法、水压致裂法和地球物理方法等。这些方法各有优缺点和一定的适用条件。室内地应力测量是另一类值得推广的认识岩体应力状态的方法，因经济、快捷和可靠而显示出强大的生命力。室内地应力研究和应用较多的是利用岩石凯塞(Kaiser)效应推测地应力(杨东辉，2019；Fu et al.，2015)。

20世纪80年代末以来，我国基础设施建设蓬勃发展，在许多大型岩石工程陆续开展了地应力测试工作，一些新的测试理论和方法被提出(郭源源，2022)。陈群策和李方全(1998)采用最小主应力破坏准则建立理论模型，提出利用水压致裂法测量三维地应力。刘允芳等(1999)在国内首次提出在单钻孔中采用原生裂隙段重张试验及其与完整岩体段常规压裂试验相结合的测试方法，并基于数理统计的最小二乘法原理推导出两种测量方法求解应力场的计算公式。王建军(2000)认为，传统三维水压致裂测量套用传统水压致裂地应力测量公式来确定倾斜或水平钻孔模截面上的二维主应力σ_{Ai}和σ_{Bi}是不正确的，直接将破裂方向作为σ_{Ai}的方向也是不适宜的，为此给出孔壁出现倾斜破裂时三维地应力计算的简便方法。尹建民等(2001)在完整岩石段常规压裂试验测量三维地应力状态的三孔交汇水压致裂法基础上，引入原生裂隙段重张试验测量，提出在单个或多个钻孔中利用水压致裂法进行三维地应力测量的两种方法。张广清等(2002)利用围压下岩石的Kaiser效应来测定地应力，即通过对同一深度地层的岩样施加一组围压，研究深部地应力的测量方法、测量原理，并分析了试验结果。刘允芳和尹健民(2003)提出了在单个垂直钻孔中采用水压致裂法进行三维地应力测量的原理和方法，推导出在单个铅垂向钻孔中采用水压致裂法进行三维地应力测量的计算公式。石林等(2004)研究了深部岩心的声波速度在各向异性和恢复加荷条件下的声发射Kaiser效应，提出了一种深部地应力测量方法。葛修润和侯明勋(2004)提出了一种测定岩体空间地应力的方法——钻孔局部壁面应力全解除法，打破了空间地应力测量方面存在的一些局限性。田家勇和王恩福(2006)基于声弹性理论提出了地应力超声测量方法，采用声弹性理论反演地应力。毛吉震等(2008)利用超声波钻孔电视测定的孔壁崩落和地理信息数据，获得地壳更深部位的地应力方向和量值，还能获得更多常规仪器测试不到的地球物理资料。孟文等(2022)采用原位地应力测试获取最小主应力，提出基于流变模型的地应力剖面应用成像测井技术确定水平最大主应力方向等，指出这是准确测定泥页岩储层地应力的有效方法。王超等(2022)提出了适用于垂直深孔的应力解除法地应力测试技术，实现了高地温、高水压垂直深孔中多方向孔径变形测量。李邵军等(2021)运用无线测量技术研发了地应力测量系统，该系统具备自动测量及采集数据特征，可将地应力测量精度提高 3 倍。

采用三孔交汇的应力解除法测量地应力，已广泛用于许多大型岩石工程(王超等，2022；马振旺等，2019)。该方法在测得孔径变形推求地应力时，采用各向同性的弹性理论。事实上，岩体的力学性质十分复杂，具有非线性和非确定性特征，能视为各向同性的岩体并不多见。对于各向异性岩体，若利用各向同性的位移-应力关系来求解地应力，必然会带来较大的误差，亟须建立对应各向异性岩体的钻孔周边径向位移理论。各向异性岩体的位移-应力关系十分复杂，学术界鲜有人进行深入研究。工程中大量存在的层状或似层状岩体可以视为横观各向同性岩体，以此作为研究完全各向异性岩体位移-应力关系的起点。层状岩体就是典型的横观各向同性岩体，在自然界中十分普遍。一些非层状岩体也可简化为横观各向同性岩体。因此，开展用孔径变形法测量横观各向同性岩体中地应力的研究，不但具有重要的理论意义，而且具有重要的工程应用价值。

1.4.2　地应力分析方法

岩体初始地应力研究与工程应用涉及地应力测量和区域反演分析两个方面的内容。岩体中往往存在断层、节理、微裂隙等不同类型的结构面，且测量方法有局限性。室内方法和现场解除法测定的地应力结果只能反映距离测点位置 1～3m “岩块” 的应力状态。采用位移反分析得到的地应力，也只能反映多点位移计测量范围内岩体的平均应力，仍然属于小范围内的局部应力。直接将这些测点位置的地应力结果用于实际工程，存在两方面的问题。一方面，岩体初始地应力与赋存地质单元体形成、演变过程中的众多因素有关，工程上实测的地应力资料因测点位置地质力学环境的差异，尤其是岩石工程地应力测量的选点位置或取样位置一般埋深较浅(小于 400m)，主应力的水平及方位受地形与结构面影响较大，经常出现同一区域不同测点的地应力测量结果具有显著的离散性，有时最大主压应力的方位差竟达 90°。如何认识这种测点之间地应力结果的差异性，以及如何分析评价各测点的合理性与代表性，往往是非常棘手的问题。另一方面，由于岩体地应力的现场测量费工、费时、费钱，即使是大型水电工程也只开展少数几个点的测量。例如，二滩水电站有 11 个测点，拉西瓦水电站有 5 个测点，鲁布革水电站有 6 个测点，天生桥二级水电站有 5 个测点，洪家渡水电站有 3 个测点，乌江思林水电站有 5 个测点。根据少量的测点应力来认识和把握工程区地应力的分布特征与规律，要求研究测点应力与区域应力场的关系。

初始地应力场是影响地下工程稳定性的重要因素之一。地应力现场测试存在数据离散大、工程费用高和试验周期长等缺点。因此，20 世纪 70 年代以来，以现场测量位移为基础的初始地应力场位移反分析方法得到了快速的发展，成为确定初始地应力场的重要手段之一。区域地应力场的回归反演分析，对于多测点地应力结果之间的“平差”、区域地应力场的宏观把握及加快水电工程地勘进度，具有非常重要的工程意义。

工程上常用的地应力场回归分析方法主要有边界荷载调整法、位移函数法、应力函数的趋势面分析法和有限元数学模拟回归分析方法(孙港等，2023；王志云等，2023；陈世杰等，2020)。也有学者对反演分析方法进行了探索研究，得出了一些有意义的成果。戚蓝等(2004)将地应力场视为典型的灰色系统，利用灰色代数曲线模型(GAM)建模理论，对多元非线性系统的初始地应力场进行了系统分析，利用有限元法和MATLAB软件拟合实际初始地应力场。喻军华等(2003)提出了将位移函数法和有限元法结合来模拟初始地应力场的分析方法。赵洪波和冯夏庭(2003)将支持向量机与遗传算法相结合，提出了一种位移反分析方法，较好地解决了位移反分析存在的计算量大问题。易达等(2004)提出了遗传算法与有限元联合反演法，将有限元程序作为一个单独模块嵌入遗传算法程序，对非线性岩体初始应力场进行求解。胡斌等(2005)结合龙滩水电站的工程地质条件和实测地应力资料，采用$FLAC^{3D}$软件回归分析了区域初始地应力的影响因素。程滨等(2006)将计算模型边界上的位移看成基本位移模式的组合，在计算模型的边界上施加位移边界条件模拟构造运动，基于地应力实测结果来拟合区域的初始地应力场。侯明勋和葛修润(2007)以实测空间地应力资料为基础，以边界位移为控制对象，尝试了在实际边界满足无穷远处位移为0的模型边界上引入无界单元，采用有限元耦合无界元方法，对工程区大范围内的岩体初始地应力场进行了研究。余志雄等(2007)提出了一种基于改进支持向量机和改进遗传算法的初始地应力场位移反分析方法，改进了传统优化反分析思路中必须反复进行大量正分析的缺点，提高了计算效率。何军杰等(2024)建立了高精度的山体三维有限元模型，并利用多元线性回归原理获取构造应力的回归公式理论解，描述了工程区的构造应力分布特征。

综上所述，针对水电站地下厂房洞室群围岩变形破坏问题，学术界和工程界从地质、力学、数学、计算机等多学科的不同视角，对地下洞室群围岩变形破坏机制、稳定性预测预报、施工开挖安全控制等方面进行了有益的探索，取得了重要进展，但研究积累仍然有限，主要表现在如下几个方面：①基于地应力实测数据或实测位移的三维地应力分析理论尚未真正建立，高地应力环境下地下洞室施工开挖围岩应力场的扰动规律有待深入研究；②对高地应力环境下地下洞室施工开挖产生强卸荷作用的围岩强度与变形特性研究积累较少，尚未形成统一的理论与模型；③对地下洞室群围岩变形破坏响应机制的认识不清，缺乏高地应力环境和强卸荷作用下地下洞室群发生大变形的岩石结构特征、地应力特征、变形破坏条件、成灾演化机制相应的非连续变形分析理论和方法；④尚未形成地下厂房洞室群围岩变形破坏预测预警模型与阈值；⑤尚未形成系统的地下洞室群围岩变形破坏时空预测和安全调控体系。

第 2 章　岩体地应力分级、测量与反演

2.1　岩体地应力分级

岩体初始地应力是制约地下洞室围岩变形破坏的内在因素，也是影响地下洞室开挖稳定的安全因素。岩体初始地应力的主要组成是自重应力和构造应力。薛玺成等(1987)认为，岩体初始最大主应力大于 20MPa 时便属于高地应力；国标《水利水电工程地质勘察规范(2022 年版)》(GB 50487—2008)约定，岩体初始最大主应力大于 30MPa 时属于极高地应力。薛玺成等(1987)指出，高、低地应力区的划分应以构造应力在应力场中的贡献大小为依据，并提出以实测地应力的主应力之和与相应测点自重应力和主应力之和的比值 I_1/I_1^0 作为地应力分级的标准，分级方案见表 2.1.1。

表 2.1.1　地应力分级方案(薛玺成等，1987)

地应力分级	量化指标 I_1/I_1^0	说明
低	1.0～1.5	30%以下的地应力由构造应力产生
较高	1.5～2.0	30%～50%的地应力由构造应力产生
高	＞2.0	50%以上的地应力由构造应力产生

工程实践表明，岩体地应力分级除了应考虑地应力量级外，还应考虑岩石的单轴抗压强度。国标《岩土工程勘察规范(2009 年版)》(GB 50021—2001)采用强度应力比δ作为地应力分级的依据。强度应力比δ的计算见式(2.1.1)。《岩土工程勘察规范(2009 年版)》(GB 50021—2001)中的地应力分级见表 2.1.2。国外也采用强度应力比δ来进行地应力分级，王成虎等(2011)总结了国际隧道协会、日本应用地质协会、苏联顿巴斯矿区和加拿大的地应力分级，见表 2.1.3。我国行业标准《水电水利工程地下建筑物工程地质勘查技术规程》(DL/T 5415—2009)采用了地应力量级和强度应力比这两指标相结合的混合分级方案，见表 2.1.4。

$$\delta = \sigma_{rc}/\sigma_{m1} \tag{2.1.1}$$

式中，δ为强度应力比；σ_{rc} 为岩石单轴抗压强度(MPa)；σ_{m1} 为岩体最大地应力(MPa)。

表 2.1.2　《岩土工程勘察规范(2009 年版)》(GB 50021—2001)地应力分级

地应力分级	量化指标	主要现象
极高	$\delta < 4.0$	硬质岩：开挖过程时有岩爆发生，有岩块弹出，洞壁岩体发生剥离，新生裂缝多，成洞性差；基坑有剥离现象，成形性差
		软质岩：岩心常有饼化现象，开挖过程洞壁岩体有剥离，位移极为显著，甚至发生大位移，持续时间长，不易成洞；基坑发生显著隆起或剥离，不易成形
高	$4.0 \leqslant \delta \leqslant 7.0$	硬质岩：开挖过程可能出现岩爆，洞壁岩体有剥离和掉块现象，新生裂缝较多，成洞性较差；基坑时有剥离现象，成形性一般尚好
		软质岩：岩心时有饼化现象，开挖过程洞壁岩体位移显著，持续时间较长，成洞性差；基坑有隆起现象，成形性较差

表 2.1.3　国外地应力分级(王成虎等，2011)

机构或国家	地应力分级		
	低	中	高
国际隧道协会、日本应用地质协会、苏联顿巴斯矿区	$\delta > 4.0$	$2.0 \leqslant \delta \leqslant 4.0$	$\delta < 2.0$
加拿大	$\delta > 6.7$	$2.5 \leqslant \delta \leqslant 6.7$	$\delta < 2.5$

表 2.1.4　《水电水利工程地下建筑物工程地质勘查技术规程》(DL/T 5415—2009)地应力分级

地应力分级	量化指标		主要现象
	σ_{m1}/MPa	δ	
极高	$\sigma_{m1} \geqslant 40$	$\delta \leqslant 2$	硬质岩：开挖过程时有岩爆发生，有岩块弹出，洞壁岩体发生剥离，新生裂缝多；基坑有剥离现象，成型性差；钻孔岩心多有饼化现象
			软质岩：钻孔岩心有饼化现象，开挖过程洞壁岩体有剥离，位移极为显著，甚至发生大位移，持续时间长，不易成洞；基坑岩体发生卸荷回弹，出现显著隆起或剥离，不易成形
高	$20 \leqslant \sigma_{m1} < 40$	$2 < \delta \leqslant 4$	硬质岩：开挖过程可能出现岩爆，洞壁岩体有剥离和掉块现象，新生裂缝较多；基坑时有剥离现象，成形性一般尚好；钻孔岩心时有饼化现象
			软质岩：钻孔岩心有饼化现象，开挖过程洞壁岩体位移显著，持续时间较长，成洞性差；基坑有隆起现象，成形性较差
中等	$10 \leqslant \sigma_{m1} < 20$	$4 < \delta \leqslant 7$	硬质岩：开挖过程洞壁岩体局部有剥离和掉块现象，成洞性尚好；基坑局部有剥离现象，成形性尚好
			软质岩：开挖过程洞壁岩体局部有位移，成洞性尚好；基坑局部有隆起现象，成形性一般尚好
低	$\sigma_{m1} < 10$	$\delta > 7$	无上述现象

基于强度应力比的分级方案虽然形式相近，但是实际差异却很大，包括岩石单轴抗压强度σ_{rc}取值问题、岩体最大地应力σ_{m1}取值问题、地应力分级的级差问题。对于岩石单轴抗压强度σ_{rc}取值，国外普遍使用天然或干燥强度值，我国则强制使用饱和强度值。对于岩体最大地应力σ_{m1}取值，《岩土工程勘察规范(2009 年

版)》(GB 50021—2001)和《工程岩体分级标准》(GB/T 50218—2014)均要求取垂直于隧道轴线或地下洞室区的最大主应力，国外和《水电水利工程地下建筑物工程地质勘查技术规程》(DL/T 5415—2009)则仅要求取实测最大主应力。关于地应力分级的级差，国外普遍采用高地应力、中地应力和低地应力 3 级划分方案；我国分级较为模糊，或大多关注高地应力，如《岩土工程勘察规范(2009 年版)》(GB 50021—2001)将地应力划分为 4 级,《水电水利工程地下建筑物工程地质勘查技术规程》(DL/T 5415—2009)则增加了极高地应力这一级。国外地应力划分的级差较为接近，我国的级差则较大。例如，当强度应力比为 4～7 时,《岩土工程勘察规范(2009 年版)》(GB 50021—2001)划分为高地应力,《水电水利工程地下建筑物工程地质勘查技术规程》(DL/T 5415—2009)划分为中等地应力。对于地应力量级的分级标准,《水电水利工程地下建筑物工程地质勘查技术规程》(DL/T 5415—2009)中的极高地应力界定为大于等于 40MPa,《水利水电工程地质勘察规范(2022 年版)》(GB 50487—2008)中的极高地应力界定为大于 30MPa。从学术上讲，上述差异是不严谨的，不利于交流；从工程上讲，上述差异会影响安全评价与工程造价。

为了更好地理解高地应力问题，需要重视地应力的主要载体——岩体的基本特点。可以从三个方面来理解岩体的工程特性和力学行为。第一是岩体的结构性，岩体由复杂成因地质结构面和结构体组成，结构性是岩体的基本属性，制约岩体的基本物理力学行为；第二是岩体的赋存环境，主要指地应力环境和地下水环境，有时也包括动力环境(区域构造稳定)、地温环境和地表水环境(包括降雨)等；第三是工程作用，包括工程结构设计、开挖施工、支护加固等方面。工程作用的影响包括几个方面：改变岩体的结构性，开挖面为原本处于三向约束状态的结构体提供了结构调整的自由空间；改变岩体的赋存环境，导致应力集中、围岩破坏或松弛、围岩失水或地下水渗漏等；开挖施工扰动，钻爆法开挖会使围岩出现损伤、岩体结构松弛及地应力动态释放产生岩爆。隧道掘进机(tunnel boring machine，TBM)法开挖扰动相对要小。地下工程结构设计的原则是轴线尽量与主要结构面大角度相交、与第一主应力方向平行，剖面形态尽量与地应力协调；开挖施工需要选择适当的开挖方法、开挖工序，使开挖扰动减小到最低限度；支护加固时采用工程措施控制各类影响，确保安全。

岩体初始地应力状态与地下洞室施工开挖的变形破坏特征密切相关。表 2.1.2～表 2.1.4 中的地应力分级配有主要现象描述。地应力水平可以从三个方面判定：第一，根据地下洞室埋深、经验公式、所处构造环境，初步确定地应力水平，也可以参考临近地下工程的地应力现象或实测结果；第二，根据勘察或开挖过程中围岩的物理现象、变形破坏现象估算；第三，根据地下工程所在工程区的地应力实测资料确定。虽然各种地应力测量方法有其局限性，但是地应力实测资料是相对准确的。

根据工程实践，位于浅部的地下工程地应力水平较低。这种条件下，岩体的物理特征主要表现为结构松弛、透水性强、沿结构面存在风化或溶蚀现象(巨广宏和石立，2023)；地下洞室围岩受地应力的影响较小，围岩破坏主要表现为受结构面控制的塌方(块状结构岩体)或散落(碎裂结构岩体)，地下水丰富且岩体风化强烈时会出现泥流(肖前丰等，2022)，结构面破坏形式包括张裂、滑移、岩桥贯穿等，结构体本身不会发生破坏。对高地应力的理解是伴随深部地下工程或深部钻井工程出现的问题逐步提高的。薛玺成等(1987)总结的高地应力现象包括平洞中的岩爆、钻孔中的岩饼、裂隙岩体的低渗透性、原位岩体弹性模量与室内岩石弹性模量近似相等。孙广忠(1993)给出了高、低地应力地区的地质标志，见表 2.1.5。需要注意的是，表 2.1.5 中的标志 6 是煤系地层现象，并不完全与高地应力有关。岩爆、片帮和饼状岩心等是高地应力最为典型的破坏现象。随着不断的工程实践，一些新的高地应力破坏现象陆续得以发现，如钻孔或隧道围岩崩裂、分区破裂化现象和剪切破坏现象等。综合这些成果，总结高地应力条件下地下洞室围岩的物理特征与破坏特征，见表 2.1.6。

表 2.1.5　高、低地应力地区的地质标志(孙广忠，1993)

序号	高地应力地区的地质标志	低地应力地区的地质标志
1	围岩产生岩爆、剥离现象	围岩松动、塌方、掉块
2	围岩收敛变形大	围岩渗水
3	软弱夹层挤出	岩体节理中有夹泥
4	钻孔出现饼状岩心	岩脉内岩块松动，强风化
5	开挖无渗水现象	断层或节理中有次生矿物晶族、孔洞等
6	开挖过程有瓦斯突出	—

表 2.1.6　高地应力条件下地下洞室围岩的物理特征与破坏特征

序号	物理特征	破坏特征
1	岩体结构致密	岩心饼裂(core disking)
2	渗透性极差，单位吸水率低	岩爆(rock burst)
3	原位岩体弹性模量与室内岩石弹性模量近似相等	钻孔或隧洞壁崩裂(breakout)
4	岩石新鲜，无风化	洞壁存在葱皮(onion skin)、劈裂或板裂(spalling 或 slabbing)
5	—	层状结构岩体屈曲(buckling)
6	—	软岩挤出(squeezing)
7	—	分区破裂(zonal disintegration)
8	—	剪切破裂(shear rupture)
9	—	岩体鼓胀(bulking 或 swelling)
10	—	煤系地层可能存在瓦斯突出

2.2　横观各向同性岩体地应力测量理论

2.2.1　坐标系统及几何关系

1. 坐标系统

理论推导及实测地应力计算过程中涉及 3 个空间坐标,首先介绍 3 个坐标系。基本坐标系为 XYZ, X 轴正向为正北方向, Y 轴正向为正西方向, Z 轴正向为垂直向上；钻孔坐标系为 $x_1y_1z_1$；岩体结构坐标系为 xyz。

对于 $x_1y_1z_1$ 和 xyz 坐标系统，存在两种情况。钻孔轴线和各向同性平面法线平行时：取钻孔前进方向为法线正向，此时坐标系 $x_1y_1z_1$ 和 xyz 重合；z_1 轴正向为钻孔前进方向；x_1 轴正向位于 XOY 平面(水平面)内，正向为人面对钻孔时与水平线重合直径的左向；y_1 轴正向为 z_1 轴正向和 x_1 轴正向的矢积，有 $y_1 = z_1 \times x_1$；参考矢量 $\bar{D} = z_1 \times Z$，即 x_1 轴的负向。钻孔轴线和各向同性平面法线斜交时：z_1 轴正向为钻孔前进方向；z 轴正向为各向同性平面法线的仰视方向；$y_1(y) = z_1 \times x_1$，位于各向同性平面内或与之平行；$x_1 = y_1 \times z_1$，位于钻孔横切面内或与之平行；$x = y \times z$；参考矢量 $\bar{D} = z_1 \times Z$，即人面对钻孔钻进方向时与水平线重合直径方向的右向。

2. 几何关系

几何关系包括 3 个方面：钻孔坐标轴正向对基本坐标轴正向的余弦、z 轴正向与 z_1 轴正向的夹角、钻孔坐标轴 x_1 和测量方向的夹角。

当钻孔轴线和各向同性平面法线平行时，x_1 轴、y_1 轴、z_1 轴正向对应 x 轴、y 轴、z 轴正向的方向余弦，相应的几何关系见图 2.2.1，方向余弦见表 2.2.1。

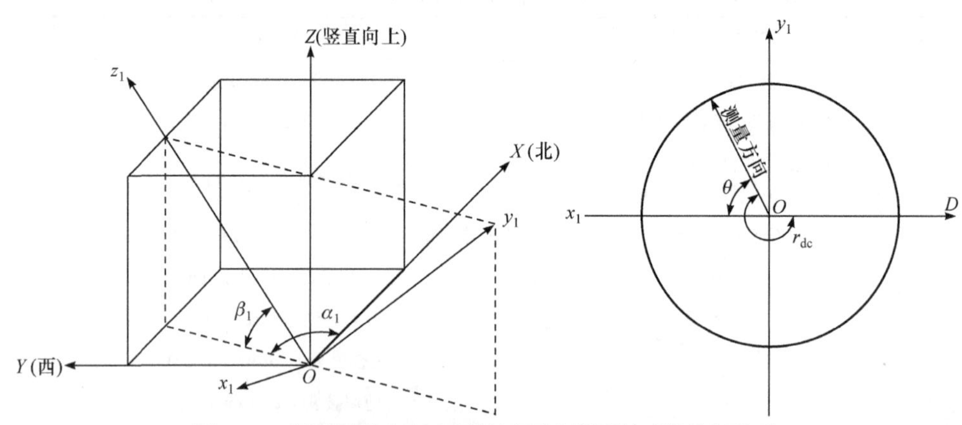

图 2.2.1　钻孔轴线和各向同性平面法线平行时的几何关系

α_1 为钻孔前进方向的方位角；β_1 为钻孔轴线倾角；θ 为 x_1 轴正向和测量方向(离开孔心的方向)的夹角；r_{dc} 为参考矢量 $\bar{D}$ 和测量方向的夹角

表 2.2.1　空间方向余弦

钻孔坐标	基本坐标		
	X	Y	Z
x_1	l_1	m_1	n_1
y_1	l_2	m_2	n_2
z_1	l_3	m_3	n_3

根据图 2.2.1 的几何关系，对应表 2.2.1 中的各方向余弦，有

$$\begin{cases} l_1 = -\sin\alpha_1 & m_1 = \cos\alpha_1 & n_1 = 0 \\ l_2 = -\sin\beta_1\cos\alpha_1 & m_2 = -\sin\beta_1\sin\alpha_1 & n_2 = \cos\beta_1 \\ l_3 = \cos\beta_1\cos\alpha_1 & m_3 = \cos\beta_1\sin\alpha_1 & n_3 = \sin\beta_1 \end{cases} \tag{2.2.1}$$

式中，l_1为 x_1与 X 之间的方向余弦；m_1为 x_1与 Y 之间的方向余弦；n_1为 x_1与 Z 之间的方向余弦；l_2为 y_1与 X 之间的方向余弦；m_2为 y_1与 Y 之间的方向余弦；n_2为 y_1与 Z 之间的方向余弦；l_3为 z_1与 X 之间的方向余弦；m_3为 z_1与 Y 之间的方向余弦；n_3为 z_1与 Z 之间的方向余弦；α_1为钻孔前进方向的方位角(°)，以 X 轴起逆时针方向为正；β_1为钻孔轴线倾角(°)，以仰为正(离开原点的矢量在水平面之上)、俯为负(离开原点的矢量在水平面之下)。

z 轴正向和 z_1轴正向的夹角θ_1为

$$\theta_1 = 0 \tag{2.2.2}$$

x_1轴正向和测量方向(离开孔心的方向)的夹角θ为

$$\theta = r_{\text{dc}} \tag{2.2.3}$$

式中，r_{dc}为参考矢量 $\bar{D}$ 和测量方向的夹角(°)，以矢量 $\bar{D}$ 起顺时针方向为正。

当钻孔轴线和各向同性平面法线斜交时，相应的几何关系及坐标系见图 2.2.2。设各向同性平面的法线正向对 X 轴、Y 轴、Z 轴正向的方向余弦分别为 l_{f}、m_{f}、n_{f}，则有

$$\begin{cases} l_{\text{f}} = \sin\beta\cos\alpha \\ m_{\text{f}} = \sin\beta\sin\alpha \\ n_{\text{f}} = \cos\beta \end{cases} \tag{2.2.4}$$

式中，α为各向同性平面的方位角(°)，符号规定同α_1；β为各向同性平面的倾角(°)。

z_1轴正向对 X 轴、Y 轴、Z 轴正向的方向余弦为

$$\begin{cases} l_3 = \cos\beta_1\cos\alpha_1 \\ m_3 = \cos\beta_1\sin\alpha_1 \\ n_3 = \sin\beta \end{cases} \tag{2.2.5}$$

z 轴正向为各向同性平面法线的仰视方向，z_1轴正向为钻孔前进方向，有如

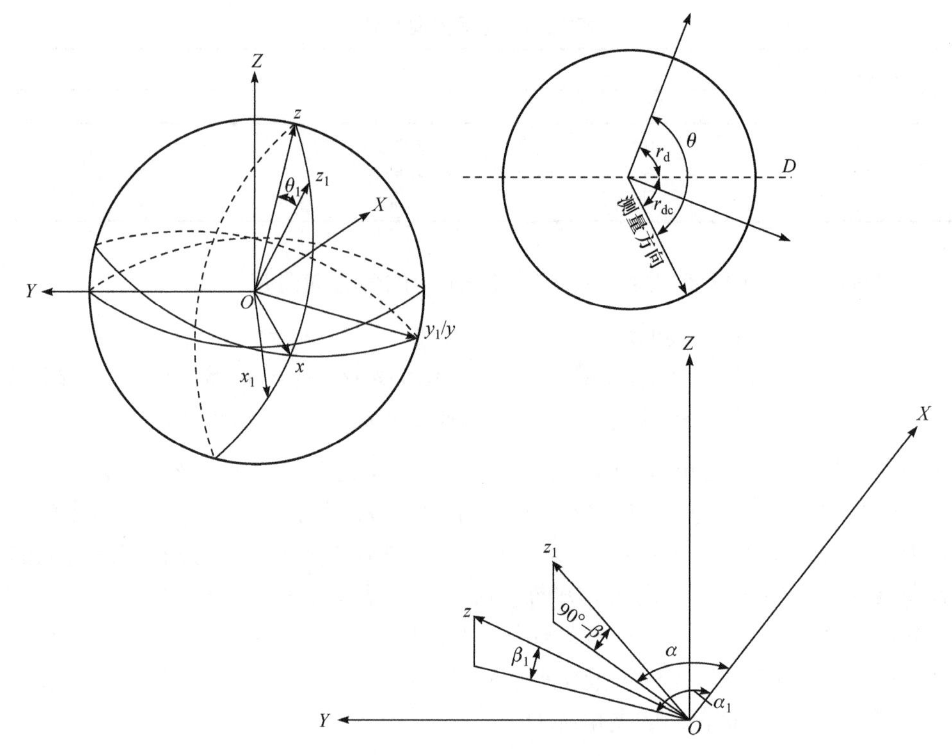

图 2.2.2　钻孔轴线和各向同性平面法线斜交时的几何关系

下关系：

$$z = l_f m_f z_f \tag{2.2.6}$$

$$z_1 = l_3 m_3 z_3 \tag{2.2.7}$$

根据 $y_1(y) = z_1 \times x_1$ 的矢量运算，i、j、k 分别为 X、Y、Z 方向的单位向量，得

$$y_1(y) = (m_f n_3 - m_3 n_f)\cdot i + (n_f l_3 - n_3 l_f)\cdot j + (l_f m_3 - l_3 m_f)\cdot k \tag{2.2.8}$$

且有

$$\begin{cases} l_2 = (m_f n_3 - m_3 n_f)/A \\ m_2 = (n_f l_3 - n_3 l_f)/A \\ n_2 = (l_f m_3 - l_3 m_f)/A \end{cases} \tag{2.2.9}$$

式中，$A = [(m_f n_3 - m_3 n_f)^2 + (n_f l_3 - n_3 l_f)^2 + (l_f m_3 - l_3 m_f)^2]^{1/2}$。

z 轴正向和 z_1 轴正向的夹角 θ_1 为

$$\theta_1 = \cos^{-1}(l_3 l_f + m_3 m_f + n_3 n_f) \tag{2.2.10}$$

x_1 轴正向和测量方向的夹角 θ 为

$$\theta = r_d + r_{dc} \tag{2.2.11}$$

式中，r_d 为 x_1 轴正向和参考矢量 $\bar{D}$ 正向的夹角(°)。

$$D = m_3 \cdot i - l_3 \cdot j + 0 \cdot k \tag{2.2.12}$$

且有

$$\begin{cases} l_d = m_3 / (m_3^2 + l_3^2)^{1/2} \\ m_d = -l_3 / (m_3^2 + n_3^2)^{1/2} \\ n_d = 0 \end{cases} \tag{2.2.13}$$

式中，l_d、m_d、n_d 分别为参考矢量 $\bar{D}$ 正向对 X 轴、Y 轴、Z 轴正向的方向余弦。

r_d 和 l_d、m_d、l_1、m_1 有如下关系：

$$\cos r_d = l_1 l_d + m_1 m_d = p \tag{2.2.14}$$

式中，p 为中间变量。若 x_1 轴正向为仰视方向，则 $r_d = \cos^{-1}(p)$；若 x_1 轴正向为俯视方向，则 $r_d = -\cos^{-1}(p)$。

2.2.2　钻孔周边径向位移的基本理论

1. 适用条件与基本假设

横观各向同性岩体钻孔周边径向位移的基本理论也适用于均质的横观各向同性岩体。横观各向同性岩体只在平行于某一平面内是各向同性的，其他方向则是各向异性的。具体表现为各向同性面上和与之垂直的方向上弹性模量 E 和泊松比 μ 不等。对于均质的各向同性岩体，只有 E 和 μ 这两个独立的弹性常数。横观各向同性岩体有 5 个独立的弹性常数，即 E、E'、μ、μ'、G'。

设各向同性面为 xoy，z 轴和各向同性平面垂直，则 5 个常数的含义是：E 表示当 x(或 y)方向加荷时，x(或 y)方向产生单位应变所需的应力，即 E_x(或 E_y)；E' 表示当 z 方向加荷时，z 方向产生单位应变所需的应力，即 E_z；μ 表示各向同性面上的泊松比，即当 x(或 y)方向加荷时，x(或 y)方向变形时的泊松比 $\varepsilon_y/\varepsilon_x$(或 $\varepsilon_x/\varepsilon_y$)是 μ_{xy}(或 μ_{yx})；μ' 表示垂直各向同性平面的方向 z 加荷时，各向同性平面 x(或 y)方向变形时的泊松比 $\varepsilon_y/\varepsilon_z$(或 $\varepsilon_x/\varepsilon_z$)是 μ_{zx}(或 μ_{zy})；G' 表示各向同性平面内线段与 z 轴方向线段夹角改变的剪切弹性模量，即 G_{yz}(或 G_{xz})。

设钻孔坐标系为 $x_1y_1z_1$(z_1 轴为钻孔轴线，x_1oy_1 为钻孔横截面)，理论基本假设有：①沿钻孔前进方向应变为一常量，即 $\varepsilon_{z_1} = k$，由于测量钢环离孔底有一定距离，孔底的约束效应微弱，因此该假设是合理的；②平面 y_1oz_1、x_1oz_1 内的应变为零，即 $\gamma_{y_1z_1} = \gamma_{x_1z_1} = 0$；③应力分量和应变分量均不随孔深的变化而变化；④在平衡方程中不计体力；⑤假设在无限远处加荷，把测孔周围及附近的应力场视为均匀应力场。

2. 各向异性弹性理论的复变函数法

后续求解的问题属于单连通无限域。这里只对单连通无限域各向异性弹性理论的复变函数法作扼要介绍。基本方程包括平衡方程、几何方程、相容方程和物理方程。

平衡方程：

$$\begin{cases}\dfrac{\partial\sigma_x}{\partial x}+\dfrac{\partial\tau_{xy}}{\partial x}+X=0\\ \dfrac{\partial\sigma_y}{\partial y}+\dfrac{\partial\tau_{xy}}{\partial y}+Y=0\end{cases}\tag{2.2.15}$$

式中，σ_x为x方向的正应力(MPa)；σ_y为y方向的正应力(MPa)；τ_{xy}为xoy面的剪应力(MPa)；X为x方向的力(MN)；Y为y方向的力(MN)。

几何方程：

$$\begin{cases}\varepsilon_x=\dfrac{\partial u}{\partial x}\\ \varepsilon_y=\dfrac{\partial v}{\partial y}\\ \gamma_{xy}=\dfrac{\partial u}{\partial y}+\dfrac{\partial v}{\partial x}\end{cases}\tag{2.2.16}$$

式中，ε_x为x方向的正应变；ε_y为y方向的正应变；γ_{xy}为xoy面的剪应变；u为x方向的位移(m)；v为y方向的位移(m)。

相容方程：

$$\frac{\partial^2\varepsilon_x}{\partial y^2}+\frac{\partial^2\varepsilon_y}{\partial x^2}=\frac{\partial^2\gamma_{xy}}{\partial x\partial y}\tag{2.2.17}$$

物理方程：

$$\begin{cases}\varepsilon_x=a_{11}\sigma_x+a_{12}\sigma_y+a_{16}\tau_{xy}\\ \varepsilon_y=a_{12}\sigma_x+a_{22}\sigma_y+a_{26}\tau_{xy}\\ \gamma_{xy}=a_{16}\sigma_x+a_{26}\sigma_y+a_{66}\tau_{xy}\end{cases}\tag{2.2.18}$$

式中，a_{11}、a_{12}、a_{16}、a_{22}、a_{26}、a_{66}均为系数。

边界条件：

$$\begin{cases}X_{\mathrm{n}}=\sigma_x\cos(n,x)+\tau_{xy}\cos(n,y)\\ Y_{\mathrm{n}}=\tau_{xy}\cos(n,x)+\sigma_y\cos(n,y)\end{cases}\tag{2.2.19}$$

式中，X_{n}为边界x方向的应力(MPa)；Y_{n}为边界y方向的应力(MPa)。

引进应力函数$U(x,y)$，将应力分量表示为

$$
\begin{cases}
\sigma_x = \dfrac{\partial^2 U(x,y)}{\partial y^2} \\
\sigma_y = \dfrac{\partial^2 U(x,y)}{\partial x^2} \\
\tau_{xy} = \dfrac{\partial^2 U(x,y)}{\partial x \partial y}
\end{cases}
\tag{2.2.20}
$$

式中，$U(x, y)$为应力函数。

将式(2.2.20)代入式(2.2.15)，不计体积力时，满足平衡方程。将式(2.2.20)代入式(2.2.18)，再将式(2.2.18)代式入式(2.2.17)，得到应力函数的相容方程：

$$
a_{22}\frac{\partial^4 U(x,y)}{\partial x^4} - 2a_{26}\frac{\partial^4 U(x,y)}{\partial x^2} + (2a_{22}+a_{66})\frac{\partial^4 U(x,y)}{\partial x^2 \partial y^2} - 2a_{16}\frac{\partial^4 U(x,y)}{\partial x \partial y^3}
$$

$$
+a_{11}\frac{\partial^4 U(x,y)}{\partial y^4} = 0 \tag{2.2.21}
$$

可以证明特征方程[式(2.2.22)]不可能有实数根：

$$
a_{11}S^4 - 2a_{16}S^3 - (2a_{12}+a_{66})S^2 - 2a_{26}S + a_{22} = 0 \tag{2.2.22}
$$

式中，S 为待求方程的根。在此，记式(2.2.22)的虚根表达式为

$$
\begin{cases}
S_1 = \alpha_1 + \mathrm{i}\beta_1 \\
S_2 = \alpha_2 + \mathrm{i}\beta_2 \\
S_3 = \alpha_1 - \mathrm{i}\beta_1 \\
S_4 = \alpha_2 + \mathrm{i}\beta_2
\end{cases}
\tag{2.2.23}
$$

式中，α_1、α_2 表示式中的实数部分；β_1、β_2 表示式中的虚数部分，$\beta_1 > 0$，$\beta_2 > 0$，$\beta_1 \neq \beta_2$。

满足式(2.2.21)的应力函数可表示为

$$
U(x,y) = F_1(Z_1) + \overline{F_1(Z_1)} + F_2(Z_2) + \overline{F_2(Z_2)} \tag{2.2.24}
$$

且有

$$
\begin{cases}
Z_1 = z + S_1 y = x + \alpha_1 y + \mathrm{i}\beta_1 y \\
Z_2 = z + S_2 y = x + \alpha_2 y - \mathrm{i}\beta_2 y
\end{cases}
\tag{2.2.25}
$$

将式(2.2.24)代入式(2.2.20)，得如下应力分量：

$$
\begin{cases}
\sigma_x = 2R_{\mathrm{e}}[S_1^2\phi(Z_1) + S_2^2\psi(Z_2)] \\
\sigma_y = 2R_{\mathrm{e}}[\phi(Z_1) + \psi(Z_2)] \\
\tau_{xy} = -2R_{\mathrm{e}}[S_1\phi(Z_1) + S_2\psi(Z_2)]
\end{cases}
\tag{2.2.26}
$$

式中，F_1、Z_1、F_2、Z_2 均为中间变量，$\phi(Z_1) = \mathrm{d}F_1/\mathrm{d}Z_1$，$\psi(Z_2) = \mathrm{d}F_2/\mathrm{d}Z_2$；$R_{\mathrm{e}}$ 为系数。

将式(2.2.26)代入式(2.2.20)，再将式(2.2.20)代入式(2.2.16)并进行积分，得位移分量的表达式：

$$\begin{cases} u(x,y)=2R_{\mathrm{e}}\left[p_1\phi(Z_1)+p_2\psi(Z_2)\right]-w_0y+u_0 \\ v(x,y)=3R_{\mathrm{e}}\left[q_1\phi(Z_1)+q_2\psi(Z_2)\right]+w_0x+v_0 \end{cases} \tag{2.2.27}$$

式中，$u(x,y)$、$v(x,y)$为位移分量(m)；w_0、u_0为系数；p_1、p_2、q_1、q_2见式(2.2.28)。

$$\begin{cases} p_1=a_{11}S_1^2+a_{12}-a_{16}S_1 \\ p_2=a_{11}S_2^2+a_{12}-a_{16}S_2 \\ q_1=\dfrac{a_{11}S_1^2+a_{22}-a_{26}S_1}{S_1} \\ q_2=\dfrac{a_{12}S_2^2+a_{22}-a_{26}S_2}{S_2} \end{cases} \tag{2.2.28}$$

由边界条件[式(2.2.19)]可得确定函数$\phi_1(Z_1)$和$\psi_1(Z_2)$的方程组：

$$\begin{cases} \phi_1(Z_1)+\overline{\phi_1(Z_1)}+\psi_1(Z_2)+\overline{\psi_1(Z_2)}=-\displaystyle\int_0^S Y_{\mathrm{n}}\mathrm{d}s+C_1 \\ S_1\phi_1(Z_1)+\overline{S_1\phi_1(Z_1)}+S_2\psi_1(Z_2)+\overline{S_2\psi_1(Z_2)}=\displaystyle\int_0^S X_{\mathrm{n}}\mathrm{d}s+C_2 \end{cases} \tag{2.2.29}$$

式中，C_1、C_2为系数。

用复变函数法求解各向异性弹性力学问题可归结为由式(2.2.29)确定函数$\phi_1(Z_1)$和$\psi_1(Z_2)$，然后代入式(2.2.26)和式(2.2.27)，即可确定应力分量和位移分量。

3. 钻孔周边位移的理论公式

由于钻孔和各向同性面相对位置关系不同，岩体应力和钻孔周边径向位移关系也不同。分别对钻孔轴线和各向同性平面法线平行、钻孔轴线和各向同性平面法线斜交两种情况进行分析。

先分析钻孔轴线和各向同性平面法线平行情况。

$x_1y_1z_1$坐标系下的本构方程为

$$\begin{cases} \varepsilon_{x_1}=(\sigma_{x_1}-\mu\sigma_{y_1})/E-(\mu'/E')\sigma_{z_1} \\ \varepsilon_{y_1}=(\sigma_{y_1}-\mu\sigma_{x_1})/E-(\mu'/E')\sigma_{z_1} \\ \varepsilon_{z_1}=-(\mu'/E')(\sigma_{x_1}+\sigma_{y_1})+(1/E')\sigma_{z_1} \\ \gamma_{y_1z_1}=(1/G')\tau_{y_1z_1} \\ \gamma_{x_1z_1}=(1/G')\tau_{x_1y_1} \\ \gamma_{x_1y_1}=(1/G')\tau_{x_1y_1} \end{cases} \tag{2.2.30}$$

由前述基本假定，本构方程[式(2.2.30)]变为

$$\begin{cases} \varepsilon_{x_1} = a_{11}\sigma_{x_1} + a_{12}\sigma_{y_1} - \mu' k \\ \varepsilon_{y_1} = a_{12}\sigma_{x_1} + a_{22}\sigma_{y_1} - \mu' k \\ \gamma_{x_1 y_1} = a_{66}\sigma_{x_1 y_1} \end{cases} \tag{2.2.31}$$

式中，$a_{11} = a_{22} = (1/E)-(\mu'^2/E')$；$a_{12} = -(\mu/E)-(\mu'^2/E')$；$a_{66} = 1/G$；$k$ 为常数。

基于本构方程[式(2.2.31)]，可推导出钻孔周边径向位移 U_{r} 的公式：

$$U_{\mathrm{r}} = A\sigma_{x_1} + B\sigma_{y_1} + C\sigma_{z_1} + D\tau_{x_1 y_1} \tag{2.2.32}$$

式中，U_{r}为钻孔周边径向位移(m)；$A = (R/8G)(k+1) + (R/4G)(k+1)\cos 2\theta + R(\mu'^2/E')$，$R$ 为钻孔半径(m)，$G = E/[2(1+\mu)]$；$B = (R/8G)(k+1) - (R/4G)(k+1)\cos 2\theta + R(\mu'^2/E')$；$C = -R(\mu'^2/E')$；$D = (R/2G)(k+1)\sin 2\theta$。

可以证明，当 $E = E'$和$\mu = \mu'$时，有

$$U_{\mathrm{r}} = \frac{R}{E}\left[\sigma_{x_1} + \sigma_{y_1} + 2(1-\mu^2)(\sigma_{x_1} - \sigma_{y_1})\cos 2\theta + 4(1-\mu^2)\tau_{x_1 y_1}\sin 2\theta - \mu\sigma_{y_1}\right] \tag{2.2.33}$$

接下来，分析钻孔轴线和各向同性平面法线斜交情况。

此情况下可利用坐标变换，由式(2.2.30)的本构关系，得到关于坐标系 $x_1 y_1 z_1$ 的本构关系如下：

$$\begin{cases} \varepsilon_{x_1} = C_{11}\sigma_{x_1} + C_{12}\sigma_{y_1} + C_{13}\sigma_{z_1} + C_{15}\tau_{x_1 y_1} \\ \varepsilon_{y_1} = C_{12}\sigma_{x_1} + C_{22}\sigma_{y_1} + C_{23}\sigma_{z_1} + C_{25}\tau_{x_1 y_1} \\ \varepsilon_{z_1} = C_{13}\sigma_{x_1} + C_{23}\sigma_{y_1} + C_{33}\sigma_{z_1} + C_{35}\tau_{x_1 y_1} \\ \gamma_{x_1 y_1} = C_{44}\tau_{y_1 z_1} + C_{46}\tau_{x_1 y_1} \\ \gamma_{x_1 z_1} = C_{15}\sigma_{x_1} + C_{25}\sigma_{y_1} + C_{35}\sigma_{z_1} + C_{55}\tau_{x_1 y_1} \\ \gamma_{y_1 z_1} = C_{46}\tau_{y_1 z_1} + C_{66}\tau_{x_1 y_1} \end{cases} \tag{2.2.34}$$

式中，

$$C_{11} = \frac{1}{E}\cos^4\theta_1 + \frac{1}{E'}\sin^4\theta_1 + \left(\frac{1}{4G'} - \frac{\mu'}{2E'}\right)\sin^2 2\theta_1\text{；}$$

$$C_{12} = -\frac{\mu}{E}\cos^2\theta_1 - \frac{\mu'}{E'}\sin^2\theta_1\text{；}$$

$$C_{13} = \frac{1}{4}\left(\frac{1}{E} + \frac{1}{E'} - \frac{1}{G'}\right)\sin^2 2\theta_1 - \frac{\mu'}{E'}(\cos^4\theta_1 + \sin^4\theta_1)\text{；}$$

$$C_{15} = \left(\frac{1}{E}\cos^2\theta_1 - \frac{1}{E'}\sin^2\theta_1\right)\sin 2\theta_1 - \left(\frac{1}{2G'} - \frac{\mu'}{E'}\right)\sin 2\theta_1\cos 2\theta_1\text{；}$$

$$C_{22} = \frac{1}{E}\text{；}$$

$$C_{23} = -\frac{\mu}{E}\sin^2\theta_1 - \frac{\mu'}{E'}\cos^2\theta_1\text{；}$$

$$C_{25}=\left(\frac{\mu'}{E'}-\frac{\mu}{E'}\right)\sin 2\theta_1\text{ ;}$$

$$C_{33}=\frac{1}{E}\sin^4\theta_1+\frac{1}{E'}\cos^4\theta_1+\left(\frac{1}{4G'}-\frac{\mu'}{E'}\right)\sin^2 2\theta_1\text{ ;}$$

$$C_{35}=\left(\frac{1}{E}\sin^2\theta_1-\frac{1}{E'}\cos^2\theta_1\right)\sin 2\theta_1-\left(\frac{1}{2G'}-\frac{\mu'}{E'}\right)\sin 2\theta_1\cos 2\theta_1\text{ ;}$$

$$C_{44}=-\frac{1}{G'}\cos^2\theta_1-2\left(\frac{1}{E}+\frac{\mu}{E}\right)\sin^2\theta_1\text{ ;}$$

$$C_{46}=\left(\frac{1}{E}+\frac{\mu}{E}-\frac{1}{2G'}\right)\sin 2\theta_1\text{ ;}$$

$$C_{55}=\left(\frac{1}{E}+\frac{1}{E'}+\frac{2\mu'}{E'}\right)\sin^2 2\theta_1+\frac{1}{G'}\cos^2 2\theta_1\text{ ;}$$

$$C_{66}=\frac{1}{G'}\sin^2\theta_1+2\left(\frac{1}{E}+\frac{\mu}{E'}\right)\cos^2\theta_1\text{ 。}$$

由前文的基本假设，式(2.2.34)变为

$$\begin{cases}\varepsilon_{x_1}=a_{11}\sigma_{x_1}+a_{12}\sigma_{y_1}+a_{01}k\\ \varepsilon_{y_1}=a_{12}\sigma_{x_1}+a_{22}\sigma_{y_1}+a_{02}k\\ \gamma_{x_1y_1}=a_{66}\tau_{x_1y_1}\end{cases}\tag{2.2.35}$$

式中，$a_{11}=C_{11}+C_{13}b_{11}+C_{15}b_{13}$；$a_{12}=C_{12}+C_{13}b_{12}+C_{15}b_{14}=C_{12}+C_{23}b_{11}+C_{25}b_{13}$；$a_{22}=C_{22}+C_{23}b_{12}+C_{25}b_{14}$；$a_{01}=C_{13}b_{01}+C_{15}b_{02}$；$a_{02}=C_{23}b_{01}+C_{25}b_{02}$；$a_{66}=C_{66}-(C_{46}C_{46}/C_{44})$；$k$ 为常数。其中，$b_{11}=(C_{15}C_{35}-C_{13}C_{55})/(C_{33}C_{55}-C_{35}C_{35})$；$b_{12}=(C_{25}C_{35}-C_{23}C_{55})/(C_{33}C_{55}-C_{35}C_{35})$；$b_{13}=(C_{13}C_{35}-C_{23}C_{15})/(C_{33}C_{55}-C_{35}C_{35})$；$b_{14}=(C_{23}C_{35}-C_{25}C_{33})/(C_{33}C_{55}-C_{35}C_{35})$；$b_{01}=C_{55}/(C_{33}C_{55}-C_{35}C_{35})$；$b_{02}=C_{35}/(C_{33}C_{55}-C_{35}C_{35})$。

基于本构方程[式(2.2.35)]，可推导出钻孔轴线与岩体各向同性平面法线斜交时钻孔周边径向位移 U_r 的公式：

$$\begin{aligned}U_\mathrm{r}=&(\overline{X_1}\cos\theta+\overline{X_2}\sin\theta)\sigma_{x_1}+(\overline{Y_1}\cos\theta+\overline{Y_2}\sin\theta)\sigma_{y_1}\\&+(\overline{Z_1}\cos\theta+\overline{Z_2}\sin\theta)\sigma_{z_1}+(\overline{T_1}\cos\theta+\overline{T_2}\sin\theta)\tau_{x_1y_1}\end{aligned}\tag{2.2.36}$$

式中，$\overline{X_1}$、$\overline{X_2}$、$\overline{Y_1}$、$\overline{Y_2}$、$\overline{Z_1}$、$\overline{Z_2}$、$\overline{T_1}$、$\overline{T_2}$ 各值与常数 a_{11}、a_{22}、a_{12}、a_{66} 有关，分 $(2a_{12}+a_{66})^2-4a_{12}a_{22}\geqslant 0$ 和 $(2a_{12}+a_{66})^2-4a_{12}a_{22}<0$ 这两种情况。各系数计算与前述类似。

2.2.3　孔径变形法的三维地应力计算

对于孔径变形法，无论在单孔多少个方向上进行应力解除的孔径变形观测，观测值所得的观测方程组系数矩阵的秩不大于 3，即一个钻孔只能提供 3 个独立

的观测方程。因此，不可能求得大于 3 个的应力分量，只能通过 3 个及以上同一平面上相交于一点的钻孔孔径变形观测值才能唯一确定 6 个独立的应力分量。即使两个钻孔提供 6 个观测方程，也不能确定地应力在三维空间的表达。因此，可以证明观测方程组系数矩阵的秩不大于 5。一般至少有 3 个同一平面上且交于一点的测孔。在每个孔中至少取一个观测段，每段观测 4 个不同方向的孔径变形值。这样 3 个及以上的测孔至少有 12 个孔径变形值，即至少有 12 个观测方程。方程的个数大于所求未知量的数目，加之测量存在误差，须用最小二乘法对观测方程组进行优化处理，以求得应力分量的最佳值。

1. 坐标系 *XYZ* 下应力与孔径变形的关系

将径向位移 U_{r} 的公式统一记为

$$U_{\mathrm{r}}=A\sigma_{x_1}+B\sigma_{y_1}+C\sigma_{z_1}+D\tau_{x_1y_1} \tag{2.2.37}$$

钻孔坐标系 $x_1y_1z_1$ 各轴正向对基本坐标系 *XYZ* 各轴正向的方向余弦如表 2.2.1 所示。根据应力的坐标旋转公式得

$$\begin{cases}\sigma_{x_1}=\sigma_x l_1^2+\sigma_y m_1^2+\sigma_z n_1^2+2\tau_{yz}m_1n_1+2\tau_{zx}n_1l_1+2\tau_{xy}l_1m_1\\ \sigma_{y_1}=\sigma_x l_2^2+\sigma_y m_2^2+\sigma_z n_2^2+2\tau_{yz}m_2n_2+2\tau_{zx}n_2l_2+2\tau_{xy}l_2m_2\\ \sigma_{z_1}=\sigma_x l_3^2+\sigma_y m_3^2+\sigma_z n_3^2+2\tau_{yz}m_3n_3+2\tau_{zx}n_3l_3+2\tau_{xy}l_3m_3\\ \tau_{x_1y_1}=\sigma_x l_1l_2+\sigma_y m_1m_2+\sigma_z n_1n_2+\tau_{yz}(m_1n_2+m_2n_1)\\ \qquad +\tau_{zx}(n_1l_2+n_2l_1)+\tau_{xy}(l_1m_2+l_2m_1)\end{cases} \tag{2.2.38}$$

设 a_{ijk} 为第 i 号钻孔坐标系 $x_1y_1z_1$ 第 j 轴正向(x_1：j=1；y_1：j=2；z_1：j=3)对基本坐标系 *XYZ* 第 k 轴(X：k=1；Y：k=2；Z：k=3)正向的方向余弦。第 i 号钻孔第 j 次测量的径向变形为Δd_{ij}，计算公式为

$$\Delta d_{ij}=\sum_{k=1}^{6}a_{ijk}\sigma_k \tag{2.2.39}$$

式中，σ_k 为应力分量。

由于存在测量误差，而且观测方程的个数大于未知量的个数，需要最小二乘法对观测方程进行优化：

$$\Delta d_{ij}/d=(\Delta\tilde{d}_{ij}/d)+\varepsilon_{ij}=\sum(a_{ijk}/d)\tilde{\sigma}_k+\varepsilon_{ij} \tag{2.2.40}$$

式中，$\Delta\tilde{d}_{ij}$ 为孔径变形真实值(m)；$\tilde{\sigma}_k$ 为应力分量真实值(MPa)；ε_{ij} 为孔径变形观测相对误差；d 为观测方程的个数。

ε_{ij} 是相互独立的，且服从正态分布，$\varepsilon_{ij}\sim N[0,1]$。当 d 为无限多时，可接近于真实值，但是一般观测次数 d 是有限的，只能求得近似值的最佳值，计算如下：

$$\Delta d_{ij}/d=(\Delta\hat{d}_{ij}/d)+\delta_{ij}=\sum(a_{ijk}/d)\sigma_k+\delta_{ij} \tag{2.2.41}$$

式中，$\Delta\hat{d}_{ij}$ 为孔径变形最佳值(m)；σ_k 为应力分量最佳值(MPa)；δ_{ij} 为孔径变形观测残差值。

设 $b_{ijk} = a_{ijk}/d$，则有

$$\delta_{ij} = \Delta d_{ij}/d - \sum_{k=1}^{6} b_{ijk}\sigma_k \tag{2.2.42}$$

根据最小二乘法则，$\varPhi = \sum\sum \delta_{ij}^2 = \min$，则有

$$\varPhi = \sum\sum \delta_{ij}^2 = \sum\sum \delta_{ij}^2 = \sum\sum\left[(\Delta d_{ij}/d) - \sum_{k=1}^{6} b_{ijk}\sigma_k\right]^2 \tag{2.2.43}$$

式中，σ_k 为变量，满足如下条件：

$$\partial\phi/\partial\sigma_k = \partial\phi/\partial\sigma_1 = \partial\phi/\partial\sigma_2 = \cdots = \partial\phi/\partial\sigma_6 = 0 \tag{2.2.44}$$

于是，式(2.2.37)可求得

$$\begin{aligned} U_{\mathrm{r}} = &(Al_1^2 + Bl_2^2 + Cl_3^2 + Dl_1l_2)\sigma_x \\ &+ (Am_1^2 + Bm_2^2 + Cm_3^2 + Dm_1m_2)\sigma_y \\ &+ (An_1^2 + Bn_2^2 + Cn_3^2 + Dn_1n_2)\sigma_z \\ &+ (2Al_1m_1 + 2Bl_2m_2 + 2Cl_3m_3 + Dl_1m_2 + Dl_2m_1)\tau_{xy} \\ &+ (2Am_1n_1 + 2Bm_2n_2 + 2Cm_3n_3 + Dm_1n_2 + Dm_2n_1)\tau_{yz} \\ &+ (2An_1l_1 + 2Bn_2l_2 + 2Cn_3l_3 + Dn_1l_2 + Dn_2l_1)\tau_{xz} \end{aligned} \tag{2.2.45}$$

令

$$[\sigma_x \quad \sigma_y \quad \sigma_z \quad \tau_{xy} \quad \tau_{yz} \quad \tau_{xz}]^{\mathrm{T}} = [\sigma_1 \quad \sigma_2 \quad \sigma_3 \quad \sigma_4 \quad \sigma_5 \quad \sigma_6]^{\mathrm{T}} \tag{2.2.46}$$

$[\sigma_x \quad \sigma_y \quad \sigma_z \quad \tau_{xy} \quad \tau_{yz} \quad \tau_{xz}]^{\mathrm{T}}$ 前的系数为$[A_1 \quad A_2 \quad A_3 \quad A_4 \quad A_5 \quad A_6]^{\mathrm{T}}$，则式(2.2.45)可简化为$U_{\mathrm{r}} = \sum_{k=1}^{6} A_k\sigma_k$。一般来讲，横观各向同性岩体在钻孔同一直径周边两点的径向位移是不同的，故有

$$\Delta d = U_{\mathrm{r}} + U_{\mathrm{r}}' \tag{2.2.47}$$

式中，U_{r}' 为与 U_{r} 对应直径端点相对点的径向位移(m)；因 $U_{\mathrm{r}}' = \sum_{k=1}^{6} A_k'\sigma_k$，所以：

$$\Delta d = \sum_{k=1}^{6}(A_k + A_k')\sigma_k = \sum_{k=1}^{6} B_k\sigma_k \tag{2.2.48}$$

式中，Δd 为孔径变形观测值(m)；$B_k = A_k + A_k'$。

式(2.2.48)便是在坐标系 XYZ 下的孔径变形值和 6 个应力分量的关系，即观测方程的每一个孔径变形值可提供一个观测方程。

2. 坐标系 *XYZ* 下的应力分量

设钻孔的个数为 i_1，每孔地应力的测量次数为 j_1，相应的代号为 i、j。第 i 号钻孔 x_1 轴、y_1 轴、z_1 轴正向的方向余弦见表 2.2.2。

表 2.2.2　钻孔与 x_1 轴、y_1 轴、z_1 轴正向的方向余弦

钻孔坐标	基本坐标		
	X	Y	Z
x_1	b_{i11}	b_{i12}	b_{i13}
y_1	b_{i21}	b_{i22}	b_{i23}
z_1	b_{i31}	b_{i32}	b_{i33}

由于：

$$\frac{\partial\phi}{\partial\sigma_k}=2\sum_{i=1}^{i_1}\sum_{j=1}^{j_1}\delta_{ij}\frac{\partial\delta_{ij}}{\partial\sigma_k}=\sum_{i=1}^{i_1}\sum_{j=1}^{j_1}2\left(\frac{\Delta d_{ij}}{d}-\sum_{k=1}^{6}b_{ijk}\sigma_k\right)(-b_{ijk})=0 \tag{2.2.49}$$

式中，b_{ijk} 为钻孔与 x_1 轴、y_1 轴、z_1 轴正向的方向余弦，故有

$$\sum_{i=1}^{i_1}\sum_{j=1}^{j_1}\left(\frac{\Delta d_{ij}}{d}-\sum b_{ijk}\sigma_k\right)b_{ijk}=0 \tag{2.2.50}$$

由于：

$$\frac{\partial\phi}{\partial\sigma_k}=2\sum_{i=1}^{i_1}\sum_{j=1}^{j_1}\delta_{ij}\frac{\partial\delta_{ij}}{\partial\sigma_k}=\sum_{i=1}^{i_1}\sum_{j=1}^{j_1}2\left(\frac{\Delta d_{ij}}{d}-\sum_{k=1}^{6}b_{ijk}\sigma_k\right)(-b_{ijk})=0 \tag{2.2.51}$$

即

$$\sum_{i=1}^{i_1}\sum_{j=1}^{j_1}\frac{\Delta d_{ij}}{d}b_{ijk}=\sum_{i=1}^{i_1}\sum_{j=1}^{j_1}(b_{ij1}\sigma_1+b_{ij2}\sigma_2+\cdots+b_{ij6}\sigma_6)b_{ijk} \tag{2.2.52}$$

当 $k=1, 2, 3,\cdots, 6$ 时，有

$$\begin{cases}\displaystyle\sum_{i=1}^{i_1}\sum_{j=1}^{j_1}\frac{\Delta d_{ij}}{d}b_{ij1}=\sum\sum b_{ij1}b_{ij1}\sigma_1+\sum\sum b_{ij2}b_{ij1}\sigma_2+\cdots+\sum\sum b_{ij6}b_{ij1}\sigma_6\\ \displaystyle\sum_{i=1}^{i_1}\sum_{j=1}^{j_1}\frac{\Delta d_{ij}}{d}b_{ij2}=\sum\sum b_{ij1}b_{ij2}\sigma_1+\sum\sum b_{ij2}b_{ij2}\sigma_2+\cdots+\sum\sum b_{ij6}b_{ij2}\sigma_6\\ \qquad\vdots\\ \displaystyle\sum_{i=1}^{i_1}\sum_{j=1}^{j_1}\frac{\Delta d_{ij}}{d}b_{ij6}=\sum\sum b_{ij1}b_{ij6}\sigma_1+\sum\sum b_{ij2}b_{ij6}\sigma_2+\cdots+\sum\sum b_{ij6}b_{ij6}\sigma_6\end{cases} \tag{2.2.53}$$

改写式(2.2.53)为矩阵形式，并将 $b_{ijk}=a_{ijk}/d$ 代入式(2.2.53)，得

$$\begin{bmatrix} \sum_{i=1}^{i_1}\sum_{j=1}^{j_1} a_{ij1}a_{ij1} & \sum_{i=1}^{i_1}\sum_{j=1}^{j_1} a_{ij1}a_{ij2} & \cdots & \sum_{i=1}^{i_1}\sum_{j=1}^{j_1} a_{ij1}a_{ij6} \\ \sum_{i=1}^{i_1}\sum_{j=1}^{j_1} a_{ij2}a_{ij1} & \sum_{i=1}^{i_1}\sum_{j=1}^{j_1} a_{ij2}a_{ij2} & \cdots & \sum_{i=1}^{i_1}\sum_{j=1}^{j_1} a_{ij2}a_{ij6} \\ \vdots & \vdots & & \vdots \\ \sum_{i=1}^{i_1}\sum_{j=1}^{j_1} a_{ij6}a_{ij1} & \sum_{i=1}^{i_1}\sum_{j=1}^{j_1} a_{ij6}a_{ij2} & \cdots & \sum_{i=1}^{i_1}\sum_{j=1}^{j_1} a_{ij6}a_{ij6} \end{bmatrix} \begin{bmatrix} \sigma_1 \\ \sigma_2 \\ \vdots \\ \sigma_6 \end{bmatrix} = \begin{bmatrix} \sum_{i=1}^{i_1}\sum_{j=1}^{j_1} d_{ij}a_{ij1} \\ \sum_{i=1}^{i_1}\sum_{j=1}^{j_1} d_{ij}a_{ij2} \\ \vdots \\ \sum_{i=1}^{i_1}\sum_{j=1}^{j_1} d_{ij}a_{ij6} \end{bmatrix} \tag{2.2.54}$$

式(2.2.54)即为 *XYZ* 坐标系下的正规方程组，由此可求得 *XYZ* 坐标系下的 6 个应力分量。

3. 主应力分量的大小和方向

先分析主应力分量的大小。由弹性理论可知，在求得一点的 6 个应力分量后，该点的主应力是式(2.2.55)的三个根。

$$\sigma^3 + 3q_1\sigma^2 + 3q_2\sigma^2 + q_3 = 0 \tag{2.2.55}$$

式中，$q_1 = -(\sigma_x+\sigma_y+\sigma_z)/3$；$q_2 = -(\sigma_x\sigma_y+\sigma_y\sigma_z+\sigma_x\sigma_z+\tau_{xy}+\tau_{yz}+\tau_{zx})/3$；$q_3 = -\sigma_x\sigma_y\sigma_z - 2\tau_{xy}\tau_{yz}\tau_{zx} + \sigma_x\tau_{yz}\tau_{yz} + \sigma_y\tau_{xz}\tau_{xz} + \sigma_z\tau_{xy}\tau_{xy}$。

三个主应力为

$$\begin{cases} \sigma_1 = -q_1 \pm q_4\cos A \\ \sigma_2 = -q_1 \pm 2q_4\cos(A+2\pi/3) \\ \sigma_3 = -q_1 \pm 2q_4\cos(A+4\pi/3) \end{cases} \tag{2.2.56}$$

式中，$q_4 = (q_1^2 - q_2)^{1/2}$；$\cos A = \pm q_5/q_4^3$，$q_5 = (-2q_3^3 + 3q_1q_2 - q_3)/2$。当 q_5 为正时，σ_1、σ_2、σ_3 取正，反之取负(应力没有大小之分)。

主应力 σ_1 在 *XYZ* 坐标中的方向余弦分别为 L_i、M_i、$Z_i (i=1, 2, 3)$，且有

$$\begin{cases} (\sigma_i - \sigma_x)L_i - \tau_{xy}M_i - \tau_{xz}N_i \\ \tau_{yx}L_i - (\sigma_i - \sigma_y)M_i - \tau_{yz}N_i = 0 \\ \tau_{zx}L_i - \tau_{zy}M_i + (\sigma_i - \sigma_z)N_i = 0 \\ L_i^2 + M_i^2 + N_i^2 = 1 \end{cases} \tag{2.2.57}$$

式(2.2.57)中的前 3 式任意取 2 个与第 4 式组合，可组合成三个方程组，见式(2.2.58)～式(2.2.60)：

$$\begin{cases} (\sigma_i - \sigma_x)L_i - \tau_{xy}M_i - \tau_{xz}N_i \\ \tau_{yx}L_i - (\sigma_i - \sigma_y)M_i - \tau_{yz}N_i = 0 \\ L_i^2 + M_i^2 + N_i^2 = 1 \end{cases} \tag{2.2.58}$$

$$\begin{cases}(\sigma_i-\sigma_x)L_i-\tau_{xy}M_i-\tau_{xz}N_i\\ \tau_{zx}L_i-\tau_{zy}M_i+(\sigma_i-\sigma_z)N_i=0\\ L_i^2+M_i^2+N_i^2=1\end{cases} \tag{2.2.59}$$

$$\begin{cases}\tau_{yx}L_i-(\sigma_i-\sigma_y)M_i-\tau_{yz}N_i=0\\ \tau_{zx}L_i-\tau_{zy}M_i+(\sigma_i-\sigma_z)N_i=0\\ L_i^2+M_i^2+N_i^2=1\end{cases} \tag{2.2.60}$$

式(2.2.58)～式(2.2.60)中前 2 式可构成 3 个系数行列式，取其最大值计算方向余弦。设式(2.2.58)的系数行列式值最大，则可获得式(2.2.61)：

$$\begin{cases}L_i=\left(\begin{vmatrix}\tau_{zx} & -\tau_{xy}\\ \tau_{yz} & \sigma_i-\sigma_y\end{vmatrix}\Big/\begin{vmatrix}\sigma_i-\sigma_y & -\tau_{xy}\\ -\tau_{yx} & \sigma_i-\sigma_y\end{vmatrix}\right)N_i\\ M_i=\begin{pmatrix}\sigma_i-\sigma_y & -\tau_{zx}\\ -\tau_{yz} & \tau_{yz}\end{pmatrix}\Big/\begin{pmatrix}\sigma_i-\sigma_x & -\tau_{xy}\\ -\tau_{yx} & \sigma_i-\sigma_y\end{pmatrix}N_i\end{cases} \tag{2.2.61}$$

将 L_i、M_i代入，并将 6 个应力分量用 $b_i(i=1, 2,\cdots, 6)$表示：

$$[b_1\quad b_2\quad b_3\quad b_4\quad b_5\quad b_6]^{\mathrm{T}}=[\sigma_x\quad \sigma_y\quad \sigma_z\quad \tau_{xy}\quad \tau_{yz}\quad \tau_{xz}]^{\mathrm{T}} \tag{2.2.62}$$

可推导出：

$$\begin{cases}L_i=D_{xi}/G_i\\ M_i=D_{yi}/G_i\\ N_i=D_{zi}/G_i\end{cases} \tag{2.2.63}$$

式中，$D_{xi}=b_4b_5-b_2b_6+\sigma_ib_6$；$D_{yi}=b_4b_6+\sigma_ib_5-b_1b_5$；$D_{zi}=b_1b_2-\sigma_ib_1-\sigma_ib_2+(\sigma_ib_4)(\sigma_ib_4)$；$G_i=(D_{xi}D_{xi}+D_{yi}D_{yi}+D_{zi}D_{zi})^{1/2}$。

4. 主应力的方位角和倾角

设主应力σ_i的倾角为β_i，方位角为$\alpha_i(i=1，2，3)$，则有

$$\begin{cases}L_i=\cos\alpha_i\cos\beta_i\\ M_i=\sin\alpha_i\cos\beta_i\\ N_i=\sin\beta_i\end{cases} \tag{2.2.64}$$

可推导出：

$$\begin{cases}\tan\alpha_i=M_i/L_i\\ \sin\beta_i=N_i\end{cases} \tag{2.2.65}$$

据式(2.2.65)可得α_i、β_i。在此对不同情况进行讨论。当$|L_i|\leqslant\delta$且 $M_i>0$ 时，$\alpha_i=\pi/2$；当$|L_i|\leqslant\delta$且 $M_i<0$ 时，$\alpha_i=-\pi/2$；当$|L_i|>\delta$且 $L_i>0$ 时，$\alpha_i=\tan^{-1}(M_i/L_i)$；当$|L_i|>\delta$且 $L_i<0$ 时，$\alpha_i=\pi+\tan^{-1}(M_i/L_i)$；当$||N_i|-1|\leqslant\delta$且 $N_i>0$ 时，$\alpha_i=\pi/2$；当

$||N_i|-1| \leqslant \delta$且 $N_i < 0$ 时，$\alpha_i = -\pi/2$；当$||N_i|-1| > \delta$且 $N_i > 0$ 时，$\beta_i = \sin^{-1}|N_i|$；当$||N_i|-1| > \delta$且 $N_i < 0$ 时，$\beta_i = -\sin^{-1}|N_i|$。以上$\delta$为一个很小的正数；$\alpha_i$为主应力的方位角，以 X 轴算起，逆时针方向为正；β_i为主应力的倾角，以仰角为正、俯角为负。

2.3 基于灰色系统理论的岩体地应力场回归分析

2.3.1 地应力回归分析方法

岩体初始地应力场的形成与地形、岩性、地质构造、地温和地下水等众多影响因素有关。工程实践表明，自重与地质构造作用(隐含地形、弹性常数、结构面)是岩体地应力场形成的主要因素；地温与地下水作用影响程度相对较小，难以量化，可忽略不计。分析地下厂房洞室群工程区的地应力场时，可选择岩体自重与地质构造运动作为待回归因素，分别计算自重与地质构造作用形成的应力场。其中，自重应力场计算模式如图 2.3.1(a)所示。计算域上下游、左右侧面及底部切开面，均采用法向位移约束。用工程区各种岩类相应容重通过有限元计算即可求得自重应力场。构造应力场分别由 $x = 0$ 和 $y = 0$ 两个垂直面施加单位位移，如图 2.3.1(b)所示，通过有限元计算得到相应方向单位构造应力场。

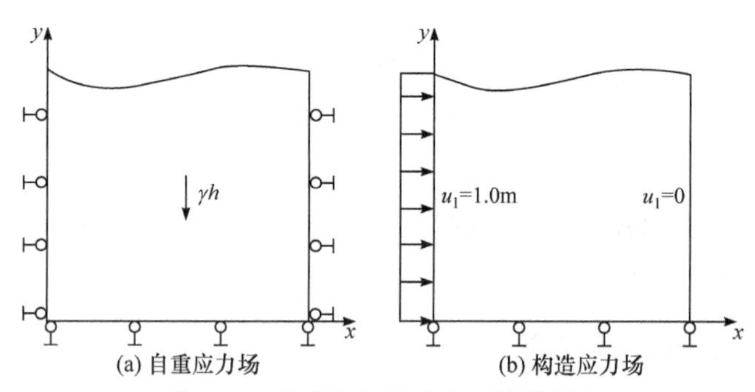

图 2.3.1 岩体初始地应力场计算模式

γ为容重；h 为深度；u_1 为水平位移

根据高地应力环境中岩体力学机制基本为准连续介质体的特点，假定地下厂房洞室群工程区岩体为连续弹性介质。由三维有限元可分别计算出自重、u_1 向(顺河向)和 u_2 向(横河向)单位构造位移单独作用条件下形成的应力场σ_g、σ_{u_1} 和σ_{u_2}。由线性叠加原理，计算区域内任意测点位置的岩体初始地应力$\sigma_0(k)$：

$$\sigma_0(k) = b_g \sigma_g(k) + b_{u_1} \sigma_{u_1}(k) + b_{u_2} \sigma_{u_2}(k) + b_3 \tag{2.3.1}$$

式中，$\sigma_0(k)$为岩体初始地应力(MPa)；$\sigma_g(k)$为自重应力(MPa)；$\sigma_{u_1}(k)$ 为 u_1 向的应力(MPa)；$\sigma_{u_2}(k)$ 为 u_2 向的应力(MPa)；b_g、b_{u_1}、b_{u_2}、b_3 为系数；k 取 1～N，N 为地应力实测值坐标应力分量个数。

假定事先通过监测获得 N 个实测应力分量，则可利用式(2.3.1)对每个实测值建立一个观测方程。由此得到 N 个方程构成的观测方程组：

$$\begin{bmatrix} \sigma_g(1) & \sigma_{u_1}(1) & \sigma_{u_2}(1) \\ \vdots & \vdots & \vdots \\ \sigma_g(k) & \sigma_{u_1}(k) & \sigma_{u_2}(k) \\ \vdots & \vdots & \vdots \\ \sigma_g(N) & \sigma_{u_1}(N) & \sigma_{u_2}(N) \end{bmatrix} \begin{Bmatrix} b_g \\ b_{u_1} \\ b_{u_2} \end{Bmatrix} = \begin{Bmatrix} \sigma_0(1) \\ \vdots \\ \sigma_0(k) \\ \vdots \\ \sigma_0(N) \end{Bmatrix} \tag{2.3.2}$$

式(2.3.2)可记为

$$[\sigma_{gu}]\{B\} = \{\sigma_0\} \tag{2.3.3}$$

且有

$$\{B\} = \begin{Bmatrix} b_g \\ b_{u_1} \\ b_{u_2} \end{Bmatrix} \tag{2.3.4}$$

一般情况下，观测方程组[式(2.3.3)]中方程的个数(实测地应力分量个数)大于待求的回归系数个数，即 $N \geqslant 3$。因此，式(2.3.3)是一个矛盾方程组。为了使求得的回归系数对于整个方程组总体上达到最优效果，一般采用最小二乘法进行优化求解：

$$\{B\} = ([\sigma_{gu}]^{\mathrm{T}}[\sigma_{gu}])^{-1}[\sigma_{gu}]^{\mathrm{T}}\{\sigma_0\} \tag{2.3.5}$$

矛盾方程组[式(2.3.5)]的求解，实际上是一个多元线性回归问题。一般采用显著性检验(F 检验)或复相关系数对回归效果进行评价。

F 检验：

$$F = \left(\frac{N-M-1}{M}\right)\left(\frac{U}{Q}\right) \tag{2.3.6}$$

式中，N 为实测地应力分量个数；M 为反分析待求的回归系数个数；U 为回归平方和，$U = \sum_{i=1}^{N}[\hat{\sigma}_0(i) - \bar{\sigma}_0(i)]^2$；$Q$ 为残差平方和，$Q = \sum_{i=1}^{N}[\sigma_0(i) - \hat{\sigma}_0(i)]^2$，$\sigma_0(i)$为实测应力分量，$\hat{\sigma}_0(i)$ 为测点应力观测值，$\hat{\sigma}_0(i) = \frac{1}{N}\sum_{i=1}^{N}\sigma_0(i)$。

当给定显著水平 α (一般取 0.05 或 0.01)，可由 F 分布表查出 $F_\alpha(M, N-M-1)$。若计算值 F 满足式(2.3.7)，说明回归结果的总体效果显著。

$$F > F_\alpha(M, N-M-1) \tag{2.3.7}$$

复相关系数 R 为

$$R = \sqrt{1 - \frac{Q}{Q+U}} = \sqrt{\frac{Q}{Q+U}} \tag{2.3.8}$$

复相关系数的取值范围为 $0.01 \leqslant R \leqslant 1.0$。$R$ 越接近 1.0，表明回归效果越好。

2.3.2 灰色系统基本理论

灰色系统理论是一门研究信息部分清楚、部分不清楚，并带有不确定性现象的理论。传统的系统理论，大多研究那些信息比较充分的系统。对于一些信息比较贫乏的系统，利用黑箱的方法，也取得了较为成功的经验。对于一些内部信息部分明确、部分信息不明确的系统，却研究得很不充分。这一空白区便成为灰色系统理论的诞生地。在客观世界中，大量存在的不是白色系统(信息完全明确)，也不是黑色系统(信息完全不明确)，而是灰色系统。灰色系统理论是研究解决灰色系统分析、建模、预测、决策和控制的理论，是我国学者邓聚龙(2014)在 20 世纪 80 年代初创建的一个关于系统工程的理论。该理论至今已应用到众多领域，取得了重要的研究成果，受到国内外学术界的瞩目。

1. 基本术语

灰色系统理论将工程技术、社会、经济、农业、生态、环境等方面的许多问题视为若干信息系统。有的系统(如工程系统)有明确的“内”“外”关系，即系统内部与系统外部，或系统本体与系统环境，可以较清楚地明确输入与输出，可以较方便地分析输入对输出的影响。有的系统(如社会经济系统)没有明确的“内”“外”关系，不是客观实体，难以判明系统“投入”对“产出”的影响，这是缺乏“模型信息”，即用什么模型去代表，用什么量进行观测控制。这些情况归纳起来有：元素(参数)信息不完全；结构信息不完全；关系信息(特指“内”“外”关系)不完全；运行的行为信息不完全。因此，按照系统的特点，可以将系统划分为：白色系统，信息完全明确；黑色系统，信息全不明确；灰色系统，信息部分明确、部分不明确。在研究初始地应力场时，初始地应力σ可以表示为

$$\sigma = f(\text{地形},\text{弹性参数},\text{结构面},\text{自重}^{\otimes},\text{构造}^{\otimes},\text{温度}^{\otimes},\text{地下水}^{\otimes}\cdots) \tag{2.3.9}$$

式中，带$\otimes$号者表示该因素为灰色元素(简称“灰元”)，也就是说该元素在系统中的作用方式和原理不能完全确定。由此可以认为，初始应力场计算系统中大部分的影响因素是灰色的。事实上，至今不能精确地得知这些因素对地应力的影响，并且各因素之间的关系也是灰色的。因此，有足够的理由认为，初始应力场系统为灰色系统。灰色系统的特点体现在将抽象对象转化为同构实体这种由灰变白的过程，而不仅局限于灰数、灰元的处理上。

2. 灰色系统的建模

灰色系统建模以灰色模块概念为基础。所谓“模块”，实际上是经过一定方式处理的序列。这样处理有两个目的，即为建模提供中间信息和弱化原有序列的随机性。

随机过程用序列表示：

$$\{x^{(0)}(t_i)\}=\{x^0(t_1),x^0(t_2)\cdots\} \tag{2.3.10}$$

式中，t 可表示时间顺序，也可表示数据的编号，见图 2.3.2(a)。若通过数据累加，则得到如图 2.3.2(b)所示的新序列，表示如下：

$$x^{(1)}(t_i)=\sum_{j=1}^{i}x^{(0)}(t_j) \tag{2.3.11}$$

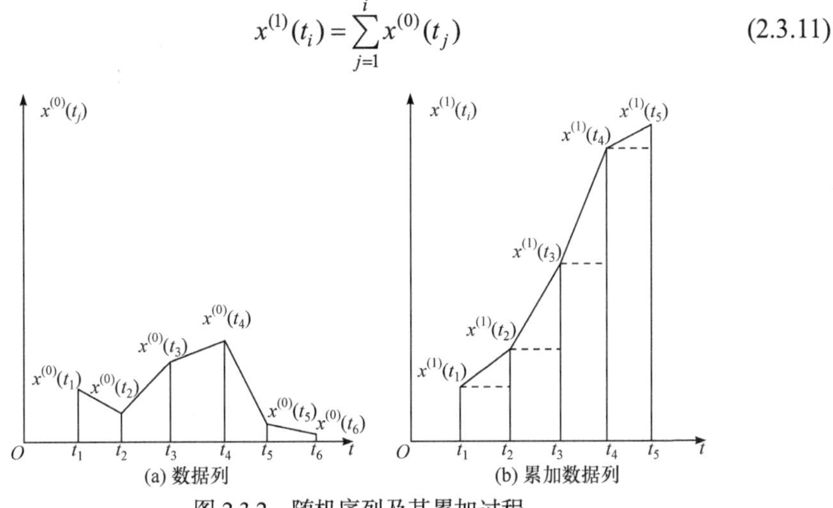

图 2.3.2 随机序列及其累加过程

对比图 2.3.2(a)、图 2.3.2(b)两种曲线可看出，$x^{(0)}(t_j)$ 序列具有明显的随机性，$x^{(1)}(t_i)$ 则变为递增序列。也就是说，累加弱化了序列的随机性。仿此，可作 m 次累加，则有

$$x^{(m)}(t_i)=\sum_{j=1}^{i}x^{(m-1)}(t_j) \tag{2.3.12}$$

对于非负数据列，累加次数越多，随机性弱化就越多。一般经过多次累加的序列，可以用指数曲线逼近。由白数据(已知子序列)构成的模块称为白色模块。由白色模块外推预测模块(灰色模块)的典型形式有三种：白色模块为某种函数，灰色模块为直线外延的三角形模块，见图 2.3.3(a)；白色模块为某种函数，灰色模块为方块的增长型模块，见图 2.3.3(b)；白色模块为某种函数，灰色模块为该函数外推引申后得到的函数，即预测型模块，见图 2.3.3(c)。

3. 一般灰色模型 GM(n, h)

从广义上讲，世界的宏观系统都是物质系统、能量系统。能量系统必有储能、放能、吸能等功效。具有这种功能的系统一般可以用微分方程进行描述。灰色模型(GM)的建立也是基于这点，GM(n, h)的推导介绍如下。

给定原始非负数据列：

$$x_k^{(0)}(i) \quad (i=1,2,\cdots,N;k=1,2,\cdots,h) \tag{2.3.13}$$

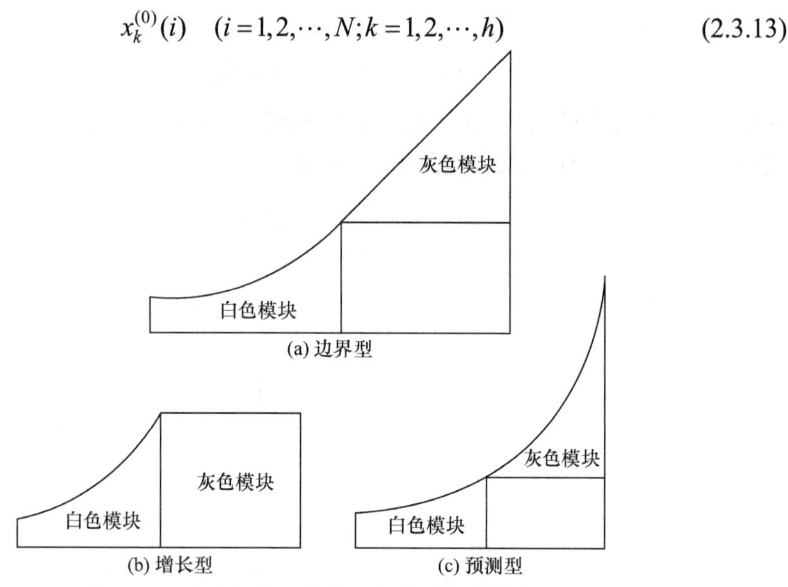

图 2.3.3　白色模块外推灰色模块的典型形式

相应的一次累加序列：

$$x_k^{(1)}(i) \quad (i=1,2,\cdots,N;k=1,2,\cdots,h) \tag{2.3.14}$$

$x_k^{(1)}(i)$ 的 m 次累加序列：

$$\{a^{(j)}(x_k^{(1)},i)\} \quad (i=1,2,\cdots,N;k=1,2,\cdots,h;j=1,2,\cdots,m) \tag{2.3.15}$$

式中，$a^{(j)}(x_k^{(1)},i)=a^{(j-1)}(x_k^{(1)},i)-a^{(j-1)}(x_k^{(1)},i-1)$，$a^{(1)}(x_k^{(1)},i)=a^{(0)}(x_k^{(1)},i)-a^{(0)}(x_k^{(1)},i-1)$，$a^{(0)}(x_k^{(1)},i)=x_k^{(1)}(i)$。

于是，可构造如下数据矩阵：

$$A=\begin{bmatrix} -a^{(n-1)}(x_1^{(1)},2) & -a^{(n-2)}(x_1^{(1)},2) & \cdots & -a^{(1)}(x_k^{(1)},2) \\ -a^{(n-1)}(x_1^{(1)},3) & -a^{(n-2)}(x_1^{(1)},3) & \cdots & -a^{(1)}(x_k^{(1)},3) \\ \vdots & \vdots & & \vdots \\ -a^{(n-1)}(x_1^{(1)},N) & -a^{(n-2)}(x_1^{(1)},N) & \cdots & -a^{(1)}(x_k^{(1)},N) \end{bmatrix} \tag{2.3.16}$$

$$B=\begin{bmatrix} -\frac{1}{2}\left(x_1^{(1)}(2)+x_1^{(1)}(1)\right) & x_2^{(1)}(2) & \cdots & x_n^{(1)}(2) \\ -\frac{1}{2}\left(x_1^{(1)}(3)+x_1^{(1)}(1)\right) & x_2^{(1)}(3) & \cdots & x_n^{(1)}(3) \\ \vdots & \vdots & & \vdots \\ -\frac{1}{2}\left(x_1^{(1)}(n)+x_1^{(n-1)}(1)\right) & x_2^{(1)}(n) & \cdots & x_n^{(1)}(n) \end{bmatrix} \tag{2.3.17}$$

A 在前、B 在后排成的分块矩阵，记为$(A:B)$，即

$$(A:B)=\text{Block}A:B \tag{2.3.18}$$

另构造数据列 Y_N:

$$Y_N=\{a^{(n)}(x_1^{(n)},2),a^{(n)}(x_1^{(n)},3),\cdots,a^{(n)}(x_1^{(n)},N)\}^{\mathrm{T}} \tag{2.3.19}$$

则由$(A:B)$与 Y_N 可以建立 n 阶微分方程表达的模型，有如下表达式：

$$\frac{\mathrm{d}^n x_1^{(1)}}{\mathrm{d}t^n}+a_1\frac{\mathrm{d}^{n-1}x_1^{(1)}}{\mathrm{d}t^{n-1}}+\cdots+a_n x_1^{(1)}=b_1x_2^{(1)}+b_2x_3^{(1)}+\cdots+b_{n-1}x_n^{(1)} \tag{2.3.20}$$

记微分方程的系数向量 a'为

$$a'=[a_1,a_2,\cdots,a_{n-1},b_1,b_2,\cdots,b_{n-1}]^{\mathrm{T}} \tag{2.3.21}$$

a'可通过式(2.3.22)求得：

$$a'=[(A:B)^{\mathrm{T}}(A:B)]^{-1}(A:B)^{\mathrm{T}}Y_N \tag{2.3.22}$$

4. 静态灰色模型 GM(0, h)

一般灰色模型 GM(n, h)表征了 h 个变量(灰元)构成灰色系统的内在关系，这里 n 阶表示系统的阶数。显然 n 不等于 0，表示系统具有动态和非线性特征。以静态和线性为特征的灰色系统用 GM(0, h)模型表达，它是从 GM(n, h)模型退化而来，相应的退化微分方程如下：

$$x_1^{(1)}(i)=b_1x_2^{(1)}(i)+b_2x_3^{(1)}(i)+\cdots+b_{h-2}x_{h-1}^{(1)}(i)+a \tag{2.3.23}$$

参数列为

$$b'=\left[b_1,b_2,\cdots,b_{h-2},a\right]^{\mathrm{T}} \tag{2.3.24}$$

辨别算式为

$$b'=[B^{\mathrm{T}}B]^{-1}B^{\mathrm{T}}Y_N \tag{2.3.25}$$

且有

$$Y_N=[x_1^{(1)}(2),x_1^{(1)}(3),\cdots,x_1^{(1)}(N)]^{\mathrm{T}} \tag{2.3.26}$$

$$B=\begin{bmatrix} x_2^{(1)}(2) & \cdots & x_{h-1}^{(1)}(2) & 1 \\ x_2^{(1)}(3) & \cdots & x_{h-1}^{(1)}(3) & 1 \\ \vdots & & \vdots & \vdots \\ x_2^{(1)}(n) & \cdots & x_{h-1}^{(1)}(n) & 1 \end{bmatrix} \tag{2.3.27}$$

2.3.3　岩体地应力场的灰色计算模型

岩体的初始地应力与地形、岩性、自重、地质构造、温度和地下水等多因素有关，其中大多数影响因素(如自重、构造)可以认为是灰色的。事实上，至今仍不能准确得知这些因素对地应力场的影响，并且多因素之间的关系是灰色的。因此，将岩体初始地应力场计算系统视为灰色系统，即可运用灰色系统理论来建立初始应力场的灰色计算模型，对初始地应力场计算系统进行考察和分析。

1. 岩体地应力场分析的灰色模型群

讨论初始地应力与GM的关系。岩体初始地应力场的形成、调整和松弛等是一个较长的过程，并且岩体的力学行为具有非线性特征。从地质年代的角度和准确的角度，岩体地应力场这样一个灰色系统具有动态和非线性特征。从工程的角度，百余年的工程使用期与上万年的地质年代相比，只相当于岩体初始地应力场演变过程中某一确定的时刻。同时，由于岩石力学的发展水平无法在模型上完全模拟地应力场的形成与演变全过程，只能根据静态的地应力实测资料加以研究。针对这种情况，选用灰色系统理论中的GM(0, h)。根据GM(0, h)，可以列出众多影响地应力场的因素，如自重、构造、温度、地下水等。工程实践表明，自重与构造作用(隐含地形、弹性常数、构造面因素)是岩体地应力场形成的主要因素。对于温度和地下水，一方面难以得到量化模型，另一方面引入这些因素后工作量增加很大，且这些因素对应力场的影响有限。因此，重点讨论适用于岩体地应力场分析的GM(0, 2)和GM(0, 3)模型群。

用于地应力分析的GM(0, 3)，将影响岩体初始地应力的自重与地质构造两个主要因素作为灰元。用有限元法分别计算各灰元形成的区域应力场。选取对应于实测点位置的各灰元坐标应力分量，分别构成自重、地质构造和实测应力分量序列。经过多次累计，生成序列成为稳定的递增序列。在此基础上，运用最小二乘法推求灰元控制系统的导出量，即岩体的初始地应力场，具体计算过程如下。

首先，通过有限元计算，分别得到计算域内各节点的应力分量序列$X_1^{(0)}(i)$、$X_2^{(0)}(i)$(i取1～MN，MN=总节点数×应力分量数)。

其次，找出实测资料的有限元节点编号，并按有限元计算时采用的坐标系，将实测应力转轴，得到$X_3^{(0)}(j)$(j取1～MN，MN=测点数×应力分量数)，并使$X_1^{(0)}$、$X_2^{(0)}$、$X_3^{(0)}$相互对应。

最后，求$X_1^{(0)}$、$X_2^{(0)}$、$X_3^{(0)}$一次累加值，得到$X_1^{(1)}(j)$、$X_2^{(1)}(j)$、$X_3^{(1)}(j)$，且相互对应。

利用辨识式：

$$b=[B^{\mathrm{T}}B]^{-1}B^{\mathrm{T}}Y_N \tag{2.3.28}$$

且有

$$Y_N=\left[x_3^{(1)}(2),x_3^{(1)}(3),\cdots,x_3^{(1)}(MN)\right]^{\mathrm{T}} \tag{2.3.29}$$

$$B=\begin{bmatrix} x_1^{(1)}(2) & x_2^{(1)}(2) & 1 \\ x_1^{(1)}(3) & x_2^{(1)}(3) & 1 \\ \vdots & \vdots & \vdots \\ x_1^{(1)}(MN) & x_2^{(1)}(MN) & 1 \end{bmatrix} \tag{2.3.30}$$

模型方程为

$$x_1^{(1)}(i)=b_1x_1^{(1)}(i)+b_2x_2^{(1)}(i)+a,\quad x_i=\{x_i(k)\,|\,k=1,2,\cdots,n\} \tag{2.3.31}$$

式中，b_1、b_2、a 为系数。

由于求出的方程是初始地应力的一次累加，因此需要进行还原计算，表达式为

$$x_1^{(0)}(k+1)=x_1^{(1)}(k+1)-x_1^{(1)}(k)\quad (k=1,2,\cdots,MN) \tag{2.3.32}$$

对于地应力场分析中提出的 GM(0, 2)模型，主要基于以下两方面的考虑。

第一，自重和构造作用是形成岩体地应力的两个主要因素。通过地勘工作，工程区域内的地形、岩性、结构面和力学参数一般是已知的。在此前提下，岩体的自重应力场应该是确定的，即岩体的自重应力是量化的，只有构造作用属于“灰元”。

第二，实际工程中岩体地应力实测点位置一般较浅。工程区域内岩体地应力受地形、结构面和岩性因素影响较大，地应力实测结果较为分散，给分析工程区域最大地质构造作用方向带来困难。因此，在地应力实测值中减去自重应力，该差值反映构造作用形成的应力场。通过这种处理，求减小地应力实测值的离散性，为进一步分析构造应力场和岩体总应力场提供条件。

运用 GM(0, 2)分析岩体初始地应力场的具体方法如下。

用 FEM 分别计算工程区域内各节点的自重应力场与构造应力场，并形成自重应力分量序列与构造应力分量序列 $X_1^{(0)}(i)$ 、$X_2^{(0)}(i)$ (i 取 1～MN，MN =总节点数×应力分量数)。

将地应力实测值转轴，得到地应力实测序列 $X_3^{(0)}(j)$ (j 取 1～MN，MN=测点数×应力分量数)。找出对应于实测点的自重应力与构造应力分量序列 $X_1^{(0)}(j)$ 、$X_2^{(0)}(j)$ ，然后在地应力实测序列中减去自重应力分量序列，即

$$X_{31}^{(0)}(j)=X_3^{(0)}(j)-X_1^{(0)}(j) \tag{2.3.33}$$

求 $X_1^{(0)}$ 、$X_2^{(0)}$ 的一次累加值，并利用辨识式求系数，得到模型方程：

$$x_0^{(1)}(i)=b_2x_2^{(1)}(i)+a \tag{2.3.34}$$

进行初始应力值的还原计算：

$$x_0^{(0)}(k+1)=x_0^{(1)}(k+1)-x_0^{(1)}(k) \tag{2.3.35}$$

于是，求得岩体初始地应力总量：

$$x(i)=x_0^{(0)}(i)+x_1^{(0)}(i) \tag{2.3.36}$$

接下来讨论地应力分析的 GM(0, 2)或 GM(0, 3)包络模型。由于岩体地应力形成的复杂性，且地应力测量方法不完善，实际工程中地应力实测结果往往存在较大的离散性，这给地应力场的回归预测带来困难。也就是说，如果对实测数据不加区分就直接用于回归分析，不仅会影响预测结果的精度，而且基于较离散原始序列，用一个狭义的确定值去代表回归结果也欠合理。因此，地应力场分析采用

包络模型在工程上非常有价值。包络模型认为，由于实测原始样本序列存在一个变化区间，因此预测值也应该用一个灰色区间来表征。也就是说，用灰色回归分析得到的岩体某一点的初始地应力应该用一个变化范围来表达，而不是某一确定的值。从现有岩石力学的发展水平来看，这种观点更符合客观实际。GM(0, 2)或GM(0, 3)包络模型的具体执行如下。

先用地应力实测全序列 $x_3^{(0)}(j)$ 及 GM(0, 3)或 GM(0, 2)计算工程区域地应力场 $x^{(0)}(i)$，该计算模型称为主模型。

然后，用原始地应力实测序列 $x_3^{(0)}$ 和主模型预测值 $x^{(0)}(i)$，将 $x_3^{(0)}(i)$ 序列分为上、下包络点两个子序列，即

$$x_{3\max}^{(0)} = \{x_{3\max}^{(0)}(k) \mid x_{3\max}^{(0)}(k) \geqslant x^{(0)}(k),\quad k=1\sim N,\quad N \in [0, NN]\} \tag{2.3.37}$$

$$x_{3\min}^{(0)} = \{x_{3\min}^{(0)}(k) \mid x_{3\min}^{(0)}(k) < x^{(0)}(k),\quad k=1\sim N,\quad N \in [0, NN]\} \tag{2.3.38}$$

分别用 $x_{3\max}^{(0)}$、$x_{3\min}^{(0)}$ 建模，得到上、下包络模型及相应的上、下包络预测值 $x_{\max}^{(0)}$、$x_{\min}^{(0)}$。这两种模型和 $x^{(0)}$ 模型的相对关系如图 2.3.4 所示。

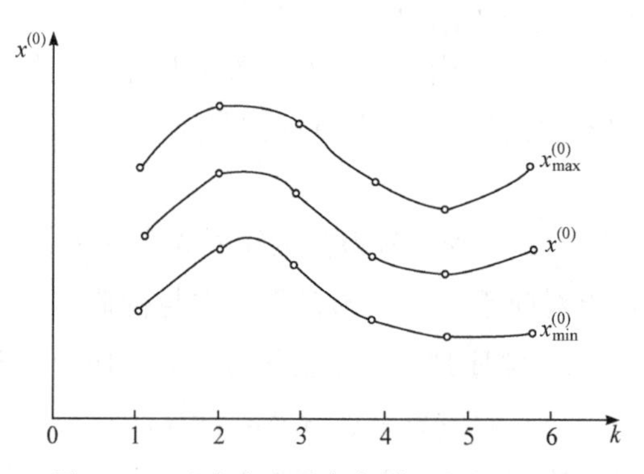

图 2.3.4　地应力三种灰色模型的相对关系

对于 GM 残差模型来讲，在岩体初始地应力场回归分析中，若预测序列与原序列(实测序列)的关联度过小，应采取措施提高精度。灰色系统预测中，提高精度的一种基本思想是“残差辨识”，将预测值 $x^{(1)}(i)$ 与原始值 $x_3^{(1)}(i)$ 之间的残差记为 $\varepsilon^{(1)}(i)$，再建立 GM，称为 GM 残差模型。此预测值加上原来的预测值作为新的预测值，以提高预测精度。GM 残差模型可结合 GM(0, 2)和 GM(0, 3)应用(刘思峰，2021)。

2. GM 模型预测值精度评估

在灰色预测中，除数据的生成、建模外，还要对 GM 及预测值进行精度评估，即关联度分析。关联度是事物之间、因素之间关联性的“量度”。地应力灰色回归

结果精度涉及 GM 的精度，同时涉及地应力实测值和形成地应力各种因素量化的准确性，对应力预测值产生影响。因此，应进行检验评估。

GM 的精度检验，实际上就是考察根据 GM(0, 2)或 GM(0, 3)求出的应力 $x_i(k)$ 与实测值 $x_0(k)$ 之间分布规律的相似程度和量值上的接近程度。可采用残差、关联度、后验差这三种方式检验。残差检验以模型精度按计算值与原始值之差来检验，是一种直观的算术检验。关联度检验是两条函数曲线(地应力实测序列与预测序列)之间的集合形状检验。后验差检验用残差分布统计特征来检验。

1) 残差检验

设地应力预测序列为 $x_i(k)$，原始序列为 $x_0(k)$，x_0 与 x_i 之间的残差绝对值序列为

$$e_{0i}(k)=|x_0(k)-x_i(k)| \tag{2.3.39}$$

式中，k 取 1～MN，MN 为实测值最大分量编号；i 取 1～M，M 为计算地应力方案数。

表征 x_0 与 x_i 之间关联度可用二者之间的残差和，即

$$\eta_{0i}=\sum_{k=1}^{MN}e_{0i}(k) \tag{2.3.40}$$

2) 关联度检验

以 x_0 为参考数列(实测值组成的序列)，x_i 为比较序列(又称子序列，是由预测值组成的序列)，二者之间的点关联系数为

$$\begin{aligned}\xi_i^{(k)}&=\frac{\text{MinMin}\,|x_0(k)-x_i(k)|}{x_0(k)-x_i(k)}+\frac{\rho\text{MaxMax}\,|x_0(k)-x_i(k)|}{\rho\text{MaxMax}\,|x_0(k)-x_i(k)|}\\&=\frac{\text{MinMin}\Delta x_{0i}(k)+\rho\text{MaxMax}\Delta x_{0i}(k)}{\Delta x_{0i}(k)+\rho\text{MaxMax}\Delta x_{0i}(k)}\end{aligned} \tag{2.3.41}$$

式中，ρ为分辨系数，一般取值 0，区间为[0, 1]；$\text{MinMin}\Delta x_{0i}(k)$ 为两级最小差，其中 $\text{Min}\Delta x_{0i}(k)$ 为第一级最小差，表示 x_i 曲线上各点与 x_0 中各相应点距离的最小值。

$\text{Min}(\text{Min}\Delta x_{0i}(k))$ 表示在各曲线中找出的最小差，即在 $\text{Min}\Delta x_{0i}(k)$ 的基础上，再按 $i=1, 2,\cdots, m$ 找出的所有曲线中的最小差。最小误差搜寻如图 2.3.5 所示。

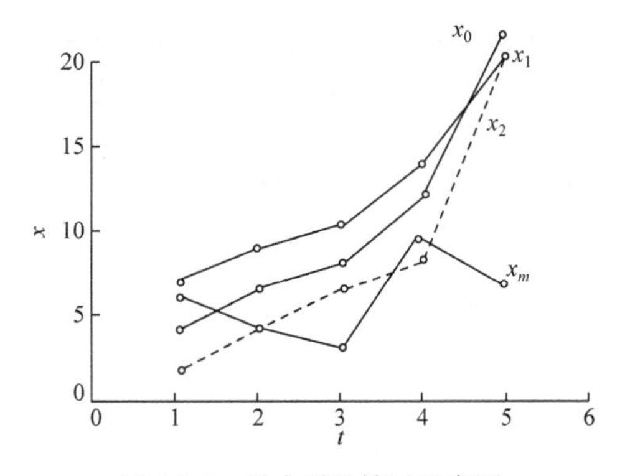

图 2.3.5　最小误差搜寻示意图

在区间[1, MN]中，总关联度为

$$\xi_{0i}=\frac{1}{NN}\sum_{i=1}^{MN}\xi_i(k) \tag{2.3.42}$$

3) 后验差检验

设原始数列为 $x_0(k)$，预测数列为 $x_i(k)$，两者之间的残差数列为 $e_{0i}(k)$。记原始数列 x_0 和残差数列的方差分别为 S_1 和 S_2，则有

$$S_1=\frac{1}{NN}\sum_{k=1}^{MN}[x_0(k)-\overline{x}_0]^2 \tag{2.3.43}$$

$$S_2=\frac{1}{NN}\sum_{k=1}^{MN}[e(k)-\overline{e}_{0i}]^2 \tag{2.3.44}$$

式中，$\overline{x}_0=\frac{1}{NN}\sum_{k=1}^{MN}x_0(k)$；$\overline{e}_{0i}=\frac{1}{NN}\sum_{k=1}^{MN}e_{0i}(k)$。

然后，计算后验差比值 C 和小误差概率 P，分别见式(2.3.45)和式(2.3.46)。模型的精度由 C 和 P 共同决定，一般分为好、合格、勉强、不合格共 4 级。

$$C=S_2/S_1 \tag{2.3.45}$$

$$P=P\{|e_{0i}(k)-\overline{e}_{0i}|<0.6745S_1\} \tag{2.3.46}$$

前文介绍的方法可以衡量地应力灰色模型的精度，但不能用来评估模型预测值(非实测点地应力值)的精度。预测值的精度与原始(实测)或计算地应力数列本身的随机性、传递误差的系统特征有关。因此，评价应结合误差在系统内的传播方式与程度进行。下面介绍以推算预测值每一时刻灰区间长度作为评定预测值精度的方法。将整个地应力序列 x_0 分为有实测资料的白色子序列 x_{01} 和预测的灰色序列 x_{02}。根据 GM(0, 2)、GM(0, 3)的包络模型，由 x_{01} 全序列可建立如下主模型：

$$\hat{x}_0^{(1)}(k)=b_1x_1^{(1)}(k)+b_2x_2^{(1)}(k)+a \quad (k=1\sim NN) \tag{2.3.47}$$

由序列中白色序列中的上差子序列 $x_{01\max}$，可建立上差模型：

$$\hat{x}_{0\max}^{(1)}(k)=b_{1\max}x_1^{(1)}(k)+b_{2\max}x_2^{(1)}(k)+a \quad (k=1\sim NN) \tag{2.3.48}$$

同理，由下差子序列 $x_{01\min}$，可建立下差模型：

$$\hat{x}_{0\min}^{(1)}(k)=b_{1\min}x_1^{(1)}(k)+b_{2\min}x_2^{(1)}(k)+a \quad (k=1\sim NN) \tag{2.3.49}$$

对于地应力预测序列 x_{02}，任意时刻预测累加值的上差序列为

$$\begin{aligned}\Delta_{\max}(k+1)&=\Delta_{\max}^1(k+1)-\Delta_{\max}^1(k)\\&=(b_{1\max}-b_1)\left[x_1^{(1)}(k+1)-x_1^{(1)}(k)\right]+(b_{2\max}-b_2)\left[x_2^{(1)}(k+1)-x_2^{(1)}(k)\right]\\&=\Delta b_{1\max}x_1^{(0)}(k+1)+\Delta b_{2\max}x_2^{(0)}(k+1)\end{aligned} \tag{2.3.50}$$

同理，任意时刻预测累加值的下差序列为

$$\Delta_{\min}(k+1) = \Delta b_{1\min} x_1^{(0)}(k+1) + \Delta b_{2\min} x_2^{(0)}(k+1) \tag{2.3.51}$$

对于任意时刻，预测值的区间δ为

$$\delta = [\Delta_{\max}^{0}, \Delta_{\min}^{0}] \tag{2.3.52}$$

从解析几何观点来看，在 x_1、x_2、$\hat{x}_0$ 构成的灰色坐标系中，上差、下差灰色预测模型代表两个灰平面带，预测主模型代表灰色带中的均平面(图 2.3.6)。

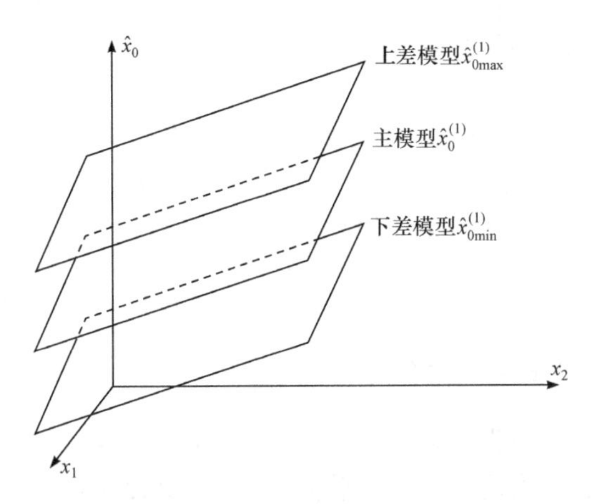

图 2.3.6　上差、下差灰色预测模型与预测模型相对关系

2.4　初始地应力位移函数法反演

初始地应力是影响地下洞室围岩应力、位移分布、破坏形式的重要因素之一，也是地下洞室围岩稳定性和支护措施评价的基础。从地质历史演化角度看，地应力场是随时空变化的非稳定场。工程实践表明，自重与构造作用是影响岩体地应力形成的主要因素。因此，得到工程区域合理的初始地应力，合理施加于计算模型，是计算分析面临的两个基本问题。在进行地应力反演三维有限元分析时，经常采用在模型边界施加外部荷载或施加已知位移这两种处理方法来获得计算域的初始应力场。这两种方法分别称为边界荷载调整法和边界位移调整法，以下讨论边界位移调整法。在地应力测量结果基础上，通过理论分析可获得计算域边界的合理位移，则可以解决以上几个方面的问题。位移函数法是地应力回归反演分析中常采用的一种方法。

2.4.1　位移假设

计算模型内部位移表示为

$$\begin{cases} u = \sum_{i=0}^{N} u_i \\ w = \sum_{i=0}^{N} w_i \\ v = \sum_{i=0}^{N} v_i \end{cases} \tag{2.4.1}$$

式中，u、w、v 分别为对应坐标 x、y、z 的总位移(m)；u_i、w_i、v_i 分别为对应坐标 x、y、z 的点位移(m)；$i = 0, 1, 2, \cdots, N$；N 为位置坐标 x、y、z 多项式的最高次数。

以 u 为例(v 和 w 可参考 u 进行类似处理)，构造 $u_0 = a_0$，$u_1 = a_1 x + a_2 y + a_3 z$，$u_2 = a_4 x^2 + a_5 y^2 + a_6 z^2 + a_7 xy + a_8 yz + a_9 xz + \cdots$。$a_i$ 为待定常系数(称为回归系数)，由最小二乘法根据实测应力决定。因此，利用回归系数可以把位移具体表达为

$$u = a_0 + (a_1 x + a_2 y + a_3 z) + (a_4 x^2 + a_5 y^2 + a_6 z^2 + a_7 xy + a_8 yz + a_9 xz) + \cdots \tag{2.4.2}$$

2.4.2　位移满足的弹性力学方程

由式(2.4.2)和几何方程，应变可表示为式(2.4.3)。再由物理方程，应力可表示为式(2.4.4)。此外，应力还必须满足平衡方程，见式(2.4.5)。

$$\begin{cases} \varepsilon_x = \sum_{i=1}^{N} \frac{\partial u_i}{\partial x} \\ \varepsilon_y = \sum_{i=1}^{N} \frac{\partial w_i}{\partial y} \\ \varepsilon_z = \sum_{i=1}^{N} \frac{\partial v_i}{\partial z} \\ \gamma_{xy} = \sum_{i=1}^{N} \left(\frac{\partial w_i}{\partial x} + \frac{\partial u_i}{\partial y} \right) \\ \gamma_{yz} = \sum_{i=1}^{N} \left(\frac{\partial w_i}{\partial z} + \frac{\partial v_i}{\partial y} \right) \\ \gamma_{xz} = \sum_{i=1}^{N} \left(\frac{\partial u_i}{\partial z} + \frac{\partial v_i}{\partial x} \right) \end{cases} \tag{2.4.3}$$

$$\begin{cases} \sigma_x = \sum_{i=1}^{N} \left[(\lambda + 2G) \frac{\partial u_i}{\partial x} + \lambda \frac{\partial w_i}{\partial y} + \lambda \frac{\partial v_i}{\partial z} \right] \\ \sigma_y = \sum_{i=1}^{N} \left[\lambda \frac{\partial u_i}{\partial x} + (\lambda + 2G) \frac{\partial w_i}{\partial y} + \lambda \frac{\partial v_i}{\partial z} \right] \end{cases}$$

$$
\begin{cases}
\sigma_z = \sum_{i=1}^{N}\left[\lambda\dfrac{\partial u_i}{\partial x} + \lambda\dfrac{\partial w_i}{\partial y} + (\lambda+2G)\dfrac{\partial v_i}{\partial z}\right] \\
\tau_{xy} = \sum_{i=1}^{N} G\left(\dfrac{\partial w_i}{\partial x} + \dfrac{\partial u_i}{\partial y}\right) \\
\tau_{yz} = \sum_{i=1}^{N} G\left(\dfrac{\partial w_i}{\partial z} + \dfrac{\partial v_i}{\partial y}\right) \\
\tau_{xz} = \sum_{i=1}^{N} G\left(\dfrac{\partial u_i}{\partial z} + \dfrac{\partial v_i}{\partial x}\right)
\end{cases}
\tag{2.4.4}
$$

式中，λ为拉梅常数，$\lambda = \dfrac{E\mu}{(1+\mu)(1-2\mu)}$，$E$ 为弹性模量(MPa)，μ 为泊松比；G 为剪切模量(MPa)，$G = \dfrac{E}{2(1+\mu)}$。

$$
\begin{cases}
\dfrac{\partial \sigma_x}{\partial x} + \dfrac{\partial \tau_{xy}}{\partial y} + \dfrac{\partial \tau_{xz}}{\partial z} = 0 \\
\dfrac{\partial \tau_{xy}}{\partial x} + \dfrac{\partial \sigma_y}{\partial y} + \dfrac{\partial \tau_{yz}}{\partial z} = 0 \\
\dfrac{\partial \tau_{xz}}{\partial x} + \dfrac{\partial \tau_{yz}}{\partial y} + \dfrac{\partial \sigma_z}{\partial z} + Z_{\mathrm{f}} = 0
\end{cases}
\tag{2.4.5}
$$

式中，Z_{f}为体力(N)。

式(2.4.5)中仅给出了 Z 方向的体力 Z_{f}，在所论问题中不存在 X 和 Y 方向平衡方程中的体力，因此没有列出。另外，尽管存在与岩石密度对应的体力 Z_{f}，但采用回归方法可以将岩石密度这个体力归并到待定常数中。同时，由于实测地应力已经反映了岩石密度的影响，这里不能重复考虑。以下设 $Z_{\mathrm{f}} = 0$，也就是仅要求应力满足不含有体力的平衡方程。

将式(2.4.4)代入式(2.4.5)中，可得到各回归系数满足的 3 个关系，并消掉 3 个回归系数，从而得到式(2.4.6)。为了后面表达方便，引入了几个常数，即$\alpha_i = \beta_i = \gamma_i = \lambda+2G$，$\eta = \lambda+G$。因为式(2.4.6)求和的表达式中，不含有位移 0 次和 1 次两项的回归系数，所以求和下标从 2 开始。

$$
\begin{cases}
\sum_{i=1}^{N}\left(\alpha_i\dfrac{\partial^2 u_i}{\partial x^2} + G\dfrac{\partial^2 u_i}{\partial y^2} + G\dfrac{\partial^2 u_i}{\partial z^2} + \eta\dfrac{\partial^2 w_i}{\partial x\partial y} + \eta\dfrac{\partial^2 v_i}{\partial x\partial z}\right) = 0 \\
\sum_{i=1}^{N}\left(\eta\dfrac{\partial^2 u_i}{\partial x\partial y} + G\dfrac{\partial^2 w_i}{\partial x^2} + \beta_i\dfrac{\partial^2 w_i}{\partial y^2} + G\dfrac{\partial^2 w_i}{\partial z^2} + \eta\dfrac{\partial^2 v_i}{\partial y\partial z}\right) = 0 \\
\sum_{i=1}^{N}\left(\eta\dfrac{\partial^2 u_i}{\partial x\partial z} + \eta\dfrac{\partial^2 w_i}{\partial y\partial z} + G\dfrac{\partial^2 v_i}{\partial x^2} + G\dfrac{\partial^2 v_i}{\partial y^2} + \gamma_i\dfrac{\partial^2 v_i}{\partial z^2}\right) = 0
\end{cases}
\tag{2.4.6}
$$

2.4.3 回归方程的建立

设有M个地应力测点，并且第j个测点的地应力分量通过实测为已知，即式(2.4.7)的等号右端项，可以由位移的代数表达式及式(2.4.4)得到该测点以回归系数为未知数的应力代数方程。

$$\begin{cases}\sum_{i=1}^{N}\left(\alpha_i\frac{\partial u_i}{\partial x}+\lambda\frac{\partial w_i}{\partial y}+\lambda\frac{\partial v_i}{\partial z}\right)_j=\left(\bar{\sigma}_x\right)_j\\ \sum_{i=1}^{N}\left(\lambda\frac{\partial u_i}{\partial x}+\beta_i\frac{\partial w_i}{\partial y}+\lambda\frac{\partial v_i}{\partial z}\right)_j=\left(\bar{\sigma}_y\right)_j\\ \sum_{i=1}^{N}\left(\lambda\frac{\partial u_i}{\partial x}+\lambda\frac{\partial w_i}{\partial y}+\gamma_i\frac{\partial v_i}{\partial z}\right)_j=\left(\bar{\sigma}_z\right)_j\\ \sum_{i=1}^{N}G\left(\frac{\partial w_i}{\partial x}+\frac{\partial u_i}{\partial y}\right)_j=\left(\bar{\tau}_{xy}\right)_j\\ \sum_{i=1}^{N}G\left(\frac{\partial w_i}{\partial z}+\frac{\partial v_i}{\partial y}\right)_j=\left(\bar{\tau}_{yz}\right)_j\\ \sum_{i=1}^{N}G\left(\frac{\partial u_i}{\partial z}+\frac{\partial v_i}{\partial x}\right)_j=\left(\bar{\tau}_{xz}\right)_j\end{cases}\tag{2.4.7}$$

式中，$j=1,2,L,M$。

实际应用时，并不是每一个测点均同时存在式(2.4.7)的 6 个方程。例如，在某测点只得到地应力的平面应力分量时，只有 3 个方程。以下为讨论问题方便，设每个测点得到全部 6 个应力分量。在式(2.4.7)中，回归系数还要满足式(2.4.5)。从式(2.4.3)中剪应变的表达式不难得知，回归系数 a_4、b_5和 c_6分别出现且仅出现在式(2.4.3)的前 3 个方程中，因此利用平衡方程消掉这 3 个参数花费的推导步骤最少。推求获得回归系数 a_4、b_5和 c_6：

$$\begin{cases}a_4=k\sum_{i=2,\alpha_2=0}^{N}\left(\alpha_i\frac{\partial^2 u_i}{\partial x^2}+G\frac{\partial^2 u_i}{\partial y^2}+G\frac{\partial^2 u_i}{\partial z^2}+\eta\frac{\partial^2 w_i}{\partial x\partial y}+\eta\frac{\partial^2 v_i}{\partial x\partial z}\right)\\ b_5=k\sum_{i=2,\beta_2=0}^{N}\left(\eta\frac{\partial^2 u_i}{\partial x\partial y}+G\frac{\partial^2 w_i}{\partial x^2}+\beta_i\frac{\partial^2 w_i}{\partial y^2}+G\frac{\partial^2 w_i}{\partial Z^2}+\eta\frac{\partial^2 v_i}{\partial y\partial z}\right)\\ c_6=k\sum_{i=2,\gamma_2=0}^{N}\left(\eta\frac{\partial^2 u_i}{\partial x\partial z}+\eta\frac{\partial^2 w_i}{\partial y\partial z}+G\frac{\partial^2 v_i}{\partial x^2}+G\frac{\partial^2 v_i}{\partial y^2}+\gamma_i\frac{\partial^2 v_i}{\partial z^2}\right)\end{cases}\tag{2.4.8}$$

式中，$k=-\dfrac{1}{2(\lambda+2G)}$。

另外，剪应变的表达式可以写成式(2.4.9)。式(2.4.9)中常数项为两个回归系数的和，且它们均不会再出现在其他任何式中。这说明式(2.4.9)每一个括号中的两个回归系数均无法分别求出，求出的只能是它们的和，见式(2.4.10)。

$$\begin{cases}\gamma_{xy}=(c_1+a_2)+2c_4x+c_7y+c_9z+\cdots\\ \gamma_{yz}=(c_3+b_2)+2c_6z+c_8y+c_9x+\cdots\\ \gamma_{xz}=(a_3+b_1)+2c_6z+c_8y+c_9x+\cdots\end{cases}\tag{2.4.9}$$

$$\begin{cases}A=c_1+a_2\\ B=c_3+b_2\\ C=a_3+b_1\end{cases}\tag{2.4.10}$$

由式(2.4.10)可知，只要 A、B 和 C 被求出，剪应力也就确定了。式(2.4.10)括号中两个回归系数的具体值只会影响位移，也就是说，对于同样的应力，位移可以有无穷多组。每一个组合中两个回归系数的物理意义是旋转角，它们的组合表示旋转角对应的剪应变常数分量。就讨论的问题而言，可以在每一个括号内任取其中一个回归系数为 0，即式(2.4.11)，这样就又消掉了 3 个回归系数。

$$a_2=c_3=b_1=0\tag{2.4.11}$$

在位移表达式中，常数项 u_0、v_0、w_0 在求应力时会被消掉。因此，利用实测应力回归计算，无法求出它们的具体值。若令其为 0，即式(2.4.12)，则不会影响应力的值。

$$a_0=b_0=c_0=0\tag{2.4.12}$$

至此，已经消掉 9 个回归系数。还需要注意的是，如果位移采用 3 阶以上的高阶多项式，则会有某些高阶项的回归系数不出现在式(2.4.7)的任何一个方程中，同样无法根据实测应力确定，但是根据前文，求位移时可以设其为 0。

在边界(通常指地表)，往往已知该面的一个正应力和两个剪应力，可以利用该边界的方向余弦，分别乘以式(2.4.7)中的对应项再相加，得到 3 个方程(参考弹性力学对应的公式)。洞室所在区域往往距离地表较远，并且计算中总采用在建模区域边界施加回归得到的位移，因此此处不再对边界条件问题进一步讨论。在考虑式(2.4.8)和式(2.4.12)的限定意义下，式(2.4.7)就是回归方程。

如果通过以上方法建立的回归方程个数大于回归系数个数，则可以采用最小二乘法求解，从而得到建模区域中与实测地应力相对应的位移场。在式(2.4.12)中，代入计算模型边界上各节点的坐标，就可得到每个节点上的 3 个位移分量。将这些位移作为已知节点位移施加到有限元模型的节点上，则可得到有限元计算所需的初始应力场。这个应力场显然满足平衡条件和变形协调条件。由于在各点均施加了已知位移，也就约束了建模区域的刚体位移。这些位移是与变形相对应的，它们绝不会产生对变形的附加约束，这样前文提及的问题得到圆满解决。

2.4.4　位移函数法的实现与应用

位移函数法是针对有限元计算的。有限元计算既是回归分析的目的，又提供了调整回归分析结果的手段。利用有限元程序的后处理功能，可以校核回归结果，并在此基础上对回归结果进行改进。

实测结果仅能够在很有限的若干个点上获得。直接使用位移函数法进行回归计算时，虽然这些测点上的结果与实测数据吻合得较好，但是在距离测点较远的地方会产生比较大的误差。这与插值问题中进行外插时误差可能迅速扩大的情形相似。为了在整个建模区域内获得比较均匀的结果，回归时有时有必要在边界上根据实测值和工程经验人为地假设若干个点的位移值，这些假设的边界位移值与实测值一同参与回归。这样假设以后，实测点上回归结果与实测结果的吻合程度会略有下降，但是整个计算域内应力的分布较直接回归更加合理。

在进行有限元计算时，施加在边界上的位移不是上述假设值，而是回归后计算出来的结果。这个结果与假设值在大小上还是有一定差异的。

位移函数法可以在 ANSYS 程序中很方便地执行。实际计算过程：获得 ANSYS 程序中模型边界点的坐标信息，并且将计算结果(边界上的荷载或边界位移)以 ANSYS 命令的形式输出到文本文件中，再通过 ANSYS 程序读入荷载步文件的功能将此荷载或约束施加到模型上，进行有限元法初始地应力及地下洞室施工开挖的计算。

1. 阴坪水电站地下厂房区地应力反演

阴坪水电站在四川省平武县木座藏族乡、木皮藏族乡辖区内，系涪江上游左岸一级支流火溪河“一库四级”(水牛家、自一里、木座、阴坪)开发方案最下游一梯级电站，上游与木座水电站相衔接，厂址距平武县城约 16km。阴坪水电站地下厂房区共完成 3 组地应力测量(表 2.4.1 和表 2.4.2)，编号为 YK_1、YK_2 和 YK_3。YK_1 测点位于 2 号支洞内，垂直埋深约 220m(包括强风化和强卸荷岩体)。YK_2 测点位于平洞 0km+75m 处，垂直埋深约 320m(包括强风化和强卸荷岩体)，该测点由 3 个深 50m 的交汇钻孔组成，水平孔孔口方向为 NE60°，斜孔孔口方向为 NW330°(水平投影后)，倾角为 45°。YK_3 测点位于 0km+275m 处，垂直埋深约 410m(包括强风化和强卸荷岩体)，水平孔孔口方向为 NE60°，斜孔孔口方向为 SE150°，倾角为 45°，该测点由 3 个深 50m 的交汇钻孔组成。

表 2.4.1　阴坪水电站地下厂房实测点主应力

编号	主应力											
	σ_1				σ_2				σ_3			
	量值/MPa	方位角/(°)	倾角/(°)	倾向	量值/MPa	方位角/(°)	倾角/(°)	倾向	量值/MPa	方位角/(°)	倾角/(°)	倾向
YK_1	13.78	325	46	SSE	7.80	138	44	NW	5.33	231	4	NE

续表

编号	主应力											
	σ_1				σ_2				σ_3			
	量值/MPa	方位角/(°)	倾角/(°)	倾向	量值/MPa	方位角/(°)	倾角/(°)	倾向	量值/MPa	方位角/(°)	倾角/(°)	倾向
YK_2	12.72	286	40	SSE	10.72	165	32	NWW	6.39	50	33	SW
YK_3	15.40	289	45	SSE	9.01	76	40	SWW	7.51	181	17	NNE

表 2.4.2　阴坪水电站地下厂房实测点应力分量

编号	应力分量					
	σ_x/MPa	σ_y/MPa	σ_z/MPa	τ_{xy}/MPa	τ_{yz}/MPa	τ_{xz}/MPa
YK_1	8.80	7.22	10.89	2.54	−1.56	−2.57
YK_2	9.56	10.05	10.22	1.80	−2.46	1.01
YK_3	7.99	11.83	12.10	1.01	−3.01	−1.49

由地应力测试结果(表 2.4.1 和表 2.4.2)可知：σ_1 量值为 12.72～15.40MPa，方位角为 286°～325°，倾角为 40°～46°；σ_2 量值为 7.80～10.72MPa，方位角为 76°～165°，倾角为 32°～44°；σ_3 量值为 5.33～7.51MPa，方向差异比较大。显然，阴坪水电站地下厂房区的地应力不仅包括自重应力，还存在中高量级的构造应力，这对地下厂房开挖洞室群围岩稳定有重要影响。因此，根据地应力测试资料，采用回归反演分析，获得工程区天然地应力分布特征，是评价地下厂房洞室群围岩稳定性和支护措施方案的基础。

阴坪水电站工程模型坐标系：X 轴正方向为 NE45°；Z 轴正方向为 NW315°；Y 轴正方向为垂直向上，遵循右手螺旋法则。计算模型坐标系和大地坐标系有所不同，因此需要将测点应力转换至计算模型坐标系下。设 σ_x、σ_y、σ_z、τ_{xy}、τ_{xz}、τ_{yz} 为大地坐标系下的值，σ'_x、σ'_y、σ'_z、τ'_{xy}、τ'_{xz}、τ'_{yz} 为计算模型坐标系下的值。通过坐标变换，得到对应关系：

$$
\begin{cases}
\sigma'_x = \dfrac{1}{2}\sigma_x + \dfrac{1}{2}\sigma_y - \tau_{xy} \\
\sigma'_y = \sigma_z \\
\sigma'_z = \dfrac{1}{2}\sigma_x + \dfrac{1}{2}\sigma_y + \tau_{xy} \\
\tau'_{xy} = -\dfrac{\sqrt{2}}{2}\tau_{yz} + \dfrac{\sqrt{2}}{2}\tau_{xz} \\
\tau'_{xz} = -\dfrac{1}{2}\sigma_x + \dfrac{1}{2}\sigma_y \\
\tau'_{yz} = -\dfrac{\sqrt{2}}{2}\tau_{yz} - \dfrac{\sqrt{2}}{2}\tau_{xz}
\end{cases}
\tag{2.4.13}
$$

通过式(2.4.13)即可将实测值转换为计算坐标系下各测点的应力值。计算坐标系下工程地应力实测点的应力分量见表2.4.3。如前所述，回归方程共有21个未知数，因此方程数必须大于或等于24个，即最少需要4个测点的实测值，但工程仅完成了3个测点的地应力资料。为此，根据已有的3个测点资料，按照插值方法补充了一个测点的应力分量(表2.4.4)。具体的操作步骤：取距地面H的一点，较浅埋深时σ_y按照$\sigma_y = \gamma H$计算得出，其余的各应力分量按比例计算出(参照点为YK_1)。

表 2.4.3　计算坐标系下实测点的应力分量

编号	应力分量					
	σ'_x/MPa	σ'_y/MPa	σ'_z/MPa	τ'_{xy}/MPa	τ'_{xz}/MPa	τ'_{yz}/MPa
YK_1	5.47	10.89	10.55	−0.71	2.92	−0.79
YK_2	8.01	10.22	11.61	2.45	0.25	1.03
YK_3	8.90	12.10	10.92	1.07	1.92	3.18

表 2.4.4　插值点应力分量

编号	应力分量					
	σ'_x/MPa	σ'_y/MPa	σ'_z/MPa	τ'_{xy}/MPa	τ'_{xz}/MPa	τ'_{yz}/MPa
YK_4	1.22	2.43	2.35	−0.16	0.65	−0.18

构造位移与坐标之间有如下函数：

$$\begin{cases} u = a_0 + a_1 x + a_2 y + a_3 z + a_4 x^2 + a_5 y^2 + a_6 z^2 + a_7 xy + a_8 yz + a_9 xz \\ w = c_0 + c_1 x + c_2 y + c_3 z + c_4 x^2 + c_5 y^2 + c_6 z^2 + c_7 xy + c_8 yz + c_9 xz \\ v = b_0 + b_1 x + b_2 y + b_3 z + b_4 x^2 + b_5 y^2 + b_6 z^2 + b_7 xy + b_8 yz + b_9 xz \end{cases} \tag{2.4.14}$$

式中，u、w、v分别为x、y、z坐标的位移；a、c、b(含下标)为系数。

根据位移函数公式，对应每一个实测点，可得

$$\begin{aligned} &3a_1 + 2x(a_5 + a_6 + c_7 + b_9) + 3ya_7 + 3za_9 + c_2 + \frac{2}{3}y(a_7 + c_4 + c_6 + c_8) \\ &+xc_7 + zc_8 + b_3 + \frac{2}{3}z(a_9 + c_8 + b_4 + b_5) + yb_8 + xb_9 = \bar{\sigma}_x / \lambda \end{aligned} \tag{2.4.15}$$

$$\begin{aligned} &a_1 + \frac{2}{3}x(a_5 + a_6 + c_7 + b_9) + ya_7 + za_9 + 3c_2 + 2y(a_7 + c_4 + c_6 + c_8) \\ &+3xc_7 + 3zc_8 + b_3 + \frac{2}{3}z(a_9 + c_8 + b_4 + b_5) + yb_8 + xb_9 = \bar{\sigma}_y / \lambda \end{aligned} \tag{2.4.16}$$

$$\begin{aligned} &a_1 + \frac{2}{3}x(a_5 + a_6 + c_7 + b_9) + ya_7 + za_9 + c_2 + \frac{2}{3}y(a_7 + c_4 + c_6 + c_8) \\ &+xc_7 + zc_8 + 3b_3 + 2z(a_9 + c_8 + b_4 + b_5) + 3yb_8 + 3xb_9 = \bar{\sigma}_z / \lambda \end{aligned} \tag{2.4.17}$$

$$c_1 + a_2 + 2xc_4 + yc_7 + zc_9 + 2ya_5 + xa_7 + za_8 = \overline{\tau}_{xy} / \lambda \tag{2.4.18}$$

$$c_3 + b_2 + 2zc_6 + yc_8 + xc_9 + 2yb_5 + xb_7 + zb_8 = \overline{\tau}_{yz} / \lambda \tag{2.4.19}$$

$$a_3 + b_1 + 2za_6 + ya_8 + xa_9 + 2xb_4 + yb_7 + zb_9 = \overline{\tau}_{xz} / \lambda \tag{2.4.20}$$

式中，$a_4 = (a_5 + a_6 + c_7 + b_9)/3$；$c_5 = (a_7 + c_4 + c_6 + b_8)/3$；$b_6 = (a_9 + c_8 + b_4 + b_5)/3$。

于是，由 4 个测点可以得到 24 个方程。方程数大于未知数的个数，可以进行回归计算。用 SPSS 软件进行计算得到各回归系数，见表 2.4.5。其中，c_7和 a_8被剔除。据观察，联立式(2.4.15)～式(2.4.19)，除了式(2.4.20)中的 a_8不能进行求解，其余各值均可求出。因此，可将其余各值代入，求出对应的 a_8，并取各测点的平均值作为最后的回归值。同理，可以用式(2.4.18)求出 c_7。

表 2.4.5　阴坪水电站回归系数取值

a_1	a_2	a_3	a_4	a_5	a_6	a_7	a_8	a_9
−0.087	0	−0.396	6.156×10^{-4}	6.241×10^{-4}	-4.670×10^{-4}	7.973×10^{-4}	2.108×10^{-7}	1.113×10^{-3}
b_1	b_2	b_3	b_4	b_5	b_6	b_7	b_8	b_9
0	−2.040	−2.660	-1.900×10^{-3}	7.191×10^{-4}	1.757×10^{-6}	6.818×10^{-4}	1.963×10^{-3}	1.271×10^{-3}
c_1	c_2	c_3	c_4	c_5	c_6	c_7	c_8	c_9
−1.340	−2.400	0	4.562×10^{-4}	9.062×10^{-4}	-4.980×10^{-4}	-1.680×10^{-6}	7.317×10^{-5}	1.482×10^{-3}

从 ANSYS 中输出模型边界点的坐标信息，并将计算结果(边界上)的荷载或边界位移以 ANSYS 命令的形式输出文本文件中。再通过 ANSYS 程序读入荷载步文件的功能将此荷载或约束施加到模型上，并进行回归地应力的有限元计算。地应力反演模型有限元计算的各测点应力分量见表 2.4.6，有限元计算的各测点主应力大小、方位角和倾角见表 2.4.7。

表 2.4.6　有限元计算的各测点应力分量

编号	应力分量					
	σ_x/MPa	σ_y/MPa	σ_z/MPa	τ_{xy}/MPa	τ_{yz}/MPa	τ_{xz}/MPa
YK_1	8.65	7.16	9.03	2.3	−2.01	−1.70
YK_2	9.51	10.37	9.76	1.5	−2.96	−0.52
YK_3	8.26	10.23	11.07	1.78	−2.34	−1.02

表 2.4.7　有限元计算的各测点主应力大小、方位角和倾角

编号	主应力											
	σ_1				σ_2				σ_3			
	量值/MPa	方位角/(°)	倾角/(°)	倾向	量值/MPa	方位角/(°)	倾角/(°)	倾向	量值/MPa	方位角/(°)	倾角/(°)	倾向
YK_1	12.34	320	38	SSE	7.18	168	48	NW	5.33	242	14	NE
YK_2	13.57	296	37	SSE	9.14	185	25	NNE	6.92	69	42	SW
YK_3	13.72	298	44	SSE	8.67	47	45	SWW	7.16	215	8	NNE

对比表 2.4.6 和表 2.4.3、表 2.4.7 和表 2.4.1 可知，用位移函数法得出的地应力场效果较好，有限元计算值与实测值相差甚小，可用于地下洞室群围岩稳定性分析的精细模型。

阴坪水电站地应力反演计算模型范围：底部取至高程 900.00m，水平 X 方向范围约 212.5m，水平 Z 方向范围约 417.5m，顶部取至实际的地形线。地下厂房洞室群围岩稳定性分析的精细模型中，计算域边界上的位移除了可以用回归获得位移函数施加在模型边界上，也可以在地应力反演模型中计算获得位移的基础上，通过 ANSYS 的“子模型”(SubModel)按线性插值理论获得精细模型边界上的位移。通过对比，这两种边界位移施加方式对地下洞室群围岩稳定性分析精细模型中的应力影响甚微。为了与地应力反演模型保持一致，在此仅分析“子模型”方法计算的阴坪水电站地下厂房工程区初始地应力。

阴坪水电站地下厂房工程区整体模型主应力等值线云图见图 2.4.1，地下厂房洞室群开挖附近的主应力等值线云图见图 2.4.2。

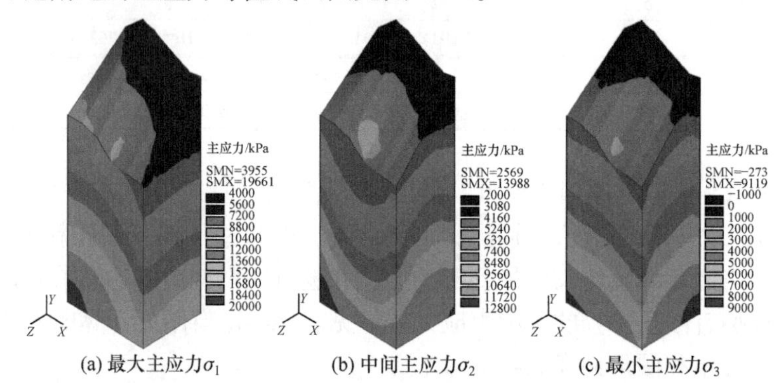

(a) 最大主应力σ_1　(b) 中间主应力σ_2　(c) 最小主应力σ_3

图 2.4.1　阴坪水电站地下厂房工程区整体模型主应力等值线云图(压为正)

SMN、SMX 分别表示等值线云图中的最小值和最大值，后同

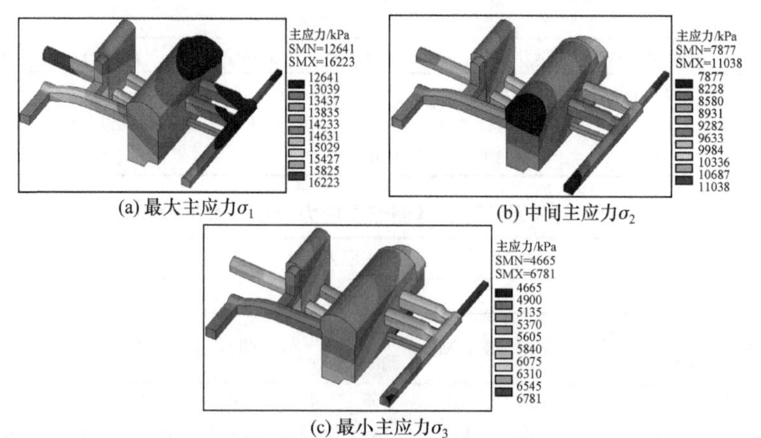

(a) 最大主应力σ_1　(b) 中间主应力σ_2

(c) 最小主应力σ_3

图 2.4.2　阴坪水电站地下厂房洞室群开挖附近主应力等值线云图(压为正)

由图 2.4.1 可知，地下厂房洞室群所在的山体初始主应力σ_1、σ_2和σ_3呈现随深度增加递增的变化特征，与地应力的一般分布规律一致。地表附近各主应力量值较小，且地表靠山内侧局部的最小主应力σ_3有拉应力出现，但拉应力分布的深度较浅，最大拉应力仅−273kPa。

由图 2.4.2 可以看出，地下厂房洞室群开挖附近的各主应力量值与实测应力有较好的一致性。总体来讲，地下厂房洞室群位置初始应力场各主应力分布较为连续，无明显的应力集中分布特征，且各主应力均处于受压状态。

2. 瀑布沟水电站地下厂房区地应力反演

瀑布沟水电站位于大渡河中游、四川省汉源县和甘洛县境内。地下厂房洞室群由主厂房、主变室、尾水闸门室、引水隧洞、母线洞、尾水连接洞和 2 条无压尾水隧洞组成。地下厂房工程区岩性单一(以花岗岩为主)，无大的断层通过，围岩类型较好(以Ⅱ类、Ⅲ类为主)，水平构造应力较大。厂房轴线与实测地应力最大主应力σ_1夹角总体小于 30°，实测最大主应力σ_1为 10.1～28.3MPa，最大主应力σ_1方位角为 54°～283°，最大主应力σ_1倾角为 7°～29°，工程区最大主应力以水平构造应力为主。共完成 6 组地应力测量，测点编号分别为地 1、地 2、地 3、地 4、地 5 和地 6。测量位置在左岸花岗岩 45#平洞，实测地应力结果见表 2.4.8，各实测点在大地坐标系下的应力分量见表 2.4.9。

表 2.4.8　瀑布沟水电站地应力测试结果

测点编号	测点平洞桩号/(km+m)	测点埋深/m		最大主应力			中间主应力			最小主应力		
		水平	垂直	σ_1/MPa	α_1/(°)	β_1/(°)	σ_2/MPa	α_2/(°)	β_2/(°)	σ_3/MPa	α_3/(°)	β_3/(°)
地 1	支 10+35	385	262	16.5	54	20	9.7	307	39	2.8	165	44
地 2	主 0+300	300	214	23.3	84	15	12.9	194	52	9.3	344	34
地 3	主 0+153	150	165	10.1	283	7	7.1	54	79	6.3	192	8
地 4	支 40+25	410	291	21.1	81	7	15.5	246	32	4.8	351	2
地 5	支 30+60	460	263	28.3	84	29	14.9	216	15	2.7	340	24
地 6	主 0+525	520	315	27.3	68	10	23.3	168	45	11.8	328	43

注：①α_1、α_2、α_3分别为主应力σ_1、σ_2、σ_3倾向投影方位角(下半球投影)，正 N 为 0°，顺时针旋转；②β_1、β_2、β_3分别为主应力σ_1、σ_2、σ_3的倾角(与水平面夹角)；③地应力测点的大地坐标和高程，地 1 的 X、Y 坐标分别为 34581629.2387m、3233216.3489m，高程为 696.00m，地 2 的 X、Y 坐标分别为 34581659.4160m、3233101.9119m，高程为 693.00m，地 3 的 X、Y 坐标分别为 34581613.4560m、3232966.2938m，高程为 691.00m，地 4 的 X、Y 坐标分别为 34581822.8225m、3233191.0326m，高程为 701.00m，地 5 的 X、Y 坐标分别为 34581589.6550m、3233283.0950m，高程为 702.00m，地 6 的 X、Y 坐标分别为 34581744.5773m、3233289.4473m，高程为 697.00m；④测点坐标根据测点桩号及坝区平面地质图核定。

表 2.4.9 瀑布沟水电站实测点应力分量(拉为正，压为负)

测点编号	应力分量					
	σ'_x/MPa	σ'_y/MPa	σ'_z/MPa	τ'_{xy}/MPa	τ'_{xz}/MPa	τ'_{yz}/MPa
地 1	−7.46	−7.12	−14.42	2.45	4.01	2.81
地 2	−15.41	−12.48	−17.61	−3.18	1.09	5.91
地 3	−9.17	−7.11	−7.22	0.36	−0.04	1.60
地 4	−12.97	−4.67	−23.76	1.36	−4.27	11.96
地 5	−11.60	−8.10	−26.20	−7.53	5.68	8.39
地 6	−18.55	−17.96	−25.89	−5.81	−1.03	3.22

由表 2.4.8 可以看出，最大主应力σ_1为 10.1～28.3MPa，方位角为 54°～283°，倾角为 7°～29°；中间主应力σ_2为 7.1～23.3MPa，方位角为 54°～307°，倾角为 15°～79°；最小主应力σ_3为 2.7～11.8MPa，方位角为 165°～351°，倾角为 2°～44°。根据测试结果可知，瀑布沟水电站地下厂房洞室群的地应力包括自重应力和构造应力，且构造应力较大，对地下厂房洞室群施工期的围岩稳定有重要影响。因此，根据地应力测试资料，通过回归反演分析获得天然地应力分布特征，是评价地下厂房洞室群围岩稳定性的基础。

瀑布沟水电站工程模型坐标系：X 轴正方向为正 E；Z 轴正方向为正 S；Y 轴正方向为垂直向上，遵循右手螺旋法则。计算模型坐标系和大地坐标系有所不同，因此需要将测点应力值转换至计算模型坐标系下。设σ_x、σ_y、σ_z、τ_{xy}、τ_{xz}、τ_{yz}为大地坐标系下的值，σ'_x、σ'_y、σ'_z、τ'_{xy}、τ'_{xz}、τ'_{yz}为计算模型坐标系下的值。通过坐标变换式，可将实测值转换为计算坐标系下各测点的应力值，表达式为

$$\begin{cases}\sigma'_x = \sigma_x l_1^2 + \sigma_y m_1^2 + \sigma_z n_1^2 \\ \sigma'_y = \sigma_x l_2^2 + \sigma_y m_2^2 + \sigma_z n_2^2 \\ \sigma'_z = \sigma_x l_3^2 + \sigma_y m_3^2 + \sigma_z n_3^2 \\ \tau'_{xy} = \sigma_x l_1 l_2 + \sigma_y m_1 m_2 + \sigma_z n_1 n_2 \\ \tau'_{xz} = \sigma_x l_1 l_3 + \sigma_y m_1 m_3 + \sigma_z n_1 n_3 \\ \tau'_{yz} = \sigma_x l_2 l_3 + \sigma_y m_2 m_3 + \sigma_z n_2 n_3\end{cases} \tag{2.4.21}$$

式中，l_1、l_2、l_3、m_1、m_2、m_3、n_1、n_2、n_3为新坐标系对于旧坐标系各轴的方向余弦，见表 2.4.10。

表 2.4.10 $x'y'z'$对于 xyz 各轴的方向余弦

坐标	x	y	z
x'	l_1	m_1	n_1

续表

坐标	x	y	z
y'	l_2	m_2	n_2
z'	l_3	m_3	n_3

计算坐标系下瀑布沟水电站工程地应力实测点的应力分量见表 2.4.11。根据前述位移函数原理，回归方程共有 21 个未知数，因此方程数必须大于等于 24 个，即最少需要 4 个测点的实测值。根据提供的 6 个测点值(计算中除掉 z 方向应力较小的地 3 测点)，同时为了使应力场较为真实地满足初始地应力场，在自重应力场下选取 10 个近地表点来控制地表应力总体满足自重应力场。

表 2.4.11　瀑布沟水电站计算模型实测点应力分量(拉为正，压为负)

测点编号	σ_x/MPa	σ_y/MPa	σ_z/MPa	τ_{xy}/MPa	τ_{xz}/MPa	τ_{yz}/MPa
地 1	−7.46	−7.12	−14.42	2.45	4.01	2.81
地 2	−15.41	−12.48	−17.61	−3.18	1.09	5.91
地 3	−9.17	−7.11	−7.22	0.36	−0.04	1.60
地 4	−12.97	−4.67	−23.76	1.36	−4.27	11.96
地 5	−11.60	−8.10	−26.20	−7.53	5.68	8.39
地 6	−18.55	−17.96	−25.89	−5.81	−1.03	3.22

令

$$\begin{cases}u=a_0+a_1x+a_2y+a_3z+a_4x^2+a_5y^2+a_6z^2+a_7xy+a_8yz+a_9xz\\v=b_0+b_1x+b_2y+b_3z+b_4x^2+b_5y^2+b_6z^2+b_7xy+b_8yz+b_9xz\\w=c_0+c_1x+c_2y+c_3z+c_4x^2+c_5y^2+c_6z^2+c_7xy+c_8yz+c_9xz\end{cases}\tag{2.4.22}$$

式中，u、w、v 分别为 x、y、z 坐标下的位移(m)；a、b、c(含下标)为系数。

根据前述位移函数法原理，对应每一个实测点，可得方程组：

$$\begin{cases}\sigma_x=\alpha(a_1+2a_4x+a_7y+a_9z)+\lambda(b_2+2b_5y+b_7x+b_8z)+\lambda(c_3+2c_6z+c_8y+c_9x)\\\sigma_y=\lambda(a_1+2a_4x+a_7y+a_9z)+\alpha(b_2+2b_5y+b_7x+b_8z)+\lambda(c_3+2c_6z+c_8y+c_9x)\\\sigma_z=\lambda(a_1+2a_4x+a_7y+a_9z)+\lambda(b_2+2b_5y+b_7x+b_8z)+\alpha(c_3+2c_6z+c_8y+c_9x)\\\tau_{xy}=G(b_1+2b_4x+b_7y+b_9z+a_2+2a_5y+a_7x+a_8z)\\\tau_{yz}=G(b_3+2b_6z+b_8y+b_9x+c_2+2c_5y+c_7x+c_8z)\\\tau_{xz}=G(a_3+2a_6z+a_8y+a_9x+c_1+2c_4y+c_7x+c_9z)\end{cases}\tag{2.4.23}$$

于是，15 个测点可以得到 90 个方程。方程数大于未知数的个数，可以进行回归计算。将方程组写成矩阵形式，由于方程组是一个矛盾方程组，为了使求得的回归系数对于整个方程组总体上达到最优效果，一般采用最小二乘法进行优化求解，即将矛盾方程组转化为正规方程组：

$$C = (A^{\mathrm{T}} A)^{-1} A^{\mathrm{T}} B \tag{2.4.24}$$

式中，C 为所求回归系数矩阵；A 为回归系数对应的系数矩阵；B 为各测点应力矩阵。

利用 MATLAB 软件求矩阵，得到各回归系数见表 2.4.12。将回归系数代入式(2.4.22)～式(2.4.24)，可求出计算模型边界点的位移。同样，在 ANSYS 中输出模型边界点的坐标值，并且将计算结果(边界上)的荷载或边界位移以 ANSYS 命令的形式输出文本文件中，再通过 ANSYS 读入荷载步文件的功能，将此荷载或约束施加到模型上，并进行回归地应力的有限元计算。地应力反演模型有限元计算的各测点应力分量结果见表 2.4.13。对比实测地应力可知，用位移函数法得出的地应力场效果较好，有限元计算值与实测值相差甚小，可用于地下厂房洞室群围岩稳定性分析计算模型。

表 2.4.12　瀑布沟水电站回归系数取值

a_1	a_2	a_3	a_4	a_5	a_6	a_7	a_8	a_9
−1.629	0	3.724	1.566×10^{-5}	-6.732×10^{-4}	-8.609×10^{-4}	1.584×10^{-3}	-2.601×10^{-3}	4.337×10^{-4}
b_1	b_2	b_3	b_4	b_5	b_6	b_7	b_8	b_9
1.802	−0.587	0	-1.217×10^{-3}	1.722×10^{-4}	-2.013×10^{-3}	1.855×10^{-4}	2.054×10^{-4}	2.126×10^{-3}
c_1	c_2	c_3	c_4	c_5	c_6	c_7	c_8	c_9
0	−0.950	−4.388	-2.235×10^{-4}	7.138×10^{-5}	6.892×10^{-4}	-1.053×10^{-3}	3.801×10^{-3}	6.592×10^{-4}

表 2.4.13　瀑布沟水电站有限元计算的各测点应力分量

测点编号	σ_x/MPa	σ_y/MPa	σ_z/MPa	τ_{xy}/MPa	τ_{xz}/MPa	τ_{yz}/MPa
地 1	−14.78	−10.63	−22.39	4.23	−1.79	7.77
地 2	−11.99	−9.31	−21.90	2.08	−2.23	6.28
地 4	−13.09	−10.06	−21.77	1.67	−0.21	6.50
地 6	−15.27	−11.31	−23.89	3.95	−0.96	8.09

建立瀑布沟水电站地下厂房工程区地应力反演三维有限元计算模型时，计算坐标系定义为：X 轴以垂直厂房轴线指向下游为正(SE132°)，Y 轴以垂直向上为正，Z 轴以平行厂房指向坡外为正(SW222°)。工程区反演的主应力等值线云图见图 2.4.3，地下厂房洞室群开挖附近的各主应力等值线云图见图 2.4.4。

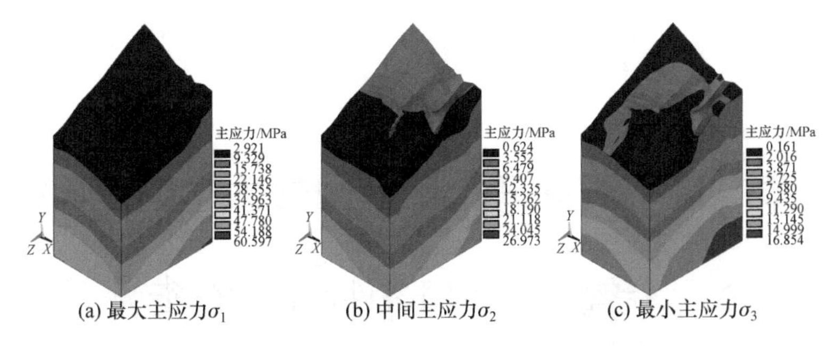

(a) 最大主应力σ_1　(b) 中间主应力σ_2　(c) 最小主应力σ_3

图 2.4.3　瀑布沟水电站地下厂房工程区主应力等值线云图(压为正)

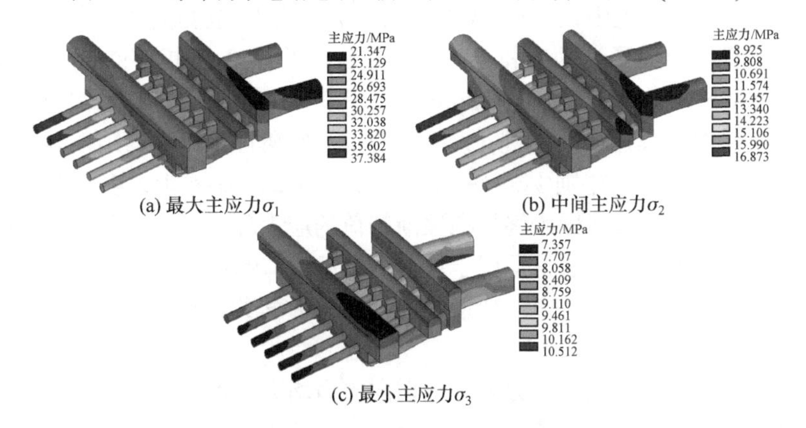

(a) 最大主应力σ_1　(b) 中间主应力σ_2

(c) 最小主应力σ_3

图 2.4.4　瀑布沟水电站地下厂房洞室群开挖附近主应力等值线云图(压为正)

由图 2.4.3 可知，地下厂房工程区所在的山体各主应力总体处于压应力状态，地表附近各主应力均较小，地表附近岩体地应力主要受控于自重应力，较深部位岩体地应力主要受控于构造应力，计算结果与地应力的一般分布规律一致。

由图 2.4.4 可以看出，地下厂房洞室群开挖附近的各主应力量值与实测应力有较好的一致性。其中，最大主应力σ_1在主厂房上游靠山内侧的 1#引水隧洞下平直段附近最大，在尾水闸门室下游靠坡外侧的 2#尾水洞附近最小。最大主应力的分布特征反映了上覆埋深越大，则地应力越高，这一变化规律是符合地应力分布一般规律的。总体来讲，地下厂房洞室群位置初始应力场各主应力分布较为连续，无明显的应力集中分布特征，各主应力均处于受压状态。

第 3 章　地下洞室开挖卸荷围岩力学响应与模型

3.1　完整岩石不同条件卸荷力学行为

传统岩石力学研究中，已对岩体加荷条件下的应力-应变关系和力学参数有了较全面的认识，形成了学术界和工程界一致认可的理论，如莫尔-库仑强度准则(Mohr-Coulomb criterion of rock failure)和格里菲斯(Griffith)准则经典理论(王春萍等，2023)。随着工程建设的推进，人们发现根据经典理论得到的结果与实际观测的数据之间会出现较大差别(宋彦辉和巨广宏，2012)。事实上，在整个河谷形成发展演化过程中，岸坡岩体始终处在逐渐卸荷的应力环境下，地下洞室开挖也是如此。显然，传统研究方法只适用于加荷力学条件。卸荷条件下岩体力学特性与加荷条件下是有区别的，对应的变形破坏特征与力学参数也有所不同，因此在实际工程中会出现较大差异。

圆形洞室开挖导致径向应力减小和切向应力增大，本质是应力不断调整的径向卸荷过程。虽然正常的加荷、卸荷过程均会导致岩石破坏，但是岩石在这两种荷载条件下的力学性质有差异。地下工程开挖侧向应力减小，平行开挖面应力增大，这种应力差环境更易导致围岩发生破坏。随着地下工程建设的日益增多，地下洞室开挖卸荷的岩体力学行为越来越受到重视。尤其是随着地下工程埋深增加，开挖卸荷导致的应力调整对围岩破坏的影响更为显著。

岩体的初始应力状态通常为三向应力状态。以河谷的形成为例，一般在卸荷过程中三向应力有所降低。地下洞室的开挖方式下却有所不同，围岩三向应力的调整可有多种组合方式(王春萍等，2023)。因此，有必要研究岩石卸荷试验条件下的力学响应。

3.1.1　完整岩石不同卸荷条件力学行为

对于完整大理岩试样，采用 MTS 三轴试验研究不同卸荷条件的力学特性，共开展 4 种典型试验方案的测试(高春玉等，2005)。

方案 1 为常规三轴全过程试验，试验程序按《工程岩体试验方法标准》(GB/T 50266—2013)规定进行，此处不予赘述。方案 2 采用升轴压σ_1、降围压σ_3试验，可模拟地下洞室开挖引起应力变化过程中最大主应力σ_1升高、最小主应力σ_3降低的力学过程。方案 2 具体试验时，分 4 个阶段进行：第 1 阶段，与常规三轴试验相同，先按静水压力条件逐步施加$\sigma_1 = \sigma_3$至预定围压；第 2 阶段，稳定围压，逐步升高轴压至试件破坏前的某一应力状态，轴压的应力略高于比例极限；第 3 阶段，在缓慢升高轴压的同时，逐步缓慢降低围压，这一阶段非常关键，除了要揭示岩石的卸荷特性，还要求平稳越过峰值进入软化阶段；第 4 阶段，为试件破坏后效应的测试，试件一旦破坏即停止降低围压，并使之保持不变，同时继续施加轴向应变，直至应力差$(\sigma_1-\sigma_3)$不随轴向应变的增加而减小时结束试验，以此时的应力差和围压求解残余强度。由前述不难看出，方案 2 的 4 个阶段中，第 1 阶段、第 2 阶段模拟卸荷前岩体初始应力状态的形成，第 4 阶段是为了揭示试件破坏后效应并测定岩石残余强度(抗剪强度)而进行的。方案 3 和方案 4 的这几个阶段与方案 2 完全相同，不同的是第 3 阶段，即卸荷阶段。方案 3 的第 3 阶段以相同速率同时降低轴压与围压；方案 4 的第 3 阶段以不同速率同时降低轴压与围压，轴压降低速率快于围压，轴压与围压的降低速率比大致是 2∶1。按照这 4 个试验方案，将试件分 4 组编号，如表 3.1.1 所示。

表 3.1.1　试验方案与试件分组

试验方案	试件编号
方案 1	D1-1，D1-2，D1-3，D1-4
方案 2	D2-1，D2-2，D2-3，D2-4
方案 3	D3-1，D3-2，D3-3，D3-4
方案 4	D4-1，D4-2，D4-3，D4-4，D4-5，D4-6

方案 1(常围压加荷试验)中，常规三轴试验测试 D1 组试件，围压分别为 5MPa、10MPa、20MPa、30MPa，试验结果见图 3.1.1。试验表明，试件在常围压加荷条件下具有较典型的弹塑性材料特性，即明显的屈服特征。屈服前横向应变ε_3为3×10^{-3}左右，屈服后并没有立即进入软化阶段，经过相当大的塑性变形后才发生宏观破坏。最后轴向应力稳定在某一水平(残余强度)。破坏时横向应变ε_3达到-15×10^{-3}，体积应变ε_v为 3.5×10^{-3}，破坏后具有明显的软化特征。这些特征使得岩石的弹性模量与变形模量差值很大。

方案 2(升轴压降围压试验)为升轴压、降围压测试路径，即 D2 组试件，试验结果见图 3.1.2。从图 3.1.2 可看出，该卸荷路线下卸荷张拉破坏特征明显，破裂面差别较大。卸荷对横向应变ε_3曲线和体积应变ε_v曲线有显著影响。进入卸荷阶段后，ε_3梯度明显增加，ε_v则从压缩变形转为扩容。当主应力$(\sigma_1-\sigma_3)$达到峰值的 90%以上后，ε_1与ε_v大幅增加。试件屈服后即进入软化阶段，软化发展到一定程度试件产生宏观破坏。与常围压加荷试验结果相比较，该方案试验中试件强度略有降低，总变形模量也有所降低。

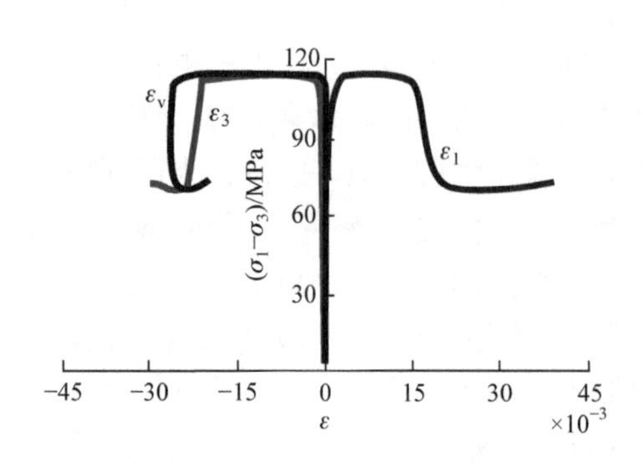

图 3.1.1　方案 1 应力-应变曲线

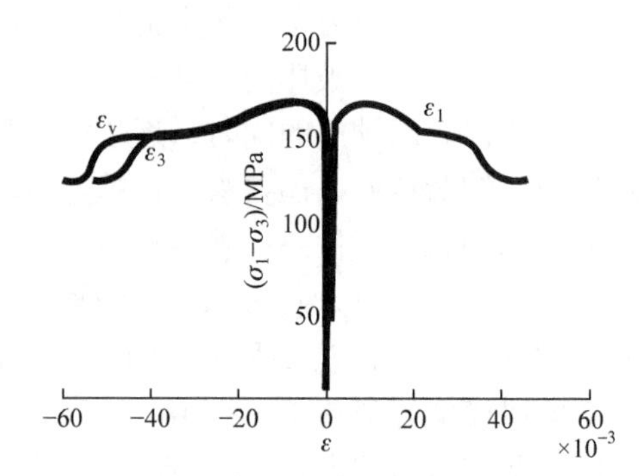

图 3.1.2　方案 2 应力-应变曲线

方案 3 和方案 4(围压与轴压同时降低方案)中，应力路径更为接近岩体的卸荷过程。试验方案又分为同速率降围压与轴压(方案 3)和降轴压速率快于降围压速率(方案 4)。图 3.1.3 和图 3.1.4 分别为这 2 种试验方案获得的典型应力-应变曲线。

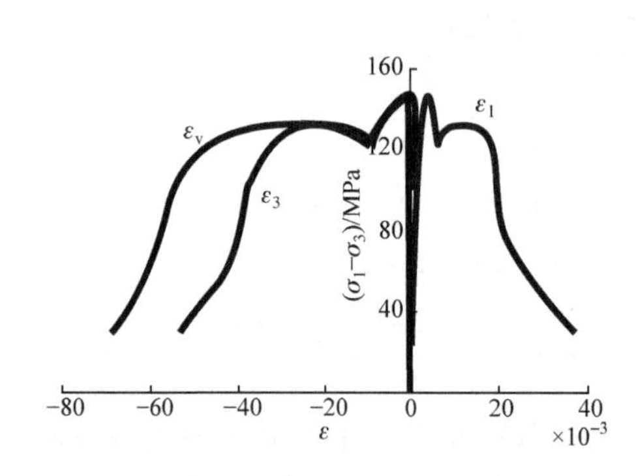

图 3.1.3　方案 3 应力-应变曲线

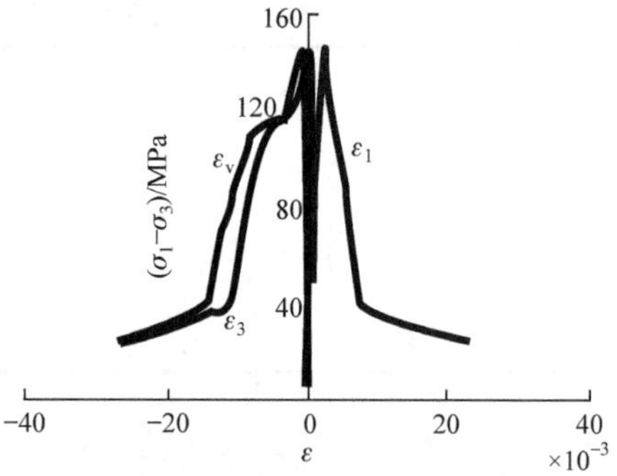

图 3.1.4　方案 4 应力-应变曲线

与加荷应力条件相比，同时降低围压与轴压(方案 3)的试验结果除了具有与方案 2 相同的一些特点外，还有独有的特征。试验曲线各阶段转折明显，没有圆滑的过渡阶段，这表明该应力路径使试件表现出较强的脆性特征(图 3.1.3)。强烈扩容导致试件破坏。方案 4 中轴压的降低速率快于围压的降低速率，即此时应力差$(\sigma_1-\sigma_3)$是不断减小的。按照一般的理解，这种情况不会造成试件破坏，但是事实上试件均发生了破坏，图 3.1.4 揭示了这一过程。从图 3.1.4 可看出，当应力差$(\sigma_1-\sigma_3)$超过比例极限，曲线开始出现明显的非线性特征，应力差开始降低，曲线回落，并伴有轴向回弹(ε_1略微减小)，横向应变ε_3增加很快，最终引起强烈扩容(ε_v急剧增大)，导致试件破坏。

前述 4 种方案不同应力路径对应的三轴应力状态下的强度和变形参数见表 3.1.2。表 3.1.2 中，E_0为试件破坏时的变形模量，μ_0为破坏时的轴向应变与侧向应变之比，称为侧胀系数更为合适；E_{50}和μ_{50}分别为三轴状态下应力差为抗压强度 50%时的变形模量和泊松比；体积应变$\varepsilon_v = \varepsilon_1 - 2\varepsilon_3$(破坏时)。采用莫尔-库仑强度准则求解抗剪强度参数，可分别获得加荷、卸荷条件下的主要力学参数。

表 3.1.2　不同应力路径的强度和变形参数

试验方案	试件编号	初始围压 σ_1 /MPa	最大应力差 $\sigma_1-\sigma_3$ /MPa	破坏状态		残余强度		弹性模量 E_{50} /GPa	变形模量 E_0 /GPa	泊松比μ_{50}	侧胀系数 μ_0	破坏时体积应变ε_{v0} ($\times10^{-6}$)
				围压 σ_1 /MPa	应力差 $\sigma_1-\sigma_3$ /MPa	围压 σ_1 /MPa	应力差 $\sigma_1-\sigma_3$ /MPa					
方案 1	D1-1	5.0	109.2	5.0	109.2	5.0	55.1	94.9	40.0	0.14	0.47	−120
	D1-2	10.0	115.5	10.0	115.5	10.0	70.5	88.2	32.9	0.20	0.64	−430
	D1-3	20.0	137.9	20.0	132.1	20.0	92.1	92.9	26.7	0.15	0.62	−2080
	D1-4	30.0	180.5	30.0	180.5	30.0	—	94.7	43.4	0.21	0.34	—
方案 2	D2-1	20.0	132.3	18.3	132.3	18.3	89.4	70.3	29.9	0.11	—	−1370
	D2-2	30.0	163.2	29.3	163.2	—	—	88.6	34.0	0.16	0.41	−640
	D2-3	40.0	166.9	32.9	166.9	19.6	122.9	96.6	19.1	0.12	0.65	−4800
	D2-4	50.0	176.8	32.7	176.8	—	—	69.8	—	0.13	—	−85300
方案 3	D3-1	20.0	134.1	11.1	122.4	11.1	48.9	88.9	28.3	0.15	—	−3300
	D3-2	30.0	163.5	30.3	163.5	17.1	79.1	88.8	35.4	0.13	0.54	−300
	D3-3	40.0	145.4	33.8	145.4	17.5	78.3	72.1	34.7	0.12	0.54	−800
	D3-4	50.0	180.7	42.7	178.4	—	—	94.6	32.6	0.11	0.57	−1700
方案 4	D4-1	20.0	143.5	5.3	125.3	4.8	39.5	100.5	40.6	0.12	0.76	−2200
	D4-2	40.0	212.1	12.6	171.4	12.6	63.8	157.5	38.4	0.15	—	−5700
	D4-3	50.0	144.8	18.3	105.9	8.3	34.9	78.5	—	0.10	—	−18200
	D4-4	30.0	184.3	16.9	143.6	11.8	55.6	90.8	22.5	0.13	0.75	−4600

加荷路径下，弹性模量E_{50}为 92.7GPa，泊松比μ_{50}为 0.18；试件破坏时变形模量E_0为 35.8GPa，侧胀系数μ_0为 0.52；峰值(抗剪断)强度参数黏聚力c = 20.08MPa，内摩擦角φ = 38.3°；残余(抗剪)强度参数c_r = 0，φ_r = 33.2°。卸荷路径下，试件破坏时变形模量E_0为 31.5GPa，侧胀系数μ_0略有增大；峰值(抗剪断)强度参数c = 12.1MPa，φ = 40.6°；残余(抗剪)强度参数c_r = 0，φ_r = 45.5°。

对试验结果进行对比分析，可以得出：①与加荷条件相比，卸荷应力路径下的变形特征差异显著，其横向变形和体积应变增大，脆性和张性破坏特征增强，相同围压下的强度降低而变形增大，三向应力状态下，卸荷引起的岩石破坏多是卸荷方向的强烈扩容引起的，因此即使是在应力差($\sigma_1-\sigma_3$)降低的过程中，岩石也会发生破坏；②在荷载条件下，岩石在卸荷方向出现较大侧向变形，除弹性变形以外，还存在破裂面变形，卸荷时的最大侧胀系数可达 0.76，运用损伤力学理论可以解释这一试验结果。

3.1.2　完整岩石深埋条件卸荷力学行为

地下洞室开挖过程是卸荷过程。埋深较浅时，卸荷试验基本是在$\sigma_1 > \sigma_3$条件下开始卸围压；对于深埋岩石，初始地应力接近于静水压力，即$\sigma_1 = \sigma_3$。因此，为探讨深埋高地应力条件下不同应力路径对大理岩力学行为的影响，通过加荷和卸荷的不同应力路径试验，进一步对深埋大理岩卸荷应力状态的力学行为进行探讨(刘建锋等, 2014)。研究确定了 3 种应力路径，分别是常规三轴压缩试验(方案Ⅰ)、三轴应力下轴向荷载等于单轴抗压强度时开始卸荷试验(方案Ⅱ)、三轴静水压力下开始卸荷试验(方案Ⅲ)，见图 3.1.5。

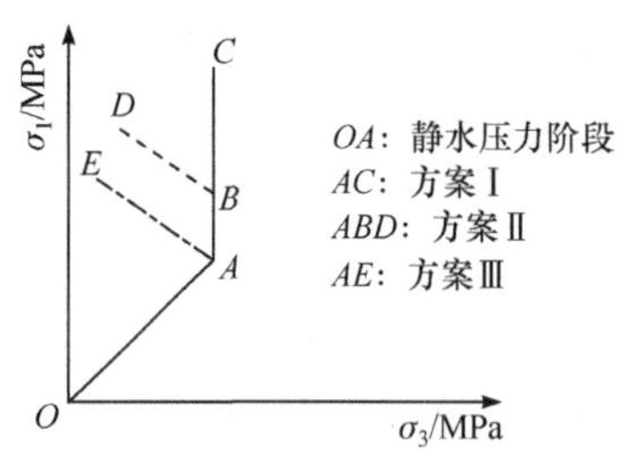

图 3.1.5　试验方案应力路径示意图

图 3.1.5 中 *OA* 段和 *AC* 段分别为静水压力阶段和方案Ⅰ，这两个阶段均按规范规定的加荷速率进行加荷。*ABD* 段(*AB* 段和 *BD* 段)为方案Ⅱ，该方案设定 *BD* 段围压卸荷速率为 0.05MPa/s，轴向加荷速率为侧向卸荷速率的 3 倍，*B* 点轴向应力约为测试岩石的单轴抗压强度。埋深设定初始目标围压分别为 10MPa、20MPa、40MPa、60MPa、80MPa。

图 3.1.5 中 *AE* 段对应方案Ⅲ，该阶段的围压卸荷速率和轴向加荷速率与方案Ⅱ中 *BD* 段相同。方案Ⅲ采用一个试件按 5 级加荷和卸荷的方法进行测试，围压仍分别为 10MPa、20MPa、40MPa、60MPa、80MPa。第 1 级围压(σ_3 = 10MPa)下，以方案Ⅱ的 *BD* 段卸围压和增轴压速率，使轴向应力增加至$\sigma_1-\sigma_3$ = 20MPa 时停止卸围压，维持当前围压不变，同时把轴向荷载卸荷至接近零时开始施加第 2 级围压(σ_3 = 20MPa)，并重复第 1 级围压下的卸荷过程。第 2 级围压下的卸荷过程完成后，分别按第 2 级围压下的卸荷方法进行第 3 级～第 5 级围压下的卸荷试验，当第 5 级围压下的轴向应力增加至$\sigma_1-\sigma_3$ = 20MPa 时不再停止卸围压，而是按方案Ⅱ的 *BD* 段卸荷速率继续卸荷至破坏。方案Ⅱ和方案Ⅲ的卸荷过程中，大理岩发生破坏后停止卸围压，并以轴向应变控制施加轴向荷载，以获得卸荷破坏后的残余强度。

图 3.1.6～图 3.1.8 分别为方案Ⅰ～Ⅲ不同初始围压的应力-应变曲线，图 3.1.6 和图 3.1.7 曲线上的数字均为试件破坏时的初始围压，图 3.1.8 是初始围压为 80MPa 条件下的卸荷应力-应变曲线。

由方案Ⅰ常规三轴压缩试验，得到大理岩在不同围压下的变形特征不同(图 3.1.6)。虽然破坏对应的变形量随围压增加而增大，但低围压($\sigma_3 \leqslant$ 40MPa)测

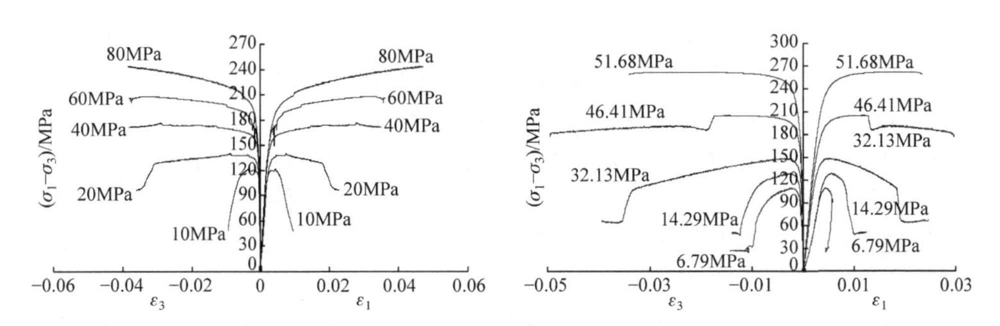

图 3.1.6　方案Ⅰ不同初始围压的应力-应变曲线　图 3.1.7　方案Ⅱ不同初始围压的应力-应变曲线

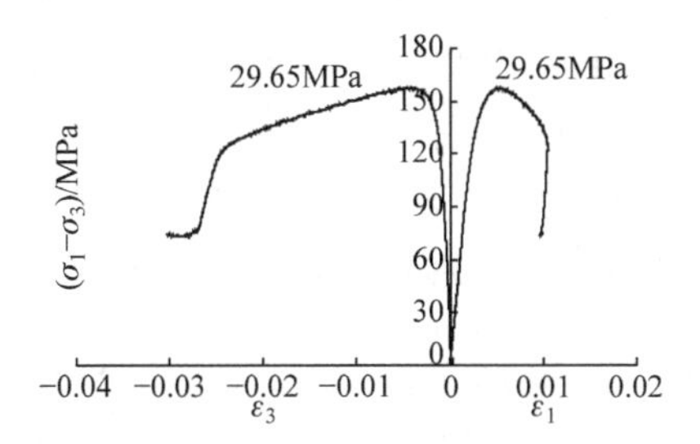

图 3.1.8　方案Ⅲ初始围压为 80MPa 的应力-应变曲线

试大理岩在峰值阶段出现了较大塑性变形后才发生缓慢破坏，围压越低，峰值阶段的塑性变形越小。当围压达到 40MPa 后，大理岩表现出明显的应变硬化特征；当围压为 80MPa 时，塑性变形特征更为显著。在方案Ⅰ和方案Ⅱ卸荷应力路径下，虽然随初始围压增加峰值阶段的塑性变形增加，但是均未出现明显应变硬化特征(图 3.1.6 和图 3.1.7)。在方案Ⅲ卸荷应力路径下，虽然初始围压为 80MPa，但是脆性变形特征较方案Ⅰ围压 20MPa 时更为显著。卸荷应力路径下，岩石破坏后破坏面的起伏和粗糙度均大于常规应力路径。

各测试方案下，峰值应力对应的轴向应变 ε_1 和横向应变 ε_3(图 3.1.9)表明，常规三轴加荷应力条件(方案Ⅰ)的轴向应变和横向应变，均大于相同围压时卸荷应

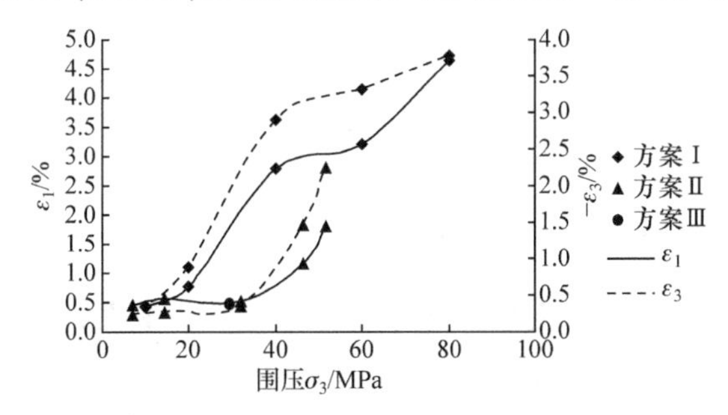

图 3.1.9　应变与试验方案的关系

图中的横向应变为绝对值

力条件(方案Ⅱ和方案Ⅲ)的轴向应变和横向应变。随着围压增加，方案Ⅰ的应变远大于方案Ⅱ和方案Ⅲ得到的结果，卸荷应力路径对变形的影响也更为显著。这表明深部开挖的卸荷应力路径更易使大理岩在较小的变形条件下发生破坏，特别是随地下洞室埋深增加，须更加重视卸荷条件下大理岩变形特征的变化。

为深入探讨卸荷应力路径对大理岩变形特征的影响，利用三轴应力下的岩石变形分析理论，分别计算各方案下大理岩的 50%峰值应力对应的变形模量 E 和泊松比 μ。

方案Ⅲ为同一个试件分级加围压和卸荷，在 10MPa、20MPa、40MPa、60MPa 这 4 级围压下的轴向加荷量均相等($\sigma_1-\sigma_3=20$MPa)，该应力低于 80MPa 围压下卸荷破坏对应的强度 187.73MPa。因此，前 4 级围压下均取轴向荷载$\sigma_1-\sigma_3=20$MPa 时的应力点计算对应的 E 和 μ。三种测试方案下的变形模量和泊松比均随围压增大而增大(图 3.1.10 和图 3.1.11)。各试验方案下的变形模量和泊松比与围压的关系均可表示为线性函数，且具有较大的相关系数，见表 3.1.3。

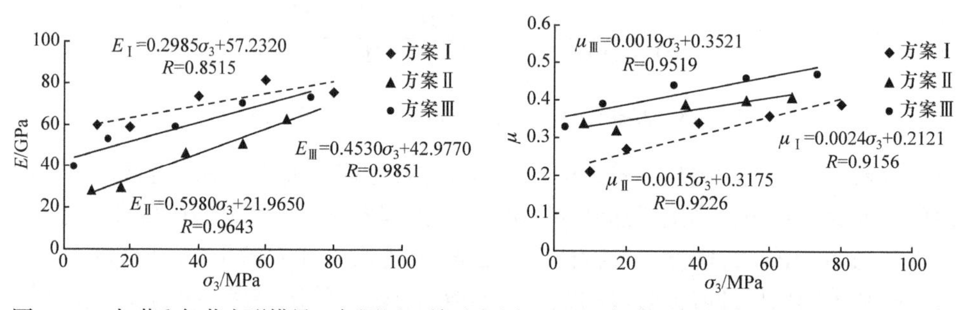

图 3.1.10　加荷和卸荷变形模量 E 与围压σ_3关系　　图 3.1.11　加荷和卸荷泊松比 μ 与围压σ_3关系

表 3.1.3　不同试验方案下 E、μ 与围压σ_3的关系

方案	线性关系	相关系数
方案Ⅰ	$E=0.2985\sigma_3+57.2320$	0.8515
	$\mu=0.0024\sigma_3+0.2121$	0.9156
方案Ⅱ	$E=0.5980\sigma_3+21.9650$	0.9643
	$\mu=0.0015\sigma_3+0.3175$	0.9226
方案Ⅲ	$E=0.4530\sigma_3+42.9770$	0.9851
	$\mu=0.0019\sigma_3+0.3521$	0.9519

由表 3.1.3 可知，方案Ⅰ各级围压下变形模量均为最大，泊松比均为最小；随围压增加，方案Ⅰ变形模量增加率较另 2 个卸荷方案小，泊松比的增加率较另 2 个卸荷方案大；方案Ⅲ的变形模量介于方案Ⅰ和方案Ⅱ之间，方案Ⅱ的泊松比介于方案Ⅰ和方案Ⅲ之间，方案Ⅰ的变形模量为方案Ⅲ的 1.0～1.5 倍，但是泊松比

仅为方案Ⅲ的 60%～80%。结果表明，横向应变相同时，大理岩在卸荷应力条件下的轴向应变相对较小。

对比图 3.1.6～图 3.1.11 可知，加荷条件和应力路径对测试大理岩的变形特征具有非常显著的影响。常规三轴加荷条件下，大理岩会出现较大的塑性变形，对应的变形模量大于卸荷应力状态下的结果，泊松比则相反；卸荷条件下，大理岩在常规三轴压缩应力状态呈现的较大塑性变形则会向相对脆性变形特征转化，并且高围压下发生破坏时的轴向应变相对较小。因此，在深部地下工程开挖过程中，为获得更为真实的围压变形特征，应尽可能采用卸荷试验得到的力学参数对围岩稳定性进行评价。

探讨大理岩在不同试验方案下抗压强度与围压压力的关系。抗压强度与破坏围压的关系曲线中，把单轴抗压强度作为方案Ⅰ的零围压，并将单轴抗压强度统计入方案Ⅰ的相关关系拟合。图 3.1.12 中拟合得到方案Ⅰ的相关系数达到了 0.9999，表明大理岩在方案Ⅰ零围压下的强度与非零围压下的强度具有很高的相关性。由图 3.1.12 中方案Ⅰ和方案Ⅱ的拟合结果可知，当围压小于 17.5MPa 时，大理岩在卸荷应力状态下的三轴抗压强度低于常规三轴压缩下的抗压强度，即方案Ⅰ的抗压强度大于方案Ⅱ；当围压大于 17.5MPa 时，结果则相反。图 3.1.12 中方案Ⅰ、方案Ⅱ拟合曲线斜率越大，表明大理岩在卸荷条件下破坏面越粗糙，因此方案Ⅱ内摩擦角大于常规三轴加荷(方案Ⅰ)得到的结果，但是黏聚力则相反。

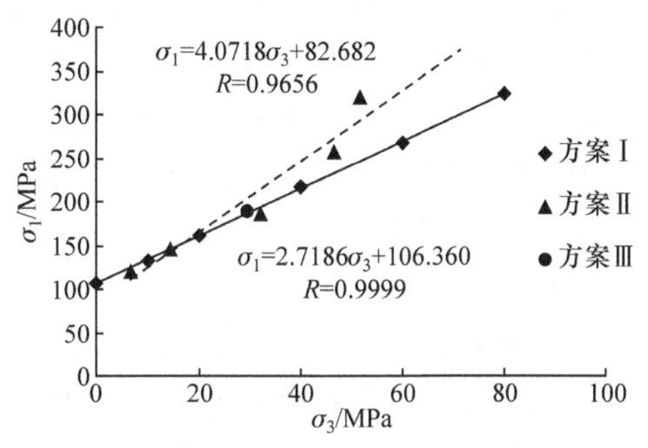

图 3.1.12 不同方案抗压强度与破坏围压关系

根据图 3.1.12 中方案Ⅰ、方案Ⅱ的拟合表达式，按规范建议的计算方法得到抗剪强度参数，见表 3.1.4。由表 3.1.4 可知，卸荷应力状态下的 c 较常规加荷应力状态下降低了 36.47%，但是内摩擦角 φ 增加了 35.42%。莫尔-库仑强度准则描述的岩石抗剪强度表达式 $\tau=\sigma\tan\varphi+c$ 中，抗剪强度 τ 的大小是黏聚力 c 和内摩擦角 φ 这两个参数共同决定的。因此，为探讨卸荷应力条件对大理岩抗剪强度的影响，考虑地下洞室围岩开挖后的正应力通常不会超过 40MPa，仅给出 45MPa 以下的正应力与抗剪强度关系，见图 3.1.13。

表 3.1.4 抗剪强度参数计算结果

试验方案	黏聚力 c/MPa	方案Ⅱ相对方案Ⅰ的黏聚力变化率/%	内摩擦角 φ/(°)	方案Ⅱ相对方案Ⅰ的内摩擦角变化率/%
方案Ⅰ	32.25	−36.47	27.53	35.42
方案Ⅱ	20.49		37.28	

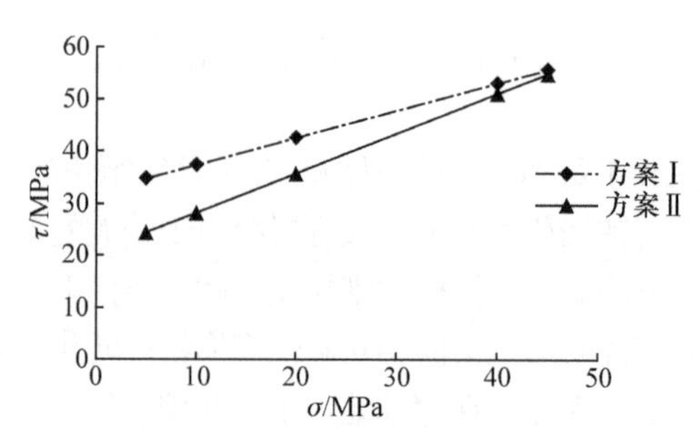

图 3.1.13　抗剪强度与正应力的关系

考虑试样的最大埋深和应力场特征，在最大初始围压 80MPa 以内，随正应力增加，测试大理岩在常规三轴压缩和卸荷三轴压缩下的抗剪强度均增加(图 3.1.13)。围压大于 17.5MPa 时，卸荷三轴抗压强度大于常规三轴压缩强度，但是卸荷应力条件的抗剪强度小于常规三轴压缩的抗剪强度，大理岩在卸荷应力状态下更易发生破坏。这表明地下洞室开挖卸荷过程对围岩力学行为有不利影响，更易使围岩的力学性质降低。因此，在对深部地下洞室开挖过程围岩稳定性进行分析时，应充分考虑开挖卸荷的影响。

基于试验对比结果，常规应力路径与卸荷应力路径下的岩石力学行为差异显著。大理岩在常规三轴压缩应力状态下，随围压增加，破坏时的轴向应变、横向应变相对较大，并具有显著应变硬化特征；在卸荷应力状态下，破坏时的轴向应变、横向应变相对较小，并具有向脆性变形转化的特征。对于深埋岩石，静水压力条件下卸荷破坏时的脆性特征最显著。卸荷应力状态下，大理岩的变形模量小于常规三轴压缩得到的结果，泊松比则反之；静水压力条件下卸荷(方案Ⅲ)得到的大理岩变形模量介于常规加荷(方案Ⅰ)和$\sigma_1 > \sigma_3$条件下卸荷(方案Ⅱ)之间，而泊松比最大。卸荷应力状态下的黏聚力较常规三轴压缩应力状态下的黏聚力下降了 36.47%；内摩擦角则相反，较常规三轴应力状态下提高了 35.42%。这表明卸荷应力状态更易使大理岩破坏面呈现更为粗糙的特征。大理岩在卸荷应力状态下的抗剪强度小于常规三轴压缩应力状态下，卸荷应力状态下更易发生破坏。

3.2　地下洞室围岩开挖卸荷力学行为

3.2.1　高地应力地下洞室围岩变形特性

对收集的锦屏一级、溪洛渡、瀑布沟、大岗山等水电站地下厂房(表 3.2.1)的地质、监测、施工资料进行分析和对比，见表 3.1.5。各水电站地下厂房的形式和规模基本相当，主厂房岩锚梁以上跨度为 28.9～31.9m。其中，锦屏一级水电站地下厂房围岩强度应力比为 1.5～3.0，属于高—极高地应力区，其他几座水电站地下厂房围岩强度应力比一般大于 4.0，为中等地应力区。图 3.2.1 为表 3.2.1 中几座水电站地下厂房不同部位位移对比。

表 3.2.1　几座水电站地下厂房基本情况

水电站名称	厂房尺寸 长×宽×高/(m×m×m)	最大主应力 /MPa	围岩单轴 抗压强度/ MPa	围岩 类别	强度 应力比	岩性
锦屏一级	276.99×28.90(25.90)×68.80	20.0～35.7	60～75	$Ⅲ_1$ (Ⅳ～$Ⅲ_2$)	1.5～3.0	大理岩
瀑布沟	294.10×30.70×70.10	21.1～27.3	82～160	Ⅱ～Ⅲ	3.9～7.6	花岗岩
溪洛渡左岸	368.12×31.9(28.4)×75.10	16.0～18.0	108～177	Ⅱ～$Ⅲ_1$	>4.0	玄武岩
溪洛渡右岸	368.12×31.90(28.40)×75.10	16.0～20.0	108～177	Ⅱ～$Ⅲ_1$	>4.0	玄武岩
官地	243.40×31.10×76.80	25.0～35.2	113～255	Ⅱ	>4.0	玄武岩
大岗山	226.58×30.80×73.78	11.4～22.2	70～80	Ⅱ	>4.0	花岗岩

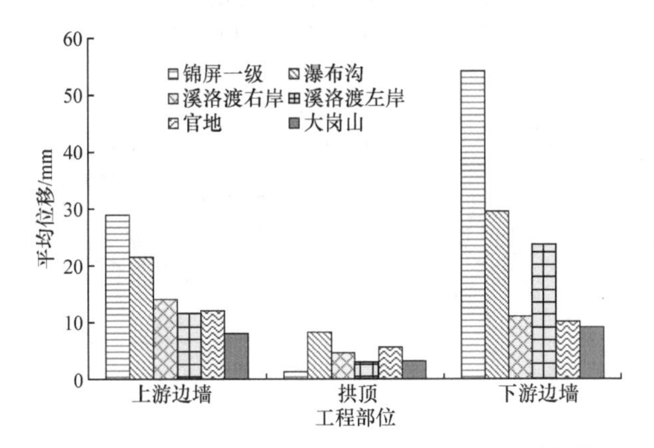

图 3.2.1　几座水电站地下厂房不同部位位移对比(邓建辉等，2014)

由图 3.2.1 可以看出，地下厂房围岩总体变形特征是边墙部位位移大、拱顶部位位移小。高地应力条件下边墙部位围岩变形量级大于中等地应力条件，高低应力条件下拱顶部位变形量级与中等地应力条件相当，甚至略小于中等地应力条件。

中等地应力条件下，围岩的变形量级及变形深度主要由结构面控制。图 3.2.2 为瀑布沟水电站 2#机组断面主变室与尾闸室之间岩墙变形情况，变形主要发生在 f_{19} 断层通过部位。图 3.2.3 为锦屏一级水电站 5#机组断面围岩变形情况，主厂房上游侧 f_{14} 断层通过部位位移较大。中等地应力条件下，如果围岩的完整性较好，变形深度主要受爆破强度控制，一般为 1～2m，开挖后应力调整很快完成，变形深度在开挖过程中基本不变，位移变化总体随开挖呈现阶跃特点(魏进兵等，2010)。

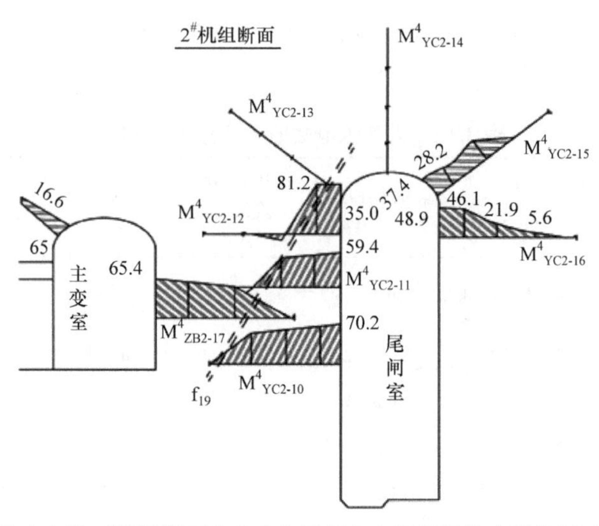

图 3.2.2 瀑布沟水电站 2#机组断面主变室与尾闸室之间岩墙的变形特征(魏进兵等，2010)

M^4 表示位移计，下标 YC2-11、ZB2-17 等表示位移计的类型与现场安装序号；

各数字表示阴影区域的位移，单位为 mm

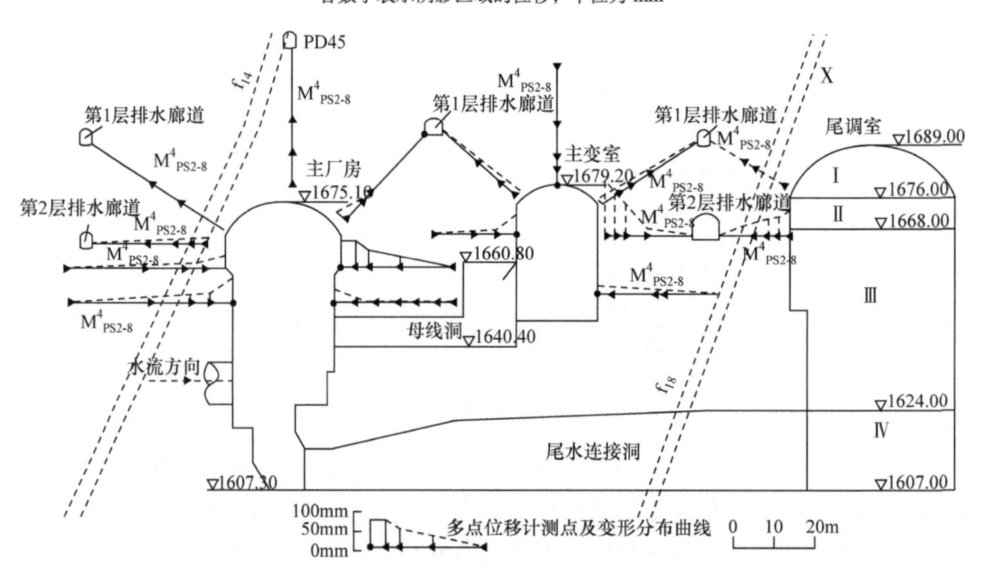

图 3.2.3 锦屏一级水电站 5#机组断面围岩的变形特征(魏进兵等，2010)

高程单位：m

高地应力条件下，围岩的变形深度在开挖过程中呈现渐进扩展特点，开挖结束后变形呈现较强的时效特性。以锦屏一级水电站主变室下游边墙 5#机组断面多点位移计 M^4_{PS2-8} 为例，测点位移随时间变化见图 3.2.4(a)，各测点位移与开挖施工时间存在对应关系，同时表现出明显的时效变形特性。图 3.2.4(b)为不同测点间位移随时间变化，显示围岩变形的空间及时间特征具有相关性，即围岩变形在时间上的增

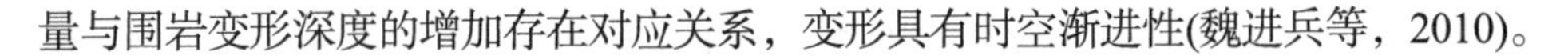

量与围岩变形深度的增加存在对应关系，变形具有时空渐进性(魏进兵等，2010)。

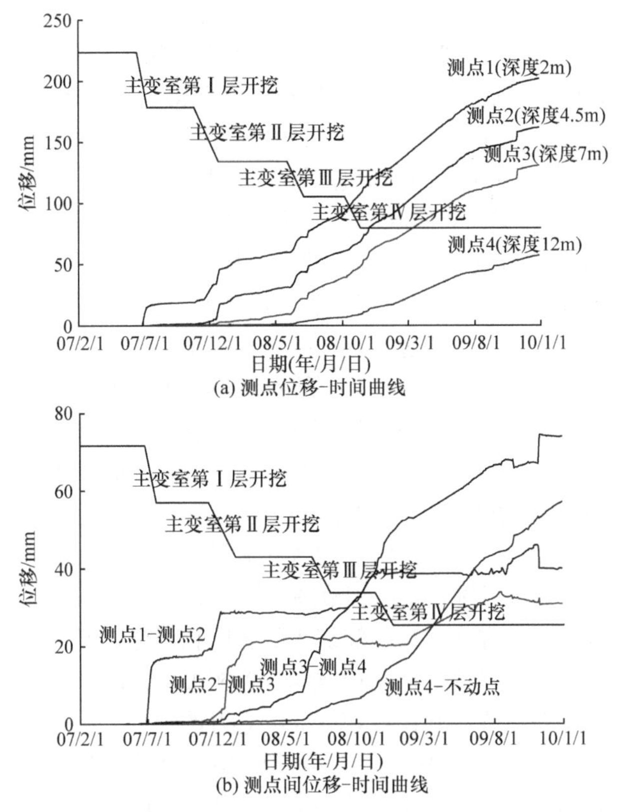

(a) 测点位移-时间曲线

(b) 测点间位移-时间曲线

图 3.2.4　锦屏Ⅰ级水电站地下洞室群多点位移计 M^4_{PS2-8} 监测结果(魏进兵等，2010)

显而易见,高地应力条件下围岩变形不再主要由地质结构面的张开变形构成,岩块破坏产生的变形占比增加,变形的时效性应理解为围岩破坏的渐进扩展过程,与常规的流变概念存在差别。

3.2.2　高地应力地下洞室围岩破坏机制

受高地应力和低强度应力比等条件影响，一些水电站地下厂房施工过程中出现较为严重的围岩破坏和混凝土喷层开裂情况，破坏和裂缝主要出现在主厂房和主变室拱脚、主厂房和主变室之间岩墙、主厂房和主变室边墙等部位(卢波等，2010；魏进兵等，2010)。以锦屏一级水电站地下厂房施工过程中的围岩破坏和混凝土喷层破坏情况为例，说明高地应力条件下围岩的破坏特征，揭示破坏机制。

锦屏一级水电站主厂房第Ⅲ～Ⅳ层开挖期间，在下游侧拱腰发现多条喷层裂缝。后续阶段，裂缝持续发展，裂缝不连续，呈锯齿状断续弯曲延伸，总体以水平向延伸为主，张开 2～6cm，伴有混凝土剥落现象，裂缝为喷层受挤压后向外鼓胀剪切形成。在钢筋肋拱部位，人工将表层开裂混凝土剥落后可见钢筋肋拱受压向厂房内弯曲变形，将混凝土喷层全部剥除后可见岩体劈裂及弯折破坏现象，局部见岩体被压碎现象(魏进兵等，2010)。分析地下厂房地质条件、地应力条件、裂缝特征、监测资料和三轴卸荷试验等资料，可以得到一些认识。主厂房拱腰裂缝出露部位主要结构面走向与边墙走向大角度相交，洞室开挖形态较规则，鲜有不利组合掉块。从裂缝分布范围和形态看，几乎整个主机间下游拱腰出现了开裂现象，裂缝弯曲、不连续，为向临空面鼓胀破坏，反映裂缝的形成不是局部块体稳定问题，裂缝出露部位主要为层状大理岩。从卸荷试验结果来看，开挖卸荷条件下大理岩的脆性特征显著，强度相对于常规加荷试验有所降低，扩容和拉剪破坏特征明显；特别是当主应力与边墙走向平行时，岩石强度更低，更易发生破坏。试验结果定性地解释了主厂房拱腰部位易形成破坏的原因。

锦屏一级水电站母线洞开挖期间出现混凝土喷层开裂现象，随后裂缝范围扩大，在各个母线洞出口右侧边墙部位均有分布。绝大多数裂缝倾向 NE(河谷方向)，倾角 60°～80°，初发现时张开一般 1～3mm，表现为张性开裂，两侧平整，未见剪切错动、错台现象，截至 2009 年 10 月最大张开达到 2.5cm。裂缝主要分布在母线洞出口右侧边墙，并在母线洞出露高程范围，主要表现为张性开裂，离母线洞越近，裂缝张开宽度和延伸长度越大，反之裂缝张开宽度和延伸长度变小。显然，裂缝出露部位与地质结构无明显关系，而与母线洞位置相关。分析表明，裂缝的形成与母线洞开挖有关，主要是母线洞开挖后岩墙部位应力重分布，母线洞与主变室交叉部位岩体应力集中导致岩体压裂现象(卢波等，2010)。锦屏一级水电站主厂房和主变室之间与主厂房轴线垂直的母线洞及联系洞中，分布有环向裂缝。副厂房侧裂缝分布范围约 17m，主变室一侧裂缝分布范围约 13m，裂缝表现为张性。这与围岩地质结构无关，主要是围岩向临空面变形破坏导致张裂缝的产生。

3.3　岩体的脆弹塑性损伤模型

我国西部高山峡谷地区蕴藏丰富水能资源，水力发电工程和抽水蓄能电站大多以大型地下洞室群作为主要水工建筑物型式。这些地下洞室大多存在世界级的深埋、大跨度、高边墙等特点。受高山峡谷地区地形地质条件影响，这些地下洞室群普遍存在高地应力问题。拉西瓦水电站地下厂房洞室群最大主应力为 29.7MPa；锦屏一级水电站地下厂房区处于高地应力区，最大主应力达 37.5MPa；锦屏二级水电站的引水隧洞群长平洞中实测最大主应力高达 42.4MPa；南水北调西线工程的隧洞最大埋深达 1150m，部分洞段属于高地应力区，开挖时可能会遇到 50.0MPa 量级的高地应力。

地下工程实践表明，高地应力条件下完整硬岩的破坏模式主要表现为脆性破坏。

破坏的深度和范围主要与地应力的量级和岩体质量相关。传统弹塑性本构模型在模拟高地应力下硬岩破坏的范围和深度方面并不理想。采用传统弹塑性本构模型进行高地应力条件下地下厂房洞室群稳定性分析时，由于地应力量值较大和岩体弹性模量大，计算中围岩出现贯穿性的大面积屈服，不仅与水电站长期安全运行的实际情况不符，还与深埋洞室洞壁表面葱皮、剥落、板状劈裂等典型脆性破坏现象不符。因此，浅部岩体适用的莫尔-库仑强度准则在深部地下洞室围岩稳定性分析中难以适用。

事实上，尽管大多数深埋洞室的围岩属于硬岩，具有完整性好、强度高、抗变形能力强等特点，但是在高地应力条件开挖卸荷作用下，具有与浅部硬岩不同的特殊力学行为，会表现出岩体破坏模式转化(脆性-延性)、分区破裂化、卸荷脆性破坏(岩爆)、高边侧墙内挤拉裂等特征。一些研究者对高地应力条件下岩石的卸荷力学特性进行了研究。黄达等(2012)基于高地应力条件下大理岩峰前卸围压试验和能量原理，研究了岩样吸收应变能、塑性变形及裂纹扩展耗散应变能、环向变形消耗应变能和弹性应变能储存及释放的能量转化全过程特征，揭示了损伤破裂演化的应变能转化机制。张晓君(2012，2011)针对岩爆形成机制研究的不足，结合岩爆实例和真三轴加荷、卸荷试验，分析了卸荷岩爆模式，建立了围岩卸荷岩爆发生劈裂破坏和剪切破坏的损伤变量表达式，即损伤演化方程。严鹏等(2013)针对高地应力条件下钻孔取样造成的应力卸荷对岩样损伤问题，通过现场取样、数值模拟和室内试验等方法，比较了不同应力水平下钻孔取样的损伤范围及程度。吕颖慧等(2010)进行了高地应力条件下卸围压并增大轴压的花岗岩卸荷试验，描述了卸荷过程中岩石渐进破坏的应力-应变曲线和力学参数损伤劣化规律，分析了能较好反映岩石卸荷强度破坏特征的莫尔-库仑强度准则和强度参数变化规律。黄伟等(2010)通过岩石试样高围压下的卸荷试验，研究了卸荷条件下岩石的扩容性质，将岩石卸荷试验应力-应变全过程曲线分为弹性、应力屈服、峰后脆性和残余理想塑性 4 个阶段，根据各阶段特征得到相应段的本构方程，并得到卸荷岩体全过程的应力-应变关系。

岩体的卸荷破坏过程往往是岩体损伤不断累积的渐进破坏过程，同时是岩体内部微缺陷不断扩展、贯通的结果。在岩体的力学本构模型中，考虑损伤变量能够准确地反映岩体的卸荷特性。因此，开展高地应力下岩石的卸荷力学特征研究，建立合理的卸荷损伤本构模型，可为岩体工程安全稳定性评价提供理论支撑，也对工程建设有重大的技术指导作用。

3.3.1　岩体的加荷卸荷准则

1. 一般的加荷卸荷准则

只有知道材料处于加荷状态还是卸荷状态，才能用相应的力学模型正确分析其力学特性。判断材料处于加荷或卸荷状态的条件称为加荷卸荷准则。根据塑性理论的定义，加荷是指材料在应力状态改变过程中产生新的塑性变形，反之即为卸荷。在单向拉伸的应力σ和应变ε关系曲线上，屈服点是材料由弹性进入塑性状态的区分点，由应力增大或减小来判断是加荷还是卸荷(谢红强，2002)。

对于理想塑性材料而言，简单应力状态下的加荷卸荷准则为

$$\begin{cases}\sigma \mathrm{d}\sigma > 0 & (加荷) \\ \sigma \mathrm{d}\sigma < 0 & (卸荷)\end{cases} \tag{3.3.1}$$

当材料处于复杂应力状态时，6 个应力分量有增有减，不能简单地用应力增量来判断加荷还是卸荷，需要建立对应复杂应力状态的加荷卸荷准则。在复杂应力状态下，也可得到相应的屈服点，这些屈服点组成的曲面叫做屈服面，屈服面的函数表达式即为屈服函数。在应力空间中，屈服函数 F 可表示为

$$F(\sigma_{ij}, \sigma_{ij}^{p}, k) = 0 \tag{3.3.2}$$

式中，σ_{ij} 为应力张量；σ_{ij}^{p} 为二阶张量的内变量；k 为内状态变量。$F<0$ 对应弹性状态，$F=0$ 对应塑性(屈服)状态。材料在塑性状态下，对施加应力增量的反应可采用不同模型描述。对于理想塑性材料，由于内变量的发展对屈服条件没有影响，屈服函数 F 中不含内变量，即 $F(\sigma_{ij})=0$。

当材料处于塑性状态时，在加荷情况下会出现新的塑性变形增量；在卸荷情况下，无新的塑性变形增加。相应的加荷卸荷准则 l 为

$$l = \frac{\partial F}{\partial \sigma_{ij}} \mathrm{d}\sigma_{ij} \begin{cases} <0 & (卸荷) \\ =0 & (加荷) \end{cases} \tag{3.3.3}$$

对于硬化材料，式(3.3.2)即为屈服函数。当材料处于屈服状态时，对于施加的应力增量有 3 种反应：①加荷产生塑性变形，屈服面向外扩展；②卸荷由塑性状态退回至弹性状态；③中性变载，从一个塑性状态变化到另一个塑性状态。硬化材料的加荷卸荷准则为

$$l = \frac{\partial F}{\partial \sigma_{ij}} \mathrm{d}\sigma_{ij} \begin{cases} <0 & (卸荷) \\ =0 & (中性变载) \\ >0 & (加荷) \end{cases} \tag{3.3.4}$$

2. 卸荷岩体的加荷卸荷准则

岩土工程常用的破坏准则是德鲁克-普拉格(Drucker-Prager)准则和莫尔-库仑强度准则。德鲁克-普拉格准则实际是用圆锥形屈面来近似反映莫尔-库仑强度准则在主应力空间的六棱锥屈服面，以尽可能克服数学奇异或解决计算中的不收敛问题，且德鲁克-普拉格准则空间屈服面奇异点仅剩圆锥顶点。经几十年的发展，多种形式的德鲁克-普拉格准则均能较好地解决工程问题。对于实体单元问题的弹塑性描述，德鲁克-普拉格准则和莫尔-库仑强度准则这两种准则均适用。另外，

莫尔-库仑强度准则常应用于软弱结构面，后文的讨论也针对软弱结构面。这两种准则的弹塑性加荷卸荷准则分别描述如下。

1) 德鲁克-普拉格准则的加荷卸荷准则

规定压应力为正，则德鲁克-普拉格准则的屈服函数为

$$F = \alpha I_1 + \sqrt{J_2} - \beta \tag{3.3.5}$$

式中，$\alpha = \dfrac{\tan\varphi}{\sqrt{9+12\tan^2\varphi}}$；$\beta = \dfrac{3c}{\sqrt{9+12\tan^2\varphi}}$；$I_1$ 为应力张量的第一不变量；J_2 为偏应力张量的第二不变量。

对式(3.3.5)两边取微分，得

$$\mathrm{d}F = \frac{\partial F}{\partial \sigma_{ij}} \mathrm{d}\sigma_{ij} \tag{3.3.6}$$

若式(3.3.5)记为主应力表达，则关于三个主应力分量形式为

$$\frac{\partial F}{\partial \sigma_1} = \alpha + \frac{1}{2\sqrt{J_2}} \frac{\partial J_2}{\partial \sigma_1} \tag{3.3.7}$$

$$\frac{\partial F}{\partial \sigma_2} = \alpha + \frac{1}{2\sqrt{J_2}} \frac{\partial J_2}{\partial \sigma_2} \tag{3.3.8}$$

$$\frac{\partial F}{\partial \sigma_3} = \alpha + \frac{1}{2\sqrt{J_2}} \frac{\partial J_2}{\partial \sigma_3} \tag{3.3.9}$$

且有

$$\frac{\partial J_2}{\partial \sigma_1} = \frac{1}{3}[2\sigma_1 - (\sigma_2 + \sigma_3)] \tag{3.3.10}$$

$$\frac{\partial J_2}{\partial \sigma_2} = \frac{1}{3}[2\sigma_2 - (\sigma_3 + \sigma_1)] \tag{3.3.11}$$

$$\frac{\partial J_2}{\partial \sigma_3} = \frac{1}{3}[2\sigma_3 - (\sigma_1 + \sigma_2)] \tag{3.3.12}$$

联立式(3.3.7)～式(3.3.12)，可推求出：

$$\begin{aligned}\mathrm{d}F = {} & \frac{1}{3}\left(\alpha + \frac{1}{2\sqrt{J_2}}\right) \\ & \times[(2\sigma_1 - \sigma_2 - \sigma_3)\mathrm{d}\sigma_1 + (2\sigma_2 - \sigma_3 - \sigma_1)\mathrm{d}\sigma_2 + (2\sigma_3 - \sigma_1 - \sigma_2)\mathrm{d}\sigma_3]\end{aligned} \tag{3.3.13}$$

式(3.3.13)即为基于德鲁克-普拉格准则的弹塑性加荷卸荷准则。从式(3.3.13)可以看出，岩体的加荷卸荷力学状态取决于开挖后的附加应力场($\mathrm{d}\sigma_1$, $\mathrm{d}\sigma_2$, $\mathrm{d}\sigma_3$)和开挖后的二次应力场(σ_1, σ_2, σ_3)。对常规三轴而言，有$\sigma_2 = \sigma_3$，代入式(3.3.13)，得到

$$\mathrm{d}F = \frac{2}{3}\left(\alpha + \frac{1}{2\sqrt{J_2}}\right)(\sigma_1 - \sigma_3)(\mathrm{d}\sigma_1 - \mathrm{d}\sigma_3) = A(\mathrm{d}\sigma_1 - \mathrm{d}\sigma_3) \tag{3.3.14}$$

式中，$A=\frac{2}{3}\left(\alpha+\frac{1}{2\sqrt{J_2}}\right)(\sigma_1-\sigma_3)$。

由于规定应力以压为正和 $A>0$，岩体的加荷卸荷状态取决于 $\mathrm{d}\sigma_1-\mathrm{d}\sigma_3$。若 $\mathrm{d}\sigma_1>0$ 和 $\mathrm{d}\sigma_3<0$，$\mathrm{d}F=\mathrm{d}\sigma_1-\mathrm{d}\sigma_3>0$，为加荷状态。若 $\mathrm{d}\sigma_1<0$ 和 $\mathrm{d}\sigma_3>0$，$\mathrm{d}F=\mathrm{d}\sigma_1-\mathrm{d}\sigma_3<0$，为卸荷状态。若 $\mathrm{d}\sigma_1<0$ 和 $\mathrm{d}\sigma_3>0$，$\mathrm{d}F=\mathrm{d}\sigma_1-\mathrm{d}\sigma_3$ 是否加荷卸荷，有两种情况：当 $|\mathrm{d}\sigma_1|>|\mathrm{d}\sigma_3|$ 时，为卸荷状态；当 $|\mathrm{d}\sigma_1|<|\mathrm{d}\sigma_3|$ 时，为加荷状态。

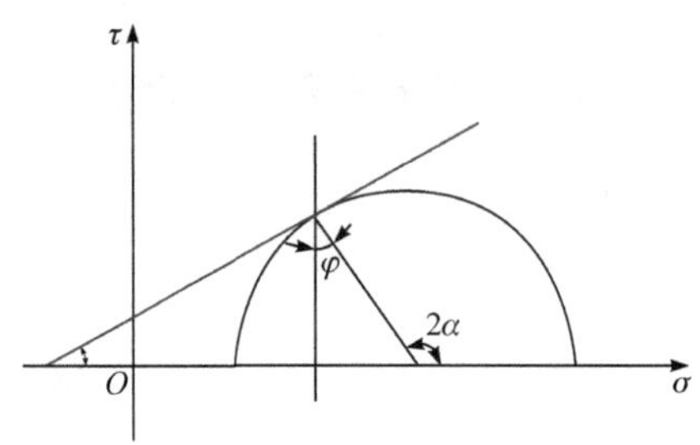

图 3.3.1　莫尔-库仑强度准则的 τ-σ 关系

2) 莫尔-库仑强度准则的加荷卸荷准则

仍规定应力以压为正，用于岩石、岩体、结构面的莫尔-库仑强度准则(图 3.3.1)屈服函数的表达式为

$$F=\tau-\sigma\tan\varphi-c \tag{3.3.15}$$

由图 3.3.1 可知，$\tau=\frac{\sigma_1-\sigma_3}{2}\sin 2\alpha$ 和 $\sigma=\frac{\sigma_1+\sigma_3}{2}+\frac{\sigma_1-\sigma_3}{2}\cos 2\alpha$，代入式(3.3.15)，得

$$F=\frac{\sigma_1-\sigma_3}{2}\sin 2\alpha-\left(\frac{\sigma_1+\sigma_3}{2}+\frac{\sigma_1-\sigma_3}{2}\cos 2\alpha\right)\tan\varphi-c \tag{3.3.16}$$

式中，α 的含义见图 3.3.1。

根据图 3.3.1 中莫尔应力圆与莫尔-库仑抗剪包络线的关系，有 $2\alpha=90°+\varphi$。则存在三角函数关系 $\sin2\alpha=\cos\varphi$ 和 $\cos2\alpha=-\sin\varphi$，代入式(3.3.16)，得

$$F=\frac{\sigma_1-\sigma_3}{2}\cos\varphi-\left(\frac{\sigma_1+\sigma_3}{2}-\frac{\sigma_1-\sigma_3}{2}\sin\varphi\right)\tan\varphi-c \tag{3.3.17}$$

分别对式(3.3.17)的 σ_1 和 σ_3 求导，得

$$\frac{\partial F}{\partial\sigma_1}=\frac{1}{2}[\cos\varphi-(1-\sin\varphi)\tan\varphi] \tag{3.3.18}$$

$$\frac{\partial F}{\partial\sigma_3}=\frac{1}{2}[-\cos\varphi-(1+\sin\varphi)\tan\varphi] \tag{3.3.19}$$

于是有

$$\mathrm{d}F=\frac{\partial F}{\partial\sigma_1}\mathrm{d}\sigma_1+\frac{\partial F}{\partial\sigma_3}\mathrm{d}\sigma_3=\frac{1}{2}(A_1\mathrm{d}\sigma_1-A_3\mathrm{d}\sigma_3) \tag{3.3.20}$$

式中，$A_1=\cos\varphi-(1-\sin\varphi)\tan\varphi$，且 $A_1>0$；$A_3=\cos\varphi+(1+\sin\varphi)\tan\varphi$，且 $A_3>0$。

式(3.3.20)即为基于莫尔-库仑强度准则的弹塑性加荷卸荷准则。从式(3.3.20)可知，岩体的加荷卸荷状态只与应力增量有关，即与开挖后的附加应力场($\mathrm{d}\sigma_1$, $\mathrm{d}\sigma_3$)有关，却与二次应力场无关。当 $\mathrm{d}\sigma_1>0$ 和 $\mathrm{d}\sigma_3<0$ 时，$\mathrm{d}F\geqslant0$，岩体处于加荷

状态。当 $d\sigma_1<0$ 和 $d\sigma_3>0$ 时，$dF<0$，岩体处于卸荷状态。当 $d\sigma_1<0$ 和 $d\sigma_3<0$ 时，分两种情况：若 $A_1|d\sigma_1|<A_3|d\sigma_3|$和 $dF<0$，岩体处于卸荷状态；若 $A_1|d\sigma_1|>A_3|d\sigma_3|$和 $dF>0$，岩体处于加荷状态。

3.3.2　卸荷岩体的损伤力学

损伤是指在一些环境条件下受到荷载作用时，细观结构缺陷(如微裂纹、微孔洞)引起的材料或结构劣化。损伤力学理论是在力学基本框架上发展起来的。该理论是由 Kachanov(1958)在计算拉伸棒蠕变断层时间时引入的，并由此提出了脆性破坏模型。随后，Rabotnov(1963)引入了损伤张量，开始系统研究损伤破坏。

1) 损伤变量

Kachanov(1958)认为，缺陷的扩展是材料损伤的基本原因，定义了连续性变量ψ:

$$\psi=\tilde{A}/A \tag{3.3.21}$$

式中，$\tilde{A}$ 和 A 分别为实际承载面积(m^2)和名义承载面积(m^2)。

Rabotnov(1963)推广了 Kachanov(1958)的定义，引入损伤变量$\omega=1-\psi$，于是有

$$\omega=(A-\tilde{A})/A \tag{3.3.22}$$

以上只适于各向同性的情况，ψ、ω是标量。Murakami 和 Ohno(1981)提出了一种三维各向异性的损伤模型，定义 $\tilde{\omega}$ 是表示损伤的二阶张量，则有效面积矢量 $\tilde{S}^*$ 和名义面积矢量 $\tilde{S}$ 之间的关系为

$$\tilde{S}^*=(I-\tilde{\omega})\tilde{S} \tag{3.3.23}$$

设 $\tilde{\omega}$ 是对称张量，损伤效应张量记为 $\tilde{\phi}$，于是有

$$\tilde{\phi}=(\tilde{I}-\tilde{\omega})^{-1} \tag{3.3.24}$$

$$\tilde{S}^*=\tilde{\phi}^{-1}\tilde{S} \tag{3.3.25}$$

由以上各式可知：$\tilde{\omega}=\tilde{0}$，$\tilde{\phi}=\tilde{I}$，$\tilde{S}^*=\tilde{S}$，材料无损伤；$\tilde{0}<\tilde{\omega}<\tilde{I}$，$\tilde{0}<\tilde{S}^*<\tilde{S}$，为损伤演化过程；$\tilde{\omega}=\tilde{I}$，$\tilde{\phi}=\tilde{0}$，$\tilde{S}^*=\tilde{0}$，材料完全破坏。其中，$\tilde{0}$ 表示张量中各元素均为 0；$\tilde{I}$ 表示张量中对角线各元素均为 1，其余各元素均为 0。

2) 有效应力

设 $\tilde{\sigma}$ 是柯西(Cauchy)应力张量，$\tilde{\sigma}^*$ 是有效应力张量，则有

$$\tilde{\sigma}^*=\tilde{\sigma}(\tilde{I}-\tilde{\phi})^{-1}=\tilde{\sigma}\tilde{\phi} \tag{3.3.26}$$

式(3.3.26)可以写为

$$\tilde{\sigma}=\tilde{\sigma}^*\tilde{\phi}^{-1} \tag{3.3.27}$$

$\tilde{\sigma}^*$ 是一个各向异性损伤的不对称张量。为计算方便，常对有效应力进行对称化处理，表示为

$$\tilde{\sigma}^* = \frac{1}{2}(\tilde{\sigma}\tilde{\phi} + \tilde{\phi}\tilde{\sigma}) = \frac{1}{2}[\tilde{\sigma}(\tilde{I} - \tilde{\omega})^{-1} + (\tilde{I} - \tilde{\omega})^{-1}\tilde{\sigma}] \tag{3.3.28}$$

经对称化处理的有效应力张量，记为

$$\tilde{\sigma} = \begin{bmatrix} \sigma_{11} & \sigma_{12} & \sigma_{13} \\ \sigma_{21} & \sigma_{22} & \sigma_{23} \\ \sigma_{31} & \sigma_{32} & \sigma_{33} \end{bmatrix} \tag{3.3.29}$$

且有

$$\tilde{\phi} = \begin{bmatrix} \phi_{11} & \phi_{12} & \phi_{13} \\ \phi_{21} & \phi_{22} & \phi_{23} \\ \phi_{31} & \phi_{32} & \phi_{33} \end{bmatrix} \tag{3.3.30}$$

联立式(3.3.28)～式(3.3.30)，可得

$$\tilde{\sigma}^* = \tilde{P}\tilde{\sigma} \tag{3.3.31}$$

二维情况下，式(3.3.31)中各变量的具体表达见式(3.3.32)～式(3.3.34)；三维情况下，式(3.3.31)中各中间变量的具体表达见式(3.3.35)～式(3.3.37)。

$$\tilde{\sigma} = \{\sigma_x \quad \sigma_y \quad \sigma_z\} \tag{3.3.32}$$

$$\tilde{\sigma}^* = \{\sigma_x^* \quad \sigma_y^* \quad \sigma_z^*\} \tag{3.3.33}$$

$$\tilde{P} = \begin{bmatrix} \phi_{11} & 0 & \phi_{21} \\ 0 & \phi_{22} & \phi_{12} \\ \dfrac{\phi_{21}}{2} & \dfrac{\phi_{21}}{2} & \dfrac{\phi_{11} + \phi_{22}}{2} \end{bmatrix} \tag{3.3.34}$$

$$\tilde{\sigma} = \{\sigma_x \quad \sigma_y \quad \sigma_z \quad \tau_{yz} \quad \tau_{zx} \quad \tau_{xy}\} \tag{3.3.35}$$

$$\tilde{\sigma}^* = \{\sigma_x^* \quad \sigma_y^* \quad \sigma_z^* \quad \tau_{yz}^* \quad \tau_{zx}^* \quad \tau_{xy}^*\} \tag{3.3.36}$$

$$\tilde{P} = \begin{bmatrix} \phi_{11} & 0 & 0 & 0 & \phi_{31} & \phi_{21} \\ 0 & \phi_{22} & 0 & \phi_{32} & 0 & \phi_{12} \\ 0 & 0 & \phi_{33} & \varphi_{23} & \varphi_{13} & 0 \\ 0 & \dfrac{\phi_{23}}{2} & \dfrac{\phi_{32}}{2} & \dfrac{\phi_{22} + \phi_{33}}{2} & \dfrac{\phi_{21}}{2} & \dfrac{\phi_{13}}{2} \\ \dfrac{\phi_{13}}{2} & 0 & \dfrac{\phi_{31}}{2} & \dfrac{\phi_{21}}{2} & \dfrac{\phi_{11} + \phi_{33}}{2} & \dfrac{\varphi_{23}}{2} \\ \dfrac{\phi_{12}}{2} & \dfrac{\phi_{21}}{2} & 0 & \dfrac{\phi_{31}}{2} & \dfrac{\phi_{32}}{2} & \dfrac{\phi_{11} + \phi_{22}}{2} \end{bmatrix} \tag{3.3.37}$$

3) 应变等效原理

基于应变等效原理，只要用有效应力代替通常的应力，受损材料一维或三维的变形行为就可以用无损材料的本构关系表达：

$$\tilde{\varepsilon}^* = \tilde{D}^{-1}\tilde{\sigma}^* = \tilde{D}^{-1}\tilde{\sigma}(\tilde{I} - \tilde{\omega})^{-1} \tag{3.3.38}$$

式中，$\tilde{D}$ 为试验过程中的动态弹性模量。式(3.3.38)可以记为

$$\tilde{\varepsilon}^* = \tilde{D}^{-1}\tilde{\sigma}\tilde{\phi}^{-1} \tag{3.3.39}$$

为建立损伤变量与弹性模量之间的关系，令 $\tilde{D}^* = (\tilde{I} - \tilde{\omega}) \cdot \tilde{D}$，则可得

$$\tilde{\omega} = \tilde{I} - \tilde{D}^*\tilde{D}^{-1} \tag{3.3.40}$$

因此,可通过加荷卸荷试验过程中弹性模量的变化来测定损伤变量 $\tilde{\omega}$ 的演化规律。

3.3.3　加荷卸荷准则和脆弹塑性响应

岩体一般具有高抗压、低抗拉、低抗剪的特性。通常，岩体在受拉开裂后不能再承受拉应力，仅在初始受拉时具有线弹性，出现受拉破坏后抗拉强度消失。因此，可按照弹塑性分析的类似方式进行受拉破坏的非线性分析。可引入损伤力学理论描述卸荷岩体的破坏形态。岩体开挖过程产生卸荷作用，原有的应力场破坏。若开挖过程产生的拉应力超过了岩体的抗拉强度，岩体中的损伤裂缝不断扩展、贯通，连通率逐渐增大，岩体质量不断劣化，抗拉强度逐渐减小直至完全消失，岩体产生弹性变形和裂缝变形。若产生压应力，则需要利用弹塑性加荷卸荷准则进行判断。若为加荷状态，则岩体产生弹性变形和塑性变形；若为卸荷状态，则除了产生弹性变形和塑性变形之外，还会产生裂缝变形(谢红强，2002)。

1) 卸荷岩体的脆弹性模型

岩体所受的拉应力超过岩体的抗拉强度 σ_t 时，岩体中的原生裂缝扩展，产生裂缝变形。根据损伤力学理论，岩体发生张裂破坏时可认为总应变增量 $\mathrm{d}\tilde{\varepsilon}$ 是弹性应变增量 $\mathrm{d}\tilde{\varepsilon}^{\mathrm{e}}$ 与塑性应变增量 $\mathrm{d}\tilde{\varepsilon}^{\mathrm{f}}$ 之和(谢红强，2002)：

$$\mathrm{d}\tilde{\varepsilon} = \mathrm{d}\tilde{\varepsilon}^{\mathrm{e}} + \mathrm{d}\tilde{\varepsilon}^{\mathrm{f}} \tag{3.3.41}$$

式中，$\mathrm{d}\tilde{\varepsilon}^{\mathrm{e}} = \tilde{D}^{-1}\mathrm{d}\tilde{\sigma}$。

式(3.3.41)进一步写为

$$\tilde{D}^{-1}\tilde{P}\mathrm{d}\tilde{\sigma} = \tilde{D}^{-1}\mathrm{d}\tilde{\sigma} + \mathrm{d}\tilde{\varepsilon}^{\mathrm{f}} \tag{3.3.42}$$

则裂缝应变为

$$\mathrm{d}\tilde{\varepsilon}^{\mathrm{f}} = \tilde{D}^{-1}\tilde{P}\mathrm{d}\tilde{\sigma} - \tilde{D}^{-1}\mathrm{d}\tilde{\sigma} = \tilde{D}^{-1}(\tilde{P} - \tilde{I})\mathrm{d}\tilde{\sigma} \tag{3.3.43}$$

卸荷岩体脆弹性模型的实质是，岩体受到拉应力作用，当拉应力小于抗拉强度 σ_t 时，岩体的变形是线弹性的，材料无损；当拉应力超过抗拉强度 σ_t 时，岩体仍能承担一定的拉应力，但抗拉强度降低，材料受到损伤。在本构关系中，$\tilde{P}$ 是损伤变量 $\tilde{\omega}$ 的函数，即 $\tilde{P}$ 与岩体所处的应力状态有关。

$\tilde{\omega}$ 为三维损伤张量时，ω_{ii} 表示主拉应力方向的损伤变量，量值范围为 0～1，增加 ω_{ii} 即增加垂直于裂缝面方向的柔度。假定三个主应力方向的损伤变量相互独立，由此定义主应力方向的损伤演化方程为

$$\begin{cases} \omega = 0 & (\varepsilon_{ii} \leqslant \varepsilon_{t}) \\ \omega = 1 - e^{\alpha(\varepsilon_{ii} - \varepsilon_{t})} & (\varepsilon_{ii} > \varepsilon_{t}) \end{cases} \tag{3.3.44}$$

式中，ε_{ii}为主应力方向的主应变；ε_{t}为抗拉强度σ_{t}对应的初裂应变；α为与抗拉强度和最大附加变形有关的系数。

2) 卸荷岩体的脆弹塑性损伤模型

岩体在开挖过程中，某些部位可能处于加荷力学状态。岩体中除了拉裂变形之外，还可能产生塑性变形。于是，可采用塑性理论构建相应的弹塑性本构关系。卸荷岩体发生塑性破坏时，总应变增量$\mathrm{d}\tilde{\varepsilon}$可表示为弹性应变增量$\mathrm{d}\tilde{\varepsilon}^{\mathrm{e}}$与塑性应变增量$\mathrm{d}\tilde{\varepsilon}^{\mathrm{f}}$之和，即加荷力学状态下的弹塑性模型关系与式(3.3.41)相同(谢红强，2002)。

3) 卸荷岩体的弹塑性模型

岩体开挖卸荷时，不仅会发生弹性变形和塑性变形，也会发生裂缝变形。脆弹塑性损伤模型认为，卸荷岩体产生的总应变是三种应变之和，表示为

$$\mathrm{d}\tilde{\varepsilon}_{ij} = \mathrm{d}\tilde{\varepsilon}_{ij}^{\mathrm{e}} + \mathrm{d}\tilde{\varepsilon}_{ij}^{\mathrm{p}} + \mathrm{d}\tilde{\varepsilon}_{ij}^{\mathrm{f}} \tag{3.3.45}$$

式中，$\mathrm{d}\tilde{\varepsilon}_{ij}$为总应变增量；$\mathrm{d}\tilde{\varepsilon}_{ij}^{\mathrm{e}}$为弹性应变增量；$\mathrm{d}\tilde{\varepsilon}_{ij}^{\mathrm{p}}$为裂缝应变增量；$\mathrm{d}\tilde{\varepsilon}_{ij}^{\mathrm{f}}$为塑性应变增量。

式(3.3.45)即为脆弹塑性损伤力学模型的应变增量表达式。当确定岩体的应力状态($\sigma_1, \sigma_2, \sigma_3$)后，就可以进行岩体的仿真模拟分析(以拉为正)，有以下几种情况：

(1) 若$\sigma_1 < 0$，$\sigma_2 < 0$，$\sigma_3 < 0$，且$F < 0$，岩体处于弹性状态，有

$$\mathrm{d}\tilde{\varepsilon}_{ij} = \mathrm{d}\tilde{\varepsilon}_{ij}^{\mathrm{e}} \tag{3.3.46}$$

(2) 若$\sigma_1 > \sigma_t$或$\sigma_1 > \sigma_2 > \sigma_t$或$\sigma_1 > \sigma_2 > \sigma_3 > \sigma_t$，岩体发生张裂破坏，有

$$\mathrm{d}\tilde{\varepsilon}_{ij} = \mathrm{d}\tilde{\varepsilon}_{ij}^{\mathrm{e}} + \mathrm{d}\tilde{\varepsilon}_{ij}^{\mathrm{f}} \tag{3.3.47}$$

式(3.3.47)中$\mathrm{d}\tilde{\varepsilon}_{ij}^{\mathrm{f}}$方向垂直于主拉应力方向，按拉裂损伤计算。

若$F = 0$，$\mathrm{d}F \geqslant 0$，且$\sigma_1 < \sigma_2 < \sigma_3 < 0$，则岩体处于弹塑性加荷状态，按加荷弹塑性本构关系计算：

$$\mathrm{d}\tilde{\varepsilon}_{ij} = \mathrm{d}\tilde{\varepsilon}_{ij}^{\mathrm{e}} + \mathrm{d}\tilde{\varepsilon}_{ij}^{\mathrm{p}} \tag{3.3.48}$$

若$F = 0$，$\mathrm{d}F < 0$，且$\sigma_1 < \sigma_2 < \sigma_3 < 0$，则岩体处于弹塑性卸荷状态，按脆弹塑性损伤力学模型分析，即用式(3.3.45)计算。

3.4 非线性霍克-布朗模型弹塑性执行

3.4.1 霍克-布朗准则

室内完整岩石三轴试验测试的轴压σ_1和围压σ_3关系有明显的非线性特征。该

现象能用霍克-布朗(Hoek-Brown)准则较好地描述。基于工程实践发展起来的 2002 年版霍克-布朗准则，已逐渐应用于工程。学术界普遍接受的观点是，该经验准则能较好地描述均质各向同性厚层大块状特征岩石和高度节理化似均质岩体的力学特性。

2002 年版霍克-布朗准则记为屈服函数 F_{HB} 的形式：

$$F_{HB} = \sigma_1 - \sigma_3 - \sigma_{ci}[m_b(\sigma_3 / \sigma_{ci}) + s]^a \tag{3.4.1}$$

且有

$$m_b = m_i e^{(GSI-100)/(28-14D)} \tag{3.4.2}$$

$$s = e^{(GSI-100)/(9-3D)} \tag{3.4.3}$$

$$a = (1/2) + (1/6)(e^{-GSI/15} - e^{-20/3}) \tag{3.4.4}$$

式中，σ_{ci} 为完整岩石单轴抗压强度(MPa)；m_i 为完整岩石材料常数；GSI 为地质强度指标；D 为与爆破损伤和应力释放有关的扰动系数。

霍克-布朗弹塑性模型中，霍克-布朗塑性势 G_{HB} 取为与霍克-布朗准则形式相似的非关联流动准则：

$$G_{HB} = \sigma_1 - \sigma_3 - \sigma_g[m_g(\sigma_3 / \sigma_g) + s_g]^{a_g} \tag{3.4.5}$$

式中，m_g、σ_g、s_g、a_g 均为材料参数。

2002 年版霍克-布朗准则认为，岩体泊松比μ不受爆破损伤和应力释放的影响，只给出岩体变形模量 E_m 评价的经验公式(E_m 的量纲为 GPa)：

$$\begin{cases} E_m = (1 - D/2)\sqrt{\sigma_{ci}/100} \cdot 10^{(GSI-10)/40} & (\sigma_{ci} \leqslant 100\text{MPa}) \\ E_m = (1 - D/2)10^{(GSI-10)/40} & (\sigma_{ci} > 100\text{MPa}) \end{cases} \tag{3.4.6}$$

包含式(3.4.1)的屈服准则、式(3.4.5)的非关联流动准则和变形参数(变形模量和泊松比)在内的霍克-布朗弹塑性模型，同样能执行理想弹塑性、弹脆塑性、应变软化等多种弹塑性问题的分析(Song et al.，2020)。理想弹塑性计算中，峰值和残余霍克-布朗材料强度参数取相同值；弹脆塑性计算中，峰值和残余霍克-布朗材料强度参数分别取对应的值；应变软化计算中，峰值后的材料参数可结合室内试验或反馈分析取为随塑性应变变化的参数。

3.4.2　非线性霍克-布朗准则的精确描述

记σ_3-σ_1 平面霍克-布朗包络线上任意应力状态切线莫尔-库仑强度准则为 F_{MC}，表达式如下：

$$F_{MC} = \sigma_1 - \frac{1+\sin\varphi_i}{1-\sin\varphi_i}\sigma_3 - 2c_i\sqrt{\frac{1+\sin\varphi_i}{1-\sin\varphi_i}} \tag{3.4.7}$$

式中，φ_i 和 c_i 分别为瞬态内摩擦角和瞬态黏聚力。

记式(3.4.7)在σ_3-σ_1 平面的斜率为 K_i，表达式如下：

$$K_i = \frac{d\sigma_1}{d\sigma_3} = \frac{1+\sin\varphi_i}{1-\sin\varphi_i} \tag{3.4.8}$$

式(3.4.7)描述的切线莫尔-库仑强度准则在σ_3-σ_1平面的斜率K_i，可由式(3.4.9)确定：

$$K_i = 1 + am_b[m_b(\sigma_3/\sigma_{ci})+s]^{a-1} \tag{3.4.9}$$

φ_i可联立式(3.4.8)和式(3.4.9)求得。c_i表示为

$$c_i = \frac{(1-K_i)\sigma_3 + \sigma_{ci}[m_b(\sigma_3/\sigma_{ci})+s]^a}{2\sqrt{K_i}} \tag{3.4.10}$$

用切线莫尔-库仑强度准则替换的弹塑性模型，莫尔-库仑塑性势G_{MC}取如下非关联流动准则：

$$G_{MC} = \sigma_1 - m_{\psi_i}\sigma_3 \tag{3.4.11}$$

且有

$$m_{\psi_i} = \frac{1+\sin\psi_i}{1-\sin\psi_i} = 1 + am_g[m_g(\sigma_3/\sigma_g)+s_g]^{a_g-1} \tag{3.4.12}$$

式中，ψ_i为瞬态流动角(°)。

切线莫尔-库仑强度准则中的φ_i和c_i均包含σ_3项。有限元数值网格模型中任意单元或任意位置，数值计算的应力状态除位于霍克-布朗包络线上(临界屈服)的情况外，大多数情况位于霍克-布朗包络线以内(弹性)和霍克-布朗包络线以外(破坏)。对位于霍克-布朗包络线以内和霍克-布朗包络线以外这两种情况，由于应力状态并没有位于霍克-布朗包络线上，直接用相应应力状态的σ_3代入式(3.4.9)和式(3.4.10)求φ_i和c_i，不符合前述切线莫尔-库仑强度准则描述的物理意义，或许还会产生较大的误差。鉴于此，从σ_n-τ_s平面(σ_n为正应力，τ_s为剪应力)讨论数值网格模型中任意位置莫尔-库仑模型φ_i、c_i和ψ_i的确定。

3.4.3 正应力-剪应力平面的霍克-布朗准则

正如Brown(2008)所讲，在给定正应力条件下推求等效莫尔-库仑强度参数的精确分析表达式是一项很具挑战性的任务。对于2002年版霍克-布朗准则的σ_n-τ_s关系，Hoek等(2002)采用了Balmer方程；Priest(2005)采用了差分公式；Carranza-Torres(2004)将最小主应力作为变量，推求了正应力σ_n和剪应力τ_s的显示表达，还特别详细讨论了2002年版霍克-布朗准则的无量纲表达。

考虑莫尔-库仑强度准则瞬态内摩擦角φ_i为变量，在此以另外一种方式推求2002年版霍克-布朗准则的正应力σ_n、剪应力τ_s及其之间的关系。根据推求的公式，任意正应力条件的φ_i和c_i可通过迭代获得。

如图3.4.1所示的破坏状态微元体，在破坏面上的正应力σ_n、剪应力τ_s为

$$
\begin{cases}
\sigma_n = \dfrac{\sigma_1+\sigma_3}{2} - \dfrac{\sigma_1-\sigma_3}{2}\cos 2\theta \\
\tau_s = \dfrac{\sigma_1-\sigma_3}{2}\sin 2\theta
\end{cases}
\tag{3.4.13}
$$

式中，σ_n、τ_s分别为破坏面上的正应力、剪应力(MPa)；σ_1、σ_3分别为破坏条件有效最大主应力、最小主应力(MPa，压应力取为正)；θ为最小主应力作用面与破坏面之间的夹角(°)。

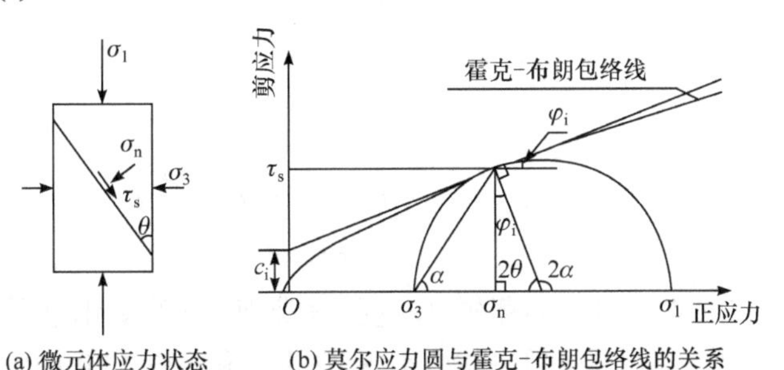

图 3.4.1　微元体应力状态和σ_n-τ_s平面莫尔应力圆与霍克-布朗包络线的关系

图 3.4.1 中，公切于莫尔应力圆和霍克-布朗包络线的直线倾角为φ_i。该切线在剪应力轴上的截距为c_i。根据图 3.4.1(b)，式(3.4.13)可重写为

$$
\begin{cases}
\sigma_n = \dfrac{\sigma_1+\sigma_3}{2} - \dfrac{\sigma_1-\sigma_3}{2}\sin \varphi_i \\
\tau_s = \dfrac{\sigma_1-\sigma_3}{2}\cos \varphi_i
\end{cases}
\tag{3.4.14}
$$

根据三角函数关系，有

$$
\sin\varphi_i = \left(\frac{d\sigma_1}{d\sigma_3}-1\right)\bigg/\left(\frac{d\sigma_1}{d\sigma_3}+1\right)
\tag{3.4.15}
$$

$$
\cos\varphi_i = \left(2\sqrt{\frac{d\sigma_1}{d\sigma_3}}\right)\bigg/\left(\frac{d\sigma_1}{d\sigma_3}+1\right)
\tag{3.4.16}
$$

将式(3.4.15)和式(3.4.16)代入式(3.4.14)，得

$$
\begin{cases}
\sigma_n = \dfrac{\sigma_1-\sigma_3}{1+\dfrac{d\sigma_1}{d\sigma_3}} + \sigma_3 \\
\tau_s = \dfrac{\sigma_1-\sigma_3}{1+\dfrac{d\sigma_1}{d\sigma_3}}\sqrt{\dfrac{d\sigma_1}{d\sigma_3}}
\end{cases}
\tag{3.4.17}
$$

式(3.4.17)也可以由 Balmer(1952)的方法求得，即对莫尔应力圆方程执行关于

σ_3的差分。

对于用σ_1-σ_3关系描述的通用霍克–布朗准则，根据前述方法并执行一系列三角函数变换，可推求出正应力σ_n、剪应力τ_s及其相互关系。在此，给出σ_n、τ_s和σ_n-τ_s关系如下：

$$\sigma_n = \frac{\sigma_{ci}}{m_b}\left[\frac{2\sin\varphi_i}{m_b a(1-\sin\varphi_i)}\right]^{1/(a-1)}\left(\frac{\sin\varphi_i}{a}+1\right)-\frac{s\sigma_{ci}}{m_b} \tag{3.4.18}$$

$$\tau_s = \frac{\sigma_{ci}\cos\varphi_i}{2}\left[\frac{2\sin\varphi_i}{m_b a(1-\sin\varphi_i)}\right]^{a/(a-1)} \tag{3.4.19}$$

$$\tau_s = \frac{\sigma_{ci}\cos\varphi_i}{2}\left[\frac{m_b(\sigma_n/\sigma_{ci})+s}{\sin\varphi_i/a+1}\right]^{a} \tag{3.4.20}$$

对于霍克–布朗岩体对应的莫尔–库仑强度准则，φ_i的变化范围为(0°, 90°)，即$0<\sin\varphi_i<1$。显然，在此条件下，式(3.4.18)中的σ_n和式(3.4.20)中的τ_s均是关于φ_i的单调递减函数。当φ_i作为变量时，在σ_n-τ_s平面的霍克–布朗包络线可通过以下步骤获得：

(1) 基本材料参数集(σ_{ci}, m_i, GSI, D)已知，且材料参数m_b、s和a直接由式(3.4.2)～式(3.4.4)计算(可有效减小截断误差)。于是，对于给定的φ_i，相应的σ_n可由式(3.4.18)求得。

(2) τ_s可由式(3.4.19)或式(3.4.20)求得。

(3) 重复执行步骤(1)和步骤(2)，获得一系列正应力和剪应力数据对(σ_n, τ_s)，便可绘出霍克–布朗包络线(符文熹等，2010)。

取基本参数$\sigma_{ci}=30.0$MPa，$m_i=2.0$，GSI = 5.0 和 $D=0.0$，且φ_i在开区间(0°, 90°)的步长取$\Delta\varphi_i=0.1°$，按前述方法求得相应的数据对(σ_n, τ_s)，绘制的霍克–布朗包络线见图 3.4.2。

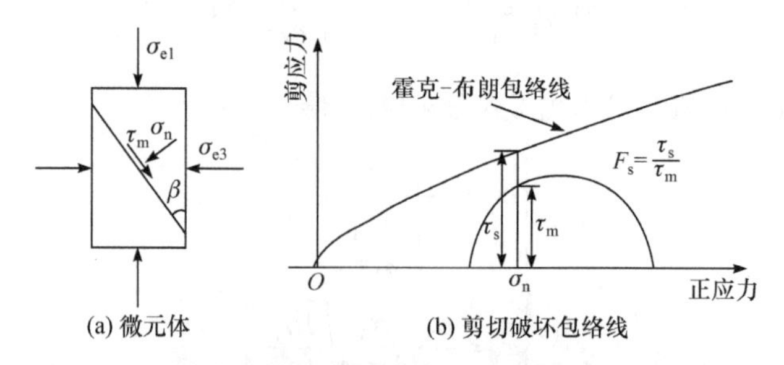

图 3.4.2 正应力和剪应力平面霍克–布朗的剪切破坏包络线

σ_{e1}和σ_{e3}分别为作用在微元体的最大主应力和最小主应力；σ_n为正应力；β为任意界面与最小主应力作用面的夹角；F_s为安全系数；τ_s为抗剪强度；τ_m为剪应力

3.4.4 给定应力状态瞬态内摩擦角和瞬态黏聚力的确定

用切线莫尔-库仑强度准则描述空间霍克-布朗岩体任意位置的抗剪强度时，理论上，当空间霍克-布朗岩体任意一点的应力状态已知时，最低抗剪强度是唯一的(Wei et al.，2021)。接下来分析给定应力状态条件下，描述霍克-布朗岩体的φ_i和c_i。

霍克-布朗岩体任意点取为微元体，如图 3.4.2 所示。作用在微元体的最大主应力和最小主应力分别用σ_{e1}和σ_{e3}表示，且任意界面与最小主应力作用面的夹角记为β，微元体的厚度假定为单宽厚度。

微元体任意截面的安全系数F_s可定义为抗剪力T_s和滑动驱动力T_m的比值：

$$F_s = \frac{T_s}{T_m} = \frac{\tau_s \cdot \mathrm{d}A}{\tau_m \cdot \mathrm{d}A} = \frac{\tau_s}{\tau_m} \tag{3.4.21}$$

式中，F_s为安全系数；T_s为抗剪力(MN)；T_m为滑动驱动力(MN)；τ_s为抗剪强度(MPa)；τ_m为剪应力(MPa)；dA为微元体任意斜截面的面积(m^2)。

从物理意义上讲，式(3.4.21)定义的安全系数F_s是严格的，因为T_s和T_m是矢量，作用在微元体同一截面且方向平行。当求得F_s最小值时，相应的抗剪强度可认为是最小值。对于给定应力状态的微元体，对应 F_s最小值的φ_i需先通过牛顿(Newton)迭代公式求出。

设 sinφ_i为变量x，求解x的 Newton 迭代公式写为

$$x_{k+1} = x_k - \frac{f(x_k)}{f'(x_k)} \quad (k = 0,1,\cdots) \tag{3.4.22}$$

式(3.4.22)中分数表达式的分子表示为

$$f(x) = p_x q_x r_x - w_x (C_1^2 - p_x^2) \tag{3.4.23}$$

式中，$p_x = q_x(x/a+1) - C_3 - C_2$，$C_2 = \dfrac{\sigma_{e1}+\sigma_{e3}}{2}$，$C_3 = \dfrac{\sigma_{ci}s}{m_b}$；$q_x = C_4\left(\dfrac{x}{1-x}\right)^{1/(a-1)}$，$C_4 = \dfrac{\sigma_{ci}}{m_b}\left(\dfrac{2}{m_b a}\right)^{1/(a-1)}$；$r_x = (1-a)x^3 + x^2 + 2ax + a$；$w_x = (a^2-a)x^2 - a^2 x - a^2$；$C_1 = \dfrac{\sigma_{e1}-\sigma_{e3}}{2}$。

式(3.4.22)中分数表达式的分母是式(3.4.23)的一阶导数，表示为

$$f'(x) = p_x' q_x r_x + 2 w_x p_x p_x' + p_x q_x \left[u_x - \frac{r_x}{(1-a)(x-x^2)}\right] - v_x (C_1^2 - p_x^2) \tag{3.4.24}$$

式中，$p'_x = q_x \dfrac{(1-a)x^2 + ax + a}{(a^2 - a)(x - x^2)}$；$u_x = 3(1-a)x^2 + 2x + 2a$；$v_x = 2a(a-1)x - a^2$。

对于霍克-布朗岩体，由于φ_i大于0°且小于90°，则x大于0且小于1。当x用上述Newton迭代公式求出后，φ_i可由$\sin\varphi_i = x$求出。将x代入式(3.4.18)得到σ_n，将x代入式(3.4.19)或式(3.4.20)得到τ_s。

在σ_n-τ_s平面，莫尔-库仑强度准则可写为

$$\tau_s = \sigma_n \tan\varphi_i + c_i \tag{3.4.25}$$

将φ_i、σ_n和τ_s代入式(3.4.25)，则得到c_i:

$$c_i = \sigma_n \tan\varphi_i - \tau_s \tag{3.4.26}$$

一旦φ_i确定，则用相应位置应力圆的应力状态来确定ψ_i，并用于相应的瞬态塑性势。

3.4.5 主应力空间外凸形屈服锥面特征及数学奇异性

对于外凸形屈服锥面的霍克-布朗准则或莫尔-库仑强度准则，用σ_1、σ_2和σ_3两两组合分别替换式(3.4.1)和式(3.4.7)中的σ_1和σ_3，可绘制主应力空间的屈服面，见图3.4.3、图3.4.4。

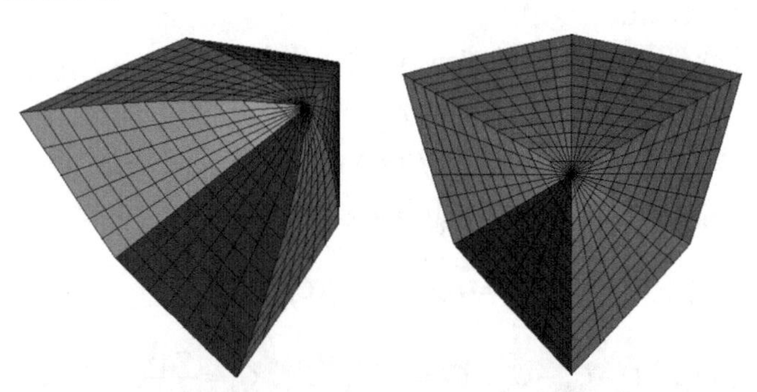

图3.4.3　主应力空间霍克-布朗屈服面

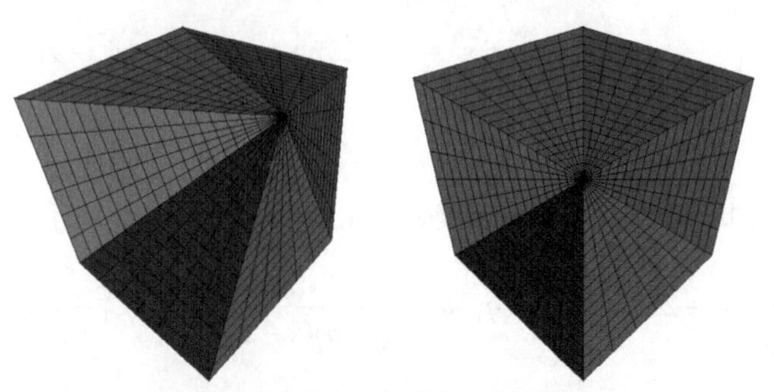

图3.4.4　主应力空间莫尔-库仑屈服面

图 3.4.3、图 3.4.4 中的外凸形屈服锥面是对式(3.4.1)和式(3.4.7)按弹性力学理论拉正压负进行变换绘制而成。考虑低或零抗拉强度问题的拉截断面(Rankine 面)时，以莫尔-库仑强度准则为例(霍克-布朗准则具类似特征)，屈服面见图 3.4.5(a)。弹塑性计算中应力分量转换为主应力，取弹性力学的正负约定，按$\sigma_1 \geqslant \sigma_2 \geqslant \sigma_3$排序对应的屈服面见图 3.4.5(b)。

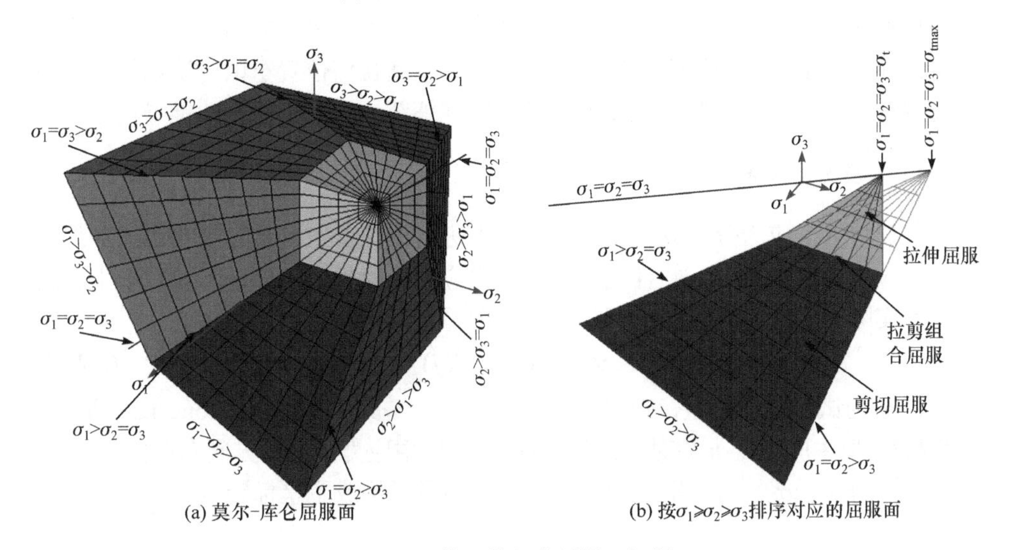

(a) 莫尔-库仑屈服面　　(b) 按$\sigma_1 \geqslant \sigma_2 \geqslant \sigma_3$排序对应的屈服面

图 3.4.5　拉、剪组合屈服面问题

3.4.6　主应力空间塑性回映精确算法

对于霍克-布朗弹塑性模型，提出用切线莫尔-库仑包络线来描述非线性霍克-布朗包络线(塑性势也相对应)，并给出霍克-布朗岩体空间任意位置瞬态内摩擦角和瞬态黏聚力的确定方法。即霍克-布朗岩体空间划分的任意单元均可视为独立的、唯一的并可用φ_i、c_i和ψ_i来描述的莫尔-库仑材料。在此并不直接使用传统的用于塑性增量计算的方法，这是因为对于组合屈服面，即使求出各个屈服面塑性势函数的一阶导数，在坐标应力空间也很难确定塑性修正应力最终的返回位置。况且对于涉及的莫尔-库仑和霍克-布朗这两个屈服函数，在棱角位置根本无法求导，破坏状态的应力也就无法直接按传统的方法进行回映。由于分析的莫尔-库仑和霍克-布朗材料基于各向同性假设，应力状态与坐标空间的选择无关，可以考虑将塑性回映放在主应力空间中进行讨论。按弹性力学拉正压负约定主应力大小关系$\sigma_1 \geqslant \sigma_2 \geqslant \sigma_3$，这样就可以将屈服函数写成主应力的表达式。屈服面的方向向量也非常容易求得。整个回映过程先在主应力空间进行，正确回映至屈服面后，再通过坐标变换还原至坐标应力空间。

首先，将原坐标系(所指坐标系均为直角坐标系)下的 6 个弹性试算应力分量，经过坐标变换转化为主应力空间中的 3 个主应力分量。其次，判断是否出现塑性并求出塑性修正应力。最后，将主应力分量反向还原为原坐标系下的 6 个应力分量。在最终确定应力返回的正确位置后，再在原空间给出弹塑性矩阵。该过程的实现需要正确的坐标变换。假定塑性修正并不影响主应力方向，应力修正后可以很容易还原到原坐标系。经坐标变换后，在主应力空间中进行讨论处理可以大大降低计算复杂程度。一方面，将六维问题降低为三维；另一方面，3 个主应力关系可以在三维空间实现视觉化展示，便于对其空间几何位置予以讨论和解释，更加直观和容易理解。就此论证该方法具体实现细节，给出一般性的推导过程。

1. 主应力空间的方向矩阵

若要将 6 个应力分量放到主应力空间中进行回映修正，首先应当考虑如何求出其对应的 3 个主应力，并且能够方便地将应力还原到原坐标系。在数学上，这个过程实际是求应力张量的特征值和特征向量，具体表达如下：

$$(\sigma_{ij}-\sigma_{\mu}\delta_{ij})n=0,\quad i(j)=1,2,3 \tag{3.4.27}$$

式中，σ_{ij} 为试算应力张量，包含 6 个应力分量；δ_{ij} 为克罗内克(Kronecker)算子；σ_{μ}为特征值(主应力)；n 为对应的特征向量(表征主应力方向的方向余弦)。

主应力σ_1、σ_2、σ_3分别对应的 3 个方向向量，构成了坐标转换矩阵：

$$[\lambda]=[n_1\quad n_2\quad n_3]=\begin{bmatrix} c_{x'x} & c_{y'x} & c_{z'x} \\ c_{yx} & c_{y'y} & c_{z'y} \\ c_{x'z} & c_{y'z} & c_{z'z} \end{bmatrix} \tag{3.4.28}$$

式中，xyz 为原坐标系，$x'y'z'$为新坐标系，三个主轴方向分别对应σ_1、σ_2、σ_3的方向，元素 $c_{x'x}$ 的含义是新坐标 x'轴与原坐标 x 轴夹角的余弦值，即 $c_{x'x}=\cos\psi_{x'x}$ (其余类似)；新、原坐标系的对应关系及之间的夹角见图 3.4.6。如图 3.4.7 所示，根据式(3.4.28)的坐标转换矩阵，利用弹性力学坐标变换方法，主应力空间主应力与原坐标空间的应力分量有式(3.4.29)的转换关系，从而方便地将应力还原。

$$\{\sigma_{ij}\}=[A]\{\sigma'_{ij}\}\overline{x} \tag{3.4.29}$$

式中，$[A]$为主应力空间的方向矩阵。

于是，只要在主应力空间中实现应力的正确返回，就可以按照式(3.4.29)将主应力空间中的应力还原到原坐标系下。通过以上处理，就可以将六维问题简化为三维问题，大大地降低了分析难度。下面在主应力空间中讨论塑性回映问题。

2. 主应力空间塑性应力的回映

将弹性试算应力转换到主应力空间后，即可根据相应的屈服函数判断是否进入塑性。若进入塑性，试算应力位于屈服面外，则须更新至屈服面，即塑性应力

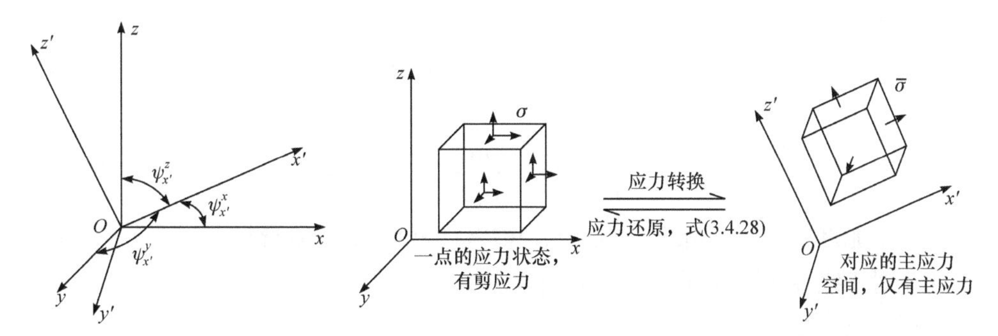

图 3.4.6　原坐标系 xyz 与新坐标系 $x'y'z'$的关系

图 3.4.7　主应力与原坐标空间应力分量转换关系

回映问题。在此讨论的莫尔-库仑线性屈服准则下，塑性应力回映不需要迭代。非线性霍克-布朗准则按提出的切线莫尔-库仑方程描述后，也可进行同样处理。若直接使用非线性霍克-布朗准则，则需要采用迭代方式使屈服面应力正确返回至屈服面。

在主应力空间中，可以非常直观地展示线性屈服准则的形状。线性屈服准则在空间中是平面与平面的组合，相交的位置(交线、交点)不连续，不能用同一塑性势来描述，也无法求导确定塑性回映的方向。当塑性回映的方向无法确定时，屈服面外的应力点就不能按照某种回映方式正确返回。因此，应区别这些情况，对每种类型采取不同的方式处理。塑性回映总共可能涉及三类不同的返回形式，分别是应力返回至面、应力返回至线、应力返回至点，如图 3.4.8 所示。

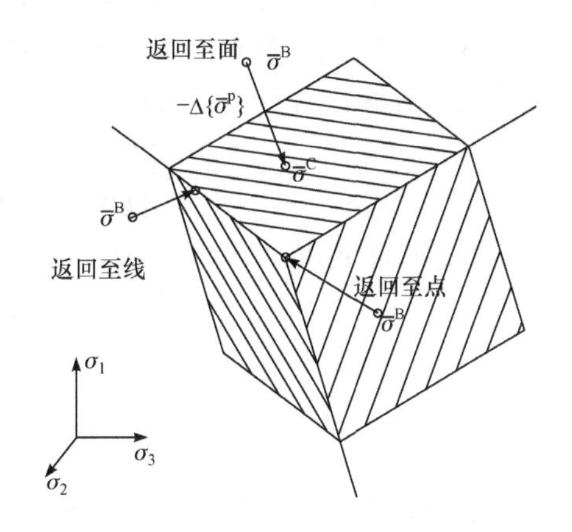

图 3.4.8　主应力空间三类不同的塑性回映

$\bar{\sigma}^{\mathrm{B}}$ 为屈服面外的应力；$\bar{\sigma}^{\mathrm{C}}$ 为 $\bar{\sigma}^{\mathrm{B}}$ 返回至屈服面上的应力；$\Delta\{\bar{\sigma}^{\mathrm{p}}\}$ 为应力差

1) 应力返回至面情况分析

应力返回至面是最常规的返回类型。将试算应力拉回屈服面，关键就是求出 $\Delta\{\bar{\sigma}^{\mathrm{p}}\}$。对于线性屈服准则，其屈服面内的任一方向向量必然垂直于该屈服面的法线，因此屈服面方程总是可以写为

$$F(\{\bar{\sigma}\})=\{\bar{a}\}^{\mathrm{T}}\left(\{\bar{\sigma}\}-\{\bar{\sigma}\}_0\right) \tag{3.4.30}$$

式中，$\{\bar{\sigma}\}_0$ 为屈服面上一已知点；向量 $\{\bar{a}\}$ 为主应力空间中屈服面梯度，表示如下：

$$\{\bar{a}\}=\frac{\partial F}{\partial\{\bar{\sigma}\}} \tag{3.4.31}$$

同理，塑性势函数可以写为

$$G(\{\bar{\sigma}\}) = \{\bar{b}\}^{\mathrm{T}}\left(\{\bar{\sigma}\} - \{\bar{\sigma}\}_0\right) \tag{3.4.32}$$

且有

$$\{\bar{b}\} = \frac{\partial G}{\partial\{\bar{\sigma}\}} \tag{3.4.33}$$

对于能返回至面的情况，屈服函数和塑性势函数的一阶导数 $\{\bar{a}\}$ 和 $\{\bar{b}\}$ 都是连续的。对于线性屈服准则，$\{\bar{a}\}$ 和 $\{\bar{b}\}$ 都是常数。

在主应力空间，有

$$\Delta\{\bar{\sigma}^{\mathrm{p}}\} = \Delta\lambda[\bar{D}]\left.\frac{\partial G}{\partial\{\bar{\sigma}\}}\right|_{\mathrm{C}} = \Delta\lambda[\bar{D}]\{\bar{b}\} \tag{3.4.34}$$

式中，λ为塑性尺度因子；C 用于标识返回至屈服面的应力点。

又有

$$F(\{\bar{\sigma}^{\mathrm{B}}\}) = \{\bar{a}\}^{\mathrm{T}}\Delta\{\bar{\sigma}\} \tag{3.4.35}$$

式中，上标 B 用于标识返回至屈服面前位于屈服面外的试算应力点。

式(3.4.35)也是加荷卸荷条件，$\Delta\{\bar{\sigma}\}$ 是按弹性本构计算出的试算应力增量，也适用于弹脆性材料。$\Delta\lambda$又可以写为

$$\Delta\lambda = \frac{\{\bar{a}\}^{\mathrm{T}}[\bar{D}]\Delta\{\varepsilon\}}{\{\bar{a}\}^{\mathrm{T}}[\bar{D}]\{\bar{b}\}} = \frac{\{\bar{a}\}^{\mathrm{T}}\Delta\{\bar{\sigma}\}}{\{\bar{a}\}^{\mathrm{T}}[\bar{D}]\{\bar{b}\}} = \frac{F(\{\bar{\sigma}^{\mathrm{B}}\})}{\{\bar{a}\}^{\mathrm{T}}[\bar{D}]\{\bar{b}\}} \tag{3.4.36}$$

将式(3.4.36)代入式(3.4.34)，得到塑性修正应力表达式：

$$\Delta\{\bar{\sigma}^{\mathrm{p}}\} = \frac{F(\{\bar{\sigma}^{\mathrm{B}}\})}{\{\bar{a}\}^{\mathrm{T}}[\bar{D}]\{\bar{b}\}}[\bar{D}]\{\bar{b}\} = F(\{\bar{\sigma}^{\mathrm{B}}\})\{\bar{r}^{\mathrm{p}}\} \tag{3.4.37}$$

式中，$\{\bar{r}^{\mathrm{p}}\} = \dfrac{[\bar{D}]\{\bar{b}\}}{\{\bar{a}\}^{\mathrm{T}}[\bar{D}]\{\bar{b}\}}$，表示塑性修正的方向；$F(\{\bar{\sigma}^{\mathrm{B}}\})$ 表示塑性修正的大小，用来衡量试算应力偏离屈服面的程度。

由此可快速计算出修正应力，向量 $\{\bar{a}\}$、$\{\bar{b}\}$ 和 $\{\bar{r}^{\mathrm{p}}\}$ 的空间几何意义如图 3.4.9 所示。

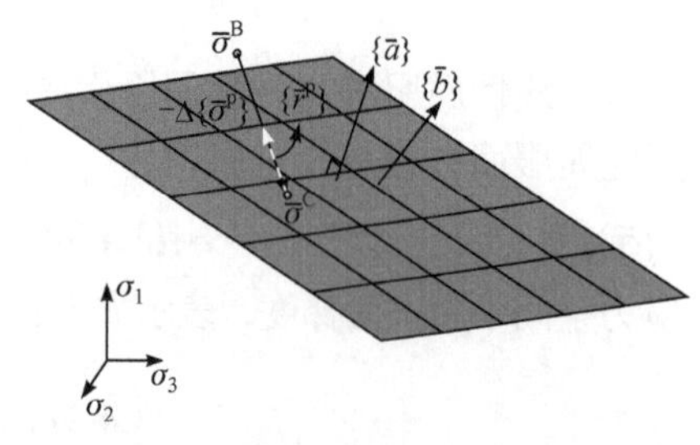

图 3.4.9　应力返回至面及相关方向矢量

2) 应力返回至线情况分析

当两个不平行的线性屈服面($F_1 = 0$ 和 $F_2 = 0$)相交时，交线为直线 l，如图 3.4.10 所示。交线 l 两侧并不连续，无法求导，即线两侧的 $\{\bar{a}\}$、$\{\bar{b}\}$ 和 $\{\bar{r}^{\mathrm{p}}\}$ 不相同。此时，无法直接采用前述返回至面的方法处理，必须对这种情况采用一种新的方式，使得回映时体现这两个面的性质。应力返回至

交线，必然与相交的两个面存在联系，即应当同时具有这两个面的返回特征。

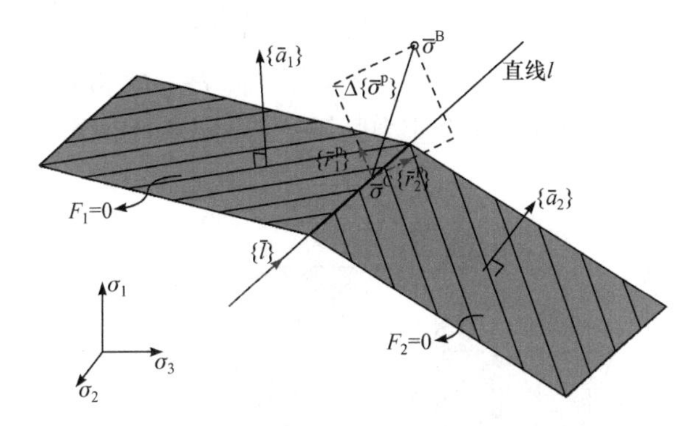

图 3.4.10　应力返回至交线各矢量的关系

F_1、F_2 为屈服函数，在图中以屈服面的形式展示

图 3.4.10 中两个面的塑性修正方向和最终回映的方向展示了这种关系，即在几何上，应力返回至线的方向向量应当与塑性修正方向 $\{\bar{r}_1^p\}$ 、$\{\bar{r}_2^p\}$ 共面。于是，向量 $\Delta\{\bar{\sigma}^p\}$ 应当垂直于 $\{\bar{r}_1^p\}$ 、$\{\bar{r}_2^p\}$ 两个方向定义的平面法线 $\{\bar{r}_1^p\}\times\{\bar{r}_2^p\}$ (×表示向量的叉乘)，即

$$(\{\bar{r}_1^p\}\times\{\bar{r}_2^p\})^T(\{\bar{\sigma}^C\}-\{\bar{\sigma}^B\})=0 \tag{3.4.38}$$

$\{\bar{\sigma}^C\}$ 位于两个平面的交线上，即应该同时满足：

$$F_1(\{\bar{\sigma}^C\})=0 \tag{3.4.39}$$

$$F_2(\{\bar{\sigma}^C\})=0 \tag{3.4.40}$$

联立式(3.4.38)～式(3.4.40)，得到三个方程，即可解出 $\{\bar{\sigma}^C\}$ 的三个未知主应力。

3) 应力返回至点情况分析

应力返回至点，这些应力点在主应力空间中，由两条以上的直线相交形成一个尖角。用前述返回至面、返回至线的方法均不能正确返回至屈服面上，则只剩下返回至点的可能。根据恰当的空间返回判断，明确返回交点的条件，则不需要再进行返回计算。试算应力应当返回至点时，直接根据几何方程确定该点的坐标即可。

3. 主应力空间的应力区域

前文已经给出了三种不同的回映方法，但在应力返回之前，还应该确定它们各自的适用范围。即确定屈服面外哪些空间位置的试算应力应当返回至面，哪些应当返回至线或者点。为了方便问题描述，此处将边界线沿应力塑性修正方向拉伸形成分割面，将这些屈服面外的空间划分为不同的应力区域，每个应力区域都对应了不同的应力返回位置。当计算出的试算应力处于某个应力区域时，它会被返回到与该区域相关的面、线或点上。两个屈服面($F_1 = 0$ 和 $F_2 = 0$)在交线和边界处，将直线沿应力回映方向$\{\bar{r}^p\}$拉伸，形成了 P_1、P_2、P_3 和 P_4 共 4 个平面，这 4 个平面将整个主应力空间分为 4 个应力区域，如图 3.4.11 所示。

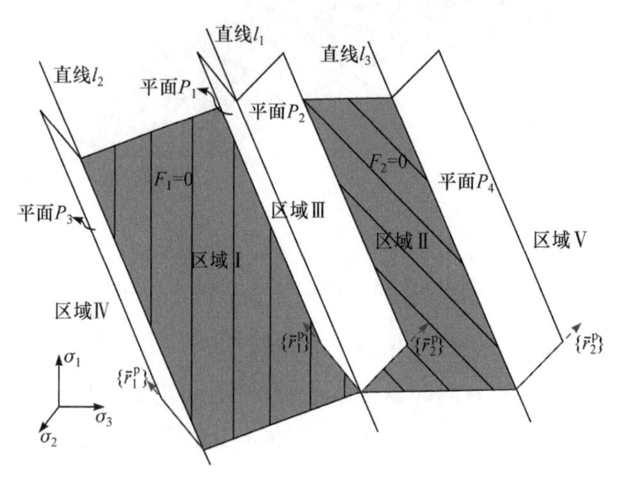

图 3.4.11　主应力空间中应力区域的划分

经过计算，弹性试算应力如果位于区域Ⅰ，即平面 P_1 和 P_3 之间的区域，那么就应该按照返回至面的规则，返回至屈服面 $F_1 = 0$ 上。同样，如果试算应力位于区域Ⅱ，即平面 P_2 和 P_4 之间，那么就应该返回至屈服面 $F_2 = 0$ 上。如果试算应力位于区域Ⅲ，即平面 P_1 和 P_2 之间，那么应力就归属于这两个平面，它应该按照返回至线的规则，返回至直线 l_1 上。如果试算应力位于区域Ⅳ，即平面 P_3 的外侧，就必须返回至直线 l_2。如果试算应力位于区域Ⅴ，即平面 P_4 的外侧，那么就应该返回至直线 l_3。

在计算得到试算应力后，应判断所属的应力区域。采用构造平面方程的方式进行，写出 P_1、P_2、P_3 和 P_4 的平面方程，再将试算应力的值依次代入。根据计算结果的正负值和对应关系来判断所属区域，这种方法比较简单明确。用切线莫尔-库仑方程描述霍克-布朗准则时也采用该方法。由于包含拉截断面(Rankine 面)，组合面屈服面判断也比较繁琐，于是进行一定的简化，并未考虑屈服面最外侧棱角处的划分平面，而是先划分成大区域，再根据大区域内应力的返回结果判断所属的子区域。在此，仅给出所有返回位置的空间划分区域(图 3.4.12)，各区域的精确判断条件可采用前述方法。

图 3.4.12 中返回至屈服面的各情况，可以结合精确返回位置相应的塑性修正，写出一致弹塑性本构矩阵(雅克比矩阵)。除前述“应力返回至面”(且不包括 Rankine 拉截断面)构造的本构矩阵外，其他各情况的弹塑性本构矩阵组集形成的总刚度

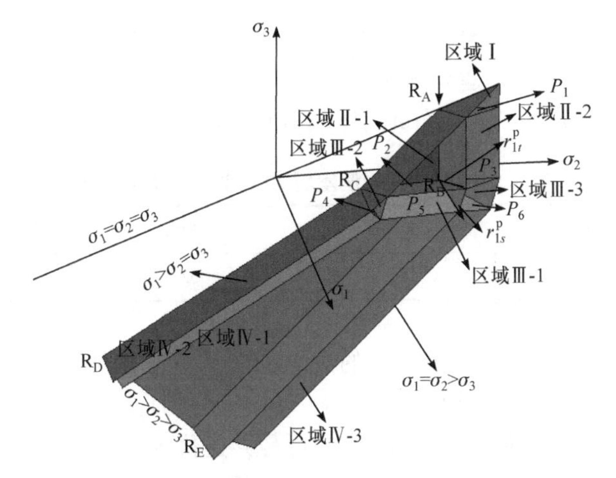

图 3.4.12　主应力空间中应力区域的划分

矩阵，均可能在平衡方程组求解过程出现奇异甚至数学错误问题。对于这些情况，直接使用弹性矩阵，即混合总刚度矩阵。

4. 算例验证

对非线性霍克-布朗模型弹塑性的执行开发程序进行验证。以一位于霍克-布朗岩体的轴对称隧洞问题为例，进行弹塑性分析，来验证前述方法。深埋圆形洞室问题假设其周围应力状态为一均匀应力场，所处的位置地应力较大，可以忽略洞径范围内重力引起的应力变化，这样就存在经典的理想塑性和弹脆塑性的理论解，可用于检验。图 3.4.13(a)为一深埋圆形洞室的开挖模型 1/4 示意图，洞室半径为 1m，计

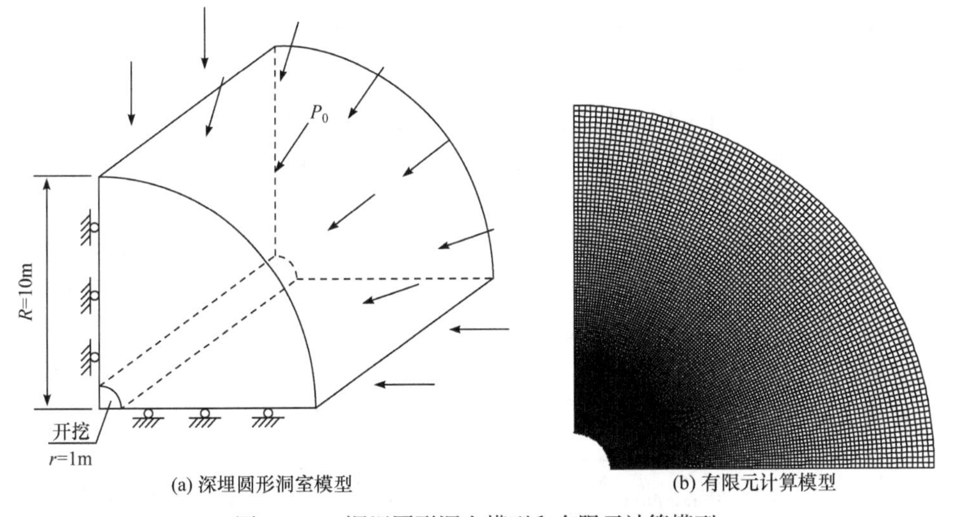

(a) 深埋圆形洞室模型　　(b) 有限元计算模型

图 3.4.13　深埋圆形洞室模型和有限元计算模型

算范围为 10 倍洞径，周围岩体承受均匀应力场 $P_0 = 30\text{MPa}$。计算模型可以进一步简化为平面应变问题，于是建立图 3.4.13(b)的平面应变有限元计算模型，共计 15000 个单元，15251 个节点。霍克-布朗岩体的材料参数见表 3.4.1。

表 3.4.1　深埋圆形洞室霍克-布朗岩体材料参数

参数	GSI	D	m_i	σ_{ci}/MPa	E/GPa	μ
取值	60	0	12	50.0	6.778	0.3

接下来进行基于霍克-布朗准则的深埋圆形洞室开挖弹塑性分析。Carranza-Torres 和 Fairhurst(1999)给出了径向应力、环向应力的理论解，以此作为计算结果参考。采用关联流动准则进行计算，整个过程共迭代 56 步。塑性区半径的环向应力计算值为 1.6041，与理论值 1.6026 十分接近，误差小于 0.1%。图 3.4.14 和图 3.4.15 分别为径向应力和环向应力计算值与理论值的对比。

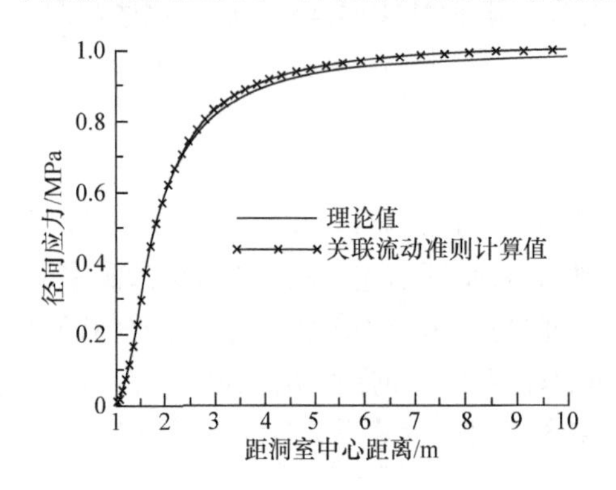

图 3.4.14　洞室开挖后径向应力计算值与理论值对比

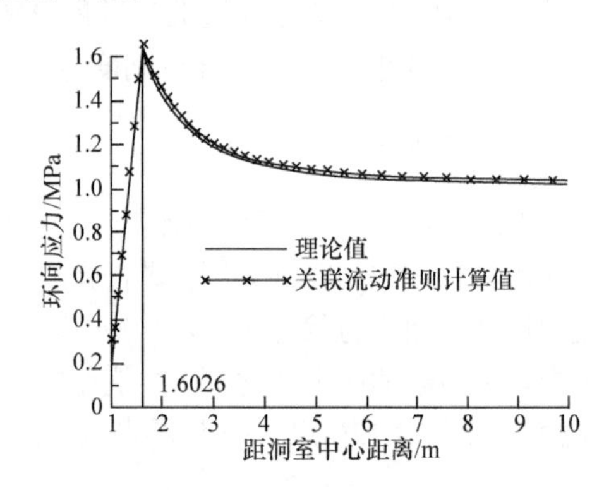

图 3.4.15　洞室开挖后环向应力计算值与理论值对比

由图 3.4.14 和图 3.4.15 可知，采用前述算法计算出的环向应力和径向应力与该问题的理论解十分接近。由图 3.4.15 可知，计算出的塑性区半径与理论解也十分接近。

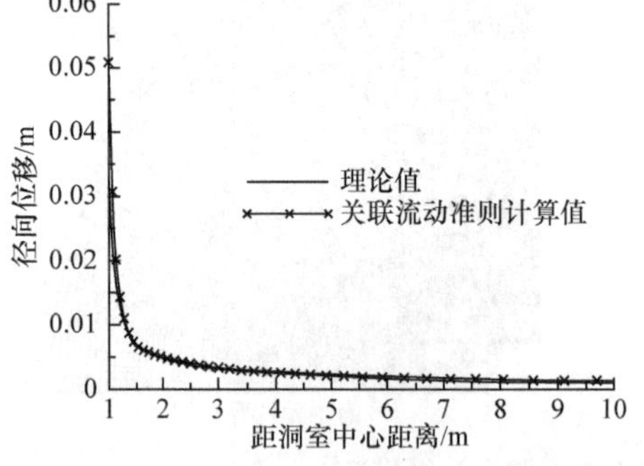

图 3.4.16　径向位移计算值与理论值对比

Carranza-Torres 和 Fairhurst(1999)还给出了径向位移的理论计算式，指出弹塑性范围内的径向位移可以通过解一个二阶微分方程得到。根据 Carranza-Torres 和 Fairhurst(1999)给出的计算式，得到径向位移理论值。基于关联流动准则得到计算值，将径向位移计算值与理论值对比，吻合得很好(图 3.4.16)。

第 4 章　地下洞室围岩稳定性分析方法

4.1　块体稳定性分析方法

4.1.1　关键块体理论

关键块体理论是石根华(1985)提出的。该理论有严密的数学基础，应用拓扑学、集合论等数学手段，得到的结论均经过严格的数学证明。该理论还具有较强的实用性，在岩石块体稳定性研究领域备受推崇，已成为分析边坡、地下洞室和隧道块体稳定性的主要方法。

岩体是各种类型和不同分布特征的结构面相互切割而成的空间块体。在自然状态下，这些块体处于平衡状态；工程开挖形成可供滑移的空间后，这些块体失去了原有的平衡，有可能沿着结构面滑移，并导致局部块体失稳。局部块体失稳后，可能进一步影响其他块体的稳定性，从而引起更大范围的块体失稳。首先失稳的块体称为关键块体。要找出关键块体，该理论要求首先从几何学和运动学的角度对块体进行分类。块体可分为无限块体和有限块体。无限块体是指未被结构面和临空面完全切割成孤立体的块体，仍与母岩相连。有限块体指被结构面和临空面完全切割成孤立体的块体，又分为不可动块体和可动块体。虽然不可动块体是结构面相互切割形成的块体，但是该块体没有移动必需的临空条件。可动块体具备块体的几何特征，而且具有可供移动的临空条件，又分为稳定块体、可能失稳块体和关键块体。稳定块体在几何和临空都具备滑移的条件，但是缺乏驱动块体移动的荷载。可能失稳块体是指在工程荷载和自重作用下稳定性达不到设计要求的块体，即若不采取工程加固措施则失稳概率很大的块体。在工程实践中，块体研究的重点为可动块体，在可动块体的基础上再判断是否为关键块体。利用关键块体理论实现块体稳定性评价的主要步骤如下。

首先，进行不稳定块体几何建模。几何模型是分析的基础。不稳定块体的几何建模是指确定结构体的几何形状、构成块体的各个结构面面积、结构体的体积和重量等。不稳定块体的几何模型是以地质勘察获得的地质结构面产状、测点坐标及洞室设计几何参数为前提的。有了这些参数，就可以通过解析法或图算法来确定不稳定块体的几何参数。需要注意的是，关键块体理论中一些关键问题并未得到较好的解决，最为突出的问题就是复杂形态块体的几何建模。

其次，对不稳定块体的失稳方式进行运动学分析。运动学分析的主要任务是判断不稳定块体可能的位移运动趋势和失稳方式。运动学分析是在几何分析的基础上，考虑荷载矢量的作用。荷载力一般包括重力、水压力、地应力、地震力、爆破荷载等。由于不稳定块体边界切割面的情况不同，初始位移趋势可能有多种发展结果，即可能有多种失稳方式。归纳起来，岩石结构体的运动状态可能为稳定、崩落、滑动、转动、倾倒等。主要的失稳方式为崩落和滑动，一般不考虑转动和倾倒的失稳方式。失稳方式不同，稳定性评价和分析的方法也就不同。因此，运动学分析是进一步稳定性分析的前提。

再次，进行稳定性分析。稳定性分析根据岩石结构体所受滑动力和阻抗力的对比关系，确定相对极限平衡状态时的稳定性程度，并作出稳定性评价。当运动学分析得出有可能滑动时，应根据滑动面的构成，采用抗剪强度进行滑动稳定性分析，求取滑动稳定性系数。对于崩落或抛出的不稳定块体，则直接求其崩落的力。常用的不稳定块体稳定性分析方法有全空间赤平投影作图法和数解法。过去，图解法因操作简单、不需要大量计算而应用广泛。图解法实际上是把三维问题转化为二维的形式，不够直观，不能解决复杂块体和几何形态不能直接确定的块体问题。数解法是基于全空间赤平投影作图法的解析法和基于矢量理论的解析法。基于全空间赤平投影作图的解析法，实际就是把采用实体比例投影和赤平投影分析的不稳定块体图形放在直角坐标系中。基于图解的数解法比其他数解法的方程数量少，内存消耗和计算工作量小。随着计算机技术的迅速发展，特别是三维图形显示技术的发展，矢量解析法的表达形式和计算公式简洁清晰，可完全通过数学表达来描述块体的结构、判定块体的相互关系、确定失稳模式、评价稳定性，具有很好的发展前途和应用前景。

最后，对不稳块体进行加固计算和支护设计。根据稳定性计算的结果，充分考虑围岩的地质条件，一般采用锚索、系统锚杆、加强锚杆或喷射混凝土的方式来提高块体的稳定性。

任何理论都是建立在一定假设基础之上的，关键块体理论同样有一些基本假设：结构面为平面，对于每个具体工程，各组结构面具有确定的产状，并由现场地质测量获得；结构面贯穿所研究的岩体，不考虑岩石块体本身的强度破坏；结构体为刚体，不计块体的自身变形和结构面的压缩变形；岩体的失稳是岩体在各种荷载作用下沿着结构面产生剪切滑移。

关键块体理论的核心是寻找关键块体，基本方法是将结构面和开挖临空面看成空间平面，将结构体看成凸体，将各种作用荷载看成空间向量，进而运用几何方法(拓扑学和集合论)研究在已知各空间平面的条件下，岩体内构成多少种块体类型及可动性。通过几何分析排除所有无限块体及不可动块体，再通过运动学分析，找出在工程作用力和自重作用下的所有可能失稳块体。然后进行力学分析，根据滑动面的物理力学特性，确定开挖面上所有的关键块体，并计算出所需的错固力，从而制订相应的锚固措施。具体分析手段有两种：一是作图法，即应用全空间赤平投影直接作图求解；二是矢量分析法，即将空间平面和力系以矢量表示，通过矢量运算求出全部关键块体理论分析的结果。矢量分析法旨在寻找关键块体，与生产实践联系紧密，易于编程实现，在岩体工程中应用极为广泛，在此主要讨论矢量分析法。

岩体被各类结构面和临空面切割后，形成了形状各异的镶嵌块体。从岩体工程稳定性分析方面考虑，可对其进行分类，见图 4.1.1。

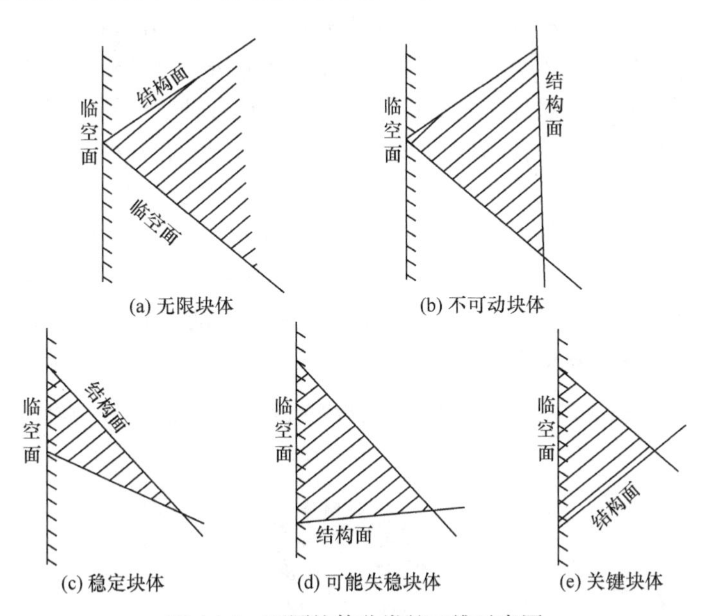

图 4.1.1　不同块体分类的二维示意图

不同块体分类说明如下。

(1) 根据块体的边界情况，将块体分为有限块体与无限块体。无限块体是指未被结构面和临空面完全切割成孤立体的块体，这类结构面虽被结构面和临空面切割，但仍有一部分与母岩相连；有限块体是指被结构面和临空面完全切割成孤立体的块体。

(2) 根据块体的几何可移性，有限块体又可分为不可动块体和可动块体。不可动块体沿空间任何方向移动皆受相邻块体阻碍，如果相邻块体不发生移动，它也不可能移动；可动块体是指沿空间某一方向或若干方向移动不受相邻块体阻碍的块体。

(3) 根据块体的受力情况，可动块体又分为稳定块体、可能失稳块体和关键块体。稳定块体是指在工程力和自重作用下，即使滑动面的摩擦力和黏聚力为零也能保持稳定的块体；可能失稳块体是指在工程力和自重作用下，滑动面上有足够的抗剪强度才能保持稳定的块体；关键块体是指在工程力和自重作用下，滑动面上的抗剪强度不足以抵抗滑动力，若不采取工程加固措施会失稳的块体。

4.1.2 Unwedge 软件

1. Unwedge 软件的基本原理

Unwedge 软件是加拿大多伦多(Toronto)大学 Hoek 和 Brown(1997)依据石根华的关键块体理论开发研制的，是一种分析坚硬岩体开挖形成的块体稳定性的应用分析软件。该软件具有友好的界面，使用方便，可进行交互式操作，且功能强大，不仅可以根据不连续面组合出块体并进行稳定性分析，直观地显示其空间几何形状，而且可以对不稳定块体施加锚杆予以加固，具有较实用的工程应用价值。它假定结构面相切形成的块体为四边形，即由三组结构面和开挖临空面组成，仅考虑块体的重力及结构面的力学性质，而不考虑地应力的作用。另外，假设结构面为平面，岩体变形仅为结构面大额变形，结构体为刚体；结构面贯穿研究区域，且在保持产状不变的情况下可任意移动；开挖断面沿轴线方向恒定不变；每次参与组合的结构面最多为三组。Unwedge 软件会自动生成最大可能的楔形块体(图 4.1.2)，并计算出安全系数。

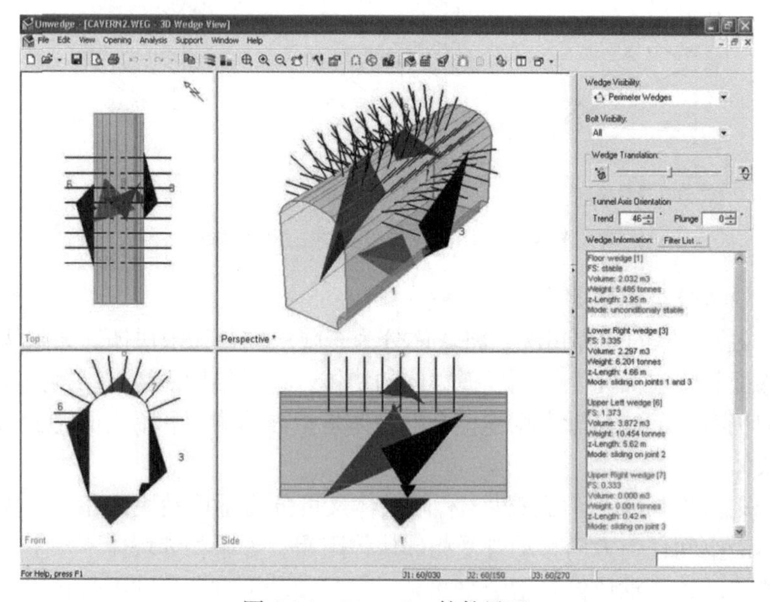

图 4.1.2　Unwedge 软件界面

Unwedge 软件加强了支护模拟，如图 4.1.3(a)所示的锚钉、喷射混凝土和支护压力等，可帮助用户优化隧道走向，查看三组节理组合形成的楔形体，如图 4.1.3(b)所示。Unwedge 软件能够同时计算围绕开挖的应力分布及其对安全系数的影响，新增节理强度模型 Barton-Bandis 和 Power Curve，使软件能够分析大体量和大尺寸的楔形体。Unwedge 软件还允许用户进行概率分析，用户输入节理的方位、节理的强度、支护体系的材料、场应力等参数的统计分布函数，即可分析楔体滑动的失效概率等相关参数。同时，软件可绘制直方图、累积曲线图、散点图等概率分析中较常用的图表。Unwedge 软件还支持导入 DXF 文件作为隧道的截面。

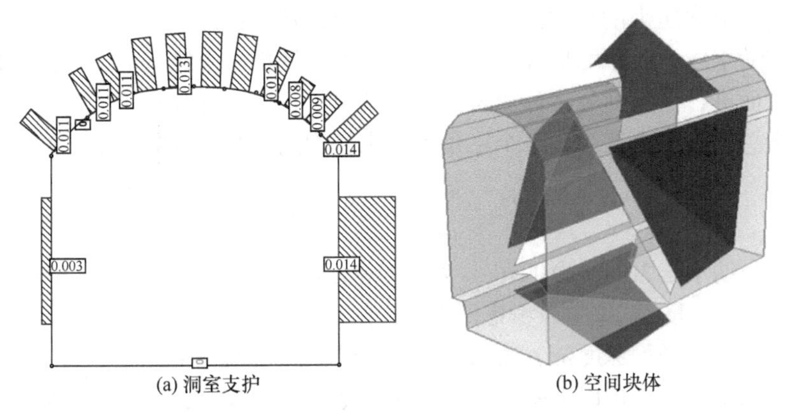

(a) 洞室支护　(b) 空间块体

图 4.1.3　Unwedge 展示的洞室支护和空间块体

2. Unwedge 软件中块体的受力分析

所有块体的受力可分为两类，分别是主动力和被动力。一般来讲，在稳定安全系数计算中，主动力指下滑推力，被动力指抗滑阻力。

对于动力计算，主动力矢量可由式(4.1.1)中的几个部分组成：

$$A = W + C + X + U + E \tag{4.1.1}$$

式中，A 为主动力矢量(N)；W 为块体的重力矢量(N)；C 为喷射混凝土的重力矢量(N)；X 为主动压力矢量(N)；U 为水压力矢量(N)；E 为地震作用力矢量(N)。

在 Unwedge 软件分析中，块体的重力矢量是主要的下滑推力，计算式为

$$W = (\rho_{\mathrm{r}} V)\hat{g} \tag{4.1.2}$$

式中，ρ_{r} 为岩块的密度(kg/m^3)；V 为块体的体积(m^3)；$\hat{g}$ 为重力的方向矢量。

在一般的分析中，喷射混凝土这部分力是忽略不计的，但当喷射混凝土的厚度过大时，这部分力是不容忽视的，计算公式为

$$C = (\rho_{\mathrm{s}} t a_{\mathrm{e}})\hat{g} \tag{4.1.3}$$

式中，ρ_{s} 为喷射混凝土的密度(kg/m^3)；t 为喷射混凝土的厚度(m)；a_{e} 为块体在开挖临空面上的投影面积(m^2)。

Unwedge 软件中压力可分为主动压力和被动压力，主动压力矢量计算公式为

$$X = \sum_{i=1}^{3} (p_i a_i \hat{n}_i) \tag{4.1.4}$$

式中，p_i 为块体 i 上的压力(Pa)；a_i 为 i 面的面积(m^2)；$\hat{n}_i$ 为 i 面向上的法向矢量。

在 Unwedge 软件中，考虑每个结构面上的水压力有两种：静水压力和动水压

力。静水压力为

$$U_{\mathrm{j}}=\sum_{i=1}^{3}(u_i a_i \hat{n}_i) \tag{4.1.5}$$

式中，U_{j}为静水压力的合力(N)；u_i为块体 i 上的压力(Pa)。

假定动水压力随深度呈线性变化。为了准确评价每个结构面上总的水压力，先对每个面进行三角剖分，分成若干个三角单元，然后计算每个三角单元的水压力，那么总的水压力就为若干个三角单元水压力的总和，计算如下：

$$U_{\mathrm{d}}=\sum_{i=1}^{3}\sum_{j=1}^{n}(\rho_{\mathrm{w}} h_{ij} a_{ij} \hat{n}_i) \tag{4.1.6}$$

式中，U_{d}为动水压力的合力(N)；ρ_{w}为水的密度(kg/m^3)；i 为组成块体的结构面(除临空面)，Unwedge 软件中只考虑四面体；j 为 i 面上的三角单元；h_{ij}为每个单元垂直地表以下的平均深度(m)；a_{ij}为 i 面三角单元 j 的面积(m^2)。

在 Unwedge v.3.0 以上版本，可以考虑地震力的作用，只要各个方向的地震系数确定以后，地震力可由下式计算：

$$E=(k\rho_{\mathrm{r}}V)\hat{e} \tag{4.1.7}$$

式中，k 为地震系数；$\hat{e}$为地震力的方向矢量。

3. Unwedge 软件中的安全系数分析

在 Unwedge v3.0 以上版本，有三种安全系数：滑落安全系数 F_{f}、无支撑时的安全系数 F_{u}、有支撑时的安全系数 F_{s}。最终的安全系数根据工程对应阶段选择。在分析块体滑落安全系数时，计算抗滑阻力仅考虑被动压力和岩石的抗拉强度，而不考虑各个结构面的影响，主动力为下滑推力，滑落方向为主动力矢量的方向。滑落安全系数 F_{f}为

$$F_{\mathrm{f}}=\left(-P\hat{s}_0+\sum_{i=1}^{3}T_i\right)\Big/A\hat{s}_0 \tag{4.1.8}$$

式中，F_{f}为滑落安全系数；P 为被动力矢量(N)；A 为主动力矢量(N)；T_i 为结构面 i 由抗拉强度表现出来的抵抗力(N)；$\hat{s}_0$ 为滑落的方向矢量。

4.2　围岩稳定性数值分析方法

4.2.1　DDA 法

DDA 法以被天然存在的节理、裂隙切割而成的任意多边形块体为基本分析单元，以单元的刚体平动、转动及单元自身变形为基本未知量，基于一套高效的接触搜索方法，可以得到块体系统中任意可能的接触形式。在充分考虑块体间相互作用的基础上，通过最小势能原理建立平衡方程组，采用隐式解法求解得到各个

块体的变形和位移。在模拟岩体沿结构面张开、滑移和转动等不连续变形，系统失稳后的大变形、大位移问题时，该方法具有特殊的优势。

结构在外荷载作用下会产生位移，对于变形体来说，位移包括两个部分，即刚体位移和自身变形。在 DDA 中，用平移和旋转来描述单元的刚体位移，用应变来描述单元的变形。将单元的几何形心作为单元的代表点，设单元形心点(x_0, y_0)在 x、y 方向的平移分量为(u_0, v_0)，绕形心的旋转角度为 r，单元在 x、y 方向的正应变和剪应变为ε_x、ε_y、γ_{xy}，则一个单元的位移和变形可用单元形心处的分量$(u_0, v_0, r_0, \varepsilon_x, \varepsilon_y, \gamma_{xy})$来表示。块体内任意一点$(x, y)$的位移可用形心处的分量和点$(x, y)$与形心$(x_0, y_0)$的关系来表示。块体的变形和位移可以分为平移分量，旋转分量和变形分量(正应变分量和剪应变分量)三部分。

1) 块体的平移分量

如图 4.2.1 所示，单元内任一点的平移分量(u_1, v_1)与形心处的平移分量相等，即

$$\begin{Bmatrix} u_1 \\ v_1 \end{Bmatrix} = \begin{Bmatrix} u_0 \\ v_0 \end{Bmatrix} = \begin{bmatrix} 1 & 0 \\ 0 & 1 \end{bmatrix} \begin{Bmatrix} u_0 \\ v_0 \end{Bmatrix} \tag{4.2.1}$$

2) 块体的旋转分量

块体的旋转如图 4.2.2 所示。当块体旋转角度足够小时，二次项可以忽略不计，由旋转角度(弧度)引起的块体内任意一点(x, y)的位移(u_2, v_2)可表示为

$$\begin{Bmatrix} u_2 \\ v_2 \end{Bmatrix} = \begin{Bmatrix} u_0 \\ v_0 \end{Bmatrix} = \begin{Bmatrix} -(y-y_0) \\ (x-x_0) \end{Bmatrix} r_0 \tag{4.2.2}$$

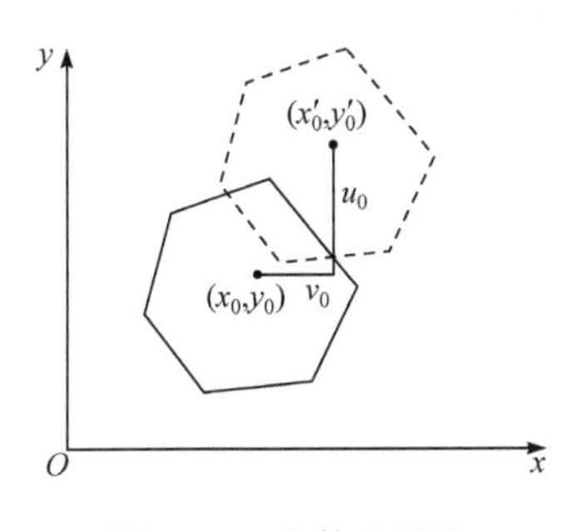

图 4.2.1　块体的平移

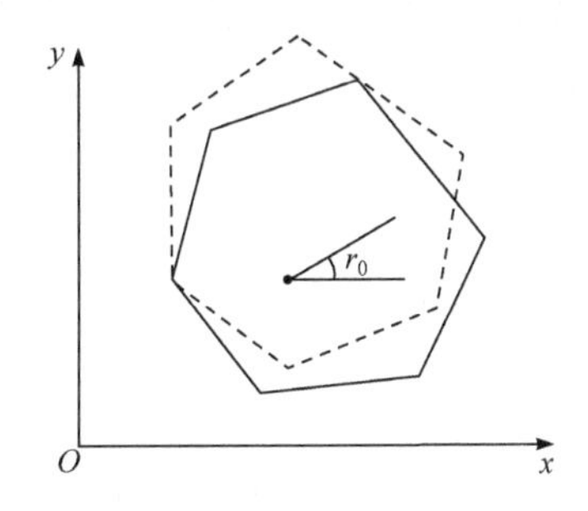

图 4.2.2　块体的旋转

当旋转角度 r_0 较大时，用式(4.2.2)求解会带来较大误差，在计入二次项的条件下，旋转角度 r_0 引起点(x, y)的位移可表示为

$$\begin{Bmatrix} u_2 \\ v_2 \end{Bmatrix} = \begin{Bmatrix} (x-x_0)(\cos r_0 - 1) - (y-y_0)\sin r_0 \\ -(y-y_0)(\cos r_0 - 1) + (x-x_0)\sin r_0 \end{Bmatrix} \tag{4.2.3}$$

比较式(4.2.2)和式(4.2.3)可以看出，当 r_0 足够小时，令 $\cos r_0 \approx 1$，$\sin r_0 \approx 0$，则式(4.2.2)和式(4.2.3)相同。

3) 正应变分量

如图 4.2.3 所示，块体正应变($\varepsilon_x, \varepsilon_y$)引起的块体内任一点的变形分量($u_3, v_3$)为

$$\begin{Bmatrix} u_3 \\ v_3 \end{Bmatrix} = \begin{bmatrix} (x-x_0) & 0 \\ 0 & (y-y_0) \end{bmatrix} \begin{Bmatrix} \varepsilon_x \\ \varepsilon_y \end{Bmatrix} \tag{4.2.4}$$

4) 剪应变分量

块体剪应变引起的变形分量如图 4.2.4 所示。

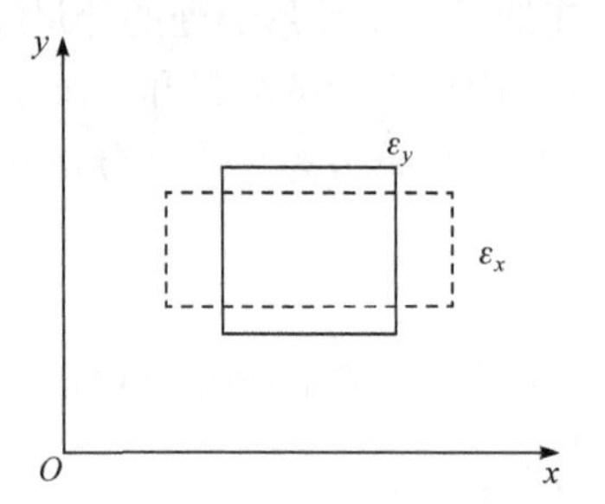

图 4.2.3　正应变引起的变形分量

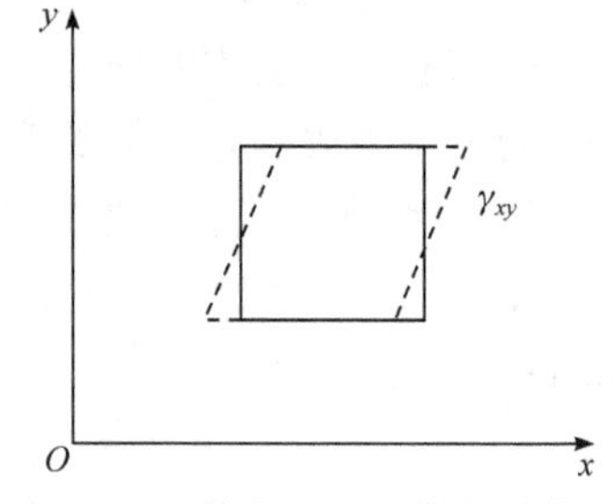

图 4.2.4　剪应变引起的变形分量

当块体只有剪应变γ_{xy}时，点(x, y)的剪应变位移分量(u_4, v_4)为

$$\begin{Bmatrix} u_4 \\ v_4 \end{Bmatrix} = \begin{Bmatrix} \dfrac{y-y_0}{2} \\ \dfrac{x-x_0}{2} \end{Bmatrix} \gamma_{xy} \tag{4.2.5}$$

综合考虑块体的刚体平移、旋转、正应变、剪应变等各项位移分量($u_0, v_0, r_0, \varepsilon_x, \varepsilon_y, \gamma_{xy}$)，叠加后可得点($x, y$)在变形之后的总体位移为

$$\begin{Bmatrix} u \\ v \end{Bmatrix} = \begin{Bmatrix} u_1+u_2+u_3+u_4 \\ v_1+v_2+v_3+v_4 \end{Bmatrix} \tag{4.2.6}$$

式(4.2.6)可以写为

$$\begin{Bmatrix} u \\ v \end{Bmatrix} = \begin{bmatrix} 1 & 0 & -(y-y_0) & x-x_0 & \dfrac{y-y_0}{2} \\ 0 & 1 & (x-x_0) & 0 & \dfrac{x-x_0}{2} \end{bmatrix} \begin{Bmatrix} u_0 \\ v_0 \\ r_0 \\ \varepsilon_x \\ \varepsilon_y \\ \gamma_{xy} \end{Bmatrix} \tag{4.2.7}$$

已经证明式(4.2.6)、式(4.2.7)表示的块体位移函数为一阶近似函数。当希望块体内有更高的位移精度时，需要采用更高阶的位移函数。

4.2.2　FLAC^{3D}法

FLAC 是一款应用十分广泛的连续介质力学分析软件。以 FLAC 为基础的数

值模拟研究在岩土工程领域越来越得到重视，它为岩土研究提供了很大便利。FLAC 软件具有可视化、专业性、信息输出等特点。FLAC^{3D}是二维有限差分程序 FLAC^{2D}的拓展，采用 C++语言编写。岩土工程领域常用莫尔-库仑模型，该模型的破坏准则是张拉、剪切组合的莫尔-库仑强度准则，可以用图 4.2.5 解释。

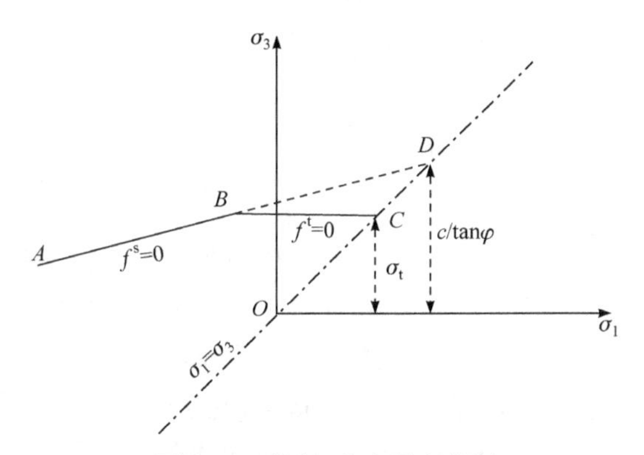

图 4.2.5　莫尔-库仑强度准则

σ_t为抗拉强度；σ_1为最大主应力；σ_3为最小主应力；f^s为对应式(4.2.8)的包络线；f^t为对应式(4.2.10)的包络线；σ_t为抗拉强度

用莫尔-库仑强度准则描绘图 4.2.5 从点 A 到点 B 破坏包络线 $f^s=0$，即

$$f^s=-\sigma_1+\sigma_3 N_\varphi-2c\sqrt{N_\varphi} \tag{4.2.8}$$

且有

$$N_\varphi=\frac{1+\sin\varphi}{1-\sin\varphi} \tag{4.2.9}$$

式中，φ 为内摩擦角(°)；c 为黏聚力(MPa)。

用张拉破坏准则描述图 4.2.5 从点 B 到点 C 的包络线：

$$f^t=\sigma_3-\sigma_t \tag{4.2.10}$$

式中，σ_t为抗拉强度(MPa)。

抗拉强度理论最大值为

$$\sigma_{max}^t=\frac{c}{\tan\varphi} \tag{4.2.11}$$

分别用定义剪切塑性流动和张拉塑性流动的函数 g^s 和 g^t 描述势函数。函数 g^s为

$$g^s=\sigma_1-\sigma_3 N_\psi \tag{4.2.12}$$

且有

$$N_\psi=\frac{1+\sin\psi}{1-\sin\psi} \tag{4.2.13}$$

式中，ψ 为流动角(°)。

函数 g^t 符合关联流动准则，写成如下形式：

$$g^{\mathrm{t}} = \sigma_3 \tag{4.2.14}$$

用 $h(\sigma_1, \sigma_3) = 0$ 将关联流动准则写成统一的形式：

$$h = \sigma_3 - \sigma_{\mathrm{t}} + a^{\mathrm{p}}(\sigma_3 - \sigma^{\mathrm{p}}) \tag{4.2.15}$$

且有

$$a^{\mathrm{p}} = \sqrt{1 + N_\varphi} + N_\varphi \tag{4.2.16}$$

$$\sigma^{\mathrm{p}} = \sigma_{\mathrm{t}} N_\varphi - 2c\sqrt{N_\varphi} \tag{4.2.17}$$

由于 FLAC^{3D} 采用全部动力运动平衡方程求解应力、应变问题，输出的破坏区分布数据均赋予相对时间概念，分为现在(用 n 表示)和过去(用 p 表示)两种，分别与上述两类破坏形式组合。FLAC^{3D} 中可能出现五种情况；第一类，none(未破坏)；第二类，shear-n(现在剪切破坏)；第三类，tension-n(现在拉张破坏)；第四类，shear-p(现在弹性状态，但过去剪切破坏)；第五类，tension-p(现在弹性状态，但过去拉张破坏)。

4.3 地下厂房洞室群优化方法

4.3.1 地下厂房洞室轴线与间距优化

地下厂房洞室轴线的合理布置，应根据地下厂房工程区实测地应力的主应力量值和方位，获得最大主应力与地下洞室纵轴、横轴方位的相对关系；利用弹性力学的公式计算地下主厂房洞纵向、轴线方位下开挖周边的最大切向应力，同时考虑纵向、轴线方位与岩层或主要断层走向的相对关系，综合分析地下洞室轴线的合理布置。对于地下洞室群的合理间距，根据实测地应力方位与地下洞室纵向、轴线方向的关系，计算得出洞室侧向部位的方向应力，结合围岩力学参数、洞室半径，依据修正的理论公式计算地下洞室塑形圈的最大半径，研究地下洞室群的合理间距。

1. 基于弹性理论的洞室切向应力

由于岩体地应力以水平构造应力为主，地下洞室的最优洞形理论上为椭圆形。水电站高边墙地下厂房开挖成型后，横剖面可以近似看成一个椭圆，于是可以将地下厂房横剖面简化成椭圆形进行计算(图 4.3.1)。

可利用弹性力学的英格利斯(Inglis)公式计算椭圆周边的切向应力，计算公式为

$$\sigma_{\mathrm{b}} = \frac{\sigma_z\left[m(m+2)\cos^2\alpha_1 - \sin^2\alpha_1\right]}{m^2\cos^2\alpha_1 + \sin^2\alpha_1} + \frac{\sigma_x\left[m(m+2)\sin^2\alpha_1 - \cos^2\alpha_1\right]}{m^2\cos^2\alpha_1 + \sin^2\alpha_1} + \frac{\tau_{xz}\left[2(1+m)\sin\alpha_1\cos\alpha_1\right]}{m^2\cos^2\alpha_1 + \sin^2\alpha_1} \tag{4.3.1}$$

式中，σ_b 为椭圆周边的切向应力(MPa)；σ_x、σ_z、τ_{xz} 为 xoz 面的初始地应力(MPa)；α_1 为最大主应力 σ_1 与 x 轴的夹角(°)；$m = b/a$，a 和 b 分别为 x 轴和 y 轴上椭圆的半轴长度，对应地下主厂房的 1/2 宽度和 1/2 高度。

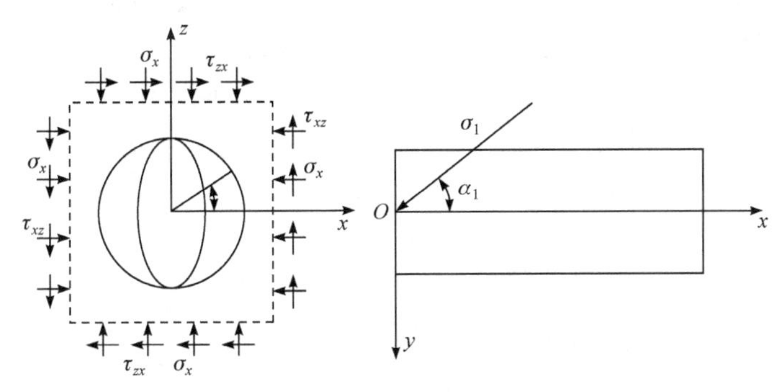

图 4.3.1　高边墙地下厂房概化为椭圆形的平面和剖面示意图

椭圆的参数方程为 $x = a\cos\alpha_1$，$z = b\sin\alpha_1$。根据每组实测主应力的量值与方位，可将主应力转换成 x、y、z 坐标系下的分量：

$$\begin{cases} \sigma_x = l_1^2\sigma_1 + l_2^2\sigma_2 + l_3^2\sigma_3 \\ \sigma_y = m_1^2\sigma_1 + m_2^2\sigma_2 + m_3^2\sigma_3 \\ \sigma_z = n_1^2\sigma_1 + n_2^2\sigma_2 + n_3^2\sigma_3 \\ \tau_{xy} = l_1m_1\sigma_1 + l_2m_2\sigma_2 + l_3m_3\sigma_3 \\ \tau_{yz} = m_1n_1\sigma_1 + m_2n_2\sigma_2 + m_3n_3\sigma_3 \\ \tau_{xz} = n_1l_1\sigma_1 + n_2l_2\sigma_2 + n_3l_3\sigma_3 \end{cases} \tag{4.3.2}$$

且有

$$\begin{cases} l_1 = \cos\beta_1 \sin\alpha_1 \\ l_2 = \cos\beta_2 \sin\alpha_2 \\ l_3 = \cos\beta_3 \sin\alpha_3 \end{cases} \tag{4.3.3}$$

$$\begin{cases} m_1 = \cos\beta_1 \cos\alpha_1 \\ m_2 = \cos\beta_2 \cos\alpha_2 \\ m_3 = \cos\beta_3 \cos\alpha_3 \end{cases} \tag{4.3.4}$$

$$\begin{cases} n_1 = \sin\beta_1 \\ n_2 = \sin\beta_2 \\ n_3 = \sin\beta_3 \end{cases} \tag{4.3.5}$$

式中，l_i、m_i 和 n_i 分别为三个主应力 σ_i 对 x、y、z 坐标轴的方向余弦；α_i 和 β_i 分别为三个主应力 σ_i 与纵轴线的夹角(°)和倾角(°)；$i = 1, 2, 3$。

将初始地应力分量代入式(4.3.1)，便可得出地下洞室的切向应力。

2. 基于弹塑性理论的洞室塑性圈半径

如图 4.3.2 所示，设圆形洞室半径为 r_0，在 $r=R$ 可变范围内出现了塑性区。在塑性区内割取一微元体 $ABCD$，微元体的径向平面互成 $\mathrm{d}\theta$角，两个圆柱面相距 $\mathrm{d}r$。由于轴对称性，塑性区内的应力只是 r 的函数，与 θ 无关。考虑到应力随 r 的变化，如果 AB 面上的径向应力是σ_r，那么 DC 面上应力应当是$\sigma_r+\mathrm{d}\sigma_r$。$AD$ 和 BC 面上的切向应力均为σ_θ。

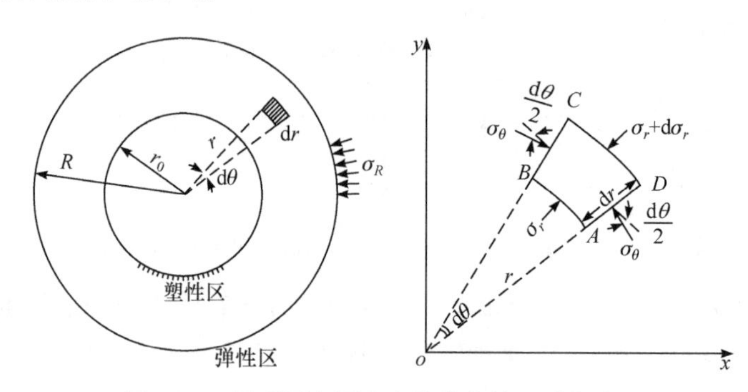

图 4.3.2 圆形洞室围岩内的微分单元受力分析

根据平衡条件，沿着单元体径向轴上的所有力之和为 0，得

$$\sigma_r r\mathrm{d}\theta+2\sigma_\theta \mathrm{d}r\sin(\mathrm{d}\theta/2)-(\sigma_r+\mathrm{d}\sigma_r)(r+\mathrm{d}r)\mathrm{d}\theta=0 \tag{4.3.6}$$

因为 $\mathrm{d}\theta$很小，所以 $\sin\mathrm{d}\theta\approx\mathrm{d}\theta$，$\sin(\mathrm{d}\theta/2)\approx\mathrm{d}\theta/2$。将这些条件代入式(4.3.6)，并消去 $\mathrm{d}\theta$和高阶无穷小项，得到微分方程：

$$(\sigma_\theta-\sigma_r)\mathrm{d}r=r\mathrm{d}\sigma_r \tag{4.3.7}$$

式(4.3.7)是塑性区内的平衡微分方程，塑性区内的应力必须满足该式。此外，还必须满足塑性平衡条件：

$$\frac{\sigma_3+c\tan^{-1}\varphi}{\sigma_1+c\tan^{-1}\varphi}=\frac{1-\sin\varphi}{1+\sin\varphi}=\frac{1}{N_\varphi} \tag{4.3.8}$$

式中，σ_1、σ_3 分别表示最大主应力、最小主应力(MPa)；φ为内摩擦角(°)；c 为黏聚力(MPa)；N_φ 为塑性系数。

对于图 4.3.2 的轴对称洞室情况，有$\sigma_1=\sigma_\theta$、$\sigma_3=\sigma_r$。因此，塑性平衡条件为

$$\frac{\sigma_r+c\tan^{-1}\varphi}{\sigma_\theta+c\tan^{-1}\varphi}=\frac{1}{N_\varphi} \tag{4.3.9}$$

联立式(4.3.9)和式(4.3.7)，消去σ_θ，得

$$\frac{\mathrm{d}(\sigma_r+c\tan^{-1}\varphi)}{\sigma_r+c\tan^{-1}\varphi}=\frac{\mathrm{d}r}{r}(N_\varphi-1) \tag{4.3.10}$$

考虑 $r=R$ 时，即在塑性区与弹性区的交界面上，满足弹性条件的应力是

$$(\sigma_r)_{r=R} = \sigma_0\left(1-\frac{r_0^2}{R^2}\right) \tag{4.3.11}$$

联立式(4.3.11)，解微分方程[式(4.3.10)]，得

$$\sigma_r = -c\tan^{-1}\varphi + A(r/r_0)^{N_\varphi - 1} \tag{4.3.12}$$

$$A = [c\tan^{-1}\varphi + p_0(1-\sin\varphi)](r_0/R)^{N_\varphi - 1} \tag{4.3.13}$$

如果围岩的φ、c、初始应力 p_0 和洞室的 r_0 为已知，R 已经测定或者指定，则利用式(4.3.12)可以求得 R 范围内任一点的σ_r。将σ_r代入式(4.3.9)，即可求出σ_θ，也就是可以求出塑性区内的应力，但目的不仅于此，更需要的是求出洞室上的山岩压力。当式(4.3.12)中 $r = r_0$ 时，求得的σ_r即为维持洞室岩石半径为 R 范围内达到塑性平衡所需要施加在洞壁上径向压力的大小(学术界称为临界内压或支护压力)。令这个压力为 p_{i}，有

$$p_{\mathrm{i}} = -c\tan^{-1}\varphi + [c\tan^{-1}\varphi + p_0(1-\sin\varphi)](r_0/R)^{N_\varphi - 1} \tag{4.3.14}$$

根据式(4.3.14)，可得出以下认识。

当岩石没有黏聚力时，即 $c = 0$，则不论 R 多大，p_{i} 总是大于 0，不可能等于 0。也就是说，衬砌必须给岩体足够的反力，才能保证岩体在某一 R 下达到塑性平衡。一般岩体经爆破松动后可以假定 $c = 0$，所以用式(4.3.14)计算时可以不考虑 c。

当围岩的黏聚力较大时，$c > 0$(岩质良好，没有或很少爆破松动)，随着塑性区半径 R 的扩大，要求的 p_{i} 减小。在某一 R 下，$p_{\mathrm{i}} = 0$。从理论上看，这时可以不要求支护的反力而使岩体达到平衡(有时由于位移过大，岩体松动过多，实际上还是要进行支护)。

当洞室深埋时，半径 r_0 和围岩性质指标φ、c 一定，支护对围岩的反力 p_{i} 与塑性区半径 R 的大小有关，p_{i} 越大，R 就越小。

如果黏聚力 c 较小，且衬砌作用在洞室上的压力 p_{i} 也较小，则塑性区的 R 会扩大。

因为支护结构的刚度对抵抗围岩的变形有很大影响，所以刚度不同的结构可以体现不同的山岩压力。刚度大，p_{i} 就大，反之就小。例如，喷射薄层混凝土的支护上压力就比浇筑和预制混凝土衬砌上压力小。当采用刚度小的支护结构时，开始由于变形较大，反力较小，不能够阻止塑性区的扩大，所以塑性区半径 R 继续增大。随着 R 的增大，要求维持平衡的 p_{i} 减小，逐渐达到应力平衡。实践证明，这种允许塑性区有一定发展，既让岩体变形又不让它充分变形的做法，能够达到经济安全的目的，如果支护及时，就能够充分利用围岩的自承能力。

根据式(4.3.14)可以写出塑性区半径 R 的公式：

$$R = r_0\left[\frac{p_0(1-\sin\varphi) + c\tan^{-1}\varphi}{p_{\mathrm{i}} + c\tan^{-1}\varphi}\right]^{\frac{1-\sin\varphi}{2\sin\varphi}} \tag{4.3.15}$$

从式(4.3.15)可知，塑性区半径 R 随着 p_i 的减小而增大。因此，令式(4.3.15)中 $p_i=0$，就可求得洞室围岩塑性区的最大半径 R_0。

在式(4.3.14)中令 $p_i=0$，并将 R 改为 R_0，得到塑性区最大半径的理论公式：

$$R_0 = r_0[1+(p_0/c)(1-\sin\varphi)\tan\varphi]^{\frac{1-\sin\varphi}{2\sin\varphi}} \tag{4.3.16}$$

4.3.2 地下厂房洞室开挖数值计算模拟

1. 岩体和结构面的强度准则

在长期的地质演变过程中，岩体形成了各种各样复杂的软弱结构面(断层、夹层、节理、裂隙等)，破坏了岩体的连续性，改变了岩体的应力-应变状态。工程界十分重视这些软弱面的影响，学术界也认为岩体稳定问题主要受软弱面控制(石祥超等，2023)。

对于含有节理裂隙的岩体，破坏形式包含沿软弱面的定向破坏和岩石自身的破坏两种形式。一般来讲，软弱面是控制因素。地下厂房洞室群围岩往往存在优势裂隙，这种含断续节理裂隙岩体的强度呈现明显的方向性，即沿优势裂隙面方向的强度参数小于其他方向，根据地下厂房洞室群不同部位围岩主应力张量与节理裂隙面产状的相对方位关系，围岩可能呈现沿某组节理裂隙方向定向破坏，也可能沿非裂隙面方向破坏。因此，可以采用遍历节理包络强度模型模拟岩体材料，由沿优势裂隙面方向定向破坏条件和沿非裂隙面方向破坏条件两个方面构成。

对于沿优势裂隙面方向定向破坏条件，由数值计算得到围岩应力场σ_{ij}，根据不同部位每组节理裂隙的产状，分别计算各组裂隙的方向余弦，由应力转轴可以得到不同方向裂隙面上法向正应力σ_n和切向剪应力τ_n，破坏模式可能呈两种情况：若$\sigma_n<0$(以拉为负)，沿法向开裂条件可用式(4.3.17)描述；若$\sigma_n>0$，沿优势裂隙面切向剪切滑移条件可用(4.3.18)描述。

$$\sigma_n < \sigma_{j1} \tag{4.3.17}$$

式中，σ_{j1} 为沿优势节理裂隙面法向综合抗拉强度(MPa)。

假定岩桥(块)的抗拉强度为σ_{r1}，裂隙面抗拉强度为 0，可近似用裂隙连通率η对σ_{r1}折减推求σ_{j1}，即

$$\sigma_{j1} = (1-\eta)\sigma_{r1} \tag{4.3.18}$$

$$\tau_n > c_j + \sigma_n \tan\varphi_j \tag{4.3.19}$$

式中，φ_j 为优势裂隙面的内摩擦角(°)；c_j 为优势裂隙面的黏聚力(MPa)；σ_{r1} 为岩桥(块)的抗拉强度(MPa)。

对于沿非裂隙面方向破坏条件，若围岩不发生沿节理裂隙方向破坏，式(4.3.17)和式(4.3.19)不成立，进而复核沿围岩非裂隙面方向的强度。

按低抗拉弹塑性模型分析，地下洞室围岩材料开裂条件用宏观强度描述：

$$\sigma_{ii} > \sigma_{\mathrm{rl}} \quad (i=1,2,3) \tag{4.3.20}$$

式中，σ_{ii}表示应力特征点三个主应力，分析中可能呈单向、双向和三向开裂情况。

若式(4.3.17)～式(4.3.20)不成立，进而判断是否进入塑性状态。这种条件的塑性状态处理，详见前面章节的方法。

2. 开挖模拟方法及开挖工序

地下厂房洞室群的开挖效应体现在两方面。一方面体现在开挖岩体的刚度消失，另一方面解除开挖岩体的变形约束，使地下厂房洞室围岩及衬砌产生附加位移场和附加应力场。用有限元法模拟施工开挖过程，较为简便的方法是根据开挖过程的最大区域划分网格，通过单元的“杀死”和“激活”来模拟开挖和衬砌过程。当单元的“生死”状态发生变化时，改变相应单元的刚度矩阵。在此基础上求解体系内力和变形的改变量，从而实现模拟开挖与衬砌的计算。

在模拟过程中，先由初始地应力场确定第 1 级开挖边界上的初始应力$\{\underset{\sim}{\sigma}_0\}$，然后去掉第 1 级开挖岩体(计算时一般将其设置为空单元)，将$\{\underset{\sim}{\sigma}_0\}$中法向正应力和切向剪应力反向施加于开挖边界，计算第 1 级开挖释放荷载$\{\underset{\sim}{q}_1\}$：

$$\{\underset{\sim}{q}_1\} = -\int \underset{\sim}{B}^{\mathrm{T}} \underset{\sim}{\sigma}_0 \mathrm{d}V \tag{4.3.21}$$

式中，$\underset{\sim}{B}$为几何矩阵；上标 T 表示矩阵转置；dV为积分体积。

由第 1 级开挖释放荷载作用形成的围岩第 1 级附加位移场、附加应力场分别为$\{\Delta\underset{\sim}{u}_1\}$、$\{\Delta\underset{\sim}{\sigma}_1\}$。第 1 级开挖完成时，地下厂房洞室群围岩的应力场和位移场为

$$\{\underset{\sim}{\sigma}_1\} = \{\underset{\sim}{\sigma}_0\} + \{\Delta\underset{\sim}{\sigma}_1\} \tag{4.3.22}$$

$$\{\underset{\sim}{u}_1\} = \{\Delta\underset{\sim}{u}_1\} \tag{4.3.23}$$

同理，可计算第 $2,\cdots,N$ 级开挖释放荷载$\{\underset{\sim}{q}_2\},\cdots,\{\underset{\sim}{q}_N\}$，以及相应分级开挖产生的附加位移场$\{\Delta\underset{\sim}{u}_2\},\cdots,\{\Delta\underset{\sim}{u}_N\}$与附加应力场$\{\Delta\underset{\sim}{\sigma}_2\},\cdots,\{\Delta\underset{\sim}{\sigma}_N\}$。由此可导出第 $2,\cdots,N$ 级开挖完成时的应力场：

$$\{\underset{\sim}{\sigma}_i\} = \{\underset{\sim}{\sigma}_{i-1}\} + \{\Delta\underset{\sim}{\sigma}_i\} \quad (i=2\sim N) \tag{4.3.24}$$

由每级开挖单独作用形成的位移场：

$$\{\underset{\sim}{u}_i\} = \{\Delta\underset{\sim}{u}_i\} \quad (i=2\sim N) \tag{4.3.25}$$

第 i 级开挖围岩累计位移场：

$$\{\underset{\sim}{w}_i\} = \sum_{1}^{i} \{\Delta\underset{\sim}{u}_{\mathrm{i}}\} \tag{4.3.26}$$

3. 喷锚支护的模拟方法

在地下厂房洞室群的分级开挖过程中，锚杆和锚索作为临时或永久支护已得

到广泛应用。数值计算中，一般将锚杆简化为锚杆单元进行模拟，锚杆的作用通过锚杆的“刚度”体现。锚杆的刚度相对岩体的刚度变化非常小，大量计算结果表明，这种模拟方法不能全面反映锚杆的支护作用。实际上，锚杆的作用主要体现在参与岩体的协调变形过程，锚杆的弹性恢复变形存在一种反向锁固力，从而对岩体产生锚固效应。换言之，加锚岩体的变形和强度参数会有较大的提高。这种观点已得到室内试验、现场试验和工程实践证实。

系统锚杆对锚固区围岩变形和强度参数的改善效应可用式(4.3.27)评价。在数值计算中，锚索预应力对加固区围岩的作用采用施加一对锁固力模拟。根据开挖完成后围岩破坏部位和程度，确定系统的布置方案。每级开挖完成后及时进行系统支护。开挖影响带(锚固区)各锚固段岩体黏聚力提高Δc，即数值计算中开挖面之后锚杆长度范围内单元黏聚力提高Δc。在计入系统锚杆对岩体变形和强度参数提高值的基础上，重新进行地下厂房分级开挖支护的弹塑性计算。其中，混凝土喷层采用实体单元模拟。由此可获得喷锚支护条件下地下厂房洞室群围岩的应力场、变形场分布规律以及围岩破坏区的模式和深度。

$$\begin{cases} c_1 = c_0 + \eta \dfrac{\tau_s S}{ab} = c_0 + \Delta c \\ \varphi_1 = \varphi_0 \\ E_1 = \dfrac{E_{mg}\rho + E_0(1-\rho)}{\dfrac{L_{mg}}{L} + \left(1 - \dfrac{L_{mg}}{L}\right)\left[\dfrac{E_{mg}}{E_0}\rho + (1-\rho)\right]} \end{cases} \tag{4.3.27}$$

式中，c_0 为无锚杆条件下岩体的黏聚力(MPa)；φ_0 为无锚杆条件下岩体的内摩擦角(°)；E_0 为无锚杆条件下岩体的变形模量(MPa)；c_1 为有锚杆条件下岩体的黏聚力(MPa)；φ_1 为有锚杆条件下岩体的内摩擦角(°)；E_1 为有锚杆条件下岩体的变形模量(MPa)；τ_s 为锚杆的抗拉强度(MPa)；S 为锚杆横截面面积(m^2)；a、b 分别为锚杆的纵、横布置间距(m)；L_{mg} 为锚杆的长度(m)；η为无量纲系数，与锚杆的直径有关；L 为锚固区深度(m)；ρ为单位体积加固区中锚杆的体积(含锚率)。

4.3.3　地下厂房洞室群施工顺序优化

基于地下厂房洞室群施工工期数值模拟，选择具有代表性的分级开挖方案，建立计算模型，综合考虑开挖过程中围岩的应力、变形和破坏面积，可采用遗传算法获得最优施工工序方案。在进行方案优选时，不仅要考虑诸多经济因素，还有一些无法用货币单位计量的非经济因素，如技术条件、自然条件、生态保护等。传统依赖运筹学理论建立的数学模型和传统的经济评价方法无法满足要求。可将传统的经济评价指标与其他各种“非经济因素”结合，建立综合评级系统，采用模糊层次综合评价和灰色关联分析方法，对地下厂房洞室群的施工顺序方案进行比较分析，确定最优方案。

1. 施工工序优化的遗传算法

遗传算法(GA)基于模拟达尔文的遗传选择和自然淘汰的生物进化论，已在许多领域得到了应用。对于优化问题，设某函数 J 与变量 $C = (c_1, c_2,\cdots, c_n)$有关，即有 $j = J(c_1, c_2,\cdots, c_n)$。优化计算的目的就是寻求一组优化变量 C^*，使 $j^* = \min J(c_1, c_2,\cdots, c_n)$或 $j^* = \max J(c_1, c_2,\cdots, c_n)$。如果对变量 C 有某种约束条件，相应的优化问题则为约束的优化计算问题。

传统求解最优解或近似最优解的方法主要有三种，即枚举法、启发式算法和搜索算法。对于不同种类的问题及较大规模的问题，寻求一种能以有限的代价来解决上述最优化问题的通用方法仍很困难。遗传算法为解决这类问题提供了一个比较有效的途径和通用框架。遗传算法是一种高度并行、随机和自适应的优化算法。它将问题表示成“染色体”的适者生存过程，通过“染色体”群的一代代不断进化，经过复制、交叉和变异等操作，最终收敛到“最适应环境”的个体，从而求得问题最优解或近似最优解。

遗传算法是一类随机优化算法，不是简单地随机比较搜索，而是通过对“染色体”的评价和对“染色体”中基因的作用，有效地利用已有信息来指导搜索，有希望改善优化质量的状态。遗传算法的主要步骤是：①初始化，随机产生一组初始个体构成初始种群 $P(t)$，评价每一个个体的适应度；②判断算法是否满足终止条件，若满足终止条件则输出结果，终止运算，否则执行以下步骤；③选择运算，将选择算子作用于群体 $P(t)$；④交叉运算，将交叉算子作用于群体 $P(t)$；⑤变异运算，将变异算子作用于群体 $P(t)$，群体 $P(t)$经过选择、交叉、变异运算，得到下一代群体 $P(t+1)$；⑥返回步骤②。

遗传算法是一种群体型操作，该操作以群体中所有个体为对象。遗传算法的三个主要操作算子是选择、交叉和变异，它们构成了遗传操作。遗传算法通过对生物遗传和进化过程中选择、交叉和变异机理的模仿，来完成问题最优解的自适应搜索过程。

对网络中连接权值和阈值进行编码，主要有两种方法：一种采用二进制编码方案，另一种采用实数编码方案。

对于二进制编码方案，每个权值都用一个定长的(0, 1)串表示，阈值被看作是输入为−1 的连接权。若所有权值都在−127～+128，则可以用 8 位(0, 1)串把每个连接权表示出来，然后把所有的连接权及阈值对应的二值串连接起来，形成一个长的基因链码。该链码用一组连接权的编码表示。在将各连接权对应的字符串连接在一起时，一种较好的连接次序是把与同一隐节点相连的连接权对应的字符串放在一起。这是因为隐节点在神经网络中起特征抽取作用，它们之间有更强的联系。如果将其与同一隐节点相连的连接权对应的字符串分开，则很多定义距长的模式可能具有很好的性质，而遗传操作容易破坏定义距长的模式。二进制编码的优点是非常简单，符合最小字符集编码原则；缺点是不够直观和精度不高。这是因为连接权是实数，将它们用二进制数编码实际上是用离散值来尽量逼近权值，这就有可能导致某些实数权值不能更精确地表达，而使网络的训练失败。二进制编码中的汉明(Hamming)悬崖也是需要注意的一个问题，因此使用格雷(Gray)编码效果会很好。主要方法及步骤介绍如下。

在实数编码方案中，每个连接权直接用一个实数表示，一个网络权值分布用一组实数来表示。这里同样要求把同一隐节点连接的连接权对应的实数放在一起。实数编码方案的优点是非常直观，且不会出现精度不够的情况。

对于初始群体产生，在此定义 t 为迭代次数，初始迭代次数设为 0，随机产生 N 条基因链码，组成一个群体 $P(0)$，该群体表示 N 组优化变量的值。一般而言，随机产生的初始群体素质较差(相应的目标函数值比较大)。遗传算法的任务就是从这一初始群体出发，模拟生物进化过程，择优汰劣，多次遗传迭代以后，得到最优群体和个体(相应的目标函数值较小或最小)。

接下来介绍适应度函数的确定。在许多问题求解中，目标是求函数 $g(x)$的最小值，而不是最大值。即使某一问题可自然地表示成求最大值形式，也不能保证对于所有 x，$g(x)$都取非负值。因为遗传算法要对个体的适应度比较排序并在此基础上确定选择概率，所以适应度函数要取正值。由此可见，将目标函数映射成求最大值形式且函数值非负的适应度函数是必要的。一般情况下，把一个最小化问题转化为最大化问题，只需要简单地将费用函数乘以−1 即可。对于遗传算法而言，这种方法还不足以保证适应度函数的非负性。对此，可采用以下的方法进行转换：

$$f(x)=\begin{cases} C_{\max}-g(x) & (g(x)<C_{\max}) \\ 0 & (\text{其他情况}) \end{cases} \tag{4.3.28}$$

显然存在多种方式来选择 $C_{\max}$。$C_{\max}$ 可以是一个合适的输入值，也可采用迄今为止进化过程中 $g(x)$的最大值。如果 $g(x)$非负，也可以转换 $f(x)=1/g(x)$。当待求解问题是求 $g(x)$的最大值时，适应度函数的非负性可用如下变换得到保证：

$$f(x)=\begin{cases} C_{\min}+g(x) & (C_{\min}+g(x)>0) \\ 0 & (\text{其他情况}) \end{cases} \tag{4.3.29}$$

式中，系数 $C_{\max}$ 可以是合适的输入值，或是当前一代或前 k 代中 $g(x)$的最小值，或 $g(x)$的最小值。

适应度函数的设计和遗传算法中的选择操作直接相关，适应度函数影响遗传算法的迭代停止条件。严格来讲，遗传算法的迭代停止条件尚无定论。当适应度函数的最大值已知或者次优解适应度的下限可以确定时，一般以发现满足最大值或次优解作为遗传算法迭代停止条件。在许多组合优化问题中，适应度最大值并不清楚，次优解适应度下限也很难确定。因此，在许多应用中，若发现群体个体进化已趋于稳定状态，或者说发现占群体一定比例的个体已完全是同一个体，则终止算法迭代。

遗传算法由于仅靠适应度来评估和引导搜索，求解问题固有的约束条件不能明确表示出来。实际应用中，许多问题是带约束条件的。按理说，可以采用一种十分自然的方法来考虑约束条件，即在进化过程中，迭代一次就设法检测新的个体是否违背约束条件。如果不满足约束条件，则将其作为无效个体除去。这种方法对于某些约束问题求解是有效的，但对于其他一些约束问题求解效果不佳，这是因为在这种场合寻找一个有效个体的难度不亚于寻找最优个体。可采取一种惩罚方法，并将此惩罚体现在适应度函数中，这样一个带约束优化问题就转换为一个附带考虑代价或惩罚的非约束优化问题。一个带约束最小化问题可描述为 $\min[g(x)]$，约束条件为 $b_i(x) \geqslant 0(i = 1, 2,\cdots, M)$。上述问题可以转化为非约束问题 $\min[g(x)+r\sum_{i=1}^{M}\phi(b_i(x))]$，此处 $\phi(x)$ 为罚函数，r 为罚函数系数。

神经网络的一个重要性能指标就是网络输出值与期望输出值的误差平方和。误差平方和小，则表示该网络性能较好。因此，可以定义适应度函数：$f= C-e$，其中 C 为常数，e 为误差平方和。当然，适应度函数还可以取其他的形式，可以考虑与能量函数的关系，与进化时间及网络的复杂关系，只要其满足适应度函数的条件即可。

对群体中的每个个体，计算适合度。在上述优化问题中，适合度定义为 $F = 1/J$。由定义可知，适合度越大，相应的目标函数值就越小，通过适合度的计算，为群体进化计算中的选种提供了依据。

遗传算法中包括以下三个基本遗传算子：选择、交叉和变异。算子的选择对算法性能起到举足轻重的作用。一般来说，选择策略会影响算法的性能和结果。

在地下厂房洞室群围岩稳定分析中，开挖是围岩应力重分布的基本原因。因此，对于特定的地质力学环境，影响围岩稳定性最为显著的因素就是地下洞室的开挖方式。开挖方式不同，施工顺序不同，地下洞室围岩应力、洞壁位移和围岩塑性区也不相同，围岩稳定性也就不一样。造成这种不同稳定效果的根本原因在于不同的地应力条件和应力环境。其中，围岩变形、应力集中程度和破坏区是不同应力环境的宏观表现，能够直接判别不同施工工序的围岩稳定状态。因此，高地应力条件下地下厂房洞室群施工工序优化中，除了要考虑减小围岩变形和卸荷破损区范围，还必须降低围岩应力集中程度，控制围岩卸荷松弛和岩爆灾害的发生，使施工后地下洞室群稳定性达到综合最佳。鉴于此，提出基于围岩变形极值、塑性区面积(体积)、应力集中度的多指标施工工序优化模型。

首先，定义指标 x：围岩变形极值 x_1(特征点)；应力集中度 x_2(特征点最大应力与初始地应力σ_1之比)；破坏区面积(体积)x_3，包括塑性区面积和拉裂区面积。

其次，对指标进行归一化。由于各指标量纲和量级差别较大，须进行标准化处理，$I_i = x_i/s$，有如下样本统计方法：

$$s = \sqrt{\frac{1}{n-1}\sum_{i=1}^{n}(x_i - \overline{x})^2} \tag{4.3.30}$$

$$\overline{x} = \frac{1}{n}\sum_{i=1}^{n}x_i \tag{4.3.31}$$

最后，构建目标函数为 $\min(f) = \sum_{i=1}^{n} w_i I_i$ ，w_i 为第 i 个指标的权重。

以上可通过 MATLAB 遗传算法工具箱编写优化程序。

2. 施工工序优化的模糊层次分析

模糊层次综合评价将层次分析法中的指标分层方法和模糊数学理论结合，集层次结构、模糊数学、权衡比较于一体，在科学决策中占有重要的地位。该方法判断矩阵的模糊性，简化了人们判断目标相对重要性的复杂程度，并借助模糊判断矩阵实现决策由定性向定量转化，直接由模糊判断矩阵构造模糊一致性判断矩阵，使判断的一致性得到解决。对评价对象的指标体系进行分层归类，构造一个多层次的结构体系模型，利用层次分析法计算出各层指标相对于上层目标的权重，并利用模糊关系矩阵得出评价结果，将底层的评价结果作为上一层的原始数据，再使用模糊评价模型进行分析处理，得出最终结果。

模糊层次分析已得到广泛的应用。传统的层次分析法本身有一定的缺陷：①专家打分采用点值，有时候不能够准确地反映标度的模糊性和不确定性；②在构造比较判断矩阵时，由一个专家给出比较判断矩阵往往有一定的片面性，从而导致计算出来的排序向量可信度降低。模糊层次分析将传统的层次分析法与模糊数学相结合，使用模糊数代替点值构成判断矩阵，然后求解权重向量；通过模糊数矩阵和向量计算得到模糊综合权重，最后对其进行排序，能有效表达判断的不确定性，模型建立和求解也较简便。相对于传统的层次分析法，模糊层次分析能够在很大程度上解决点值打分毫无弹性的问题，并且能比较有效地降低专家个人偏好对打分的影响。

模糊层次综合评价分为 4 部分：①建立评价指标体系层次结构模型；②在此基础上利用层次分析法计算指标权重；③根据模糊综合评判法构造单因素判别矩阵；④进行模糊综合运算，得出评价结果。模糊综合评价通过构造等级模糊子集，对反映被评事物的模糊指标进行量化(确定隶属度)，然后利用模糊变换原理综合各指标。下面介绍模糊层次综合评价的步骤。

(1) 确定评价对象的因素论域：p 个评价指标，$u=\{u_1, u_2,\cdots, u_p\}$。

(2) 确定评语等级：$v=\{v_1, v_2,\cdots, v_p\}$，即等级集合，每一个等级对应一个模糊子集。

(3) 建立模糊关系矩阵[R]。构造等级模糊子集后，逐个对被评事物从每个因素 $u_i(i=1, 2,\cdots, p)$上进行量化，即确定从单因素来看被评事物对等级模糊子集的隶属度$(R|u_i)$，进而得到模糊关系矩阵：

$$R=\begin{bmatrix} R| & u_1 \\ R| & u_2 \\ & \vdots \\ R| & u_p \end{bmatrix}=\begin{bmatrix} r_{11} & r_{12} & \cdots & r_{1m} \\ r_{21} & r_{22} & \cdots & r_{2m} \\ \vdots & \vdots & & \vdots \\ r_{p1} & r_{p2} & \cdots & r_{pm} \end{bmatrix}_{p\times m} \tag{4.3.32}$$

矩阵[R]中第 i 行第 j 列元素 r_{ij}，表示某个被评事物从因素 u_i 来看对 v_j 等级模糊子集的隶属度。一个被评事物在某个因素 u_i 的表现，是通过模糊向量$(R|u_i)=(r_{i1}, r_{i2},\cdots, r_{im})$来刻画的。在其他评价方法中，多是由一个指标实际值来刻画的，因此从这个角度讲模糊层次综合评价要求更多的信息。

(4) 确定评价因素的权向量。在模糊层次综合评价中，确定评价因素的权向量，$A=(a_1, a_2,\cdots, a_p)$。权向量 A 中的元素 a_i 本质上是因素 u_i 对模糊子集(对被评事物重要的因素)的隶属度。使用层次分析法确定评价指标的相对重要性次序，从而确定权系数，并且在合成之前归一化，即

$$\sum_{i=1}^{p} a_i=1 \quad (a_i \geqslant 0,\quad i=1,2,\cdots,n) \tag{4.3.33}$$

(5) 合成模糊层次综合评价结果向量。利用合适的算子将 A 与各被评事物的[R]合成，得到各被评事物的模糊层次综合评价结果向量 B，即

$$A\cdot[R]=(a_1,a_2,\cdots,a_p)\begin{bmatrix} r_{11} & r_{12} & \cdots & r_{1m} \\ r_{21} & r_{22} & \cdots & r_{2m} \\ \vdots & \vdots & & \vdots \\ r_{p1} & r_{p2} & \cdots & r_{pm} \end{bmatrix}=(b_1,b_2,\cdots,b_m)=B \tag{4.3.34}$$

式中，b 表示被评事物从整体上看对 v_j 等级模糊子集的隶属度，由 A 与[R]的第 j 列运算得到。

(6) 对模糊层次综合评价结果向量进行分析。实际中最常用的方法是最大隶属度原则，但在某些情况下使用会有些勉强，损失很多信息，甚至得出不合理的评价结果。为此，提出使用加权平均求隶属等级的方法，多个被评事物可以依据其等级位置进行排序。

确定权重是综合评价的关键。模糊层次分析是一种确定权系数行之有效的方法，特别适用于难以用定量指标进行分析的复杂问题。它把复杂问题中的各因素

划分为互相联系的有序层，使之条理化；根据对客观实际的模糊判断，就每一层次的相对重要性给出定量表示，再利用数学方法确定全部元素相对重要性次序的权系数。

(1) 确定目标和评价因素：p 个评价指标，$u=\{u_1, u_2,\cdots, u_p\}$。

(2) 构造判断矩阵。$v=\{v_1, v_2,\cdots, v_p\}$，即等级集合，每一个等级可对应一个模糊子集。判断矩阵元素的值反映对各元素相对重要性的认识，一般采用 1～9 及其倒数的标度方法。当相互比较因素的重要性能够用具有实际意义的比值说明时，判断矩阵相应元素的值则取这个比值，即得到判断矩阵 $S=(u_{ij})_{p\times p}$。

(3) 计算判断矩阵。用 Mathematica 软件计算判断矩阵 S 的最大特征根$\lambda_{\max}$。对应的特征向量为 A，此特征向量就是各评价因素的重要性排序，即权系数的分配。

(4) 一致性检验。进行判断矩阵的一致性检验，需要计算一致性指标 CI(CI = $(\lambda_{\max}-n)/(n-1)$)和平均随机一致性指标 RI。用随机方法构造 500 个样本矩阵，随机地用标度及其倒数填满样本矩阵的上三角各项，主对角线各项数值始终为 1，转置位置项采用上述对应位置随机数的倒数。然后，计算各个随机样本矩阵一致性指标，对这些 CI 取平均值即得到平均随机一致性指标 RI。当随机一致性比率 CR = CI/RI < 0 时，认为层次分析排序的结果有满意的一致性，即权系数的分配是合理的；否则，要调整判断矩阵的元素取值，重新分配权系数的值。

接下来进行灰色关联分析。过去采用的因素分析基本方法主要是统计的方法，如回归分析。回归分析虽然是一种较通用的方法，但大都只用于少因素的、线性的问题，对于多因素的、非线性的则难以处理。灰色系统理论考虑到回归分析方法的种种弊端和不足，采用关联分析的方法来进行系统分析。作为一个发展变化的系统，关联度分析事实上是动态过程发展态势的量化分析，即发展态势的量化比较分析，灰色关联分析主要内容如下。

(1) 数列的表示方式。进行关联分析时，首先要指定参考数列。参考数列常记为 x_0，记第 1 个时刻的值为 $x_0(1)$，第 2 个时刻的值为 $x_0(2)$，第 k 个时刻的值为 $x_0(k)$。因此，参考数列 x_0 可表示为 $x_0=(x_0(1), x_0(2),\cdots, x_0(n))$，关联分析中被比较数列常记为 $x_1, x_2,\cdots, x_k$，类似参考数列 x_0 的表示方法，有 $x_1=(x_1(1), x_1(2),\cdots, x_1(n)),\cdots, x_k, x_k=(x_k(1), x_k(2),\cdots, x_k(n))$。

(2) 关联系数计算公式。对于一个参考数列 x_0 有几个比较数列 $x_1, x_2,\cdots, x_k$ 的情况，可以用式(4.3.35)表示各比较曲线与参考曲线在各点(时刻)的差：

$$\xi_i(k)=\frac{\min\limits_i(\Delta_i(\min))+0.5\max\limits_i(\Delta_i(\max))}{\left|x_0(k)-x_i(k)\right|+0.5\max\limits_i(\Delta_i(\max))} \tag{4.3.35}$$

且有

$$\min_i(\Delta_i(\min))=\min_i(\min_k\left|x_0(k)-x_i(k)\right|) \tag{4.3.36}$$

$$\max_i(\Delta_i(\max))=\max_i(\max_k|x_0(k)-x_i(k)|) \tag{4.3.37}$$

式中，$\xi_i(k)$为第 k 个时刻比较曲线与参考曲线的相对差值，称为 x_i 对 x_0 在 k 时刻的关联系数；ξ为分辨系数，一般在 0 与 1 之间选取。

(3) 关联系数计算。虽然两级最大差与最小差容易求出，但一般不能计算关联系数，这是因为进行关联度计算的数列量纲最好是相同的，当量纲不同时要进行无量纲化。此外，还要求所有数列有公共交点。为了解决这两个问题，计算关联系数之前，先将数列作初值化处理，即用每一个数列的第一个数 $x_i(1)$除其他数 $x_i(k)$，这样既可使数列无量纲化又可得到公共交点 $x_i(1)$，即第 1 点。

(4) 关联度分析。关联系数很多，信息过于分散，不便于比较，为此有必要将各个时刻关联系数集中为一个值，求平均值便是进行信息处理集中处理的一种方法。关联度的一般表达式为

$$r_i=\frac{1}{N}\sum_{k=1}^{N}\xi_i(k) \tag{4.3.38}$$

(5) 无量纲化处理。无量纲化方法常用的有初值化、均值化和区间相对值化。初值化是指所有数据均用第 1 个数据除，然后得到一个新的数列，这个新的数列即是各个不同时刻值相对于第一个时刻值的百分比。经济序列常用此法处理。均值化处理则是用平均值去除所有数据，得到一个占平均值百分比的数列。

(6) 数列的增值性分析。数列的增值性是指原来两数列发展态势相同，经初值化后，初值大的发展态势变小，初值小的发展态势相对增大。增值性包括几个方面：作为经济序列，指“初值”放在银行一定的时间后利息引起的增值；作为资金序列，指在正常经营下资金周转一定时间后带来的利益；作为价格上涨的情况，指初值折算货物一定时间后价格上涨带来的增值；作为其他数列，指不同初值一定时间后引起的不同效果，如微分方程的解，在相同指数下初始值大的曲线可能是衰减的，而初始值小的曲线是上升的。因此，增值性大的数列要保持相对发展速率，则应有更大的绝对发展速率。

第5章　拉西瓦水电站地下厂房基本条件

5.1　地 质 概 况

5.1.1　区域地质

拉西瓦水电站位于青藏高原东部，在大地构造单元上隶属秦岭褶皱系青海南山印支槽向斜，北邻祁连褶皱系，南接松潘甘孜褶皱系，西为东昆仑褶皱带。区内一系列NW向山脉及山间盆地构成区域基本地形地貌轮廓(巨广宏和王立志，2022；巨广宏，2011)。坝址区位于分割共和盆地与贵德盆地的瓦里贡山隆起内的黄河龙羊峡谷出口段。区域地层主要为三叠系浅变质岩系，中生代花岗岩和闪长岩零星出露。地质构造主要发育NWW组断裂与NNW组断裂，其中NWW组代表性断裂为东昆仑断裂、青海南山-倒淌河-阿什贡断裂、哇玉香卡-拉干隐伏断裂、拉脊山活动断裂带；NNW组代表性断裂主要有鄂拉山-温泉活动断裂带、岗察寺活动断裂带和日月山活动断裂带等。库坝区主要发育瓦里贡山龙羊峡谷一带的高角度NNW向压扭性龙羊峡组断裂，从泥鳅山至差其卡沟长约4.5km的坝址区夹持在伊黑龙断裂与拉西瓦断层之间，这两条断层晚更新世以来无新的活动，沿断层无历史中强震发生，无明显现代形变，对坝址构造稳定性无大的影响。经中国地震局审定，坝址区地震基本烈度为Ⅶ度，50年超越概率10%时的基岩峰值加速度为0.104*g*，用于大坝抗震设计的100年超越概率2%时的基岩峰值加速度为0.23*g*。

位于青藏高原东缘的拉西瓦水电站，坝址区的区域构造应力方向为NE～NEE(巨广宏，2011)。由于其位于青藏高原东缘地带，加之受印度板块与欧亚板块碰撞后持续的向北推挤和楔入力源作用，坝址区除强烈的地壳隆升外，还伴随有显著的地壳水平形变。全球定位系统(GPS)测量得到的青藏高原地壳运动速度场表明，工程区所在的青海南山冒地槽褶皱带南缘总体位移特征呈NEE向，运动速率15～20mm/a，构造运动方位同样为NEE向。

5.1.2　地质环境

1) 地形地貌

地形地貌是长期地质历史过程中内外动力作用的结果，也是外动力地质作用的基础与环境。拉西瓦水电站坝址区位于共和盆地东侧的瓦里贡山龙羊峡谷，岩性由坚硬的三叠系浅变质岩与花岗岩组成。峡谷两岸陡峻、河谷狭窄(图5.1.1)，高差 680～700m，浅表重力地质作用发育(巨广宏，2011)。河床水流湍急，纵坡降为 9‰～10‰，近现代下切速度可达 5mm/a。因河谷强烈快速甚至不间断下切，河谷阶地鲜有发育，仅在岸坡高程 2280.00m、2360.00m 和 2400.00m 见残留阶地，砂卵砾石层等第四纪堆积物零星覆盖。

图 5.1.1　拉西瓦水电站坝址区地形地貌

坝址区所在的龙羊峡谷出口段，河流自 NE45°流入，至坝址段呈 EW 向，经下游消能池后转为 SE 向，于峡谷出口处急剧转弯，绕泥鳅山入贵德盆地。坝址附近平水期河水位 2235.00m，主流线偏左岸，水面宽仅 45～55m，水深 7～10m，河床覆盖层厚度一般 5～12m、最大 15m，坝基部位覆盖层厚度平均 8m、最大 13m；高程 2400.00m 处谷宽 245～255m，正常蓄水位 2452.00m 处谷宽 350～365m。河谷两岸基本对称，左岸以高程 2400.00m 为界，右岸以高程 2380.00m 为界，可大致分为上、下两段，上部河谷明显扩宽，坡度 40°～50°；下部河谷陡峻，坡度在 70°以上。

坝址左岸发育有扎卡沟和巧干沟。右岸坝轴线上游发育有小型青草沟和中型石门沟。冲沟多沿断层发育，沟底一般宽 5～15m(最宽约 20m)，切割深度 30～60m(最深约 100m)。冲沟大多垂直河流，延伸不长，平常无水，植被稀少。主要水工建筑物全部布设于青草沟与巧干沟之间，两沟之间的坝址区河谷平面形态基本为平顺型并向上游和下游略放开。

2) 地层岩性

拉西瓦水电站坝址区出露地层为三叠系下统龙羊峡群浅变质岩系(T_1^{ln1})，中生代印支期花岗岩(γ_5)，第四系全新统(Q_4)的崩坡积、滑坡堆积和冲洪积层。花岗岩分布于差其卡沟至以下 1#吊桥地段，顺河出露长约 2.1km。该花岗岩呈岩基形式产出，形成于中生代三叠纪印支运动，属侵入岩类的深成岩，与围岩呈波状接触，花岗岩灰～灰白色，粒径一般为 2～8mm，属中粗粒结构，块状构造。其中，钾长石为具条纹结构的正长石和微斜长石，形成时代相对较晚，推断其结晶环境应为地表以下 3～10km。挡水建筑物双曲拱坝、发电地下厂房系统和部分施工临时建筑物(如上游围堰、导流洞等)均布置于该岩体中(巨广宏，2011)。

3) 地质构造

主要针对中陡倾角断层、缓倾角断层说明拉西瓦水电站坝址区地质构造。断层可分为中陡倾角断层与缓倾角断层两类，且以中陡倾角断层居多(巨广宏，2011)。一般经多期构造运动，按产状可分 4 组(表 5.1.1)。NNW 向组以压扭性为主，多为逆断层、平移断层，断面多有斜擦痕，一般延伸较长，最大可达数百米，如 F_{26}、F_{227}、F_{28}、F_{252}、F_{164}、F_{327}；断层可横切两岸，破碎带宽度一般 0.1～1.5m，该组断层约占断层总数的 26%。NNE 向组大多为张扭性，少数为张性，占断层总数的 23%，且规模也较大，如 F_{27}、F_{81}、F_{158}、F_{72}、F_{73}。NE～NEE 向组一般规模较小，以张性、张扭性为主，约占断层总数的 24%，如 F_{29}、F_{71}、F_{151}、F_{170}、F_{174}、F_{186}、F_{198}、F_{248}。NW～NWW 向组以压和压扭性居多，不太发育，仅占断层总数的 11%。

表 5.1.1　坝址区中陡倾角断层分组

组别	产状	破碎带宽度/m	主要特征	代表性断层
NNW 向	走向 NW330°～355° 倾向 NE 或 SW 倾角 65°～80°	0.1～1.5	以压扭性为主，多为逆断层、平移断层，断面多有斜擦痕，一般延伸较长，最长可达数百米，断层约占断层总数的 26%，破碎带为碎块岩、糜棱岩、片状方解石脉等，胶结较好	F_{26}、F_{227}、F_{28}、F_{252}、F_{164}、F_{327}
NNE 向	走向 NE5°～30° 倾向 SE 或 NW 倾角 60°～85°	0.2～0.3	大多为张扭性，少数为张性，占断层总数的 23%，且规模也较大，破碎带由角砾岩、糜棱岩、块状岩组成，胶结较好，断面平直，多具水平擦痕	F_{27}、F_{81}、F_{158}、F_{72}、F_{73}
NW～NWW 向	走向 NW280°～320° 倾向 SW 或 NE 倾角 45°～70°	0.2～1.5	以压和压扭性居多，占断层总数的 11%，破碎带为糜棱岩、角砾岩，胶结较差，断面呈波状，延伸长	F_{70}、F_{172}、F_{212}、F_{218}、F_{250}
NE～NEE 向	走向 NE30°～80° 倾向 NW 倾角 55°～75°	0.1～1.4	一般规模较小，以张性、张扭性为主，发育较多，约占断层总数的 24%，破碎带为角砾岩，糜棱岩、片状岩等，胶结较好，规模不大	F_{29}、F_{71}、F_{151}、F_{170}、F_{174}、F_{186}、F_{198}、F_{248}

拱坝坝基缓倾角断层约占断层总数的 20%～30%，倾角均小于 35°，多为 10°～20°，按走向可分三组，即 NWW 向、NEE 向和 NNW 向(表 5.1.2)。NWW 向较发育，代表性断层有 Hf_1、Hf_4、Hf_8、Hf_{10}、Hf_{12}、Hf_{14}；NEE 向不发育，代表性断层有 Hf_2、Hf_{13}、Hf_{15}；NNW 向仅有 Hf_3。缓倾角断层的断面粗糙，多见擦痕，面上有绿色片状矿物及泥质物，破碎带组成物主要为糜棱岩、岩屑、碎块岩、角砾岩等，具明显的压剪特征。经分析，缓倾角断裂早期为花岗岩原生节理，后期经受了构造剪切作用，规模增大，表部受卸荷影响，破碎程度增大。左岸缓倾结构面主要在高程 2390.00～2440.00m 发育，右岸缓倾结构面主要分布在高程 2240.00～2250.00m、2280.00～2290.00m、2320.00～2330.00m、2430.00m 等部位。

表 5.1.2 坝址区缓倾角断层分组

组别	产状	破碎带宽度/m	主要特征	性质	代表性断层
NWW 向	走向NW270°～300° 倾向 S～SW 倾角 10°～20°	0.1～0.6	带内为角砾岩、糜棱岩、胶结差，断面具绿色片状矿物，局部夹泥	压性为主	Hf_1、Hf_4、Hf_8、Hf_{10}、Hf_{12}、Hf_{14}
NEE 向	走向NE50°～90° 倾向 SE～S 倾角 10°～25°	0.1～0.3	带内为角砾岩、糜棱岩、胶结差，断面具绿色片状矿物，局部夹泥	压性为主	Hf_2、Hf_{13}、Hf_{15}
NNW 向	走向NW340°～350° 倾向 NE 倾角 18°～21°	0.1～0.3	角砾岩、糜棱岩，少量岩屑泥质类	压性为主	Hf_3

4) 水文地质条件

拉西瓦水电站坝址区花岗岩中的地下水类型为裂隙潜水。工程区气候干燥，降雨量少，主要受大气降水的补给，排泄于黄河(巨广宏，2011)。地下水埋藏较深，左岸河边陡壁到坝顶高程处埋深 115～175m，右岸相应部位为 40～187m，实测最大埋深 235m。两岸水力坡度为 25°～30°，向岸里变缓，坡度 5°～10°。地下水位在 7～10 月较高，略滞后于降雨季节，水位年变化幅度一般 1～5m，左岸变化较大，最大可达 20m。地下水化学类型属重碳酸氯化钾钠型水，一般含 HCO_3^-、Cl^-和 K^+、Na^+较多；游离 CO_2 含量一般为 0～11.0mg/L，pH 为 7.2～9.3，呈弱碱性，对混凝土无侵蚀性。经钻孔压水试验，坝址区两岸岩体透水性的特征是：花岗岩体以极微透水为主，坝基(肩)部位极微透水段占该部位花岗岩体中总试段的 85%，表明坝基岩体透水性微弱；严重透水段(渗透率>10Lu，1Lu=0.00001cm/s)所占比例很小，坝基(肩)部位仅占 6%，严重透水段多分布在地表强～弱风化岩体或卸荷带中，即孔深 0～50m；河床与两岸岩体透水性差别不大，随深度增加，透水性减小，坝址花岗岩体相对隔水层(渗透率<1Lu)顶板在河床埋深 44～66m，在左岸埋深 50～90m，在右岸埋深 60～100m；深部岩体局部微透水试段与构造破碎带相关，且透水性随深度增大而减小，如断层 F_{172}、F_{26} 在深部为微～极微透水，缓倾角断层 Hf_3、Hf_8 为微透水(局部中等透水)，Hf_6、Hf_7、Hf_{10} 在表层为中等～微透水，深部为微～极微透水，据钻孔压水试验结果，花岗岩体破碎带极微透水段可占破碎带总试段的 50%。

5) 物理地质现象

风化特征方面，随岸坡高程降低，左岸和右岸坝肩风化岩体厚度明显减小，微风化岩体从上部高程(2380.00m 以上)的 40～70m 降到低高程(2310.00m 以下)的 20～40m。岩体的风化在顺河谷方向、高程上具有明显的特征(巨广宏，2011)。在顺河谷方向，左岸岩体从上游到下游风化岩体水平深度有加深趋势，而右岸则逐渐变浅；在高程分布上，左岸高程 2400.00m 以上，两岸坝肩岩体风化水平深度大致相当，在此高程以下，右岸靠近上游部位比左岸相同部位风化相对严重。根据岩体风化分带的划分结果，在高程 2380.00m 以上，左岸微风化岩体一般在水平深度 20～60m，弱风化下带岩体在 20～50m；右岸微风化岩体一般在 30～80m，弱风化下带岩体在 20～60m。在高程 2310.00～2380.00m 段，左岸微风化岩体一般在 20～50m，弱风化下带岩体在 10～30m；右岸微风化岩体一般在 30～50m，弱风化下带岩体在 10～30m。在高程 2310.00m 以下，左岸微风化岩体一般在 15～40m，弱风化下带岩体在 10～25m；右岸微风化岩体一般在 20～40m，弱风化下带岩体在 15～40m。河床坝基及两岸坝肩低高程部位岩体风化较弱，仅局部地带存在少量弱风化岩体，微风化岩体埋深较浅。用钻孔岩石质量指标(rock quality designation，RQD)及波速资料进行岩体风化分带，表明河床坝基岩体因受岩饼影响，RQD 普遍偏低。坝基岩体波速大，完整性好，风化微弱，弱风化深度一般在 10～15m，微风化顶板高程一般在 2210.00m 以上。根据波速比(或完整性系数)、RQD、结构面间距等岩体风化量化指标，得到河谷两岸坝肩岩体风化分带及采用钻孔 RQD 和波速的河床坝基岩体风化分带结果综合确定的岩体风化分带，绘制坝址区横Ⅰ、横Ⅱ、横Ⅲ、横Ⅸ剖面。通过各量化指标综合确定的坝肩岩体弱风化下限与前期划分的界限具良好的趋势一致性，误差范围也很小。通过研究，深化、细化、具体化岩体的风化分带，使风化分带结果更为可信可靠，为工程利用打下了良好基础(宋彦辉等，2011)。

坝基岩体两岸及河床地带卸荷相对较弱，总的卸荷特征表现为随高程增加，岸坡卸荷深度逐渐加深(巨广宏，2011)。在高程 2400.00m 以上，强卸荷水平深度一般在 20～30m，在高程 2400.00m 以下，强卸荷水平深度一般在 10～15m；在高程 2400.00m 以上，弱卸荷水平深度一般在 40～60m，在高程 2400.00m 以下，弱卸荷水平深度一般在 20～35m；河床坝基部位弱卸荷岩体垂直深度一般在 5～10m。无论是左岸还是右岸，大致以高程 2400.00m 为界，可分为上、下两部分，在高程 2400.00m 以上，卸荷岩体水平深度明显加大，在高程 2400.00m 以下趋同性较好。结合各平洞所在的剖面来看，从上游至下游，大致以横Ⅱ、横Ⅲ剖面之间为界，岩体卸荷在左岸有增强趋势，在右岸有减弱趋势。地形对卸荷影响也较明显，如横Ⅰ剖面右岸高程 2280.00m 及其下部孤立山梁使岩体弱卸荷水平深度达 55m。

5.1.3 工程地质条件

1) 埋深特征

地下厂房洞室群布置在右岸，所在地段的峡谷山高坡陡，地形较为简单。右岸岸坡由河床至正常蓄水位高程 2452.00m 几乎呈绝壁状态，坡度 65°～70°；高程 2452.00～2500.00m，坡度 45°；高程 2500.00～2600.00m 为青草沟地段，坡度

30°～35°；高程 2600.00m 以上至岸顶再次呈现基岩陡壁，坡度 60°～65°。厂房向岸内约 103m 处为平行排列、近垂直河谷分布的青草沟和石门沟，下游青草沟与上游石门沟以青石梁为界(巨广宏，2011；巨广宏等，2007)。

拉西瓦水电站地下厂房区工程地质平面图见图 5.1.2。厂房向内越青草沟到达青石梁，主变室到达青草沟后缘圈椅地形椅背处，尾水操作廊道到达青草沟下游绝壁，两调压井位于固定缆机端的后部高陡边坡处。主副厂房埋深 225～447m，副厂房外端墙水平埋深距离岸坡 150m，主安装间内端墙距离岸坡 460m；主变室埋深 282～429m，外端墙水平埋深距离岸坡 216m，主安装间内端墙距离岸坡 440m；尾水操作廊道埋深 384～459m；1 号调压井埋深 459～509m，2 号调压井埋深 505～551m。

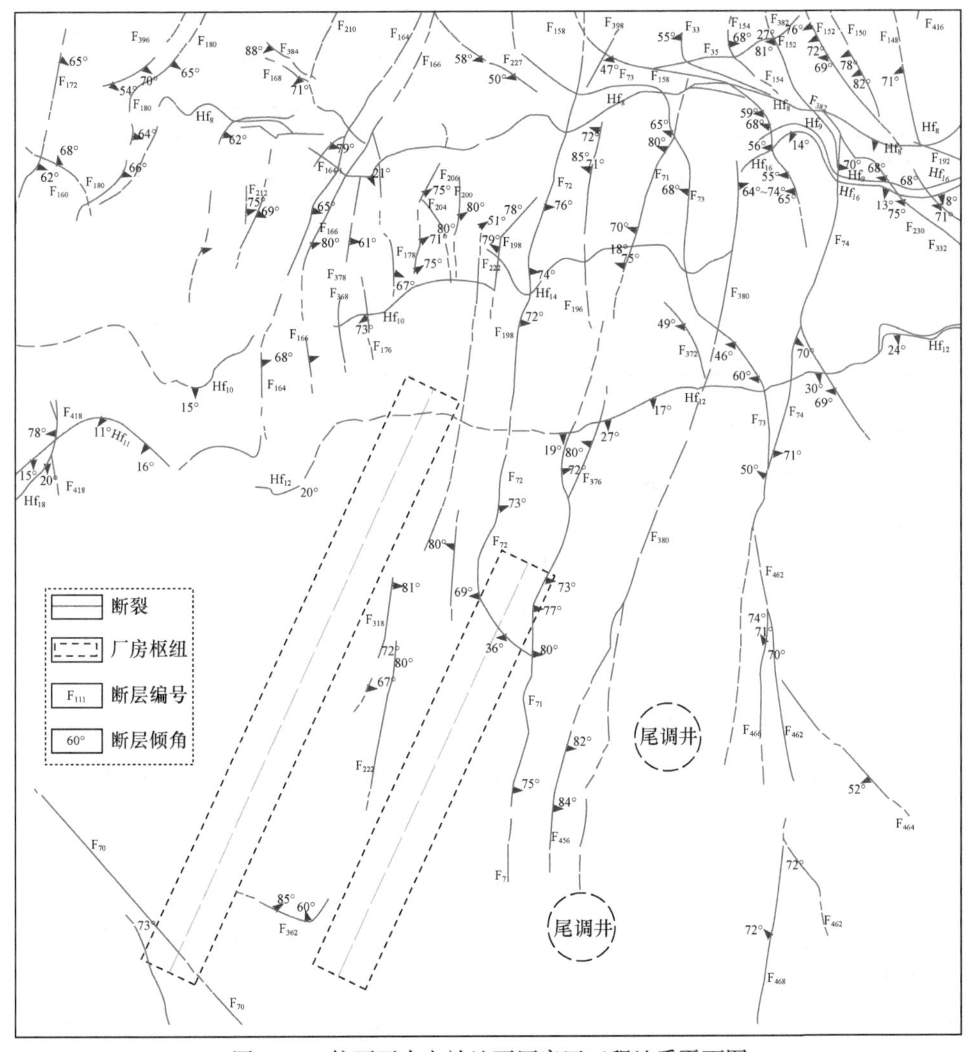

图 5.1.2 拉西瓦水电站地下厂房区工程地质平面图

2) 地层岩性

地下厂房洞室群地段岩体为花岗岩(巨广宏，2011)。该花岗岩体以岩基产出，呈灰～灰白色，为中粗粒结构，块状构造，矿物以长石、石英、黑云母为主。岩石强度高，岩体致密坚硬。地表覆盖层发育极少，仅在右岸缆机固定端与青草沟中见有第四系松散崩坡积体。

3) 地质构造

地下厂房洞室群地段花岗岩体中断裂构造总体发育方向及规模与坝区基本相同(巨广宏，2011)。据 PD_2、PD_{14} 平洞统计资料，岩体完整性好，断层分布较少。断层规模一般不大，陡缓断裂多属Ⅲ～Ⅳ级结构面，部分陡倾断层为Ⅱ级结构面，规模较大者为 Hf_8 缓倾角断层。根据地下厂房洞室群地段全部平洞结构面统计资料，结构面可分为 5 组，其中高倾角 3 组，缓倾角 2 组(表 5.1.3)。

表 5.1.3　地下厂房区结构面分组及与地下厂房的关系

组别		产状	与地下厂房的关系
高倾角	1	走向近 SN，倾向 E，倾角 70°～80°	与各洞室轴线呈小角度相交
	2	走向 NW，倾向 NW30°～40°，倾角 60°～80°	与各洞室轴线呈 40°～60°的交角
	3	走向 EW，倾向 S，倾角 60°～75°	与各洞室轴线呈大角度相交或近于正交
缓倾角	1	走向 SE、NW，倾向 NNE(倾左岸)，倾角 8°～20°	是地下厂房各洞室边墙、拱顶最危险的分离面之一
	2	走向 EW，倾向 S(倾右岸)，倾角 20°～30°	是地下厂房各洞室边墙、拱顶最危险的分离面之一

4) 水文地质条件

地下厂房工程区地下水埋藏较深，地下水位为 2280～2310m(巨广宏，2011)。花岗岩体透水性总体以极微透水为主，局部微～弱渗滴水地段，均与构造破碎带、裂隙性风化带相关；严重透水段(ω>0.1L/(min · m^2)，ω为 1m 水柱压力下单位长度 1m 试段在单位时间 1min 内的吸水量)所占比例很小。地下水化学类型属重碳酸氯化钾钠型水，呈弱碱性，对混凝土无侵蚀性。

5) 地应力

地下厂房洞室群深埋于右岸岸坡内，主要洞室外端墙距河谷岸坡大于 150m，受峡谷山高坡陡、河谷狭窄和区域地应力场的影响，地下厂房区实测地应力量值较高，会直接影响地下厂房洞室群围岩的稳定性、支护设计和长期安全等(巨广宏，2011)。因此，须对地下厂房区地应力特征进行分析。高地应力现象主要包括：①勘探及地应力测试钻孔中发现有饼状岩心(岩饼)，最大集中分布厚度约 70cm，单块岩饼厚 1～2cm，岩饼底面略凸，上面略凹，断面新鲜粗糙，中部略显微擦痕和剪切错动阶坎；②勘平洞、施工交通洞、厂房上导洞等洞壁坚硬新鲜岩石中出现片状剥落，断层带处出现板状劈裂，主要呈千枚状薄片，手捏呈碎末，剥落总深度为 3～5cm，断层带中板状劈裂为 2～4cm 的薄板，如 PD_2、PD_{14} 平洞；③隧洞完成一段时间后，洞顶完整新鲜岩石地段局部发生非常明显的板状剥皮，延续时间可至开挖后两三年内；④有的隧洞开挖时出现岩石爆裂声响及岩片(块)弹落，如 PD_2、PD_{14} 平洞和地下厂房试验洞等，原位模拟开挖过程及完工后用声发射监测仪确切测出岩石中的声响。

1984～2003 年，中国地震局地壳应力研究所和中国电建集团西北勘测设计研究院有限公司岩基队在厂房区花岗岩中共进行了 14 个点的三维地应力测量和 5 个点的二维地应力测量，测点布置见图 5.1.3。

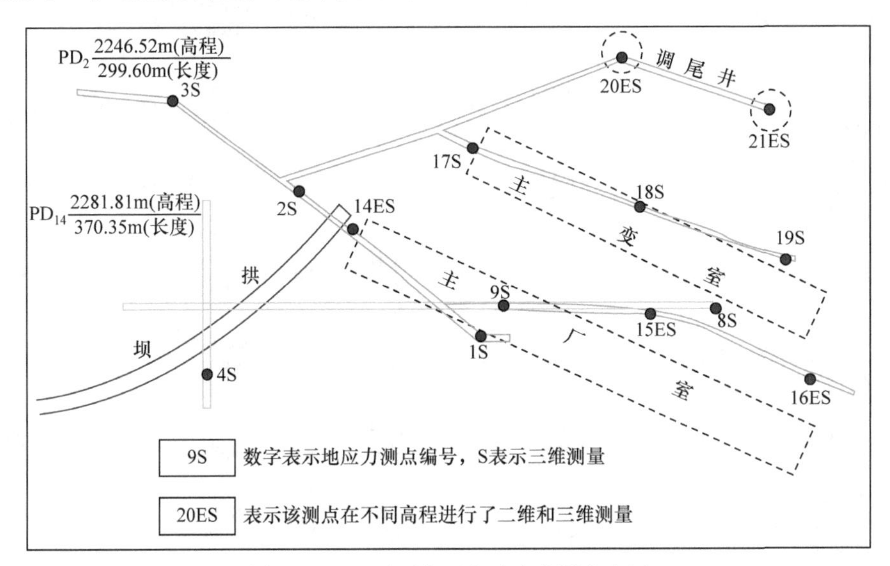

图 5.1.3　地下厂房区内地应力测点布置

2003 年，二维和三维地应力测量均在单孔中进行，测量结果如表 5.1.4、表 5.1.5 所示。

表 5.1.4　地下厂房区花岗岩体孔内压磁法二维地应力实测结果

测点编号	测点位置和高程	岩体厚度/m		水平 σ_1		水平 σ_3 量值/MPa	σ_1/σ_3	测试时间	测试单位
		垂直	水平	量值/MPa	方位角/(°)				
14	PD_2 0km+196m 2231.00m	274	202	22.3	349	13.9	1.6	2003.4	中国地震局地壳应力研究所
15	$PD_{2\text{-}2}$ 0km+130m 2247.00m	343	362	21.9	358	13.4	1.6	2003.4	
16	$PD_{2\text{-}2}$ 0km+225m 2250.00m	450	450	16.4	341	13.5	1.2	2003.4	
20	$PD_{2\text{-}3}$ 0km+223m 2245.00m	505	346	18.9	12	11.8	1.6	2003.4	
21	$PD_{2\text{-}3}$ 0km+321m 2250.00m	535	423	20.4	4	12.8	1.6	2003.4	

表 5.1.5　地下厂房区花岗岩体三维地应力实测结果

测点编号	测点位置和高程	岩体厚度/m		σ_1		σ_2		σ_3		σ_1/σ_3	测试方法	测试单位	测试时间
		垂直	水平	量值/MPa	方位角与倾角	量值/MPa	方位角与倾角	量值/MPa	方位角与倾角				
1	PD_2 0km+283m 2250.00m	272	254	22.9	NW350° NW41°	13.3	NE60° SW11°	9.5	NW327° SE46°	2.4	A	Ⅰ	1984.5
2	PD_2 0km+150m 2248.50m	236	150	22.7	NW338° NW33°	18.6	NE88° NE27°	13.1	NE28° SW45°	1.7	A	Ⅰ	1984.5
3	PD_2 0km+60m 2284.00m	158	60	20.5	NE12° NE39°	14.0	NE82° SW22°	5.7	NW331° SE42°	3.6	B	Ⅱ	1984.10
4	$PD_{14\text{-}1}$ 0km+100m 2284.00m	125	85	14.6	NW302° NW51°	9.5	NE66° NE25°	3.7	NW350° SE27°	4.0	A	Ⅰ	1985.6
8	PD_{14} 0km+364m 2286.00m	320	364	21.5	NE9° NE35°	13.8	NE41° SE43°	5.8	NE78° SW28°	3.7	A	Ⅰ	1987.10
9	PD_{14} 0km+255m 2285.00m	258	255	29.7	NW357° NW27°	20.6	NE73° SW27°	9.8	NW307° SE28°	3.0	A	Ⅰ	1987.10
14	PD_2 0km+196m 2211.00m	294	211	19.1	NW337 NW7°	13.6	NW294° SE1°	8.4	NW330 SE82°	2.3	D	Ⅰ	2003.4
15	$PD_{2\text{-}2}$ 0km+130m 2218.00m	372	422	20.1	NW350° SE2°	16.3	NE82° SW11°	12.3	NE70° NE78°	1.6	D	Ⅰ	2003.4
16	$PD_{2\text{-}2}$ 0km+225m 2217.00m	483	511	20.5	NW358° SE1°	14.2	NE89° SW22°	6.2	NE86° NE68°	3.3	D	Ⅰ	2003.4
17	$PD_{2\text{-}4}$ 0km+26m 2245.00m	335	250	21.0	NE7° SW7°	15.8	NW276° SE10°	10.0	NW313° SE78°	2.1	D	Ⅰ	2003.4
18	$PD_{2\text{-}4}$ 0km+136m 2233.00m	422	380	19.7	NE10° SW4°	15.0	NW280° SE6°	9.3	NW317° SE82°	2.1	D	Ⅰ	2003.4
19	$PD_{2\text{-}4}$ 0km+233m 2226.00m	409	507	20.0	NE1° NE22°	15.6	NE77° SW29°	7.5	NW301° SE51°	2.7	D	Ⅰ	2003.4
20	$PD_{2\text{-}3}$ 0km+223m 2226.00m	524	416	21.7	NE4° NE2°	12.6	NW294° NW12°	11.2	NW297° SE78°	1.9	D	Ⅰ	2003.4
21	$PD_{2\text{-}3}$ 0km+321m 2231.00m	554	468	21.4	NE26° NE2°	14.9	NW297° SE14°	10.2	NW289° SE76°	2.1	D	Ⅰ	2003.4

注：①测点处花岗岩体微风化～新鲜，裂隙较少，岩体相对较完整；②测试方法 A 为压磁法，B 为孔径法，D 为单孔压磁法；③测试单位 Ⅰ 为中国地震局地壳应力研究所，Ⅱ 为中国电建集团西北勘测设计研究院有限公司。

从表 5.1.4、表 5.1.5 实测结果可见，二维地应力测量结果中，最大主应力σ_1为 16.4～22.3MPa，最小主应力σ_3为 11.8～13.9MPa，σ_1/σ_3除一个测点为 1.2 外，其余各测点均为 1.6；剔除该点后求得的σ_1平均值为 20.88MPa，σ_3平均值为 12.98MPa。最大主应力σ_1的方位角变化在 NW341°～NE12°。三维地应力测试结果中，最大主应力σ_1为 14.6～29.7MPa，最小主应力σ_3为 3.7～13.1MPa，σ_1/σ_3为 1.6～4.0。14 个测点中，测点 4 表现异常，剔除测点 4 后，求得的σ_1平均值为 21.60MPa，σ_3平均值为 9.15MPa，σ_1/σ_3平均值为 2.5。三维地应力实测结果中，最大主应力σ_1的方位角在 NW302°～NE26°，大多位于 NW350°～NE12°。最大主应力σ_1的倾角变化较大，但是基本小于 50°，总体分为 2 个区。其中，有 7 个测点倾角小于 10°，为近水平，另有 7 个点倾角在 22°～51°，多集中在 3°～40°，均向岸外倾斜。地下厂房洞室群位于河谷二次应力集中带向正常地应力区的应力过渡带上，基本不受河谷二次应力的影响。地下厂房区测试结果中，地应力量值与测点的垂直埋深和水平埋深无明显关系。地下厂房区二维和三维地应力测试结果中，最大主应力σ_1量值基本相当，方位基本一致，最小主应力σ_3平均值相差较大(约 4MPa)。

5.2　地下厂房洞室群断裂空间分布特征

拉西瓦水电站地下厂房洞室群深埋于右岸山体内，地下厂房区有一定数量的断层和长大裂隙分布(巨广宏，2011)。洞室群内较大断裂的分布位置、分布形式、规模、空间分布特征等因素会对地下厂房洞室群围岩稳定性产生影响。因此，研究这些断裂的空间分布，成为评价地下厂房洞室群围岩稳定性的基础。如何从现有的勘探资料推断出较大断裂在地下厂房洞室群的出露位置和影响程度，是工程关注的重点。为此，先用多种方法确定主要断裂的长度，进而确定空间分布方程，最后以 AutoCAD 为平台，开发出空间展示的软件，从而得到这些较大断裂在地下厂房洞室群的空间分布图形。

5.2.1　主要断裂长度的确定

1) 依据平洞的揭露情况确定

平洞揭露的断裂发育情况最真实地反映了断裂的现实特征。为了能掌握地下厂房洞室群内主要断裂的长度，须以平洞的揭露情况为最根本的依据，实地逐条测定宽度、迹长(或长度)。平洞仅能揭露规模大的断裂的一段，对于那些走向和洞向呈大角度相交的断裂，由于平洞截面的限制，只能揭露断裂较少的一部分，此时无法测量出这些断裂的长度。对于那些走向和洞向呈小角度相交或平行的断裂，可以在平洞内追踪测量这些断裂的长度(巨广宏，2011)。

2) 根据宽度-长度关系式确定

受已有平洞数量和规模的限制，依据平洞的揭露情况只能确定部分断裂的长度，如何较准确地确定无法现场测量的大型断裂长度，成为研究的重点。在同一个区域内，断裂的发育特征有一定的相似性。从断裂宽度和长度的角度来看，就是在这个特定的区域内断裂的宽度和长度有一定的对应关系。通常情况下，宽度大的断裂长度就大，宽度小的断裂长度就小。也就是说，长度大的断裂宽度就大，长度小的断裂宽度就小(巨广宏，2011)。根据这些特征，为了研究无法现场精确测量的大型断裂长度，可以对现场完全揭露的断裂测量宽度和长度，建立地下厂房区断裂宽度和长度的关系式，再根据大型断裂的宽度，反算出这些断裂的长度。现场 150 条断裂的宽度和长度见表 5.2.1。根据这些统计资料，建立断裂宽度 w 和长度 l 的关系式：

$$l = 2.36w - 0.78 \quad (r^2 = 0.8535) \tag{5.2.1}$$

式中，l 为断裂长度(m)；w 为断裂宽度(mm)。

表 5.2.1 建立断裂宽度-长度关系式的统计资料

长度/m	宽度/mm	长度/m	宽度/mm	长度/m	宽度/mm	长度/m	宽度/mm	长度/m	宽度/mm
2.14	0	2.00	0	2.20	1	6.26	2	4.30	7
1.75	0	2.16	0	2.88	1	2.04	2	36.00	7
1.40	0	2.62	0	3.00	1	1.62	2	11.50	7
1.44	0	2.50	0	2.30	1	1.87	2	7.00	8
1.13	0	1.84	0	2.06	1	3.20	2.5	10.00	8
2.00	0	8.00	0.1	2.05	1	30.00	2.5	16.00	8
1.17	0	0.80	0.1	2.34	1	40.00	2.5	6.00	8
1.79	0	3.50	0.1	2.06	1	1.90	3	10.00	10
1.49	0	0.90	0.1	1.55	1	3.50	3	8.00	10
1.65	0	2.30	0.1	13.20	1	3.80	3	8.00	10
1.49	0	0.70	0.15	2.33	1	15.00	3	10.00	10
1.65	0	1.30	0.15	7.00	1	2.31	3	30.00	10
1.68	0	1.80	0.2	7.00	1.1	5.00	3.1	60.00	10
1.81	0	7.00	0.2	4.80	1.5	4.80	3.5	40.00	10
2.02	0	5.00	0.2	8.00	1.5	7.00	4	3.42	10
1.72	0	1.10	0.6	5.00	1.5	4.50	4	16.00	11
2.00	0	11.00	0.6	8.00	1.5	7.20	4	9.00	12
2.01	0	5.00	0.7	7.00	2	6.10	4	15.00	15
2.66	0	1.60	1	2.20	2	40.00	4	9.00	15
5.36	0	1.30	1	5.60	2	3.11	4	12.00	20
1.97	0	10.00	1	6.70	2	3.71	4	25.00	20
1.97	0	8.00	1	3.00	2	3.60	5	60.00	20

续表

长度/m	宽度/mm	长度/m	宽度/mm	长度/m	宽度/mm	长度/m	宽度/mm	长度/m	宽度/mm
2.00	0	12.00	1	4.20	2	6.50	5	16.00	24
2.69	0	7.00	1	5.00	2	12.00	5	22.00	31
1.26	0	3.00	1	9.60	2	4.12	5	100.00	40
0.81	0	1.32	1	8.00	2	4.47	5	50.00	40
2.34	0	1.39	1	45.00	2	7.00	6	40.00	40
2.50	0	2.83	1	2.30	2	8.00	6	120.00	50
2.00	0	1.32	1	3.98	2	7.00	6	80.00	50
2.80	0	3.91	1	3.58	2	10.00	6	400.00	140

利用式(5.2.1)，可以推断出所有影响地下厂房洞室群围岩稳定性的大型断裂长度，从而可以建立断裂的空间分布方程、空间分布图形，确定断裂在地下厂房洞室群的分布位置，为地下厂房洞室群围岩稳定性分析提供依据。

3) 用平洞资料判断部分断裂的空间分布范围

用式(5.2.1)可以很方便地计算出大型断裂的长度，也就可以确定大型断裂的空间分布范围，但是还需要实地进行大致的判断。利用平洞资料可以判断断裂的分布范围是否符合实际。现场对每个平洞内断裂的位置、产状、性状、特征等进行对应性调查，确定是否为同一条断裂。根据对应分析结果，可以大致判断出各个大型断裂的空间分布范围。分析时可有两种情况：一条断裂在每个平洞内均有揭露，说明这条断裂分布在整个地下厂房洞室群范围内；一条断裂如果不是在每个平洞内均有揭露，这条断裂就要在有揭露和无揭露的平洞之间尖灭(巨广宏，2011)。

4) 用钻孔资料判断部分断裂的空间分布范围

用钻孔资料判断部分断裂的空间分布范围与用平洞资料判断部分断裂的空间分布范围大致类似，分析方法也大致相同(巨广宏，2011)。用钻孔岩心判断是否有断裂通过，能判断的断裂大部分为缓倾角断裂。

5.2.2　主要断裂空间分布方程的建立

1) 模型的选择与对应方程

一般情况下，断裂在空间各个方向上的延伸有较大的差异。为了简化计算、提高可操作性，可以认为断裂在各方向上的延伸长度是一样的。于是，断裂的空间形状可以当作空间的圆盘考虑。空间的圆盘无法用一个方程表示，在此可以用一个球面方程和一个平面方程联立来表示圆盘方程。

在方程建立之前，先要统计各个断裂已知的数据：半径，用 R 表示；圆心，为 $P(x_0, y_0, z_0)$；倾向，用α表示；倾角，用β表示。先建立球面方程，它通过断裂的圆心，记为(x_0, y_0, z_0)，半径为 R，球面方程为

$$(x-x_0)^2+(y-y_0)^2+(z-z_0)^2=R^2 \tag{5.2.2}$$

再建立平面方程。由解析几何可知，若直角坐标系中空间任一平面法向矢量记为

$$\vec{n}=(A,B,C) \tag{5.2.3}$$

则断裂在空间的方程为

$$Ax+By+Cz=D \tag{5.2.4}$$

且有

$$A=\sin\alpha\cdot\sin\beta \tag{5.2.5}$$

$$B=\sin\alpha\cdot\cos\beta \tag{5.2.6}$$

$$C=\cos\alpha \tag{5.2.7}$$

式(5.2.4)中，D 为常数，为断裂面上任一点的坐标，几何意义为平面在空间的具体位置。此处可取为圆心，则有

$$D=D_0=Ax_0+By_0+Cz_0 \tag{5.2.8}$$

球面方程[式(5.2.2)]和平面方程[式(5.2.4)]联立，可得到断裂的空间分布方程。地下厂房洞室群范围内主要断裂(裂隙)的空间分布方程见表 5.2.2。

表 5.2.2　地下厂房洞室群范围内主要断裂(裂隙)的空间分布方程

编号	圆心			半径 R/m	倾向/(°)	倾角/(°)	空间分布方程
	x_0/m	y_0/m	z_0/m				
PD_{2-1}-g_2	6647.59	3459.72	2256.78	58	305	81	$(x-6647.59)^2+(y-3459.72)^2+(z-2256.78)^2=58^2$ $-0.8x+0.83y+0.57z=-1160.13$
PD_{2-1}-f_1	6647.82	3462.57	2256.78	60	64	78	$(x-6647.82)^2+(y-3462.57)^2+(z-2256.78)^2=60^2$ $0.87x+0.23y+0.43z=7550.41$
PD_2-L_{228}	6649.53	3469.92	2256.68	35	178	49	$(x-6649.53)^2+(y-3469.92)^2+(z-2256.68)^2=35^2$ $0.02x+2.03y-0.99z=4942.8$
PD_2-f_{17}	6667.53	3491.37	2255.58	140	55	76	$(x-6667.53)^2+(y-3491.37)^2+(z-2255.58)^2=140^2$ $0.79x+0.23y+0.57z=7356.04$
PD_2-f_{15}	6671.38	3495.96	2255.41	160	55	72	$(x-6671.38)^2+(y-3495.96)^2+(z-2255.41)^2=160^2$ $0.77x+0.29y+0.57z=7436.37$
PD_2-f_{13}	6673.95	3499.03	2255.21	117	290	57	$(x-6673.95)^2+(y-3499.03)^2+(z-2255.21)^2=117^2$ $-0.78x+2.75y+0.34z=5183.42$
PD_2-f_{12}	6675.24	3500.56	2255.08	94	290	71	$(x-6675.24)^2+(y-3500.56)^2+(z-2255.08)^2=94^2$ $-0.88x+1.64y+0.34z=633.43$
PD_2-f_{11}	6683.6	3510.52	2254.63	70	85	70	$(x-6683.6)^2+(y-3510.52)^2+(z-2254.63)^2=70^2$ $0.93x+0.5y+0.08z=8151.37$
PD_2-f_9	6698.12	3528.34	2254.01	400	55	17	$(x-6698.12)^2+(y-3528.34)^2+(z-2254.01)^2=400^2$ $0.23x+0.91y+0.57z=6036.14$

续表

编号	圆心			半径 R/m	倾向/(°)	倾角/(°)	空间分布方程
	x_0/m	y_0/m	z_0/m				
PD_2-cd_3	6703.41	3535.62	2253.81	70	127	49	$(x-6703.41)^2+(y-3535.62)^2+(z-2253.81)^2=702$ $0.6x+1.45y-0.6z=7796.4$
PD_2-g_3	6707.53	3541.28	2253.20	117	158	54	$(x-6707.53)^2+(y-3541.28)^2+(z-2253.2)^2=1172$ $0.3x+1.62y-0.92z=5676.18$
PD_2-L_{168}	6719.87	3558.27	2253.27	117	30	21	$(x-6719.87)^2+(y-3558.27)^2+(z-2253.27)^2=1172$ $0.17x+0.48y+0.86z=4788.16$
PD_2-f_6	6720.75	3559.49	2252.57	100	125	76	$(x-6720.75)^2+(y-3559.49)^2+(z-2252.57)^2=1002$ $0.79x+0.52y-0.57z=5876.36$
PD_2-f_5	6721.63	3560.7	2252.52	100	91	65	$(x-6721.63)^2+(y-3560.7)^2+(z-2252.52)^2=1002$ $0.9x+0.67y-0.01z=8412.61$
PD_2-L_{159}	6731.62	3574.45	2252.47	117	0	25	$(x-6731.62)^2+(y-3574.45)^2+(z-2252.47)^2=1172$ $0x+0y+1z=2252.47$
PD_2-L_{158}	6735.74	3580.12	2251.90	117	84	61	$(x-6735.74)^2+(y-3580.12)^2+(z-2251.9)^2=1172$ $0.86x+0.71y+0.1z=8559.81$
PD_2-L_{145}	6742.79	3589.82	2251.67	117	30	21	$(x-6742.79)^2+(y-3589.82)^2+(z-2251.67)^2=1172$ $0.17x+0.48y+0.86z=4805.82$
$PD_{2\text{-}2}$-mF_1	6664.58	3482.22	2256.54	500	308	76	$(x-6664.58)^2+(y-3482.22)^2+(z-2256.54)^2=5002$ $-0.76x+1.3y+0.61z=838.3$
$PD_{2\text{-}2}$-mL_{16}	6664.58	3471.22	2256.54	200	57	50	$(x-6664.58)^2+(y-3471.22)^2+(z-2256.54)^2=2002$ $0.64x+0.63y+0.54z=7670.73$
$PD_{2\text{-}2}$-mL_{26}	6664.58	3465.42	2256.63	200	310	76	$(x-6664.58)^2+(y-3465.42)^2+(z-2256.63)^2=2002$ $-0.74x+1.3y+0.64z=1017.51$
$PD_{2\text{-}2}$-mL_{27}	6664.58	3464.22	2256.59	70	300	82	$(x-6664.58)^2+(y-3464.22)^2+(z-2256.59)^2=70.022$ $-0.85x+0.72y+0.5z=-2042.35$
$PD_{2\text{-}2}$-L_1	6664.58	3455.52	2256.57	70	320	54	$(x-6664.58)^2+(y-3455.52)^2+(z-2256.57)^2=702$ $-0.52x+3.28y+0.76z=9583.54$
$PD_{2\text{-}2}$-L_4	6664.58	3449.92	2256.54	70	0	42	$(x-6664.58)^2+(y-3449.92)^2+(z-2256.54)^2=702$ $0x+0y+1z=2256.54$
$PD_{2\text{-}2}$-L_{10}	6664.58	3446.22	2256.57	46.4	170	78	$(x-6664.58)^2+(y-3446.22)^2+(z-2256.57)^2=46.422$ $0.16x+0.61y-0.98z=957.09$
$PD_{2\text{-}2}$-L_{27}	6664.13	3410.34	2256.57	70	132	89	$(x-6664.13)^2+(y-3410.34)^2+(z-2256.57)^2=702$ $0.74x+0.04y-0.66z=3578.53$
$PD_{2\text{-}2}$-L_{34}	6663.57	3402.26	2256.57	93	210	30	$(x-6663.56)^2+(y-3402.26)^2+(z-2256.57)^2=932$ $-0.25x+3.17y-0.86z=7178.62$

续表

编号	圆心			半径	倾向	倾角/(°)	空间分布方程
	x_0/m	y_0/m	z_0/m	R/m	/(°)		
$PD_{2\text{-}2}\text{-}L_{35}$	6663.38	3399.56	2256.57	235	200	38	$(x-6663.38)^2+(y-3399.56)^2+(z-2256.57)^2=235^2$ $-0.21x+2.75y-0.93z=5850.89$
$PD_{2\text{-}2}\text{-}L_{43}$	6662.45	3386.30	2256.57	70	115	81	$(x-6662.45)^2+(y-3386.3)^2+(z-2256.57)^2=70^2$ $0.89x+0.31y-0.42z=6031.57$
$PD_{2\text{-}2}\text{-}f_1$	6662.24	3383.30	2256.57	117	115	81	$(x-6662.24)^2+(y-3383.3)^2+(z-2256.57)^2=117^2$ $0.89x+0.31y-0.42z=6030.46$
$PD_{2\text{-}2}\text{-}L_{44}$	6662.09	3381.11	2256.57	117	115	81	$(x-6662.09)^2+(y-3381.11)^2+(z-2256.57)^2=117^2$ $0.89x+0.31y-0.42z=6029.64$
$PD_{2\text{-}2}\text{-}L_{48}$	6661.53	3373.13	2256.57	70	342	79	$(x-6661.53)^2+(y-3373.13)^2+(z-2256.57)^2=70.02^2$ $-0.3x+1.13y+0.95z=3956.92$
$PD_{2\text{-}2}\text{-}f_2$	6661.10	3367.04	2256.57	140	192	70	$(x-6661.1)^2+(y-3367.04)^2+(z-2256.57)^2=140^2$ $-0.19x+1.14y-0.97z=383.95$
$PD_{2\text{-}2}\text{-}L_{50}$	6660.95	3364.85	2256.56	46	132	72	$(x-6660.95)^2+(y-3364.85)^2+(z-2256.56)^2=46^2$ $0.7x+0.71y-0.66z=5562.38$
$PD_{2\text{-}2}\text{-}L_{57}$	6657.63	3345.97	2256.57	117	230	68	$(x-6657.63)^2+(y-3345.97)^2+(z-2256.57)^2=117^2$ $-0.71x+1.5y-0.64z=-1152.16$
$PD_{2\text{-}2}\text{-}L_{60}$	6656.84	3342.26	2256.57	46	35	47	$(x-6656.84)^2+(y-3342.26)^2+(z-2256.57)^2=46^2$ $0.41x+0.41y+0.81z=5927.45$
$PD_{2\text{-}2}\text{-}f_3$	6652.52	3326.44	2256.57	117	325	62	$(x-6652.52)^2+(y-3326.44)^2+(z-2256.57)^2=117^2$ $-0.5x+2.66y+0.81z=7349.9$
$PD_{2\text{-}2}\text{-}f_4$	6651.11	3323.79	2256.54	141	142	55	$(x-6651.11)^2+(y-3323.79)^2+(z-2256.54)^2=141^2$ $0.5x+1.42y-0.78z=6285.24$
$PD_{2\text{-}2}\text{-}f_5$	6652.05	3325.56	2256.57	500	78	36	$(x-6652.05)^2+(y-3325.56)^2+(z-2256.57)^2=500^2$ $0.57x+1.1y+0.2z=7901.1$
$PD_{2\text{-}2}\text{-}L_{75}$	6644.54	3311.43	2256.57	70	310	55	$(x-6644.54)^2+(y-3311.43)^2+(z-2256.57)^2=70^2$ $-0.62x+3.1y+0.64z=7590.04$
$PD_{2\text{-}2}\text{-}f_6$	6632.25	3286.31	2256.54	141	125	56	$(x-6632.25)^2+(y-3286.31)^2+(z-2256.54)^2=141^2$ $0.67x+1.21y-0.57z=7133.82$
$PD_{2\text{-}2}\text{-}L_{109}$	6631.13	3283.53	2256.54	470	285	56	$(x-6631.13)^2+(y-3283.53)^2+(z-2256.54)^2=470^2$ $-0.8x+2.78y+0.25z=4387.45$
$PD_{2\text{-}2}\text{-}f_7$	6627.01	3273.33	2256.54	188	110	54	$(x-6627.01)^2+(y-3273.33)^2+(z-2256.54)^2=188^2$ $0.76x+1.12y-0.34z=7935.43$
$PD_{2\text{-}2}\text{-}L_{120}$	6629.25	3278.89	2256.61	70	290	48	$(x-6629.25)^2+(y-3278.89)^2+(z-2256.61)^2=70^2$ $-0.69x+3.38y+0.34z=7275.73$

续表

编号	圆心			半径 R/m	倾向/(°)	倾角/(°)	空间分布方程
	x_0/m	y_0/m	z_0/m				
PD_{2-2}-L_{135}	6619.89	3255.71	2256.57	70	85	78	$(x-6619.89)^2+(y-3255.71)^2+(z-2256.57)^2=70^2$ $0.97x+0.3y+0.08z=7578.53$
PD_{2-2}-L_{136}	6618.76	3252.93	2256.54	117	130	84	$(x-6618.76)^2+(y-3252.93)^2+(z-2256.54)^2=117^2$ $0.76x+0.23y-0.64z=4334.25$
PD_{2-2}-f_{8-1}	6616.89	3248.3	2256.57	117	25	85	$(x-6616.89)^2+(y-3248.3)^2+(z-2256.57)^2=117^2$ $0.42x+0.03y+0.9z=4907.45$
PD_{2-2}-f_8	6616.55	3247.46	2256.57	176	105	84	$(x-6616.55)^2+(y-3247.46)^2+(z-2256.57)^2=176^2$ $0.96x+0.19y-0.25z=6404.77$
PD_{2-3}-L_{104}	6787.91	3294.42	2273.51	50	330	67	$(x-6787.91)^2+(y-3294.42)^2+(z-2273.51)^2=50^2$ $-0.46x+2.25y+0.86z=6245.22$
PD_{2-3}-L_{111}	6787.72	3293.86	2273.55	55	340	80	$(x-6787.72)^2+(y-3293.86)^2+(z-2273.55)^2=55^2$ $-0.33x+1.03y+0.93z=3267.13$
PD_{2-3}-L_{116}	6786.51	3290.36	2273.81	30	265	55	$(x-6786.51)^2+(y-3290.36)^2+(z-2273.81)^2=30^2$ $-0.81x+2.65y-0.08z=3040.47$
PD_{2-3}-L_{103}	6789.44	3298.87	2273.18	35	330	54	$(x-6789.44)^2+(y-3298.87)^2+(z-2273.18)^2=35^2$ $-0.4x+3.38y+0.86z=10389.34$
PD_{2-3}-f_8	6790.39	3301.61	2272.98	250	235	84	$(x-6790.39)^2+(y-3301.61)^2+(z-2272.97)^2=250^2$ $-0.81x+0.42y-0.57z=-5409.13$
PD_{2-3}-L_{99}	6790.97	3303.31	2272.85	70	235	72	$(x-6790.97)^2+(y-3303.31)^2+(z-2272.85)^2=70^2$ $-0.77x+1.26y-0.57z=-2362.4$
PD_{2-3}-L_{98}	6791.63	3305.2	2272.71	50	240	86	$(x-6791.63)^2+(y-3305.2)^2+(z-2272.71)^2=50^2$ $-0.86x+0.29y-0.5z=-6018.65$
PD_{2-3}-f_7	6792.44	3307.57	2272.53	150	57	72	$(x-6792.44)^2+(y-3307.57)^2+(z-2272.53)^2=150^2$ $0.79x+0.3y+0.54z=7585.46$
PD_{2-3}-f_6	6793.45	3310.5	2272.32	100	243	94	$(x-6793.45)^2+(y-3310.5)^2+(z-2272.32)^2=100^2$ $-0.88x-0.29y-0.45z=-7960.82$
PD_{2-3}-L_{90}	6795.04	3315.13	2271.98	80	92	75	$(x-6795.04)^2+(y-3315.13)^2+(z-2271.97)^2=80^2$ $0.96x+0.41y-0.03z=7814.28$
PD_{2-3}-L_{87}	6798.92	3326.38	2271.14	50	275	83	$(x-6798.92)^2+(y-3326.38)^2+(z-2271.14)^2=50^2$ $-0.98x+0.58y+0.08z=-4551.94$
PD_{2-3}-f_5	6803.61	3340	2270.14	75	250	78	$(x-6803.61)^2+(y-3340)^2+(z-2270.14)^2=75^2$ $-0.91x+0.9y-0.34z=-3957.13$
PD_{2-3}-L_{84}	6801.26	3333.19	2270.64	150	210	25	$(x-6801.26)^2+(y-3333.19)^2+(z-2270.64)^2=150^2$ $-0.21x+3.32y-0.86z=7685.17$

续表

编号	圆心			半径 R/m	倾向/(°)	倾角/(°)	空间分布方程
	x_0/m	y_0/m	z_0/m				
$PD_{2\text{-}3}$-L_{81}	6804.58	3342.84	2269.93	75	135	18	$(x-6804.58)^2+(y-3342.84)^2+(z-2269.93)^2=75^2$ $0.21x+2.24y-0.7z=7327.97$
$PD_{2\text{-}3}$-L_{80}	6806.86	3349.45	2269.44	35	252	82	$(x-6806.86)^2+(y-3349.45)^2+(z-2269.44)^2=35^2$ $-0.94x+0.61y-0.3z=-5036.11$
$PD_{2\text{-}3}$-L_{79}	6806.54	3348.51	2269.51	55	80	82	$(x-6806.54)^2+(y-3348.51)^2+(z-2269.51)^2=55^2$ $0.97x+0.19y+0.17z=7624.37$
$PD_{2\text{-}3}$-L_{78}	6806.67	3348.89	2269.48	20	205	18	$(x-6806.67)^2+(y-3348.89)^2+(z-2269.48)^2=20^2$ $-0.13x+3.4y-0.9z=8458.82$
$PD_{2\text{-}3}$-L_{77}	6808.65	3354.65	2269.05	70	60	70	$(x-6808.65)^2+(y-3354.65)^2+(z-2269.05)^2=70^2$ $0.81x+0.35y+0.5z=7823.66$
$PD_{2\text{-}3}$-L_{75}	6808.88	3355.32	2269.00	75	250	74	$(x-6808.88)^2+(y-3355.32)^2+(z-2269)^2=75^2$ $-0.9x+1.2y-0.34z=-2873.07$
$PD_{2\text{-}3}$-L_{74}	6810.74	3360.71	2268.60	50	80	57	$(x-6810.74)^2+(y-3360.71)^2+(z-2268.6)^2=50^2$ $0.82x+0.76y+0.17z=8524.6$
$PD_{2\text{-}3}$-L_{70}	6815.33	3374.04	2267.62	30	295	47	$(x-6815.33)^2+(y-3374.04)^2+(z-2267.62)^2=30^2$ $-0.66x+3.51y+0.42z=8297.16$
$PD_{2\text{-}3}$-L_{67}	6816.68	3380.63	2267.13	45	280	82	$(x-6816.68)^2+(y-3380.63)^2+(z-2267.13)^2=45^2$ $-0.97x+0.68y+0.17z=-3927.93$
$PD_{2\text{-}3}$-f_3	6787.64	3452.49	2261.71	50	245	75	$(x-6787.64)^2+(y-3452.49)^2+(z-2261.71)^2=50^2$ $-0.87x+1.1y-0.42z=-3057.42$
$PD_{2\text{-}4}$-cd_6	6735.60	3399.17	2264.88	40	198	18	$(x-6735.59)^2+(y-3399.17)^2+(z-2264.88)^2=40^2$ $-0.09x+3.28y-0.95z=8391.43$
$PD_{2\text{-}4}$-f_1	6767.62	3489.78	2259.73	100	240	72	$(x-6767.61)^2+(y-3489.78)^2+(z-2259.72)^2=100^2$ $-0.82x+1.29y-0.5z=-2177.49$
$PD_{2\text{-}4}$-f_{10}	6693.92	3277.98	2271.61	150	287	68	$(x-6693.92)^2+(y-3277.98)^2+(z-2271.61)^2=150^2$ $-0.88x+1.87y+0.29z=897.93$
$PD_{2\text{-}4}$-f_2	6737.95	3406.40	2264.49	150	223	38	$(x-6737.94)^2+(y-3406.39)^2+(z-2264.48)^2=150^2$ $-0.41x+3.06y-0.73z=6007.95$
$PD_{2\text{-}4}$-f_3	6733.62	3393.09	2265.22	300	75	68	$(x-6733.62)^2+(y-3393.08)^2+(z-2265.21)^2=300^2$ $0.89x+0.49y+0.25z=8221.83$
$PD_{2\text{-}4}$-f_4	6731.71	3387.19	2265.54	200	230	18	$(x-6731.7)^2+(y-3387.18)^2+(z-2265.54)^2=200^2$ $-0.23x+3.81y-0.64z=9906.94$
$PD_{2\text{-}4}$-f_5	6726.54	3374.07	2266.28	150	92	75	$(x-6726.54)^2+(y-3374.07)^2+(z-2266.28)^2=150^2$ $0.96x+0.41y-0.03z=7772.86$

续表

编号	圆心			半径 R/m	倾向 /(°)	倾角/(°)	空间分布方程
	x_0/m	y_0/m	z_0/m				
$PD_{2\text{-}4}\text{-}f_6$	6711.05	3332.22	2268.63	150	210	28	$(x-6711.05)^2+(y-3332.22)^2+(z-2268.62)^2=1502$ $-0.23x+3.23y-0.86z=7268.51$
$PD_{2\text{-}4}\text{-}f_7$	6711.72	3333.79	2268.54	150	210	38	$(x-6711.71)^2+(y-3333.78)^2+(z-2268.53)^2=1502$ $-0.3x+2.88y-0.86z=5636.84$
$PD_{2\text{-}4}\text{-}f_8$	6705.50	3319.15	2269.37	150	190	71	$(x-6705.5)^2+(y-3319.15)^2+(z-2269.37)^2=1502$ $-0.16x+1.07y-0.98z=254.62$
$PD_{2\text{-}4}\text{-}f_9$	6702.08	3308.41	2269.96	130	280	74	$(x-6702.07)^2+(y-3308.4)^2+(z-2269.96)^2=1302$ $-0.94x+1.34y+0.17z=-1480.79$
$PD_{2\text{-}4}\text{-}HL_{104m}$	6736.09	3400.69	2264.80	100	35	18	$(x-6736.09)^2+(y-3400.69)^2+(z-2264.8)^2=1002$ $0.17x+0.58y+0.81z=4952.02$
$PD_{2\text{-}4}\text{-}HL_1$	6755.62	3460.80	2261.49	100	10	26	$(x-6755.62)^2+(y-3460.8)^2+(z-2261.48)^2=1002$ $0.07x+0.15y+0.98z=3208.27$
$PD_{2\text{-}4}\text{-}HL_2$	6753.71	3454.90	2261.81	100	40	12	$(x-6753.7)^2+(y-3454.9)^2+(z-2261.81)^2=1002$ $0.13x+0.68y+0.76z=4946.29$
$PD_{2\text{-}4}\text{-}HL_{36m}$	6756.37	3463.27	2261.24	100	35	18	$(x-6756.36)^2+(y-3463.27)^2+(z-2261.23)^2=1002$ $0.17x+0.58y+0.81z=4988.88$
$PD_{2\text{-}4}\text{-}HL_{65m}$	6748.15	3437.78	2262.76	100	35	18	$(x-6748.14)^2+(y-3437.78)^2+(z-2262.75)^2=1002$ $0.17x+0.58y+0.81z=4973.93$
$PD_{2\text{-}4}\text{-}L_{13}$	6735.48	3398.79	2264.91	50	80	55	$(x-6735.47)^2+(y-3398.79)^2+(z-2264.9)^2=502$ $0.8x+0.8y+0.17z=8492.44$
$PD_{2\text{-}4}\text{-}L_{24}$	6724.78	3369.71	2266.53	30	266	88	$(x-6724.78)^2+(y-3369.71)^2+(z-2266.52)^2=302$ $-0.99x+0.16y-0.06z=-6254.37$
$PD_{2\text{-}4}L_{26}$	6720.02	3356.56	2268.26	50	72	55	$(x-6720.02)^2+(y-3356.56)^2+(z-2268.26)^2=502$ $0.77x+0.72y+0.3z=8271.62$
$PD_{2\text{-}4}\text{-}L_{28}$	6721.06	3360.43	2267.05	60	65	42	$(x-6721.05)^2+(y-3360.42)^2+(z-2267.05)^2=602$ $0.6x+0.84y+0.42z=7807.55$
$PD_{2\text{-}4}\text{-}L_{31}$	6713.79	3338.66	2268.26	30	65	64	$(x-6713.78)^2+(y-3338.66)^2+(z-2268.25)^2=302$ $0.81x+0.49y+0.42z=8026.78$
$PD_{2\text{-}4}\text{-}L_{45}$	6700.65	3303.10	2270.25	70	307	65	$(x-6700.65)^2+(y-3303.09)^2+(z-2270.25)^2=702$ $-0.72x+2.26y+0.6z=4002.67$
$PD_{2\text{-}4}\text{-}L_7$	6748.15	3437.78	2262.76	30	80	71	$(x-6748.14)^2+(y-3437.78)^2+(z-2262.75)^2=302$ $0.93x+0.45y+0.17z=8207.44$
$PD_{2\text{-}4}\text{-}L_8$	6746.60	3433.03	2263.02	30	270	70	$(x-6746.59)^2+(y-3433.02)^2+(z-2263.01)^2=302$ $-0.93x+1.61y+0z=-747.16$

续表

编号	圆心			半径 R/m	倾向 /(°)	倾角/(°)	空间分布方程
	x_0/m	y_0/m	z_0/m				
$PD_{2\text{-}4}\text{-}L_9$	6747.19	3434.84	2262.92	50	285	66	$(x-6747.18)^2+(y-3434.83)^2+(z-2262.91)^2=50^2$ $-0.88x+2.02y+0.25z=1566.57$
$PD_{14}\text{-}F_{164}$	6668.55	3608.28	2286.68	500	90	76	$(x-6668.55)^2+(y-3608.27)^2+(z-2286.68)^2=500^2$ $0.97x+0.38y+0z=7839.64$
$PD_{14}\text{-}f_9$	6666.35	3482.30	2294.36	84	64	72	$(x-6666.35)^2+(y-3482.29)^2+(z-2294.36)^2=84^2$ $0.85x+0.34y+0.43z=7836.95$
$PD_{14}\text{-}f_{10}$	6665.62	3440.31	2296.92	70	328	54	$(x-6665.62)^2+(y-3440.3)^2+(z-2296.92)^2=70^2$ $-0.42x+3.36y+0.84z=10689.28$
$PD_{14}\text{-}f_{12}$	6664.42	3371.32	2301.13	120	220	67	$(x-6664.41)^2+(y-3371.31)^2+(z-2301.12)^2=120^2$ $-0.59x+1.5y-0.76z=-623.88$
$PD_{14}\text{-}f_{11}$	6664.92	3400.31	2299.36	154	85	37	$(x-6664.92)^2+(y-3400.31)^2+(z-2299.35)^2=154^2$ $0.59x+1.18y+0.08z=8128.62$
$PD_{14}\text{-}Hf_8$	6664.99	3404.31	2299.12	500	200	20	$(x-6664.99)^2+(y-3404.31)^2+(z-2299.11)^2=500^2$ $-0.11x+3.28y-0.93z=8294.81$
$PD_{14\text{-}5}\text{-}f_1$	6648.89	3410.31	2300.00	70	289	81	$(x-6648.88)^2+(y-3410.31)^2+(z-2300)^2=70^2$ $-0.93x+0.78y+0.32z=-2787.42$
$PD_{14\text{-}5}\text{-}f_2$	6718.19	3396.69	2289.21	141	66	51	$(x-6718.18)^2+(y-3396.68)^2+(z-2289.2)^2=141^2$ $0.7x+0.72y+0.4z=8064.02$
$PD_{14\text{-}5}\text{-}f_3$	6723.04	3395.48	2289.51	117	82	80	$(x-6723.03)^2+(y-3395.47)^2+(z-2289.51)^2=117^2$ $0.97x+0.24y+0.13z=7633.89$

2) 主要断裂与三大洞室交切的图形展示

为了能够直观表示主要断裂与主厂房、主变室、调压井的位置关系，开发以 AutoCAD 为平台的三维模型软件，将主厂房、主变室、调压井用实体模型表示(图 5.2.1)，断裂用圆盘实体表示。把各实体放置于同一立体图中，就可以得到各主要断裂与三大洞室的交切图。图 5.2.2～图 5.2.13 为地下厂房区主要断裂与洞室群的交切图形。

5.2.3 主厂房拱顶和上、下游边墙主要断裂的分布特征

1) 主厂房模型的建立

地下厂房洞室群深埋于右岸地下，距岸边水平距离约 142m，靠岸一侧向山体内部依次为副厂房、副安装间、主厂房、主安装间。各地下洞室设计几何参数：主厂房 204m×29m×75.24m，拱顶高程 2271.90m，底板高程 2196.66m；主安装间 55m×29m×33.40m，拱顶高程 2271.90m，底板高程 2238.50m；副安装间 15m×29m×

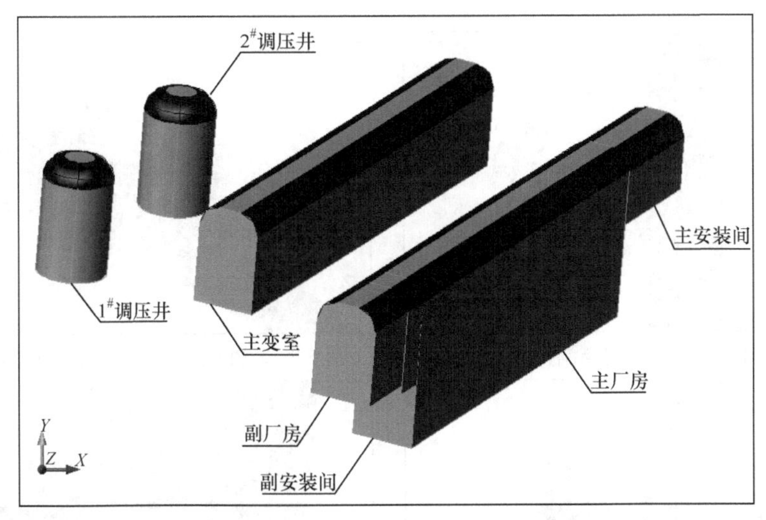

图 5.2.1　地下厂房洞室群实体模型展示

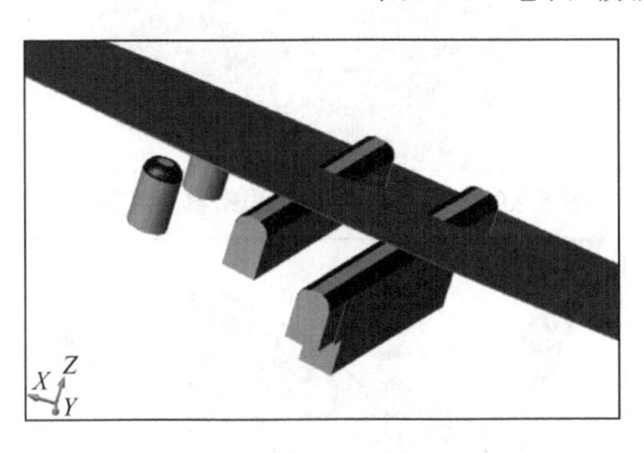

图 5.2.2　PD_{14}-Hf_8断裂与洞室群交切图形

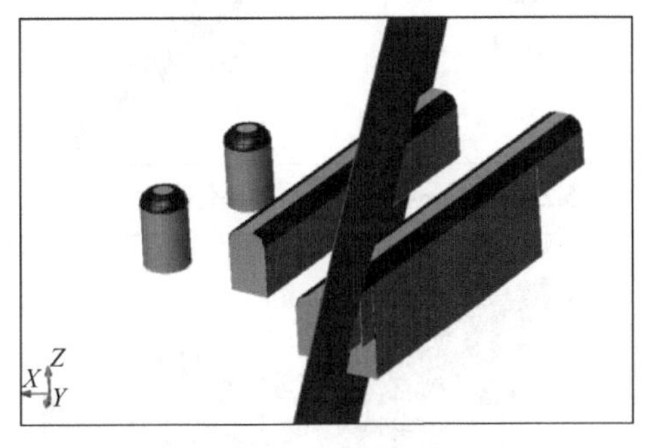

图 5.2.3　PD_{14}-F_{164}断裂与洞室群交切图形

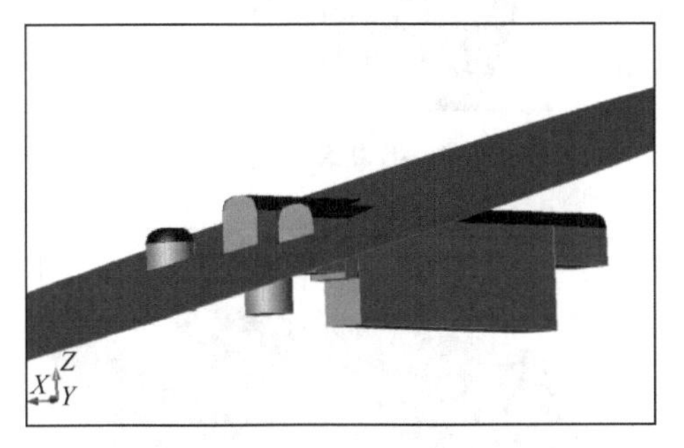

图 5.2.4　PD_2-f_9带断裂与洞室群交切图形

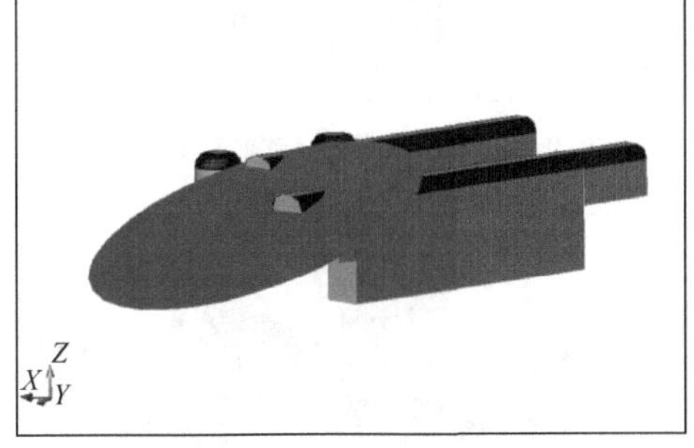

图 5.2.5　PD_2-L_{168}组断裂与洞室群交切图形

46.70m，拱顶高程 2271.90m，底板高程 2225.20m；副厂房 32m×29m×42.90m，拱顶高程 2271.90m，底板高程 2229.00m。根据设计参数，建立厂房的空间模型(图 5.2.14)。

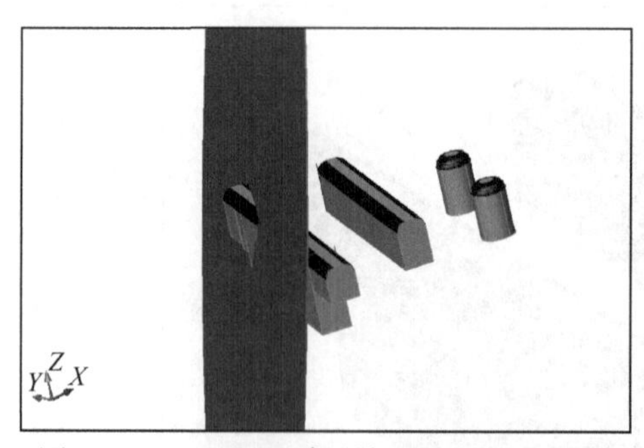

图 5.2.6　$PD_{2\text{-}2}\text{-}mF_1$断裂与洞室群交切图形

图 5.2.7　$PD_{2\text{-}2}\text{-}f_5$断裂与洞室群交切图形

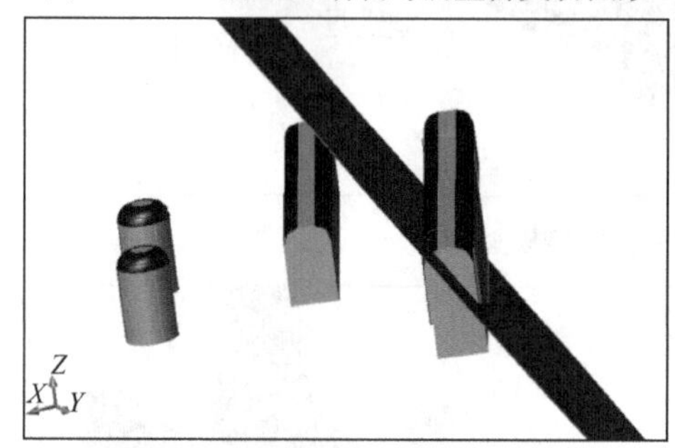

图 5.2.8　$PD_{2\text{-}2}\text{-}L_{109}$断裂与洞室群交切图形

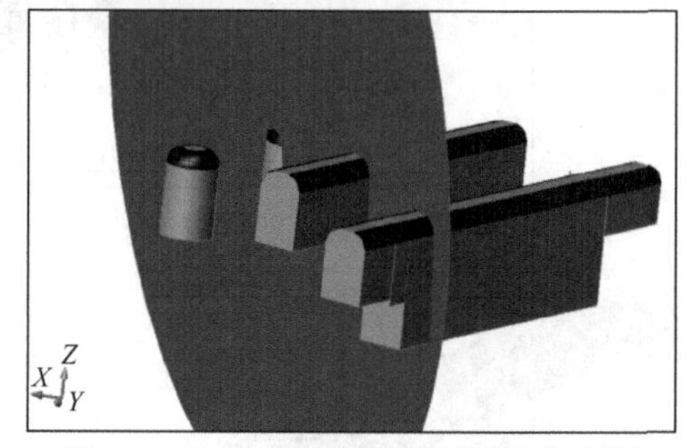

图 5.2.9　$PD_{2\text{-}3}\text{-}f_8$断裂与洞室群交切图形

图 5.2.10　$PD_{2\text{-}3}\text{-}L_{84}$断裂与洞室群交切图形

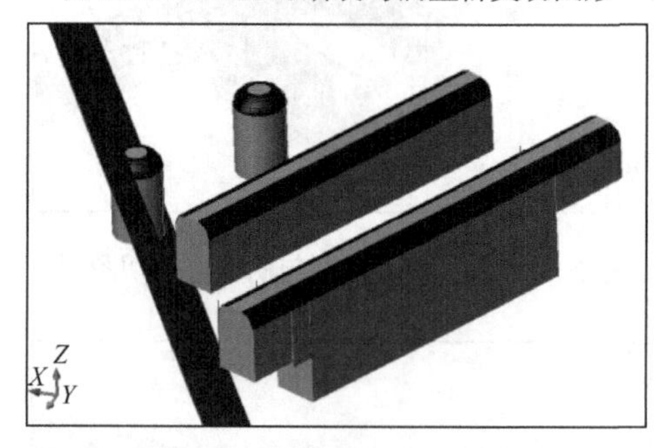

图 5.2.11　$PD_{2\text{-}4}\text{-}f_2$断裂与洞室群交切图形

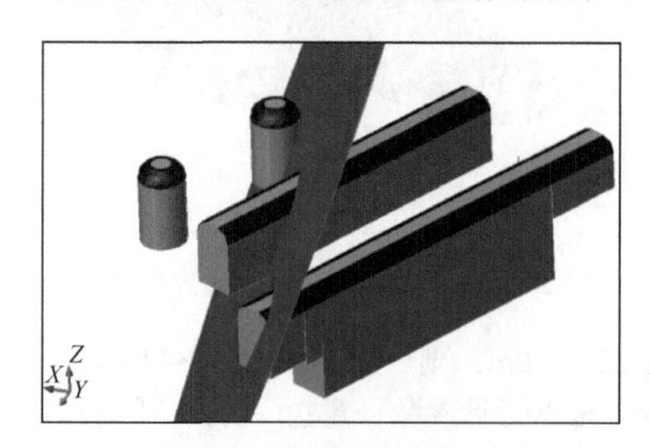

图 5.2.12　$PD_{2\text{-}4}\text{-}f_3$断裂与洞室群交切图形

图 5.2.13　$PD_{2\text{-}4}\text{-}HL_{65m}$断裂与洞室群交切图形

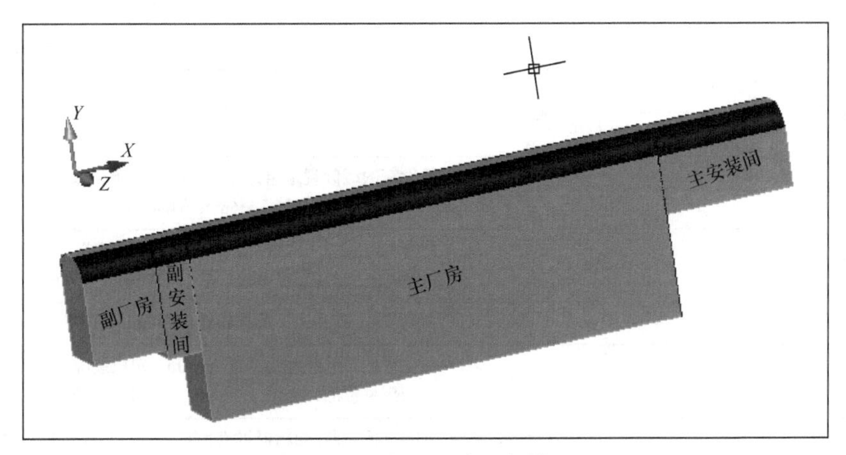

图 5.2.14　地下厂房空间模型

2) 主要切割断裂(裂隙)及选取原则

评价地下厂房边墙和拱顶稳定性，主要依据 PD_2、PD_{14} 平洞及其支洞和部分钻探资料进行。利用平洞揭露的断裂资料来评价地下厂房边墙和拱顶的稳定性，关键在于较长大裂隙的筛选。裂隙筛选得越合理，越能真实反映厂房开挖时的实际状况。平洞内的裂隙能否延伸或切割到厂房的边墙或拱顶，取决于规模及空间分布特征。一般而言，裂隙充填越厚其规模越大，裂隙出现渗水，裂隙面有蚀变、擦痕和镜面等明显的动力学特征时，往往可以反映裂隙贯通性较好且具有一定的规模。因此，用于切割地下厂房模型的断裂，除较大的断层外，将部分长大的裂隙也纳入其中。长大裂隙的选取原则：①裂隙宽度在 2cm 以上，充填厚度大于 1cm；②裂隙宽度在 1cm 左右，胶结较差，出现滴水或渗水的情况；③裂隙宽度在 1cm 以下，裂隙面平直光滑，有镜面或擦痕；④裂隙宽度在 2cm 以上，裂隙面上有锈迹且两侧岩体有蚀变。根据这些原则对 PD_2、PD_{14} 平洞的断裂进行筛选，用于切割主厂房立体模型的主要断裂(裂隙)见表 5.2.3。表 5.2.3 断裂(裂隙)中 PD_{14}-f_9 与 PD_2-f_{15}、PD_{14}-F_{164} 与 PD_2-f_{10} 相对应。需要指出的是，由于 PD_2 平洞距离主厂房上游边墙较远，普通的裂隙一般不易切到上游边墙，因此用 PD_2 平洞的资料评价主厂房上游边墙时会有一定程度的失真。慎重起见，适当加大了部分裂隙的半径，以满足分析计算的要求。

表 5.2.3　用于切割主厂房立体模型的主要断裂(裂隙)

编号	产状		延伸长度/m	宽度/cm	主要特征
	倾向/(°)	倾角/(°)			
PD_2-L_{145}	30	21	110	<1	为平行发育的缓倾裂隙组，厚 3～5m；单条裂隙面平直光滑，局部见镜面，主要充填物质为方解石脉
PD_2-L_{158}	84	61	110	<1	为平行发育的裂隙组，厚 1～3m；单条裂隙面平直光滑，充填 3～5mm 方解石脉，局部有滴水

续表

编号	产状		延伸长度/m	宽度/cm	主要特征
	倾向/(°)	倾角/(°)			
PD_2-L_{159}	0	25	110	<1	为平行发育的缓倾裂隙组，厚2～3m；单条裂隙面平直光滑，充填3～6mm方解石脉
PD_2-f_5	91	65	94	2～4	破碎带内主要充填方解石及岩石碎屑，胶结较差，有轻微蚀变，局部见锈迹，断面平直光滑
PD_2-f_6	125	76	120	3～5	方解石脉、碎裂岩，局部有糜棱岩化，破碎带内有滴水
PD_2-L_{168}	30	21	110	<1	为平行发育的缓倾裂隙组，厚3～5m；单条裂隙面平直光滑，局部见镜面，充填3～6mm方解石脉，胶结较好
PD_2-g_3	158	54	94	2～4	充填方解石脉，裂隙面粗糙平直，有轻微蚀变，蚀变带宽约10cm
PD_2-cd_3	127	49	70	2～3	充填方解石脉，裂隙面平直粗糙，有轻微蚀变
PD_2-f_9	55	17	590	20～30	破碎带内为糜棱岩、碎裂岩，局部夹泥，见有蚀变，断面平直光滑，为陡倾角断层f_{10}错断，断距约1m，局部渗水
PD_2-f_{10}	80	88	350	10～20	正断层，带内岩石糜棱岩化，局部充填灰绿色断层泥，两侧岩体有肉红色蚀变，断面光滑弯曲，有锈迹，局部有渗水
PD_2-f_{11}	85	70	120	4～6	方解石脉、角砾、糜棱岩，断裂面平直光滑，有轻微蚀变和锈迹
PD_2-f_{12}	290	71	140	4～8	方解石脉角砾、岩屑，胶结较差，断裂面光滑弯曲
PD_2-f_{13}	290	57	210	8～10	充填方解石脉、红色泥膜，胶结较差，断面弯曲光滑，有轻微蚀变
PD_2-f_{15}	55	72	260	10～12	碎裂岩、糜棱岩及方解石岩片，局部有夹泥，断面平直光滑，附近岩体蚀变呈肉红色，有滴水，可见锈迹
PD_2-f_{17}	55	76	310	10～16	方解石脉角砾，局部夹泥，胶结较差，裂隙面平直光滑
PD_2-cd_1	300	76	825	30～40	方解石脉、角砾岩及糜棱岩，局部有夹泥，胶结较差，断面光滑弯曲，可见蚀变和锈迹，局部滴水
PD_2-f_{19}	55	83	117	3～5	方解石脉、角砾，局部夹泥，胶结差，断面平直光滑，可见蚀变锈迹
PD_2-L_{228}	178	49	70	2～3	三壁贯通，充填方解石脉，裂隙面弯曲粗糙，有肉红色蚀变
$PD_{2\text{-}1}$-f_1	64	78	164	5～8	方解石脉、糜棱岩，胶结较差，断面光滑平直，局部有夹泥和蚀变
$PD_{2\text{-}1}$-g_2	305	81	70	2～4	充填方解石脉，胶结较好，裂隙面粗糙平直，有轻微蚀变，蚀变带宽5～8cm
$PD_{2\text{-}2}$-mF_1	308	76	710	20～40	充填石英脉、方解石脉、岩屑，两侧糜棱岩化，断面平直光滑，带内及两侧岩体均有肉红色蚀变，沿破碎带有滴水
$PD_{2\text{-}2}$-mL_{16}	57	50	282	10～15	方解石脉、角砾，裂面平直粗糙，有轻微蚀变
$PD_{2\text{-}2}$-mL_{26}	310	76	282	10～15	方解石脉充填，裂面平直粗糙，有肉红色蚀变，三壁贯通
$PD_{2\text{-}2}$-mL_{27}	300	82	70	2～3	方解石脉充填，裂面平直粗糙，有肉红色蚀变，三壁贯通

续表

编号	产状		延伸长度/m	宽度/cm	主要特征
	倾向/(°)	倾角/(°)			
PD_{2-2}-L_1	320	54	46	1～2	三壁贯通，充填 5mm 方解石脉，胶结较好
PD_{2-2}-L_4	0	42	46	1～2	三壁贯通，充填 5mm 方解石脉，胶结较好
PD_{2-2}-L_{10}	170	78	70	2～3	方解石脉充填，裂面两侧轻微蚀变，三壁贯通
PD_{2-2}-L_{27}	132	89	70	2～3	三壁贯通，充填方解石脉，胶结较好
PD_{2-2}-L_{34}	210	30	70	2～3	三壁贯通，充填方解石脉，胶结较好，局部潮湿
PD_{2-2}-L_{35}	200	26	350	10～20	方解石脉糜棱岩、岩石碎屑，局部潮湿，有灰绿色夹泥，两侧岩体有肉红色蚀变
PD_{2-2}-L_{43}	115	81	70	2～3	三壁贯通，充填方解石脉，胶结较好
PD_{2-2}-f_1	115	81	140	4～8	方解石脉、碎裂岩、岩屑，破碎带两侧有轻微蚀变，断面平直光滑
PD_{2-2}-L_{44}	115	81	70	2～3	三壁贯通，充填方解石脉，胶结较好
PD_{2-2}-L_{48}	342	79	70	2～3	三壁贯通，充填方解石脉，胶结较好
PD_{2-2}-f_2	230	62	188	5～10	方解石脉充填，含断层泥及糜棱岩条带，断面平直光滑，局部有渗水
PD_{2-2}-L_{50}	132	72	46	1～2	三壁贯通，充填方解石脉，胶结较好
PD_{2-2}-L_{52}	343	10	46	1～2	三壁贯通，充填方解石脉，胶结较好
PD_{2-2}-L_{57}	230	68	46	1～2	三壁贯通，充填方解石脉，胶结较好
PD_{2-2}-L_{60}	35	47	46	1～2	三壁贯通，充填方解石脉，胶结较好
PD_{2-2}-L_{62}	325	62	46	1～2	三壁贯通，充填方解石脉，胶结较好
PD_{2-2}-f_3	325	62	235	8～10	方解石脉、角砾，断面起伏光滑，有轻微蚀变锈迹
PD_{2-2}-f_4	142	55	260	10～12	方解石脉、角砾，断面平直光滑，有轻微蚀变
PD_{2-2}-f_5	78	36	470	20～40	方解石脉、碎裂岩、糜棱岩，局部夹泥，胶结差，断面平直光滑，有镜面和擦痕，两侧岩体强烈蚀变
PD_{2-2}-L_{74}	70	35	46	1～2	三壁贯通，充填方解石脉，胶结较好
PD_{2-2}-L_{75}	310	55	70	2～3	三壁贯通，充填方解石脉，胶结较好
PD_{2-2}-L_{84}	320	35	46	1～2	三壁贯通，充填方解石脉，胶结较好
PD_{2-2}-f_6	125	56	141	10～12	充填方解石脉，胶结较好，断面平直光滑，有蚀变
PD_{2-2}-L_{109}	285	56	590	20～30	方解石脉、碎裂岩岩屑及糜棱岩，胶结较差，断面平直光滑
PD_{2-2}-f_7	110	54	300	10～16	带内岩石具挤压破碎特征，裂隙面平直光滑，有蚀变、锈迹
PD_{2-2}-L_{120}	290	48	70	2～3	三壁贯通，充填方解石脉，胶结较好
PD_{2-2}-Lf_{41}	55	89	46	2	三壁贯通，充填方解石脉，胶结较好
PD_{2-2}-L_{125}	46	88	46	1～2	三壁贯通，充填方解石脉，胶结较好

续表

编号	产状		延伸长度/m	宽度/cm	主要特征
	倾向/(°)	倾角/(°)			
$PD_{2\text{-}2}$-L_{131}	137	80	46	1～2	三壁贯通，充填方解石脉，胶结较好
$PD_{2\text{-}2}$-L_{134}	220	78	46	1～2	三壁贯通，充填方解石脉，胶结较好
$PD_{2\text{-}2}$-L_{135}	85	78	46	1～2	三壁贯通，充填方解石脉，胶结较好
$PD_{2\text{-}2}$-L_{136}	130	84	70	2～3	三壁贯通，充填方解石脉，沿裂面有轻微蚀变
$PD_{2\text{-}2}$-$f_{8\text{-}1}$	25	85	210	8～10	方解石脉、糜棱岩、碎裂岩，胶结较好，断面光滑弯曲，有蚀变锈迹
$PD_{2\text{-}2}$-f_8	105	84	350	10～20	方解石脉、糜棱岩、碎裂岩，胶结较好，断面光滑弯曲，有蚀变锈迹
PD_{14}-F_{164}	90	76	700	20～40	带内岩石糜棱岩化，局部夹泥，两侧有蚀变，断层面有锈迹，呈平缓波状延伸，局部有渗水
PD_{14}-f_9	64	72	140	4～6	方解石脉、角砾岩，局部有糜棱岩化，断面平直光滑，见镜面和擦痕
PD_{14}-f_{10}	328	54	140	4～6	带内含角砾岩、糜棱岩，局部有方解石、石英团块，两侧有蚀变，胶结较差，断面平直光滑
PD_{14}-f_{11}	85	37	188	6～10	角砾岩、糜棱岩，胶结差，断面平直光滑
PD_{14}-f_{12}	220	67	350	10～20	由片状岩石、方解石、少量角砾岩组成，局部有糜棱岩化，呈松散状，断面平直光滑
PD_{14}-Hf_8	200	20	1180	40～60	带内夹糜棱岩条带及碎裂岩，局部含灰白～灰绿色泥状物质，岩石氧化呈锈褐色，断面平直光滑，有肉红色蚀变
$PD_{14\text{-}5}$-f_1	289	81	140	5～8	方解石脉角砾，胶结较差，含少量红色夹泥，断面平直，见擦痕
$PD_{14\text{-}5}$-f_2	66	51	190	6～12	糜棱岩、方解石脉充填，断面平直，局部渗水
$PD_{14\text{-}5}$-f_3	82	80	190	5～10	方解石脉充填，局部张开，有软化夹泥，有滴水

3) 地下厂房拱顶、边墙断裂(裂隙)分布状况及空间位置的确定

确定地下厂房拱顶断裂的分布状况及空间位置时，为了较为真实反映断裂在拱顶切割情况，选取 1/2 拱高处的平面对立体模型进行剖切，如图 5.2.15 所示。断裂在地下厂房拱顶的切割较为复杂，断裂分布较多的地带在桩号 0～100m 处。陡倾角裂隙和断层多数以斜切地下厂房拱顶为特征，在拱顶出露较长，延伸较远；缓倾角裂隙组和断层以与平洞近于正交为主，出露较短，主要分布在 0～25m(大致相当于副厂房的位置)。陡、缓倾角断裂相互交切形成网状分割的特征。各断裂(裂隙)在拱顶切割的端点大地坐标见表 5.2.4。

表 5.2.4　地下厂房拱顶各断裂(裂隙)端点大地坐标

编号	第一端点(上端点)			第二端点(下端点)		
	x/m	*y*/m	*z*/m	*x*/m	*y*/m	*z*/m
PD_2-g_3	3544.082	6687.523	2267.100	3547.355	6695.760	2267.100
PD_2-L_{159}	3543.083	6687.058	2267.100	3543.150	6704.778	2267.100
PD_2-L_{168}	3537.208	6684.324	2267.100	3523.734	6707.662	2267.100
$PD_{14\text{-}5}$-f_2	3527.218	6679.674	2267.100	3494.794	6694.148	2267.100
PD_2-f_{11}	3523.437	6677.914	2267.100	3470.035	6682.586	2267.100
PD_2-cd_3	3517.096	6674.963	2267.100	3546.658	6697.254	2267.100
PD_{14}-F_{164}	3514.152	6673.593	2267.100	3450.890	6673.645	2267.100
PD_{14}-f_9	3500.593	6667.282	2267.100	3469.620	6682.3*92	2267.100
PD_2-f_9	3499.330	6666.695	2267.100	3474.148	6684.507	2267.100
PD_2-f_{15}	3497.393	6665.793	2267.100	3472.108	6683.554	2267.100
PD_2-f_{17}	3492.296	6663.421	2267.100	3466.984	6681.161	2267.100
PD_2-L_{228}	3479.275	6657.361	2267.100	3480.299	6687.379	2267.100
$PD_{2\text{-}2}$-mL_{16}	3471.667	6653.820	2267.100	3445.244	6671.009	2267.100
$PD_{2\text{-}1}$-f_1	3458.176	6647.541	2267.100	3427.281	6662.620	2267.100
$PD_{2\text{-}2}$-mF_1	3455.592	6646.338	2267.100	3539.715	6712.144	2267.100
$PD_{2\text{-}1}$-g_2	3454.189	6645.710	2267.100	3540.238	6705.981	2267.100
PD_{14}-f_{10}	3453.042	6645.151	2267.100	3479.047	6686.794	2267.100
$PD_{2\text{-}2}$-L_{10}	3444.362	6641.111	2267.100	3450.024	6673.241	2267.100
$PD_{2\text{-}2}$-L_4	3438.165	6638.227	2267.100	3438.156	6667.699	2267.100
$PD_{2\text{-}2}$-L_{34}	3438.041	6638.170	2267.100	3424.641	6661.388	2267.100
$PD_{2\text{-}2}$-L_{35}	3432.503	6635.591	2267.100	3423.329	6660.775	2267.100
$PD_{2\text{-}2}$-mL_{26}	3420.169	6629.852	2267.100	3499.189	6696.200	2267.100
$PD_{2\text{-}2}$-f_2	3415.552	6627.703	2267.100	3393.021	6646.621	2267.100
$PD_{2\text{-}2}$-L_1	3413.973	6626.968	2267.100	3454.548	6675.354	2267.100
$PD_{2\text{-}2}$-f_5	3402.920	6621.824	2267.100	3360.103	6631.249	2267.100
$PD_{2\text{-}2}$-L_{57}	3397.990	6619.529	2267.100	3375.471	6638.426	2267.100
PD_{14}-f_{12}	3392.232	6616.849	2267.100	3374.511	6637.977	2267.100
$PD_{2\text{-}2}$-L_{74}	3386.015	6613.956	2267.100	3350.713	6626.864	2267.100
$PD_{2\text{-}2}$-L_{135}	3372.074	6607.468	2267.100	3319.106	6612.104	2267.100

续表

编号	第一端点(上端点)			第二端点(下端点)		
	x/m	y/m	z/m	x/m	y/m	z/m
PD_{2-2}-L_{60}	3366.598	6604.919	2267.100	3351.106	6627.048	2267.100
PD_{2-2}-L_{48}	3350.099	6597.240	2267.100	3361.328	6631.821	2267.100
PD_{14}-Hf_{8}	3336.766	6591.034	2267.100	3327.647	6616.093	2267.100
PD_{2-2}-Lf_{41}	3324.949	6585.535	2267.100	3299.850	6603.112	2267.100
PD_{2-2}-L_{125}	3310.411	6578.768	2267.100	3289.978	6598.502	2267.100
PD_{2-2}-L_{134}	3298.888	6573.406	2267.100	3281.251	6594.426	2267.100
PD_{2-2}-f_{8-1}	3273.190	6561.445	2267.100	3261.994	6585.434	2267.100
PD_{2}-f_{6}	3480.575	6661.072	2267.100	3543.089	6704.908	2267.100
PD_{14-5}-f_{1}	3470.219	6664.007	2267.100	3353.737	6623.916	2267.100
PD_{2-2}-mL_{27}	3403.556	6631.274	2267.100	3523.406	6700.469	2267.100
PD_{2-2}-L_{27}	3359.017	6617.715	2267.100	3389.103	6644.792	2267.100
PD_{2-2}-L_{50}	3278.347	6578.458	2267.100	3312.047	6608.807	2267.100
PD_{2-2}-L_{62}	3269.033	6568.566	2267.100	3289.952	6598.489	2267.100
PD_{2-2}-f_{4}	3268.903	6568.845	2267.100	3293.163	6599.989	2267.100
PD_{2-2}-f_{3}	3265.770	6575.563	2267.100	3277.826	66592.827	2267.100
PD_{2-2}-L_{52}	3264.408	6578.484	2267.100	3267.277	6587.901	2267.100
PD_{2}-f_{12}	3546.990	6696.543	2267.100	3358.724	6627.966	2267.100
PD_{2}-f_{13}	3545.814	6699.064	2267.100	3362.960	6632.583	2267.100
PD_{14}-f_{11}	3547.702	6694.999	2267.100	3504.677	6698.763	2267.100
PD_{2-2}-L_{109}	3541.870	6707.522	2267.100	3498.564	6695.909	2267.100

地下厂房上、下游边墙断裂(裂隙)的分布特征及空间位置的确定：裂隙在地下厂房边墙的切割与拱顶不同，除与洞线轴向近于平行的裂隙外，边墙上陡倾角裂隙和断层主要表现为出露较短、视倾角较高，缓倾角裂隙和断层则表现为出露较长，视倾角较低。上、下游边墙裂隙的切割有所差异，下游边墙裂隙分布较上游均匀，上、下游边墙裂隙的切割均有分段的特征。上游边墙内，0～75m 为断裂较多段；75～200m 为断裂较少段；200～305m 为断裂稀疏段(图 5.2.16)。下游边墙断裂相对密集段主要在 25～75m 和 160～210m(图 5.2.17)。各断裂在上、下游边墙上切割的端点大地坐标分别见表 5.2.5、表 5.2.6。

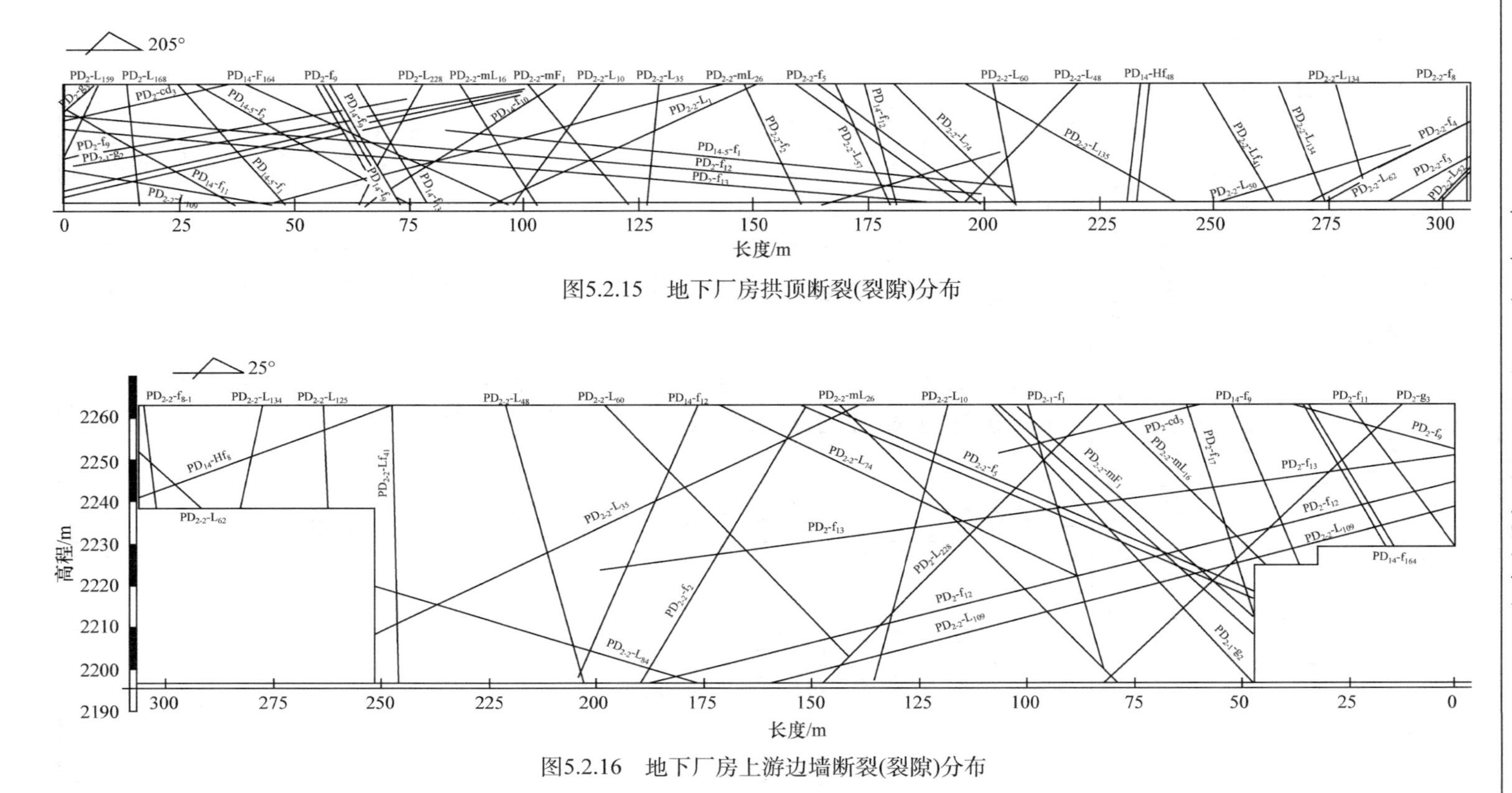

图5.2.15　地下厂房拱顶断裂(裂隙)分布

图5.2.16　地下厂房上游边墙断裂(裂隙)分布

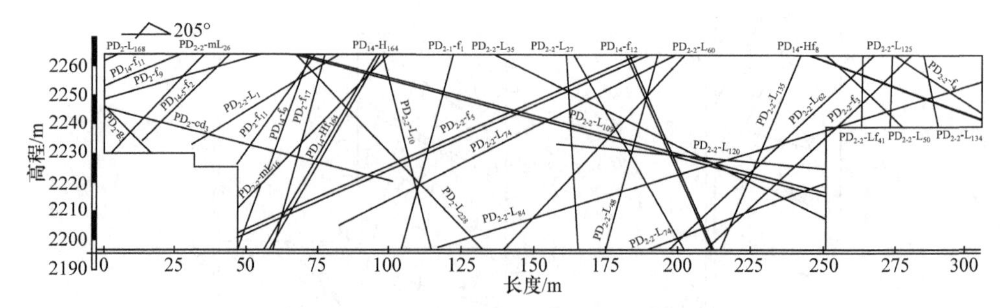

图 5.2.17　地下厂房下游边墙断裂(裂隙)分布

表 5.2.5　地下厂房上游边墙断裂(裂隙)端点大地坐标

编号	第一端点(上端点)			第二端点(下端点)		
	x/m	*y*/m	*z*/m	*x*/m	*y*/m	*z*/m
PD$_{2-2}$-f$_{8-1}$	3274.098	6560.583	2262.500	3275.996	6561.467	2238.500
PD$_{2-2}$-L$_{62}$	3273.012	6560.076	2251.854	3285.873	6566.073	2238.500
PD$_{14}$-Hf$_{8}$	3324.805	6584.126	2262.500	3272.999	6560.070	2241.786
PD$_{2-2}$-L$_{52}$	3288.673	6567.279	2262.500	3499.571	6665.616	2232.008
PD$_{2-2}$-L$_{134}$	3298.793	6571.997	2262.500	3293.964	6569.846	2238.500
PD$_{2-2}$-L$_{125}$	3311.434	6577.992	2262.500	3312.295	6578.393	2238.500
PD$_{2-2}$-Lf$_{41}$	3326.196	6584.775	2262.500	3327.399	6585.336	2196.660
PD$_{2-2}$-L$_{48}$	3350.769	6596.332	2262.500	3366.552	6603.592	2196.660
PD$_{2-2}$-L$_{60}$	3371.211	6605.864	2262.500	3422.238	6629.557	2203.103
PD$_{14}$-f$_{12}$	3390.976	6615.078	2262.500	3365.557	6603.228	2198.065
PD$_{2-2}$-L$_{74}$	3395.983	6617.415	2262.500	3471.362	6652.562	2221.322
PD$_{2-2}$-L$_{57}$	3397.125	6617.847	2262.500	3370.523	6605.443	2196.660
PD$_{2-2}$-f$_{5}$	3412.674	6625.198	2262.500	3507.744	6669.527	2216.636
PD$_{2-2}$-f$_{2}$	3414.007	6625.819	2262.500	3379.039	6609.514	2196.660
PD$_{2-2}$-L$_{1}$	3419.547	6628.402	2262.500	3505.229	6668.254	2207.417
PD$_{2-2}$-mL$_{26}$	3421.371	6629.252	2262.500	3478.849	6656.053	2196.660
PD$_{2-2}$-L$_{35}$	3424.026	6630.391	2262.500	3322.800	6583.191	2208.010
PD$_{2-2}$-L$_{34}$	3431.195	6633.833	2262.500	3347.320	6594.724	2209.226
PD$_{2-2}$-L$_{10}$	3443.019	6639.246	2262.500	3427.732	6632.219	2197.320
PD$_{2-2}$-L$_{4}$	3443.352	6639.502	2262.500	3501.940	6666.820	2209.747
PD$_{2-1}$-g$_{2}$	3453.319	6644.150	2262.500	3507.732	6669.521	2196.660
PD$_{2-2}$-mF$_{1}$	3458.324	6646.483	2262.500	3507.734	6669.522	2213.308
PD$_{2-2}$-f$_{10}$	3457.703	6646.194	2262.500	3482.742	6657.869	2241.789
PD$_{2-1}$-f$_{1}$	3460.590	647.440	2262.500	3476.806	6655.101	2196.660
PD$_{2}$-L$_{228}$	3475.100	6654.205	2262.500	3416.927	6627.180	2196.660
PD$_{2-2}$-mL$_{16}$	3477.079	6655.128	2262.500	3510.434	6670.781	2225.200
PD$_{2}$-f$_{17}$	3494.399	6663.304	2262.500	3507.770	6669.439	2212.056
PD$_{2}$-cd$_{3}$	3495.840	6663.976	2262.500	3454.648	6644.769	2251.628

续表

编号	第一端点(上端点)			第二端点(下端点)		
	x/m	y/m	z/m	x/m	y/m	z/m
PD_{14}-f_9	3503.479	6667.538	2262.500	3517.733	6674.184	2225.200
PD_2-f_9	3516.995	6673.840	2262.500	3550.367	6689.300	2252.776
PD_{14}-F_{164}	3519.678	6674.991	2262.500	3537.392	6683.351	2229.000
PD_2-f_{11}	3528.701	6679.198	2262.500	3550.367	6689.300	2229.662
PD_2-g_3	3538.902	6683.955	2262.500	3475.335	6654.315	2196.660
PD_2-L_{168}	3548.891	6688.613	2262.500	3550.367	6689.300	2261.878
PD_{2-2}-L_{84}	3322.881	6583.229	2218.974	3391.033	6615.006	2196.660
PD_2-f_{13}	3550.328	6689.383	2250.713	3369.503	6605.068	2223.944
PD_2-f_{12}	3550.328	6689.383	2244.489	3379.039	6609.514	2196.664
PD_{2-2}-L_{109}	3550.328	6689.383	2238.301	3403.713	6621.019	2196.660

表 5.2.6　地下厂房下游边墙断裂(裂隙)端点大地坐标

编号	第一端点(上端点)			第二端点(下端点)		
	x/m	y/m	z/m	x/m	y/m	z/m
PD_2-L_{168}	3533.210	6713.294	2262.500	3538.119	6715.504	2260.848
PD_{14}-f_{11}	3512.668	6703.720	2262.500	3538.111	6715.584	2252.232
PD_{2-2}-mL_{26}	3505.999	6700.610	2262.500	3535.652	6714.337	2229.000
PD_{14-5}-f_2	3497.575	6696.682	2262.500	3526.029	6709.850	2233.687
PD_{14}-f_{10}	3487.577	6692.020	2262.500	3491.236	6693.682	2257.945
PD_2-f_9	3485.269	6690.844	2262.500	3538.111	6715.584	2248.135
PD_{2-2}-L_{109}	3477.760	6687.442	2262.500	3310.628	6609.507	2215.522
PD_2-L_{228}	3476.599	6686.901	2262.500	3418.020	6659.585	2196.660
PD_2-f_{15}	3472.474	6684.977	2262.500	3494.983	6695.473	2196.660
PD_2-f_{11}	3470.663	6684.134	2262.500	3495.574	6685.649	2225.200
PD_2-f_{17}	3467.032	6682.480	2262.500	3484.318	6690.500	2196.660
PD_{2-2}-L_1	3462.844	6680.487	2262.500	3509.597	6702.218	2232.912
PD_{14}-F_{164}	3450.462	6674.713	2262.500	3485.902	6691.239	2196.660
PD_{2-2}-L_{10}	3449.254	6674.150	2262.500	3433.668	6666.882	2209.825
PD_{2-2}-mL_{16}	3447.904	6673.520	2262.500	3495.553	6695.639	2215.496
PD_{2-2}-L_4	3442.854	6671.165	2262.500	3495.556	6695.641	2196.660
PD_{2-1}-f_1	3427.011	6663.777	2262.500	3443.432	6671.434	2206.931
PD_{2-2}-L_{35}	3415.014	6658.183	2262.500	3310.628	6609.507	2196.660
PD_{2-2}-L_{27}	3391.754	6647.337	2262.500	3388.201	6645.680	2196.660
PD_{2-2}-f_2	3389.774	6646.417	2262.500	3354.552	6629.989	2196.660
PD_{2-2}-L_{57}	3372.780	6638.130	2262.500	3346.005	6626.003	2196.660
PD_{14}-f_{12}	3372.011	6635.702	2262.500	3345.658	6625.841	2196.660
PD_{2-2}-f_5	3366.803	6633.765	2262.500	3495.553	6695.639	2200.833
PD_{2-2}-L_{48}	3362.855	6631.089	2262.500	3378.784	6641.289	2196.660

续表

编号	第一端点(上端点)			第二端点(下端点)		
	x/m	y/m	z/m	x/m	y/m	z/m
$PD_{2\text{-}2}\text{-}L_{74}$	3356.900	6629.683	2262.500	3463.370	6680.733	2204.736
$PD_{2\text{-}2}\text{-}L_{60}$	3354.099	6613.142	2262.500	3410.900	6656.264	2196.660
$PD_{14}\text{-}Hf_{8}$	3318.424	6611.484	2262.500	3260.781	6586.262	2240.586
$PD_{2\text{-}2}\text{-}L_{135}$	3316.849	6609.418	2262.500	3343.878	6625.012	2196.660
$PD_{2\text{-}2}\text{-}L_{50}$	3310.437	6604.418	2262.500	3286.246	6598.137	2238.500
$PD_{2\text{-}2}\text{-}Lf_{41}$	3299.950	6604.527	2262.500	3299.219	6604.187	2238.500
$PD_{2\text{-}2}\text{-}L_{62}$	3598.779	6603.982	2262.500	3359.281	6632.194	2196.660
$PD_{2\text{-}2}\text{-}L_{52}$	3295.813	6602.598	2262.500	3495.449	6695.638	2234.250
$PD_{2\text{-}2}\text{-}f_{4}$	3289.187	6599.508	2262.500	3260.781	6586.262	2242.806
$PD_{2\text{-}2}\text{-}L_{125}$	3288.324	6599.106	2262.500	3290.035	6599.811	2238.500
$PD_{2\text{-}2}\text{-}f_{3}$	3283.697	6596.949	2262.500	3306.875	6607.748	2238.500
$PD_{2\text{-}2}\text{-}L_{134}$	3279.498	6594.991	2262.500	3274.712	6592.759	2238.500
$PD_{2\text{-}2}\text{-}f_{8\text{-}1}$	3261.825	6586.749	2262.500	3263.777	6587.567	2238.500

5.2.4 主变室拱顶和上、下游边墙主要断裂分布位置的确定

1. 主变室模型的建立

由于与主变室对应的平洞只有 $PD_{2\text{-}4}$ 和 $PD_{14\text{-}5}$，通过 $PD_{2\text{-}4}$ 和 $PD_{14\text{-}5}$ 揭露的中小型断裂和长大裂隙评价这些断裂和结构面在主变室中的分布情况，进而评价主变室的块体稳定性，成为研究的关键之一。为了直观地反映主变室的空间形态，了解中小型断裂及长大裂隙在主变室拱顶和上、下游边墙的出露情况，根据设计提供的主变室布置及相应的剖面尺寸(表 5.2.7、表 5.2.8)，以 AutoCAD 为开发平台，用三维立体模型软件，建立主变室的三维立体空间模型(图 5.2.18)。模型采用大地坐标，其中岸外端面、岸内端面各控制点的大地坐标见表 5.2.9。利用已建立的中小型断裂及长大结构面的方程，建立结构面的空间分布模型。结构面空间模型和主变室空间模型的交切，可以反映这些结构面在主变室拱顶和上、下游边墙的出露情况。

表 5.2.7 主变室几何参数

名称	尺寸(长×宽×高)/(m×m×m)	拱顶高程/m	底板高程/m
主变室	235.0×28.5×44.3	2282.825	2238.500

表 5.2.8 主变室平面控制点大地坐标

点号	x/m	y/m	备注
C3	3257.531	6658.894	主变室中心线右端点
C4	3469.154	6757.576	主变室中心线左端点

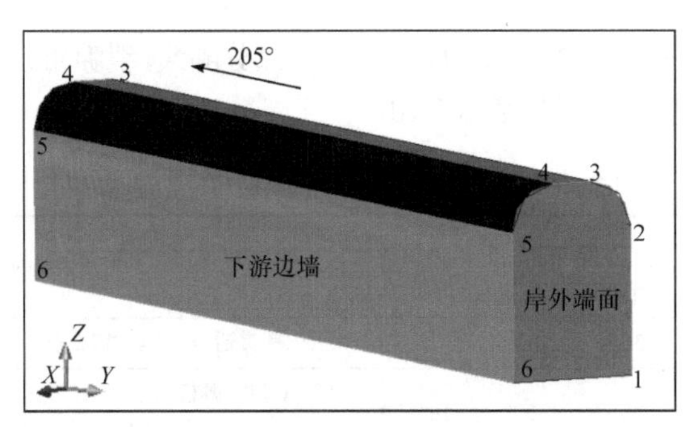

图 5.2.18　主变室空间模型

表 5.2.9　主变室岸内外端面控制点大地坐标

位置	编号	x/m	y/m	z(高程)/m
岸外端面	1	3475.240	6744.525	2238.500
	2	3475.240	6744.525	2273.825
	3	3471.436	6752.682	2282.825
	4	3466.999	6762.198	2282.825
	5	3463.195	6770.355	2273.825
	6	3463.195	6770.355	2238.500
岸内端面	1	3251.572	6671.673	2238.500
	2	3251.572	6671.673	2273.825
	3	3255.376	6663.516	2282.825
	4	3259.813	6654.000	2282.825
	5	3263.617	6645.843	2273.825
	6	3263.617	6645.843	2238.500

2. 主变室拱顶和上、下游边墙断裂(裂隙)分布位置的程序切割

主要切割断裂及选取原则：①从平洞揭露的情况和室内图形切割来看，能够切割到主变室的断裂主要为 $PD_{2\text{-}4}$、$PD_{2\text{-}2}$、$PD_{14\text{-}5}$ 揭露的长大裂隙和断层，所以所选裂隙集中在 $PD_{2\text{-}4}$、$PD_{2\text{-}2}$、$PD_{14\text{-}5}$ 揭露的长大裂隙和断层中。②选择 $PD_{2\text{-}4}$、$PD_{2\text{-}2}$、$PD_{14\text{-}5}$ 中能够切割到主变室的所有中小型断层，断层延伸长度由现场平洞揭露和统计公式综合给出，对于有断层泥、锈染和滴水严重的断层，按全连通考虑。③由于缓倾角裂隙在平洞 $PD_{2\text{-}4}$ 中从 36m 到 104m 比较发育，程序切割过程中用 $PD_{2\text{-}4}\text{-}HL_{36m}$，$PD_{2\text{-}4}\text{-}HL_{65m}$，$PD_{2\text{-}4}\text{-}HL_{104m}$ 来代替该缓倾角发育带；从平洞 $PD_{2\text{-}4}$ 揭露的情况来看，这组缓倾角裂隙被 $PD_{2\text{-}4}\text{-}f_2$ 错断，由于缺乏勘察资料，现场推测错距为 2m 左右，程序切割时没有考虑错距，直接将其按圆盘延伸上去。④一般裂隙选择原则是能够贯通平洞三壁，裂隙宽度在 1cm 以上，裂隙延伸长度由现场平洞揭露和统计公式综合给出。⑤在主变室的岸内侧，由于距离 $PD_{2\text{-}4}$ 和 $PD_{2\text{-}2}$ 相对较远，$PD_{2\text{-}4}$ 和 $PD_{2\text{-}2}$ 的断裂无法切割到其拱顶和上、下游边墙，为了评价其块

体稳定性，适当加长了 PD_{2-4} 和 PD_{2-2} 岸内侧部分断裂(裂隙)的长度。主变室切割所用的断裂(裂隙)基本情况见表 5.2.10。

表 5.2.10　主变室切割所用的断裂(裂隙)基本情况

编号	产状		长度/m	宽度/cm	主要特征
	倾向/(°)	倾角/(°)			
PD_{2-2}-L_{34}	210	30	70	2～3	三壁贯通，充填方解石脉，胶结较好，局部潮湿
PD_{2-2}-L_{35}	200	26	350	10～20	方解石脉、糜棱岩、岩石碎片，局部潮湿且有灰绿色夹泥，两侧岩体有肉红色蚀变
PD_{2-2}-f_1	115	81	140	4～8	方解石脉、碎裂岩、岩屑，破碎带两侧岩体有轻微蚀变，断面平直光滑
PD_{2-2}-L_{48}	342	79	70	2～3	三壁贯通，充填方解石脉，胶结较好
PD_{2-2}-f_2	230	62	188	5～10	方解石脉充填，含断层泥及糜棱岩条带，断面平直光滑，局部有渗水
PD_{2-2}-L_{57}	230	68	46	1～2	三壁贯通，充填方解石脉，胶结较好
PD_{2-2}-L_{60}	35	47	46	1～2	三壁贯通，充填方解石脉，胶结较好
PD_{2-2}-f_3	325	62	235	8～10	方解石脉、角砾，断面起伏光滑，有轻微蚀变锈迹
PD_{2-2}-f_4	142	55	260	10～12	方解石脉、角砾，断面平直光滑，有轻微蚀变
PD_{2-2}-f_5	78	36	470	20～40	方解石脉、碎裂岩、糜棱岩，局部夹泥，胶结差，断面平直光滑，有镜面和擦痕，两侧岩体强烈蚀变
PD_{2-2}-L_{75}	310	55	70	2～3	三壁贯通，充填方解石脉，胶结较好
PD_{2-2}-L_{136}	130	84	70	2～3	三壁贯通，充填方解石脉，沿裂面有轻微蚀变
PD_{2-4}-f_{10}	287	68	176	5～10	充填方解石、岩屑，面较平光
PD_{2-4}-f_2	223	38	188	6～10	充填岩屑、方解石、糜棱岩、泥质，沿面渗水，胶结差，面较平直较粗糙，把 PD_{2-4} 中的缓倾角裂隙错断
PD_{2-4}-f_3	75	68	1415	50～70	充填岩屑、方解石脉、糜棱岩、角砾岩，沿面滴水呈串珠状，胶结差，面较弯曲较粗糙
PD_{2-4}-f_4	230	18	589	20～30	充填岩屑、方解石脉，胶结差，面较平直较粗糙，贯穿三壁
PD_{2-4}-f_5	92	75	412	10～25	充填岩屑、方解石，胶结差，面弯曲粗糙
PD_{2-4}-f_6	210	28	294	10～15	充填岩屑、方解石，胶结差，面弯曲光滑
PD_{2-4}-f_7	210	38	353	10～20	充填岩屑、方解石，糜棱岩，胶结差，有锈染，交于 f_6，面较平光
PD_{2-4}-f_8	190	71	353	10～20	充填岩屑、方解石脉，胶结差，平行断带发育裂隙，面弯曲光滑
PD_{2-4}-f_9	280	74	164	4～10	充填岩屑、方解石，胶结差，面平光
PD_{2-4}-HL_{104m}	35	18	100	1～3	充填方解石，胶结好，面平光，贯穿三壁
PD_{2-4}-HL_1	10	26	100	1	充填方解石，胶结好，面平光，贯穿三壁
PD_{2-4}-HL_2	40	12	100	1～2	充填方解石、锈染，胶结差，面平光，贯穿三壁

续表

编号	产状		长度/m	宽度/cm	主要特征
	倾向/(°)	倾角/(°)			
$PD_{2\text{-}4}\text{-}HL_{36m}$	35	18	100	1～3	充填方解石，胶结好，面平光，贯穿三壁
$PD_{2\text{-}4}\text{-}HL_{65m}$	35	18	100	1～3	充填方解石，胶结好，面平光，贯穿三壁
$PD_{2\text{-}4}\text{-}L_{13}$	80	55	70	2～3	充填方解石，胶结好，面平光，
$PD_{2\text{-}4}\text{-}L_{24}$	266	88	46	1～2	充填方解石，胶结好，面弯曲光滑，贯穿三壁
$PD_{2}\text{-}_{4}L_{26}$	72	55	46	1～2	充填方解石，胶结好，面弯曲粗糙
$PD_{2\text{-}4}\text{-}L_{28}$	65	42	46	1～2	充填方解石，胶结好，面弯曲光滑，贯穿三壁
$PD_{2\text{-}4}\text{-}L_{31}$	65	64	46	1～2	充填方解石，胶结好，面平光，贯穿三壁
$PD_{2\text{-}4}\text{-}L_{45}$	307	65	70	2～3	充填方解石，胶结好，交于 f_9，面平光，贯穿三壁
$PD_{2\text{-}4}\text{-}L_{7}$	80	71	46	1～2	充填方解石、胶结好，面略弯曲，光滑，贯穿三壁
$PD_{2\text{-}4}\text{-}L_{8}$	270	70	46	1～2	充填方解石、胶结好，面平光，贯穿三壁
$PD_{2\text{-}4}\text{-}L_{9}$	285	66	46	1～2	充填方解石片，胶结好，面平光
$PD_{14}\text{-}F_{164}$	90	76	700	20～40	带内岩石糜棱岩化，局部夹泥，两侧岩体有蚀变，断层面有锈迹，呈平缓波状延伸，局部有渗水
$PD_{14}\text{-}f_{11}$	85	37	188	6～10	角砾岩、糜棱岩，胶结差，断面平直光滑
$PD_{14}\text{-}Hf_{8}$	200	20	1180	40～60	带内夹糜棱岩条带和碎裂岩，局部含灰白～灰绿色泥状物质，岩石氧化呈锈褐色，断面平直光滑，有肉红色蚀变

按前文所述，在 AutoCAD 中建立主变室空间模型；借助开发的程序，把每一条断裂(裂隙)按照圆盘方程建立相应的空间立体模型，把主变室空间模型和每一条断裂(裂隙)的空间模型放入同一坐标系统(大地坐标系统)中；沿主变室拱顶和上、下游边墙对主变室及所有断裂实体剖切，即可得到主变室拱顶和上、下游边墙的裂隙分布图。切割过程中，上、下游边墙选择平行于边墙的一薄板(可为 0.1mm 厚)来代替边墙；拱顶用 1/2 拱高处的一薄板来代替拱顶。

3. 断裂(裂隙)在主变室拱顶的分布

通过程序切割，可得到拱顶的断裂(裂隙)分布(图 5.2.19)。切割到拱顶的所有断裂(裂隙)两端点大地坐标见表 5.2.11。从主变室拱顶断裂(裂隙)分布图可以看出，拱顶缓倾角裂隙出露范围较大，主要出露在 60～115m 处，$PD_{14}\text{-}Hf_8$ 在 150m 处出露。陡倾角结构面主要受中小型断裂控制。总体来看，0～60m 段断裂(裂隙)相对较少，缓倾角裂隙不发育；60～115m 段断裂(裂隙)相对较多，尤其以缓倾角裂隙发育为特点；115～160m 段断裂(裂隙)相对较发育，但缓倾角裂隙明显减少，缓倾结构面主要为 150m 处的 $PD_{14}\text{-}Hf_8$；160～235m 处主要裂隙发育相对较少，结构面以 $PD_{14}\text{-}F_{164}$ 为主。

表 5.2.11　主变室切割到拱顶的所有断裂(裂隙)两端点大地坐标

编号	第一端点(上端点)			第二端点(下端点)		
	x/m	y/m	z/m	x/m	y/m	z/m
$PD_{2\text{-}4}$-f_2	3420.095	6748.926	2278.325	3438.828	6728.876	2278.325
$PD_{2\text{-}4}$-f_3	3382.360	6731.330	2278.325	3421.507	6720.800	2278.325
$PD_{2\text{-}4}$-f_4	3424.452	6750.958	2278.325	3446.409	6732.412	2278.325
$PD_{2\text{-}4}$-f_5	3364.734	6723.111	2278.325	3431.425	6725.424	2278.325
$PD_{2\text{-}4}$-f_6	3349.903	6716.195	2278.325	3362.995	6693.515	2278.325
$PD_{2\text{-}4}$-f_7	3346.358	6714.542	2278.325	3359.456	6691.864	2278.325
$PD_{2\text{-}4}$-f_8	3322.534	6703.433	2278.325	3327.208	6676.827	2278.325
$PD_{2\text{-}4}$-f_9	3334.585	6709.052	2278.325	3433.815	6726.539	2278.325
$PD_{2\text{-}4}$-f_{10}	3365.285	6723.368	2278.325	3420.495	6740.227	2278.325
$PD_{2\text{-}4}$-HL_{36m}	3408.321	6743.436	2278.325	3423.505	6721.731	2278.325
$PD_{2\text{-}4}$-HL_{65m}	3389.080	6734.464	2278.325	3404.273	6712.763	2278.325
$PD_{2\text{-}4}$-HL_{104m}	3360.528	6721.150	2278.325	3375.683	6699.431	2278.325
$PD_{2\text{-}4}$-HL_1	3426.518	6751.921	2278.325	3431.195	6725.317	2278.325
$PD_{2\text{-}4}$-HL_2	3375.307	6728.041	2278.325	3392.681	6707.358	2278.325
$PD_{2\text{-}4}$-L_7	3415.306	6746.693	2278.325	3460.095	6738.793	2278.325
$PD_{2\text{-}4}$-L_8	3427.018	6752.155	2278.325	3458.293	6752.131	2278.225
$PD_{2\text{-}4}$-L_9	3427.087	6752.187	2278.325	3466.721	6762.793	2278.325
$PD_{2\text{-}4}$-L_{13}	3378.534	6729.546	2278.325	3423.327	6721.648	2278.325
$PD_{2\text{-}4}$-L_{24}	3369.253	6725.218	2278.325	3397.295	6723.261	2278.225
PD2$_{\text{-}4}$-L_{26}	3348.160	6715.382	2278.325	3384.536	6703.560	2278.325
$PD_{2\text{-}4}$-L_{28}	3345.637	6714.206	2278.325	3376.511	6699.818	2278.325
$PD_{2\text{-}4}$-L_{31}	3335.927	6709.678	2278.325	3361.845	6697.600	2278.325
$PD_{2\text{-}4}$-L_{45}	3265.033	6676.619	2278.325	3253.350	6667.861	2278.325
PD_{14}-F_{164}	3252.731	6670.883	2278.325	3314.325	6670.819	2278.325
PD_{14}-Hf_8	3327.510	6705.753	2278.325	3336.538	6681.178	2278.325
PD_{14}-f_{11}	3316.067	6700.417	2278.325	3367.964	6695.832	2278.325
$PD_{2\text{-}2}$-L_{57}	3311.252	6698.172	2278.325	3333.298	6679.667	2278.325
$PD_{2\text{-}2}$-L_{75}	3351.320	6697.814	2278.289	3325.264	6675.921	2278.325
$PD_{2\text{-}2}$-f_3	3360.528	6721.150	2278.325	3330.557	6678.388	2278.325
$PD_{2\text{-}2}$-f_2	3362.149	6721.906	2278.325	3367.717	6695.717	2278.325
$PD_{2\text{-}2}$-f_4	3418.999	6748.415	2278.325	3383.636	6703.140	2278.325
$PD_{2\text{-}2}$-L_{35}	3401.005	6740.025	2278.325	3409.974	6715.422	2278.325
$PD_{2\text{-}2}$-L_{34}	3401.389	6740.204	2278.325	3414.479	6717.522	2278.325
$PD_{2\text{-}2}$-L_{136}	3342.450	6690.891	2278.325	3323.661	6675.173	2278.325
$PD_{2\text{-}2}$-L_{48}	3389.637	6726.010	2278.325	3381.994	6702.374	2278.325
$PD_{2\text{-}2}$-L_{60}	3294.205	6690.223	2278.325	3309.394	6668.520	2278.325
$PD_{2\text{-}2}$-L_{84}	3306.973	6696.177	2278.325	3267.302	6648.892	2278.325
$PD_{2\text{-}2}$-L_{131}	3355.448	6718.781	2278.325	3307.952	6667.848	2278.325

4. 断裂(裂隙)在主变室上游边墙的分布

通过程序切割，可得到上游边墙的断裂(裂隙)分布(图 5.2.20)，切割到上游边墙的所有断裂(裂隙)两端点大地坐标见表 5.2.12。

表 5.2.12　主变室切割到上游边墙的所有断裂(裂隙)两端点大地坐标

编号	第一端点(上端点)			第二端点(下端点)		
	x/m	y/m	z/m	x/m	y/m	z/m
$PD_{2\text{-}4}$-f_2	3391.198	6705.336	2238.500	3434.285	6725.428	2273.825
$PD_{2\text{-}4}$-f_3	3445.944	6730.864	2238.500	3425.881	6721.509	2273.825
$PD_{2\text{-}4}$-f_4	3325.105	6674.516	2238.500	3433.794	6725.199	2273.825
$PD_{2\text{-}4}$-f_5	3459.220	6737.055	2238.500	3437.226	6726.799	2273.825
$PD_{2\text{-}4}$-f_6	3295.631	6660.772	2238.500	3356.076	6688.958	2273.825
$PD_{2\text{-}4}$-f_7	3313.782	6669.236	2238.500	3354.906	6688.412	2273.825
$PD_{2\text{-}4}$-f_8	3314.577	6669.607	2238.500	3325.999	6674.933	2273.825
$PD_{2\text{-}4}$-f_9	3398.465	6708.824	2238.500	3433.808	6725.205	2273.825
$PD_{2\text{-}4}$-HL_{36m}	3475.240	6744.525	2260.266	3436.831	6726.615	2273.825
$PD_{2\text{-}4}$-HL_{65m}	3475.240	6744.525	2253.470	3417.587	6717.641	2273.825
$PD_{2\text{-}4}$-HL_{104m}	3475.240	6744.525	2243.391	3389.038	6704.328	2273.825
$PD_{2\text{-}4}$-HL_1	3475.240	6744.525	2255.500	3440.001	6728.093	2273.825
$PD_{2\text{-}4}$-HL_2	3475.240	6744.525	2259.758	3413.144	6715.569	2273.825
$PD_{2\text{-}4}$-L_{26}	3404.836	6711.714	2258.237	3390.316	6704.925	2273.825
$PD_{2\text{-}4}$-L_{28}	3417.317	6717.515	2248.308	3383.783	6701.878	2273.825
PD_{24}-L_{13}	3448.140	6731.889	2257.723	3430.324	6723.580	2273.826
PD_{14}-HF_8	3263.617	6645.843	2248.923	3325.841	6674.859	2273.825
PD_{14}-F_{164}	3338.445	6680.736	2238.500	3319.546	6671.924	2273.825
PD_{14}-f_{11}	3466.138	6740.281	2238.500	3381.162	6700.656	2273.825
$PD_{2\text{-}2}$-f_2	3354.529	6688.237	2238.500	3366.492	6693.815	2273.825
$PD_{2\text{-}2}$-f_3	3367.578	6694.322	2238.500	3333.441	6678.403	2273.825
$PD_{2\text{-}2}$-f_4	3326.500	6675.167	2238.500	3375.879	6698.193	2273.825
$PD_{2\text{-}2}$-f_6	3325.778	6674.830	2238.500	3403.192	6711.028	2260.476
$PD_{2\text{-}2}$-L_{131}	3288.899	6657.633	2238.500	3303.976	6664.663	2273.825
$PD_{2\text{-}2}$-L_{136}	3305.615	6665.428	2238.500	3318.646	6671.504	2273.825
$PD_{2\text{-}2}$-L_{34}	3352.397	6687.243	2238.500	3408.067	6713.202	2273.825
$PD_{2\text{-}2}$-L_{35}	3364.112	6692.706	2238.500	3405.244	6711.886	2273.825
$PD_{2\text{-}2}$-L_{48}	3391.072	6705.277	2238.500	3382.550	6701.303	2273.825
$PD_{2\text{-}2}$-L_{57}	3318.203	6671.397	2238.500	3332.535	6677.981	2273.825
$PD_{2\text{-}2}$-L_{60}	3344.227	6683.433	2238.500	3313.873	6669.378	2273.825
$PD_{2\text{-}2}$-L_{75}	3362.636	6692.017	2261.559	3332.661	6678.040	2273.825
$PD_{2\text{-}2}$-L_{84}	3387.378	6703.555	2238.500	3279.194	6653.107	2273.825
$PD_{2\text{-}2}$-mL_{16}	3417.553	6717.625	2238.500	3385.873	6702.853	2273.825

5. 断裂(裂隙)在主变室下游边墙的分布

通过程序切割，得到下游边墙的断裂(裂隙)分布(图 5.2.21)，切割到下游边墙的所有断裂(裂隙)两端点大地坐标见表 5.2.13。

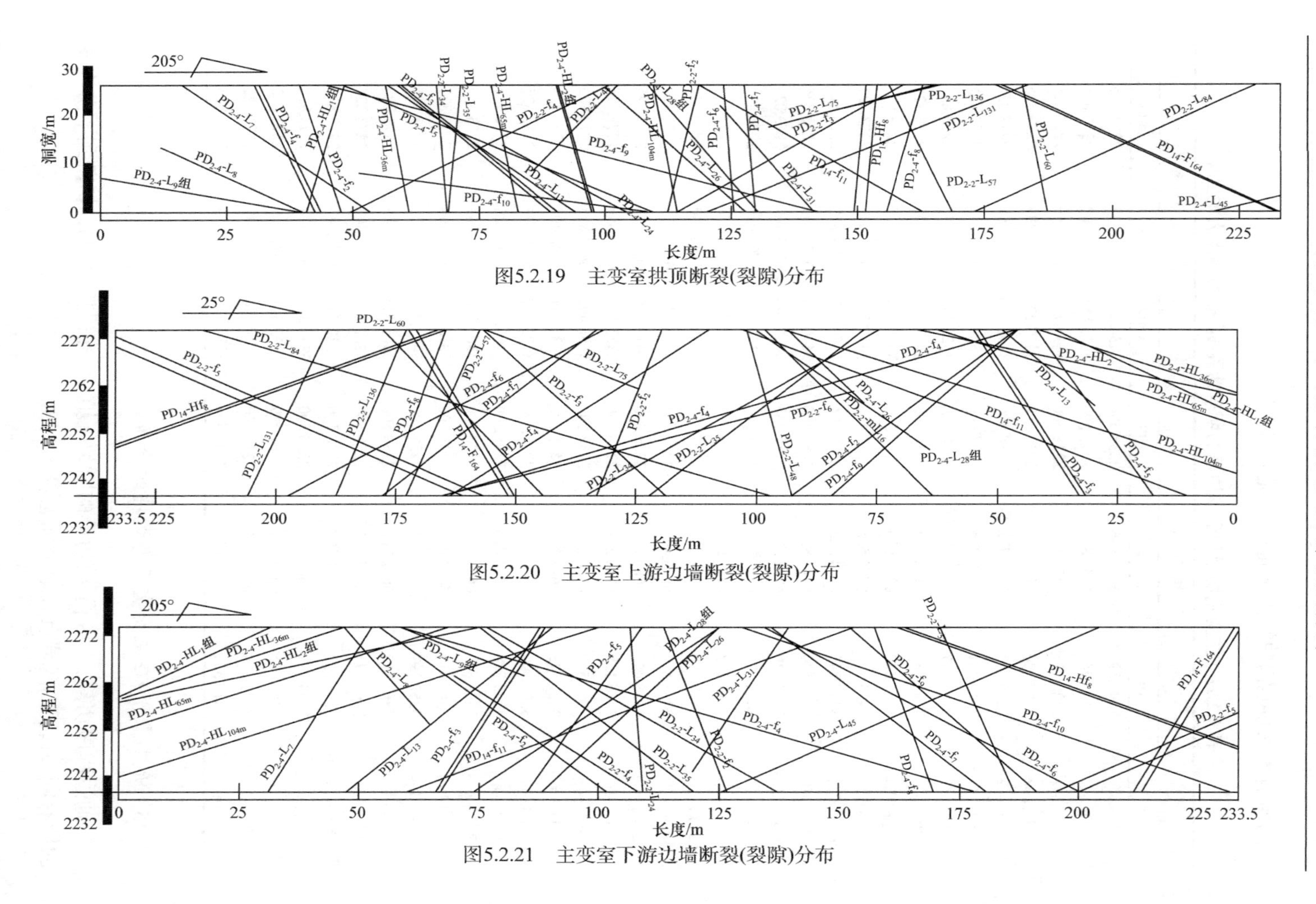

图5.2.19　主变室拱顶断裂(裂隙)分布

图5.2.20　主变室上游边墙断裂(裂隙)分布

图5.2.21　主变室下游边墙断裂(裂隙)分布

表 5.2.13　主变室切割到下游边墙的所有断裂(裂隙)两端点大地坐标

编号	第一端点(上端点)			第二端点(下端点)		
	x/m	y/m	z/m	x/m	y/m	z/m
PD_{2-4}-f_2	3370.824	6727.182	2238.500	3413.886	6747.362	2273.825
PD_{2-4}-f_3	3403.264	6742.309	2238.500	3383.055	6732.985	2273.825
PD_{2-4}-f_4	3301.129	6694.682	2238.500	3409.695	6745.407	2273.825
PD_{2-4}-f_5	3386.525	6734.503	2238.500	3364.503	6724.334	2273.825
PD_{2-4}-f_6	3281.376	6685.471	2238.500	3341.783	6713.739	2273.825
PD_{2-4}-f_7	3299.491	6694.018	2238.500	3340.607	6713.191	2273.825
PD_{2-4}-f_8	3309.488	6698.580	2238.500	3320.859	6703.982	2273.825
PD_{2-4}-f_9	3290.257	6689.713	2238.500	3325.824	6706.298	2273.825
PD2-4-f_{10}	3252.655	6672.078	2238.504	3345.425	6715.438	2273.825
PD_{2-4}-HL_{36m}	3463.195	6770.355	2258.664	3420.252	6750.330	2273.825
PD_{2-4}-HL_{65m}	3463.233	6770.273	2251.863	3401.001	6741.353	2273.825
PD_{2-4}-HL_{104m}	3463.233	6770.273	2241.787	3372.451	6728.040	2273.825
PD_{2-4}-HL_1	3463.233	6770.273	2259.097	3434.859	6757.141	2273.825
PD_{2-4}-HL_2	3463.233	6770.273	2258.190	3394.192	6738.178	2273.825
PD_{2-4}-L_7	3434.937	6757.178	2238.500	3415.712	6748.213	2273.825
PD_{2-4}-L_8	3404.834	6743.095	2253.391	3420.765	6750.570	2273.825
PD_{2-4}-L_9	3386.476	6734.523	2263.578	3410.210	6745.648	2273.825
PD_{2-4}-L_{13}	3420.537	6750.463	2238.496	3381.471	6732.246	2273.825
PD_{2-4}-L_{24}	3364.287	6724.133	2238.500	3316.100	6701.763	2273.825
PD_{2-4}-L_{26}	3383.568	6733.124	2238.500	3350.659	6717.878	2273.825
PD_{2-4}-L_{28}	3396.512	6739.260	2238.495	3350.102	6717.619	2273.825
PD_{2-4}-L_{31}	3354.608	6719.658	2243.537	3337.107	6711.559	2273.825
PD_{2-4}-L_{45}	3350.243	6717.685	2238.500	3278.503	6684.231	2273.825
PD_{14}-Hf_8	3251.572	6671.673	2247.984	3316.051	6701.740	2273.825
PD_{14}-F_{164}	3271.205	6680.728	2238.500	3252.250	6671.989	2273.825
PD_{14}-f_{11}	3409.510	6745.320	2238.500	3324.550	6705.700	2273.825
PD_{2-2}-f_5	3285.284	6687.293	2238.500	3251.572	6671.673	2254.678
PD_{2-2}-L_{57}	3294.237	6691.468	2238.500	3308.480	6698.210	2273.825
PD_{2-2}-L_{34}	3338.104	6712.024	2238.500	3393.768	6737.980	2273.825
PD_{2-2}-f_2	3348.430	6716.839	2238.500	3360.387	6722.414	2273.825
PD_{2-2}-L_{35}	3354.320	6719.586	2238.500	3395.447	6738.763	2273.825
PD_{2-2}-f_4	3365.028	6724.479	2238.500	3414.364	6747.585	2273.825

从主变室上、下游边墙的断裂(裂隙)分布来看，主要特点有：0～50m 段主要为缓倾角裂隙发育，陡倾角裂隙发育很少；50～100m 段缓倾角和陡倾角断裂(裂隙)均较发育，这段容易出现块体稳定性问题；100～160m 段断裂(裂隙)较发育，但缓倾角结构面已明显减少；160～233.5m 段断裂(裂隙)相对较少，结构面主要受几条断裂控制，其中 PD_{14}-Hf_8 为缓倾角断裂。

5.2.5 调压井拱顶和上、下游边墙主要断裂分布位置的确定

由于断裂的发育规模不一，在拱顶和上、下游边墙的组合情况不一致，对洞室岩体稳定性的影响也不相同。因此，为了确定断裂对洞室具体部位的影响，同时为分析块体稳定性提供依据，本小节在对平洞的断裂进行大量野外统计基础上，给出主要断裂的分布情况。

1. 模型的建立

调压井的控制点坐标和几何参数分别见表 5.2.14 和表 5.2.15。

表 5.2.14 调压井控制点坐标

点号	x/m	y/m	备注
C7	3289.2660	6783.092	2#调压井中心
C8	3381.709	6826.199	1#调压井中心

表 5.2.15 调压井几何参数

名称	尺寸(直径)/m	拱顶高程/m	底板高程/m
调压井	32	2269.24	2217.462

根据表 5.2.14 和表 5.2.15 中的数据，可以在 AutoCAD 软件中绘制出调压井的空间立体模型(图 5.2.22)，再利用各断裂的圆盘方程，得到调压井与断裂的空间图形。

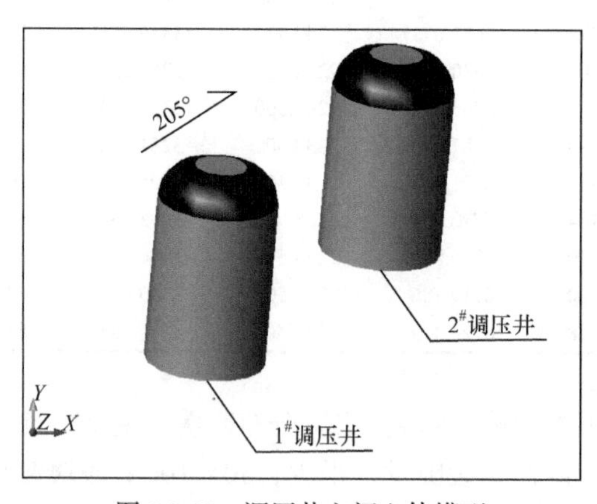

图 5.2.22 调压井空间立体模型

2. 主要断裂分布位置的程序切割

对平洞内的断裂沿洞线进行精测，并选取发育规模较大的断裂进行追踪，作为程序切割的数据。对调压井进行程序切割需要的主要断裂性质见表 5.2.16。

表 5.2.16　对调压井进行程序切割需要的主要断裂性质

编号	倾向/(°)	倾角/(°)	长度/m	宽度/cm	主要特征
PD_{2-3}-f_7	57	72	300	5.0～8.0	方解石、糜棱岩充填，胶结差，面平直光滑，有架空现象
PD_{2-3}-f_6	243	94	200	1.0～2.0	方解石、岩片充填，胶结好，面平直光滑
PD_{2-3}-f_5	250	78	150	3.0～6.0	方解石、碎裂岩、糜棱岩充填，胶结差，面较平直光滑
PD_{2-3}-L_{79}	80	82	110	0.3～0.5	方解石充填，胶结好，平直粗糙
PD_{2-3}-L_{78}	205	18	40	0.1～0.5	方解石充填，胶结好，平直粗糙
PD_{2-3}-L_{77}	60	70	140	0.2～0.8	方解石、岩屑充填，胶结好，平直粗糙
PD_{2-3}-L_{80}	252	82	70	0.8～1.0	方解石充填，胶结好，面弯曲光滑
PD_{2-3}-L_{75}	250	74	150	0.5～0.15	方解石充填，弯曲粗糙
PD_{2-3}-f_3	245	75	100	5.0～10.0	方解石、岩屑充填，胶结差，面平直粗糙，滴水
PD_{2-3}-L_{104}	330	67	100	3.0～4.0	方解石、岩片充填，胶结差，面弯曲粗糙
PD_{2-3}-L_{111}	340	80	110	1.0～2.0	方解石充填，胶结好，面平光
PD_{2-3}-L_{106}	265	55	60	0.5～2.0	岩粉、岩屑充填，泥化面弯曲，潮湿
PD_{2-3}-L_{103}	330	54	70	0.5～2.0	方解石、岩片充填、锈染，胶结较好，面平光
PD_{2-3}-f_8	235	84	500	10.0～20.0	方解石、岩屑充填，胶结差，弯曲粗糙
PD_{2-3}-L_{99}	235	72	140	1.0～3.0	岩屑充填，胶结较好，弯曲粗糙
PD_{2-3}-L_{98}	240	86	100	0.5～3.0	岩屑充填，胶结较好，弯曲粗糙
PD_{2-3}-L_{90}	92	75	160	0.5～2.0	方解石充填，胶结好，面弯曲粗糙
PD_{2-3}-L_{87}	275	83	100	1.0～2.5	岩脉充填，胶结好，较平直、粗糙
PD_{2-3}-L_{84}	210	25	300	10.0～30.0	岩屑充填，胶结差，较平直、粗糙
PD_{2-3}-L_{81}	135	18	150	3.0～6.0	方解石充填，胶结好，较平直、粗糙
PD_{2-3}-L_{74}	80	57	100	0.5～2.0	方解石充填，胶结好，平直光滑
PD_{2-3}-L_{70}	295	47	60	0.3～1.0	方解石充填，胶结好，较弯曲、粗糙
PD_{2-3}-L_{67}	280	82	90	0.3～1.0	方解石充填，胶结好，较平直、粗糙
PD_{2-4}-f_1	240	72	200	3.0～8.0	方解石、碎裂岩、糜棱岩充填，沿面渗水，胶结差，平直光滑

3. 断裂在调压井拱顶的分布

1#调压井拱顶大型断裂发育较少，岩石完整性较好。1#调压井拱顶断裂剖切如图 5.2.23 所示，各断裂大地坐标见表 5.2.17。2#调压井拱顶断裂剖切图如图 5.2.24 所示，各断裂大地坐标见表 5.2.18。

表 5.2.17　1#调压井拱顶断裂大地坐标

编号	第一端点			第二端点		
	x/m	y/m	z/m	x/m	y/m	z/m
$f_{1(2-4)}$	6836.9507	3369.8589	2260.24	6821.3764	3396.9648	2260.24
L_{70}	6817.5947	3395.3857	2260.24	6810.4149	3379.7910	2260.24

续表

编号	第一端点			第二端点		
	x/m	y/m	z/m	x/m	y/m	z/m
L_{67}	6818.5730	3395.7747	2260.24	6814.0417	3371.2470	2260.24
L_{74}	6811.4863	3387.9141	2260.24	6814.5326	3370.6376	2260.24

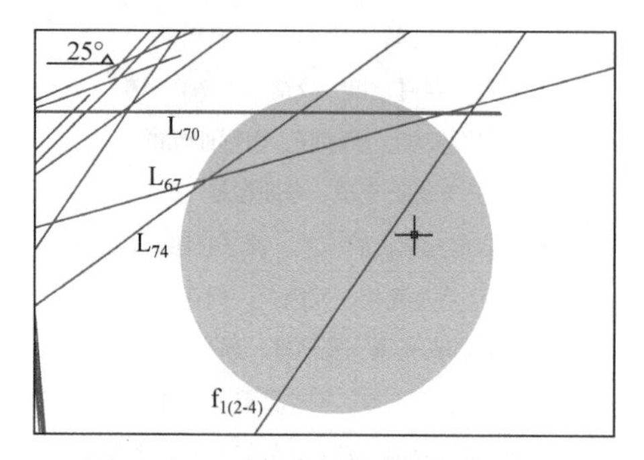

图 5.2.23　1#调压井拱顶断裂剖切图

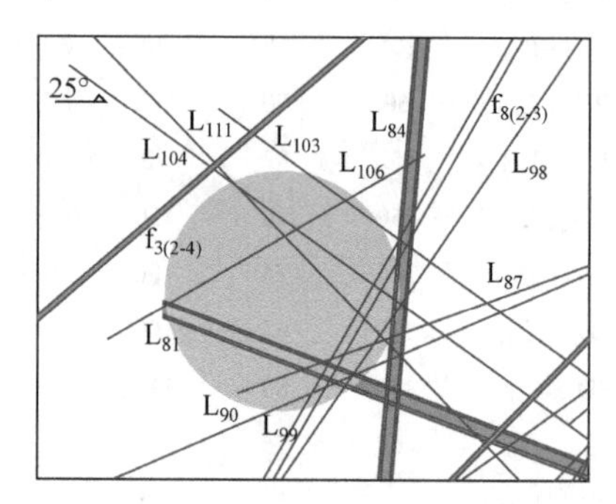

图 5.2.24　2#调压井拱顶断裂剖切图

表 5.2.18　2#调压井拱顶断裂大地坐标

编号	第一端点			第二端点		
	x/m	y/m	z/m	x/m	y/m	z/m
L_{103}	6770.2157	3298.9268	2260.24	6781.9026	3305.4049	2260.24
L_{111}	6767.1200	3288.8604	2260.24	6795.5637	3299.2131	2260.24
L_{104}	6767.1062	3288.964	2260.24	6791.3010	3302.9328	2260.24
L_{106}	6775.8222	3303.4866	2260.24	6778.3875	3273.8844	2260.24
L_{81}	6771.9920	3274.0724	2260.24	6798.2233	3294.3038	2260.24
L_{87}	6793.3475	3278.0529	2260.24	6795.2191	3299.6762	2260.24
L_{90}	6797.0157	3281.5726	2260.24	6797.5138	3295.7544	2260.24
L_{99}	6798.4891	3284.9154	2260.24	6784.6831	3305.1867	2260.24
$f_{8(2-3)}$	6798.8202	3286.3296	2260.24	6786.4984	3304.8334	2260.24
L_{98}	6798.9484	3290.7797	2260.24	6792.2104	3302.3901	2260.24
L_{84}	6795.2348	3299.6241	2260.24	6786.0629	3304.9295	2260.24

4. 断裂在调压井上游边墙的分布

由于调压井为圆柱形，为了解断裂分布情况，将其分成两个“半”柱状，上游部分取为上游边墙，下游部分取为下游边墙。1#调压井上游边墙裂隙发育相对较少，岩体完整性相对较差；2#调压井上游边墙裂隙交错切割，并且发育有 L_{81}、L_{84} 两个平缓裂隙组，容易组合成不稳定块体。1#、2#调压井上游边墙断裂剖切如图 5.2.25 所示，断裂大地坐标见表 5.2.19、表 5.2.20。

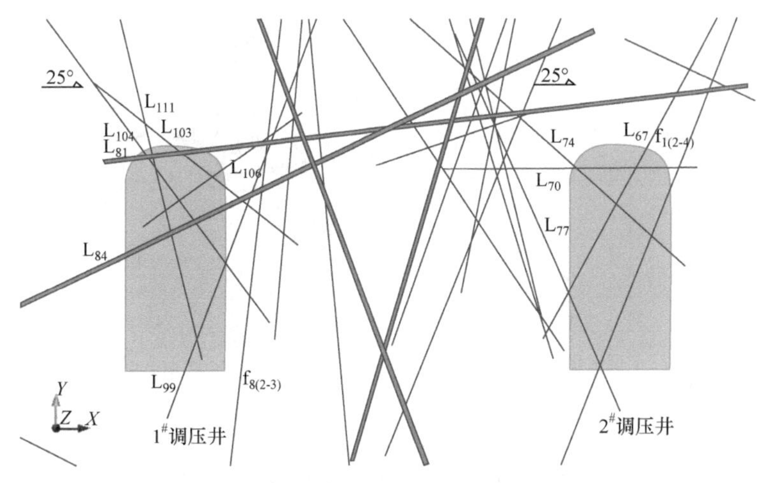

图 5.2.25　1#、2#调压井上游边墙断裂剖切图

表 5.2.19　1#调压井上游边墙断裂大地坐标

编号	第一端点			第二端点		
	x/m	y/m	z/m	x/m	y/m	z/m
L_{103}	6772.5137	3293.3514	2268.1462	6777.7397	3304.3442	2258.5654
L_{111}	6770.4614	3288.7359	2267.2521	6775.3774	3299.3716	2220.2400
L_{104}	6769.8213	3287.3631	2266.6019	6777.7397	3304.3442	2241.1735
L_{81}	6769.0749	3285.7625	2265.2919	6775.5663	3299.6833	2267.0782
L_{106}	6769.5580	3286.9204	2249.3007	6777.5381	3303.9119	2262.6778
L_{84}	6768.1010	3283.6740	2245.0572	6777.7397	3304.3442	2255.4037
L_{99}	6773.9569	3296.2320	2217.4674	6777.7397	3304.3442	2241.2449
$f_{8(2-3)}$	6813.9249	3381.9432	2217.4640	6820.8396	3396.7717	2258.7127

表 5.2.20　2#调压井上游边墙断裂大地坐标

编号	第一端点			第二端点		
	x/m	y/m	z/m	x/m	y/m	z/m
L_{67}	6818.6833	3392.1476	2267.0684	6811.1639	3376.2367	2234.3071
L_{74}	6811.4489	3376.8480	2263.1091	8620.8468	3396.7873	2243.7145
L_{70}	6811.3890	3376.5050	2262.5529	6820.6499	3396.3649	2262.6503
L_{77}	6811.2080	3376.1169	2233.5624	6814.2262	3382.5893	2217.4371
$f_{1(2-4)}$	6820.8468	3396.7872	2258.4313	6813.9603	3382.0192	2217.4165

5. 断裂在调压井下游边墙的分布

1#、2#调压井下游边墙岩体完整性整体较好。1#调压井下游边墙裂隙发育较少，岩体较完整；2#下游边墙陡倾角裂隙倾向相差不大，都是倾向 W 或 NW、SW，并且除 L_{81}、L_{84} 外，发育规模相对较小。1#、2#调压井下游边墙断裂剖切如图 5.2.26 所示，断裂大地坐标见表 5.2.21、表 5.2.22。

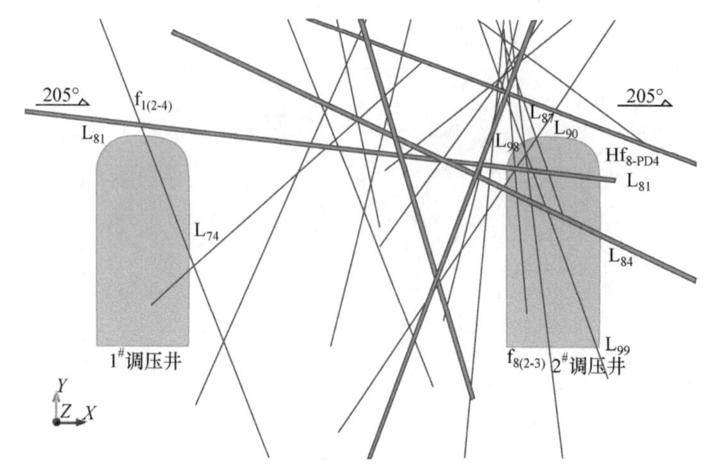

图 5.2.26　1#、2#调压井下游边墙断裂剖切图

表 5.2.21　1#调压井下游边墙断裂大地坐标

编号	第一端点			第二端点		
	x/m	y/m	z/m	x/m	y/m	z/m
L_{74}	6831.5511	3366.6307	2235.3016	6835.4170	3374.7192	2227.4414
$f_{1(2-4)}$	6836.2046	3376.3956	2268.1304	6831.5512	3366.6307	2240.8412

表 5.2.22　2#调压井下游边墙断裂大地坐标

编号	第一端点			第二端点		
	x/m	y/m	z/m	x/m	y/m	z/m
L_{87}	6795.1509	3288.3560	2267.7222	6792.2650	3282.3816	2248.3843
L_{90}	6795.3369	3288.9694	2267.5511	6798.0829	3294.8582	2258.0985
$f_{8(2-3)}$	6796.5544	3291.5802	2266.2874	6794.1399	3286.1879	2217.4620
L_{99}	6796.5622	3291.5969	2266.2750	6788.8205	3275.0210	2217.4620
L_{98}	6797.5581	3293.7327	2264.0787	6796.1476	3290.7078	2225.0740
L_{81}	6798.0822	3294.8566	2260.3840	6788.4410	3274.1877	2257.8003
L_{84}	6798.0829	3294.8582	2254.4128	6788.4410	3274.1877	2243.8210

本小节根据平洞的野外线路精测，针对大规模或者对地下厂房洞室群影响较大的断裂，确定了位置、产状、延伸方向。根据地质体规律，在分析裂隙面或断层影响带完整性、蚀变、锈染、渗水等具体情况的基础上，得出延伸长度，对长度与宽度的关系式加以验证，切割后又到各平洞进行对比验证。因此，得到确定的断裂在空间的可靠性较高。

5.3　地下厂房系统物探检测

在地下厂房系统围岩岩体进行了多种方法的物探检测，检测时间一般略滞后于开挖时间。物探检测方法有地震波法和声波法(张明财等，2021)。

地震波法：①在隧洞表面测定表层岩体的波速，采用相遇时距观测系统，排列长度为7.5～10.0m连续测试，一般进行分段测试；②在洞壁钻孔中测定深部岩体的波速，采用单孔测试和孔间穿透测试两种方法进行。单孔测试采用一发多收，自下而上沿孔壁连续观测，两接收点间距离为0.5～1.0m；孔间穿透测试为单发单收，水平同步或斜同步自下而上进行连续观测，测点间距为0.5～1.0m。

声波法分为单孔测试和跨孔声波波速测试两种方法。单孔测试采用一发双收，由下而上沿孔壁连续观测，移动步距为0.2m；跨孔声波波速测试为单发单收，水平同步或斜同步自下而上进行连续观测，测点间距为0.5m。

5.3.1　地下厂房物探检测

1. 洞壁地震波法测试

在地下厂房选取不同高程不同长度洞壁进行了地震波法测试，测试结果见表5.3.1。地下厂房上、下游边墙地震波法测试总长2366m，其中上游边墙长1316m，下游边墙长1050m。测线分布于不同高程。从测试结果看，上游边墙平均波速5294m/s，低波速段长度60m，约占检测长度的5%，低波段平均波速4660m/s；下游边墙平均波速4577m/s，低波速段长度260m，约占检测长度的25%，低波速段平均波速3480m/s。总体反映出上游边墙岩体好于下游边墙岩体。

表5.3.1　地下厂房洞壁表面地震波法测试结果

测试位置	测试高程/m	桩号/m	测段长度/m	平均波速/(m/s)	低波速段		
					桩号/m	测段长度/m	平均波速/(m/s)
上游边墙	2261.50	厂左28～厂右122	150	5640	—	—	—
	2261.50	厂右128～厂右268	140	5610	—	—	—
	2255.50	厂右56～厂右166	110	5560	厂右116～厂右126	10	4800
	2255.50	厂右166～厂右276	110	5630	—	—	—
	2249.00	厂左33～厂右135	168	5160	厂右15～厂右45	30	4560
	2240.00	厂左20～厂右30	50	5190	—	—	—
	2240.00	厂右30～厂右110	80	5170	—	—	—
	2240.00	厂右170～厂右278	108	5330	—	—	—
	2232.50	厂右145～厂右215	70	4760	—	—	—
	2232.50	厂右0～厂右150	150	4990	—	—	—
	2225.00	厂右33～厂右213	180	5190	厂右123～厂右143	20	4620

续表

测试位置	测试高程/m	桩号/m	测段长度/m	平均波速/(m/s)	低波速段		
					桩号/m	测段长度/m	平均波速/(m/s)
下游边墙	2261.50	厂左 28～厂右 102	130	5310	厂右 28～厂右 48	20	3770
	2261.50	厂右 102～厂右 274	172	5120	厂右 134～厂右 164 厂右 234～厂右 244	30 10	3880 4030
	2261.50	厂右 96～厂右 206	110	4500	厂右 136～厂右 176	40	3370
	2249.00	厂左 30～厂右 100	130	3510	厂左 10～厂右 85	95	3040
	2249.00	厂右 138～厂右 268	130	4380	厂右 138～厂右 148	10	2710
	2232.50	厂右 0～厂右 180	180	4400	厂右 80～厂右 105	25	3740
	2225.00	厂右 16～厂右 214	198	4820	厂右 184～厂右 214	30	3300

2. 声波法单孔测试

单孔测试波速主要反映孔身附近的岩体状况，可明显反映垂直或与孔身相交的节理裂隙、构造。在主、副厂房完成了 132 个孔的单孔声波测试，累计测试深度 1163.2m，单孔深度一般 10m 左右，最深 13m，基本涵盖了主厂房上、下游边墙的不同位置。

单孔测试曲线包括 4 种类型：①跃阶型，声波测试曲线在孔口段一定深度范围内较低，而后突然升高并稳定下来，该类曲线分布较广[图 5.3.1(a)]；②锯齿型，声波测试曲线沿孔深时高时低地随机变化，是岩体结构特征的具体反映[图 5.3.1(b)]；③凹凸型，声波测试曲线的特点是在高速(或低速)段中夹有低速(或高速)段，是岩体构造的反映[图 5.3.1(c)]；④平直型，无论深度大小如何，声波测试曲线数值基本不变，反映出岩体很好或较差、无明显松弛的特点[图 5.3.1(d)]。

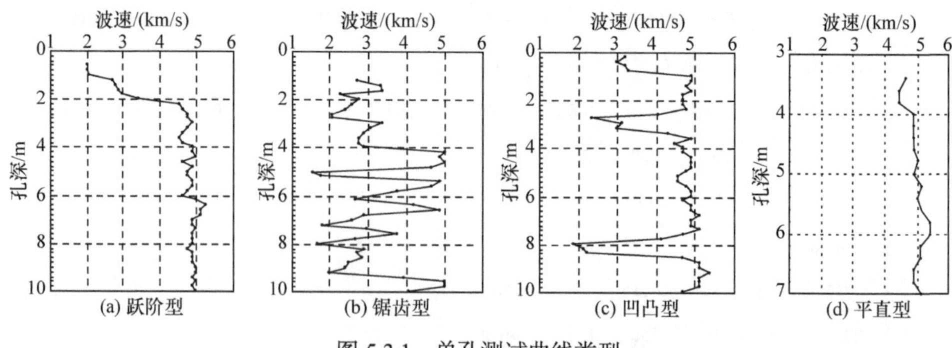

图 5.3.1 单孔测试曲线类型

单孔测试结果见表 5.3.2。主厂房上、下游边墙松弛带和完整岩体的平均波速达到

4511m/s。其中，上游边墙平均波速 4780m/s，下游边墙平均波速 4144m/s。整体反映了下游边墙围岩质量比上游边墙围岩相对较差。另外，从检测孔内的低波速段分布看，上游边墙有 3 段，下游边墙有 7 段，这也反映了下游边墙岩体质量相对较差的特征。

表 5.3.2　主厂房边墙单孔测试结果

测试位置/(km+m)	孔号	孔深/m	平均波速/(m/s)	曲线类型	低波速段	松弛带		未松弛	松弛度/%	检测时间
						厚度/m	平均波速/(m/s)	平均波速/(m/s)		
厂右 0+15.0	1	4.0	4990	跃阶型	—	1.2	3560	5465	34.86	2004.08.17
	2	3.2	5160	跃阶型	—	0.8	3830	5600	31.61	
	3	4.0	4610	跃阶型	—	1.4	3710	5090	27.11	
	4	4.0	4565	平直型	—	—	—	—	—	
	5	4.0	5310	跃阶型	—	0.2	2210	5480	59.67	
厂右 0+50.0	1	4.2	4300	跃阶型	—	2.2	3280	5710	42.56	2004.08.12
	2	4.2	4500	平直型	—	1.4	3560	4980	28.51	
	3	4.2	3810	跃阶型	—	2.4	2940	4980	40.96	
	4	4.2	3990	跃阶型	—	2.4	3200	5300	39.62	
	5	4.2	5540	平直型	—	0.6	4470	5730	21.99	
上游边墙厂右 0+29.0：Ⅱ层	1	9.8	4210	平直型	—	—	—	—	—	—
上游边墙厂右 0+29.0：Ⅱ层	2	9.8	3890	跃阶型	—	1.8	2800	4080	31.37	—
上游边墙厂右 0+27.0：Ⅱ层	3	9.8	3700	跃阶型	—	2.4	2760	3960	30.30	—
下游边墙厂右 0+27.7：Ⅱ层	4	9.0	4090	锯齿型	—	—	—	—	—	—
下游边墙厂右 0+0.0：Ⅱ层	5	9.0	4710	凹凸型	孔深 3.2～3.4m，波速 2950m/s	—	—	—	—	—
下游边墙厂右 0+28.9：Ⅱ层	6	8.0	4110	跃阶型	—	1.8	2630	4240	37.97	—
下游边墙厂右 0+2.5：Ⅱ层	7	8.4	4020	跃阶型	孔深 8.4m 后，波速 2510m/s	1.0	3050	4250	28.24	—
上游边墙厂右 0+269.0：高程 2251.0m	1	5.0	5000	跃阶型	—	0.4	3670	5100	28.04	—
上游边墙厂右 0+269.0：高程 2251.0m	2	5.0	4900	跃阶型	—	0.8	3360	5160	34.88	—
下游边墙 0+209.5：高程 2254.5m	1	4.0	4950	跃阶型	—	0.8	2050	5490	62.66	2004.11.12
下游边墙 0+208.0：高程 2252.5m	2	2.0	2530	平直型	—	—	—	—	—	

续表

测试位置/(km+m)	孔号	孔深/m	平均波速/(m/s)	曲线类型	低波速段	松弛带		未松弛	松弛度/%	检测时间
						厚度/m	平均波速/(m/s)	平均波速/(m/s)		
下游边墙 0+228.0：高程 2254.5m	3	2.6	4830	平直型	—	—	—	—	—	2004.11.12
下游边墙 0+230.0：高程 2252.5m	4	2.6	4380	平直型	—	—	—	—	—	
下游边墙 0+213.0：高程 2254.5m	5	5.8	3600	锯齿型	—	—	—	—	—	
下游边墙 0+213.5：高程 2252.5m	6	5.8	3530	锯齿型	孔深 2.4～3.6m，波速 2260m/s	—	—	—	—	
下游边墙 0+220.0：高程 2250.0m	7	5.4	4280	跃阶型	—	1.2	1820	4630	60.69	
下游边墙 0+220.0：高程 2251.0m	8	5.0	4110	凹凸型	—	—	—	—	—	
下游边墙 0+220.0：高程 2252.0m	9	5.0	4160	凹凸型	—	—	—	—	—	
上游边墙 0+97.0：高程 2248.0m	1	9.8	4310	跃阶型	—	2.2	2280	4790	52.40	—
上游边墙 0+97.0：高程 2248.0m	2	9.8	4290	跃阶型	—	2.0	2440	4670	47.75	—
上游边墙 0+97.0：高程 2248.0m	3	9.8	4570	跃阶型	—	2.0	2910	4920	40.85	—
上游边墙 0+165.0：高程 2248.0m	4	9.8	4280	跃阶型	孔深 6.0～7.2m，波速 3280m/s	1.0	2230	4216	47.11	—
上游边墙 0+165.0：高程 2248.0m	5	9.8	4290	跃阶型	—	1.4	3030	4470	32.21	—
上游边墙 0+165.0：高程 2248.0m	6	9.8	4620	平直型	—	1.4	3000	4600	34.78	—
上游边墙 0+240.0：高程 2248.0m	7	9.8	4720	凹凸型	—	—	—	—	—	—
上游边墙 0+240.0：高程 2248.0m	8	9.8	4670	凹凸型	—	—	—	—	—	—
上游边墙 0+240.0：高程 2248.0m	9	9.8	4640	凹凸型	—	—	—	—	—	—
上游边墙 0+29.0：高程 2248.0m	10	9.8	4750	锯齿型	—	—	—	—	—	—
上游边墙 0+29.0：高程 2248.0m	11	9.8	4190	锯齿型	—	—	—	—	—	—
上游边墙 0+29.0：高程 2248.0m	12	9.8	4120	跃阶型	—	2.4	2140	4480	52.23	—
下游边墙 0+140.0：高程 2248.0m	13	10.0	4400	凹凸型	孔深 5.0～6.4m，波速 2620m/s	—	—	—	—	—

续表

测试位置/(km+m)	孔号	孔深/m	平均波速/(m/s)	曲线类型	低波速段	松弛带		未松弛	松弛度/%	检测时间
						厚度/m	平均波速/(m/s)	平均波速/(m/s)		
下游边墙 0+140.0：高程 2248.0m	14	10.0	3900	凹凸型	孔深 5.6～6.6m，波速 2340m/s；孔深 7.8～8.8m，波速 2120m/s	1.4	2760	3620	23.76	—
下游边墙 0+140.0：高程 2248.0m	15	10.0	3870	凹凸型	孔深 4.2～6.8m，波速 2660m/s	2.0	1920	4030	52.36	—
下游边墙 0+65.0：高程 2248.0m	16	10.0	3900	跃阶型	—	2.4	2380	4420	46.15	—
下游边墙 0+65.0：高程 2248.0m	17	10.0	3880	跃阶型	—	2.4	2150	4400	51.14	—
下游边墙 0+65.0：高程 2248.0m	18	10.0	3280	锯齿型	孔深 4.8～5.4m，波速 2580m/s	—	—	—	—	—
下游边墙 0+205.0：高程 2248.0m	19	4.6	2360	锯齿型	—	—	—	—	—	—
下游边墙 0+205.0：高程 2248.0m	20	9.8	3100	锯齿型	—	—	—	—	—	—
下游边墙 0+205.0：高程 2248.0m	21	7.6	3150	锯齿型	—	—	—	—	—	—
下游边墙 0+0.0：高程 2248.0m	22	10.0	4500	跃阶型	—	2.4	2840	4930	42.39	—
下游边墙 0+0.0：高程 2248.0m	23	10.0	4380	跃阶型	—	3.0	2500	5080	50.79	—
下游边墙 0+0.0：高程 2248.0m	24	10.0	4060	跃阶型	—	3.8	2910	4470	34.90	—
下游边墙 0+177.7：高程 2239.0m	1	9.8	2780	平直型	—	—	—	—	—	—
下游边墙 0+179.3：高程 2239.0m	2	9.4	2850	平直型	—	—	—	—	—	—
下游边墙 0+180.8：高程 2239.0m	3	9.6	3910	跃阶型	—	1.8	2330	3040	23.36	—
上游边墙 0+63.5：高程 2239.0m	4	10.0	5220	平直型	—	—	—	—	—	—
上游边墙 0+63.8：高程 2239.0m	5	10.0	5290	平直型	—	—	—	—	—	—
上游边墙 0+62.3：高程 2239.0m	6	10.0	5280	平直型	—	—	—	—	—	—
上游边墙 0+120.9：高程 2239.0m	7	9.6	3960	平直型	—	—	—	—	—	—

续表

测试位置/(km+m)	孔号	孔深/m	平均波速/(m/s)	曲线类型	低波速段	松弛带		未松弛	松弛度/%	检测时间
						厚度/m	平均波速/(m/s)	平均波速/(m/s)		
上游边墙 0+119.5：高程 2239.0m	8	9.6	4610	跃阶型	—	1.8	3540	4800	26.25	—
上游边墙 0+118.2：高程 2239.0m	9	9.6	4980	平直型	—	—	—	—	—	—
上游边墙 0+2.0：高程 2239.0m	10	9.4	4840	平直型	—	—	—	—	—	—
上游边墙 0+0.5：高程 2239.0m	11	10.0	5350	平直型	—	—	—	—	—	—
上游边墙 0+1.1：高程 2239.0m	12	10.0	5100	平直型	—	—	—	—	—	—
下游边墙 0+72.2：高程 2239.0m	13	10.0	2680	平直型	—	—	—	—	—	—
下游边墙 0+70.8：高程 2239.0m	14	10.0	3100	平直型	—	—	—	—	—	—
下游边墙 0+69.5：高程 2239.0m	15	7.6	3010	平直型	—	—	—	—	—	—
下游边墙 0+42.8：高程 2239.0m	16	9.6	3760	跃阶型	—	2.4	2620	4080	35.78	—
下游边墙 0+44.0：高程 2239.0m	17	9.6	3860	跃阶型	—	2.0	2540	4060	37.44	—
下游边墙 0+45.3：高程 2239.0m	18	10.0	4650	跃阶型	—	2.2	2390	4320	44.68	—
上游边墙 0+226.2：高程 2239.0m	19	10.0	5430	跃阶型	—	2.8	4610	5660	18.55	—
上游边墙 0+225.0：高程 2239.0m	20	10.0	5150	跃阶型	—	2.8	3690	5560	33.63	—
上游边墙 0+224.0：高程 2239.0m	21	10.0	5250	跃阶型	—	2.6	3670	5630	34.81	—
上游边墙 0+166.3：高程 2231.0m	1	9.6	4970	跃阶型	—	2.4	3890	5300	26.60	—
上游边墙 0+165.0：高程 2231.0m	2	10.0	4510	跃阶型	—	2.4	3270	4830	32.30	—
上游边墙 0+163.7：高程 2231.0m	3	10.0	4740	跃阶型	—	1.6	3540	4910	27.90	—
上游边墙 0+173.8：高程 2232.0m	4	10.0	5050	跃阶型	—	1.8	3050	5350	42.99	—
上游边墙 0+175.0：高程 2232.0m	5	10.0	3790	凹凸型	孔深 4.8～6.8m，波速 2700m/s	—	—	—	—	—
上游边墙 0+176.2：高程 2232.0m	6	10.0	4290	跃阶型	—	3.2	1880	5280	64.39	—

续表

测试位置/(km+m)	孔号	孔深/m	平均波速/(m/s)	曲线类型	低波速段	松弛带		未松弛	松弛度/%	检测时间
						厚度/m	平均波速/(m/s)	平均波速/(m/s)		
上游边墙 0+129.7：高程 2232.0m	7	13.0	5110	平直型	—	—	—	—	—	—
上游边墙 0+131.0：高程 2232.0m	8	13.0	5120	平直型	—	—	—	—	—	—
上游边墙 0+132.4：高程 2232.0m	9	13.0	5070	平直型	—	—	—	—	—	—
下游边墙 0+119.5：高程 2232.0m	10	9.8	5350	平直型	—	—	—	—	—	—
下游边墙 0+118.0：高程 2232.0m	11	10.0	5390	平直型	—	—	—	—	—	—
下游边墙 0+116.7：高程 2232.0m	12	10.0	5330	平直型	—	—	—	—	—	—
上游边墙 0+83.2：高程 2232.0m	13	9.8	5440	跃阶型	—	1.4	4200	5650	25.66	—
上游边墙 0+85.0：高程 2232.0m	14	10.0	5320	平直型	—	—	—	—	—	—
上游边墙 0+86.5：高程 2232.0m	15	10.0	5330	平直型	—	—	—	—	—	—
上游边墙 0+63.4：高程 2232.0m	16	9.0	5250	平直型	—	—	—	—	—	—
上游边墙 0+65.0：高程 2232.0m	17	9.0	5310	平直型	—	—	—	—	—	—
上游边墙 0+66.3：高程 2232.0m	18	9.0	5290	平直型	—	—	—	—	—	—
上游边墙 0+24.3：高程 2231.0m	19	9.4	5380	跃阶型	—	1.0	3330	5530	39.78	—
上游边墙 0+25.8：高程 2231.0m	20	9.2	5360	跃阶型	—	1.4	4000	5540	27.80	—
上游边墙 0+27.3：高程 2231.0m	21	9.2	5300	跃阶型	—	1.6	4060	5490	26.05	—
上游边墙 0+0.0：高程 2231.0m	22	9.0	5260	锯齿型	—	1.2	3610	5430	33.52	—
上游边墙 0+1.5：高程 2231.0m	23	9.8	5130	跃阶型	—	0.8	3260	5210	37.43	—
上游边墙 0+1.4：高程 2231.0m	24	10.0	5140	锯齿型	—	1.4	4220	5240	19.47	—
下游边墙 0+65.0：高程 2225.0m	2	9.2	4890	跃阶型	—	1.6	4000	5070	21.10	—
下游边墙 0+66.3：高程 2225.0m	3	10.0	4520	跃阶型	—	1.8	1660	5010	66.87	—

续表

测试位置/(km+m)	孔号	孔深/m	平均波速/(m/s)	曲线类型	低波速段	松弛带		未松弛	松弛度/%	检测时间
						厚度/m	平均波速/(m/s)	平均波速/(m/s)		
上游边墙 0+27.1：高程 2225.0m	4	10.0	4740	跃阶型	—	1.4	3300	4940	33.20	—
上游边墙 0+28.6：高程 2225.0m	5	10.0	4490	跃阶型	—	1.4	3180	4680	32.05	—
上游边墙 0+30.0：高程 2225.0m	6	10.0	2860	跃阶型	—	1.6	3340	5010	33.33	—
下游边墙 0+130.0：高程 2225.0m	7	9.2	4730	跃阶型	—	1.2	3420	4890	30.06	—
下游边墙 0+131.1：高程 2225.0m	8	9.4	4810	跃阶型	—	1.8	3420	5110	33.07	—
下游边墙 0+132.3：高程 2225.0m	9	9.4	4830	跃阶型	—	1.6	2990	5100	41.37	—
下游边墙 0+197.8：高程 2225.0m	10	9.2	4230	跃阶型	—	2.2	2320	4770	51.36	—
下游边墙 0+199.0：高程 2225.0m	11	9.4	4170	跃阶型	—	2.0	2180	4600	52.61	—
下游边墙 0+200.2：高程 2225.0m	12	9.0	4120	跃阶型	—	2.4	2750	4520	39.16	—
上游边墙 0+163.7：高程 2225.0m	13	10.0	4900	平直型	—	—	—	—	—	—
上游边墙 0+165.0：高程 2225.0m	14	10.0	4880	跃阶型	—	1.2	4050	4980	18.67	—
上游边墙 0+166.3：高程 2225.0m	15	10.0	4900	跃阶型	—	1.6	4180	5020	16.73	—
上游边墙 0+96.0：高程 2225.0m	16	9.2	4930	跃阶型	—	1.2	4290	5010	14.37	—
上游边墙 0+97.0：高程 2225.0m	17	9.0	4800	跃阶型	—	1.4	4220	4890	13.70	—
上游边墙 0+98.2：高程 2225.0m	18	9.2	4760	平直型	—	—	—	—	—	—
下游边墙 0+64.3：高程 2217.0m	1	9.6	4800	跃阶型	—	1.6	3280	5060	35.18	—
下游边墙 0+63.0：高程 2217.0m	2	9.6	4600	跃阶型	—	2.2	2750	5060	45.65	—
下游边墙 0+61.6：高程 2217.0m	3	9.8	4680	跃阶型	—	2.0	2940	5040	41.67	—
下游边墙 0+129.5：高程 2217.0m	4	9.8	4980	平直型	—	—	—	—	—	—
下游边墙 0+131.0：高程 2217.0m	5	9.8	4820	跃阶型	—	1.6	2970	5140	42.22	—

续表

测试位置/(km+m)	孔号	孔深/m	平均波速/(m/s)	曲线类型	低波速段	松弛带		未松弛	松弛度/%	检测时间
						厚度/m	平均波速/(m/s)	平均波速/(m/s)		
下游边墙 0+132.6：高程 2217.0m	6	10.0	4890	跃阶型	—	1.4	2760	5190	46.82	—
上游边墙 0+36.0：高程 2217.0m	7	10.0	4870	跃阶型	—	1.6	4040	5010	19.36	—
上游边墙 0+37.6：高程 2217.0m	8	10.0	4800	跃阶型	—	1.4	3040	5050	39.80	—
上游边墙 0+39.0：高程 2217.0m	9	10.0	4930	跃阶型	—	1.2	2960	5150	42.52	—
上游边墙 0+175.8：高程 2217.0m	10	9.6	4880	跃阶型	—	1.8	4330	4990	13.23	—
上游边墙 0+177.0：高程 2217.0m	11	9.6	4320	凹凸型	孔深 8.0m 后，波速 2400m/s	1.4	4050	4350	6.90	—
上游边墙 0+178.4：高程 2217.0m	12	9.6	4850	跃阶型	—	1.6	2820	5100	44.71	—
上游边墙 0+103.7：高程 2217.0m	13	9.2	4690	跃阶型	—	1.4	3570	4680	23.72	—
上游边墙 0+105.0：高程 2217.0m	14	8.6	4470	跃阶型	—	1.4	2190	4850	54.85	—
上游边墙 0+106.6：高程 2217.0m	15	9.6	4050	跃阶型	—	1.6	1750	4450	60.67	—
下游边墙 0+198.0：高程 2217.0m	16	9.6	4630	跃阶型	—	1.0	1580	4910	67.82	—
下游边墙 0+199.0：高程 2217.0m	17	9.6	4830	跃阶型	—	1.4	3910	4960	21.17	—
下游边墙 0+200.0：高程 2217.0m	18	9.6	4510	跃阶型	—	1.6	2310	4900	52.86	—
累计	—	1163.2	—	—	—	—	—	—	—	—
最大值	—	—	5540	—	—	3.8	4610	5730	67.82	—
最小值	—	—	2360	—	—	0.2	1580	3040	6.90	—
平均值	—	—	4511	—	—	1.7	3092	4900	36.93	—

3. 跨孔声波波速测试

单孔测试孔每组孔一般同时进行跨孔声波波速测试。从测试结果(表 5.3.3)看，主厂房上、下游边墙跨孔平均波速达 4922m/s。其中，上游边墙平均波速 5075m/s，下游边墙平均波速 4690m/s。

表 5.3.3　主厂房跨孔声波波速测试结果

测试位置	桩号/(km+m)	高程/m	跨孔孔号	波速范围/(m/s)	平均波速/(m/s)
下游边墙	0+220.0～0+224.2	2250.18～2251.86	7#～8#	2860～4770	3980
下游边墙	0+220.0～0+224.2	2250.18～2251.86	8#～9#	3500～4710	4200
上游底板(距边墙 0.8m)	0+270.0～0+277.5	2254.00	10#～11#	3230～5130	4640
上游底板(距边墙 0.8m)	0+270.0～0+277.5	2254.00	11#～12#	4800～5340	5200
上游边墙	0+29.0 断面	2255.00～2257.00	1#～2#	3460～3810	3670
上游边墙	0+29.0 断面	2255.00～2257.00	2#～3#	3280～5180	4340
上游边墙	0+29.0 断面	2255.00～2257.00	1#～3#	4050～5160	4870
下游边墙	0+27.0 断面	2255.00～2257.00	4#～5#	3580～5010	4500
上游边墙	0+269.0～268.0	2251.00	1#～2#	4450～5360	4980
上游边墙	0+97.0	2248.00	1#～2#	5590～5980	5840
上游边墙	0+97.0	2248.00	2#～3#	5180～5430	5310
上游边墙	0+165.0	2248.00	4#～5#	4670～5140	4910
上游边墙	0+165.0	2248.00	5#～6#	5590～5930	5780
上游边墙	0+240.0	2248.00	7#～8#	4700～5580	5270
上游边墙	0+240.0	2248.00	8#～9#	4810～5230	5090
下游边墙	0+140.0	2248.00	13#～14#	4100～4620	4380
下游边墙	0+140.0	2248.00	14#～15#	4160～4590	4420
下游边墙	0+65.0	2248.00	16#～17#	4330～4620	4470
下游边墙	0+65.0	2248.00	17#～18#	3100～4670	4170
下游边墙	0+0.0	2248.00	22#～23#	5130～5530	5360
下游边墙	0+0.0	2248.00	23#～24#	5130～5490	5280
下游边墙	0+70.8	2239.00	13#～14#	2940～4190	3720
下游边墙	0+70.8	2239.00	14#～15#	3040～4080	3600
下游边墙	0+44.0	2239.00	16#～17#	3960～4920	4410
下游边墙	0+44.0	2239.00	17#～18#	3930～5000	4520
上游边墙	0+225.0	2239.00	19#～20#	4550～5580	5190
上游边墙	0+225.0	2239.00	20#～21#	4480～5640	5230
上游边墙	0+165.0	2232.00	1#～2#	4150～5730	5340
上游边墙	0+165.0	2232.00	2#～3#	3850～5470	5020
上游边墙	0+131.0	2232.00	7#～8#	4980～5700	5370
上游边墙	0+131.0	2232.00	8#～9#	4460～5960	5570
上游边墙	0+25.8	2232.00	19#～20#	3470～5830	5280
上游边墙	0+25.8	2232.00	20#～21#	4370～5650	5210

续表

测试位置	桩号/(km+m)	高程/m	跨孔孔号	波速范围/(m/s)	平均波速/(m/s)
上游边墙	0+0.0	2232.00	22#～23#	5170～5760	5430
上游边墙	0+0.0	2232.00	23#～24#	5040～6010	5660
下游边墙	0+65.0～0+66.3	2225.00	2#～3#	3680～5440	5030
上游边墙	0+27.1～0+30.0	2225.00	4#～5#	4170～5750	5150
上游边墙	0+27.1～0+30.0	2225.00	5#～6#	3880～5340	4820
下游边墙	0+130.0～0+132.3	2225.00	7#～8#	4340～5270	4990
下游边墙	0+130.0～0+132.3	2225.00	8#～9#	4130～5740	5240
下游边墙	0+197.8～0+200.2	2225.00	10#～11#	3640～5340	4560
下游边墙	0+197.8～0+200.2	2225.00	11#～12#	3590～5050	4450
上游边墙	0+163.7～0+166.3	2225.00	13#～14#	4710～5660	5120
上游边墙	0+163.7～0+166.3	2225.00	14#～15#	4460～5580	5010
上游边墙	0+96.0～0+98.2	2225.00	16#～17#	4570～5100	4840
上游边墙	0+96.0～0+98.2	2225.00	17#～18#	4480～5430	5160
下游边墙	0+64.6～0+61.6	2217.00	1#～2#	3460～5710	5240
下游边墙	0+64.6～0+61.6	2217.00	2#～3#	3430～5450	5000
下游边墙	0+129.5～0+132.6	2217.00	4#～5#	4560～5780	5460
下游边墙	0+129.5～0+132.6	2217.00	5#～6#	4400～5630	5320
下游边墙	0+198.0～0+200.0	2217.00	16#～17#	3890～5670	5100
下游边墙	0+198.0～0+200.0	2217.00	17#～18#	4220～5630	5200
上游边墙	0+36.0～0+39.0	2217.00	7#～8#	4390～5540	5270
上游边墙	0+36.0～0+39.0	2217.00	8#～9#	4570～5600	5310
上游边墙	0+175.8～0+178.4	2217.00	10#～11#	3320～5630	4750
上游边墙	0+175.8～0+178.4	2217.00	11#～12#	3310～5490	4690
上游边墙	0+103.7～0+106.6	2217.00	13#～14#	3150～5620	4930
上游边墙	0+103.7～0+106.6	2217.00	14#～15#	2700～5620	4560
上游边墙	0+27.5～0+30.3	第Ⅸ层	1#～2#	3870～5510	4860
上游边墙	0+27.5～0+30.3	第Ⅸ层	2#～3#	3700～5920	5030

4. 以物探波速确定的洞室围岩松弛程度

松弛带是指处于围压状态下的岩体在隧洞开挖过程中，由于卸荷回弹、应力快速释放和爆破振动而岩体微裂隙张开、波速降低的开挖面附近表层岩体。松弛带厚度确定主要依据单孔测试法波速随孔深变化曲线中较明显的拐点来判断，判断过程中需要区分是否受较大规模结构面影响而使波速降低。对于波速-孔深曲线不明显的测试孔，则不划分为松弛带。因此，划分松弛带厚度时主要针对“跃阶型”曲线。当有爆前、爆后波速检测资料时，按爆前、爆后孔波速衰减率来确定。

为表征松弛带岩体受损伤和松弛的程度，提出松弛度概念，用 R 来表示松弛度。该指标是松弛带岩体平均降低波速与原岩(相对未松弛)平均波速的百分比：

$$R = \frac{V_{\text{P原岩}} - V_{\text{P松弛带}}}{V_{\text{P原岩}}} \times 100\% \tag{5.3.1}$$

式中，R 为松弛度(%)；$V_{\text{P原岩}}$为原岩(相对未松弛)平均波速(m/s)；$V_{\text{P松弛带}}$为松弛带岩体平均波速(m/s)。

松弛度 R 越大，表示岩体受卸荷松弛影响越大；松弛度 R 越小，表示岩体受卸荷松弛影响越小。可以按松弛度 R 大小对岩体松弛程度进行分级：$R < 17\%$，轻微松弛；$17\% \leqslant R < 33\%$，中等松弛；$33\% \leqslant R < 67\%$，较强烈松弛；$R \geqslant 67\%$，强烈松弛。

按表 5.3.2 中松弛带测试资料整理，地下厂房共有 83 个测试孔可以确定松弛度。从统计结果看，松弛度 R 最大 67.82%，最小 6.90%，平均松弛度 36.93%，总体应属于较强烈松弛范畴。松弛度分级统计结果表明，轻微松弛岩体约占 5.82%，中等松弛岩体占 32.56%，较强烈松弛岩体占 60.46%，强烈松弛岩体占 1.16%。按波速度确定的围岩体松弛圈厚度变化较大，最浅 20cm，最深 3.8m，平均 1.7m；松弛圈岩体波速在 1580～4610m/s 变化，平均波速为 3092m/s；松弛带以内较完整岩体平均波速为 4900m/s。

按地下厂房上、下游边墙分别统计，结果表明：上游边墙松弛带平均厚度 1.66m，松弛带平均波速 3343m/s，松弛带以内完整岩体平均波速 4977m/s；下游边墙松弛带平均厚度 1.87m，松弛带平均波速 2650m/s，松弛带以内完整岩体平均波速 4658m/s。总体反映出下游边墙围岩质量比上游边墙围岩相对较差。

5.3.2 主变室物探检测

1. 洞壁表面地震法测试

主变室共进行了总长 992m 的地震法测试，结果见表 5.3.4。其中，上游边墙长 677m，下游边墙长 315m，测线分布于不同高程。上游边墙平均波速 4967m/s，低波速段长度 77m，约占检测长度的 11.4%，低波速段平均波速 3847m/s；下游边墙平均波速 5228m/s，低波速段长度 30m，约占检测长度的 9.5%，低波速段平均波速 4415m/s。总体反映出下游边墙岩体好于上游边墙岩体。

表 5.3.4　主变室洞壁表面地震法测试结果

测试位置	高程/m	桩号/m	测段长度/m	平均波速/(m/s)	低波速段		
					桩号/m	测段长度/m	平均波速/(m/s)
上游边墙	2274.00	厂右 15～厂右 245	230	4870	厂右 75～厂右 105	30	3490
	2265.00	厂右 20～厂右 247	227	4900	厂右 50～厂右 87	37	3950
	2258.00	厂右 20～厂右 240	220	5130	厂右 80～厂右 90	10	4100
下游边墙	2280.50	厂右 0～厂右 90	90	5540	厂右 60～厂右 70	10	4810
	2265.00	厂右 20～厂右 245	225	4915	厂右 80～厂右 100	20	4020

2. 声波法单孔测试

在主变室进行了 77 个孔的单孔测试，累计测试深度 727.2m，单孔深度 6.6～10.0m，基本涵盖了主变室上、下游边墙的不同位置，单孔声波测试结果汇总于表 5.3.5。从表 5.3.5 可以看出，主变室上、下游边墙松弛带和未松弛岩体的平均波速达到 4758m/s。其中，上游边墙平均波速 4720m/s，下游边墙平均波速 4770m/s。总体反映了主变室岩体质量较好的特征。

表 5.3.5　主变室边墙单孔声波测试结果

测试位置/(km+m)	孔号	孔深/m	平均波速/(m/s)	曲线类型	低波速段	松弛带		未松弛	松弛度/%	检测时间
						厚度/m	平均波速/(m/s)	平均波速/(m/s)		
0+131.0：Ⅰ层	1	10.0	5260	直线型	—	1.2	3560	5465	34.86	2004.08.17
	2	10.0	4920	跃阶型	—	1.4	3502	5052	30.68	
	3	9.8	3780	跃阶型	—	2.2	2842	4005	29.04	
0+97.0：Ⅰ层	4	9.0	5300	直线型	—	1.4	4490	5300	15.28	2004.08.12
	5	6.6	5430	跃阶型	—	1.0	4310	5130	15.98	
上游边墙 0+97.0：Ⅱ层	1	9.4	4920	跃阶型	—	1.2	3370	5070	33.53	—
	2	9.2	4690	跃阶型	—	1.0	3200	4660	31.33	—
	3	9.2	4380	锯齿型	—	2.6	2530	4346	41.79	—
	4	9.4	4600	跃阶型	—	2.0	3810	4620	17.53	—
上游边墙 0+155.0：Ⅱ层	5	9.2	4800	跃阶型	—	2.0	3500	5150	32.04	—
上游边墙 0+155.0：Ⅱ层	6	9.2	4410	凹凸型	孔深 5.8～6.0m，波速 3640m/s	2.0	3790	4710	19.53	—
上游边墙 0+155.0：Ⅱ层	7	9.2	4590	跃阶型	—	3.0	3485	5120	31.93	—

续表

测试位置/(km+m)	孔号	孔深/m	平均波速/(m/s)	曲线类型	低波速段	松弛带		未松弛	松弛度/%	检测时间
						厚度/m	平均波速/(m/s)	平均波速/(m/s)		
上游边墙0+35.0：Ⅱ层	8	9.2	3950	凹凸型	孔深2.6～6.2m，波速3635m/s	2.0	2950	5030	41.35	—
上游边墙0+35.0：Ⅱ层	9	9.2	4560	跃阶型	—	2.8	3470	4940	29.76	—
下游边墙0+199.0：Ⅱ层	1	9.0	4110	跃阶型	—	2.0	3730	4630	19.44	
下游边墙0+199.0：Ⅱ层	2	9.0	3690	凹凸型	孔深2.2～7.6m，波速3350m/s	1.2	3770	4750	20.63	
下游边墙0+199.0：Ⅱ层	3	9.2	4940	凹凸型	孔深2.8～3.2m，波速3680m/s	1.6	2750	4200	34.52	
下游边墙0+63.0：Ⅱ层	4	9.2	4910	平直型	—	1.4	4400	4980	11.65	
下游边墙0+63.0：Ⅱ层	5	9.2	4680	跃阶型	—	—	—	—	—	2005.04.07
下游边墙0+63.0：Ⅱ层	6	9.4	3610	凹凸型	孔深9.4m，波速3080m/s	1.2	2530	3720	31.99	
下游边墙0+131.0：Ⅱ层	7	8.0	4470	跃阶型	—	1.6	2680	4750	43.58	
下游边墙0+131.0：Ⅱ层	8	8.6	4370	跃阶型	—	2.0	3300	4315	23.52	
下游边墙0+131.0：Ⅱ层	9	9.2	4430	跃阶型	—	2.2	2760	4920	43.90	
下游边墙0+129.0：高程2266.0m	1	9.6	5000	跃阶型	—	1.6	3430	5240	34.54	—
下游边墙0+1319.0：高程2266.0m	2	9.0	4990	跃阶型	—	2.0	3500	5260	33.46	—
下游边墙0+1329.0：高程2266.0m	3	9.6	4570	跃阶型	—	1.8	3350	5220	35.82	—

续表

测试位置/(km+m)	孔号	孔深/m	平均波速/(m/s)	曲线类型	低波速段	松弛带		未松弛	松弛度/%	检测时间
						厚度/m	平均波速/(m/s)	平均波速/(m/s)		
下游边墙 0+639.0：高程 2266.0m	4	9.8	5000	跃阶型	—	1.6	4140	5120	19.14	—
下游边墙 0+659.0：高程 2266.0m	5	8.0	5040	跃阶型	—	1.4	4080	5210	21.69	—
下游边墙 0+669.0：高程 2266.0m	6	9.6	5420	跃阶型	—	1.6	4130	5270	21.63	—
上游边墙 0+90.7：高程 2266.0m	7	10.0	5220	跃阶型	—	1.2	4270	5430	21.36	—
上游边墙 0+92.4：高程 2266.0m	8	10.0	5040	跃阶型	—	1.2	4190	5120	18.16	—
上游边墙 0+93.2：高程 2266.0m	9	9.8	5020	跃阶型	—	1.2	4180	5400	22.59	—
上游边墙 0+29.3：高程 2266.0m	10	9.6	4840	跃阶型	—	2.0	4410	4940	10.73	—
上游边墙 0+30.7：高程 2266.0m	11	9.6	4980	跃阶型	—	2.2	4250	5160	17.64	—
上游边墙 0+32.3：高程 2266.0m	12	9.4	5010	跃阶型	—	2.0	4350	5160	15.70	—
上游边墙 0+161.6：高程 2267.0m	13	9.8	5160	跃阶型	—	1.6	4500	5280	14.77	—
上游边墙 0+162.9：高程 2267.0m	14	9.8	5120	跃阶型	—	1.8	4240	5310	20.15	—
上游边墙 0+164.3：高程 2267.0m	15	9.8	5200	跃阶型	—	1.6	4330	5370	19.37	—
下游边墙 0+197.6：高程 2266.0m	16	9.4	5070	跃阶型	—	1.2	4420	5150	14.17	—
下游边墙 0+1999.0：高程 2266.0m	17	9.6	4930	跃阶型	—	1.6	3770	5140	26.65	—

续表

测试位置/(km+m)	孔号	孔深/m	平均波速/(m/s)	曲线类型	低波速段	松弛带		未松弛	松弛度/%	检测时间
						厚度/m	平均波速/(m/s)	平均波速/(m/s)		
下游边墙 0+200.6：高程 2266.0m	18	9.6	4880	跃阶型	—	1.4	2960	5160	42.64	—
下游边墙 0+198.0：高程 2259.0m	1	9.6	5130	跃阶型	—	1.0	4060	5230	22.37	—
下游边墙 0+198.6：高程 2259.0m	2	9.8	5050	跃阶型	—	1.2	4140	5160	19.77	—
下游边墙 0+200.9：高程 2259.0m	3	9.8	5100	跃阶型	—	1.4	4360	5200	16.15	—
上游边墙 0+166.6：高程 2259.0m	4	10.0	4990	跃阶型	—	1.4	4280	5090	15.91	—
上游边墙 0+165.9：高程 2259.0m	5	9.8	5310	跃阶型	—	1.0	4540	5370	15.46	—
上游边墙 0+163.6：高程 2259.0m	6	9.8	5210	跃阶型	—	1.0	4420	5280	16.29	—
下游边墙 0+128.7：高程 2259.0m	7	9.0	4910	跃阶型	—	1.4	3590	5080	29.33	—
下游边墙 0+130.9：高程 2259.0m	8	9.8	4880	跃阶型	—	1.2	3320	5020	33.86	—
下游边墙 0+131.7：高程 2259.0m	9	9.0	4940	跃阶型	—	1.4	3860	5080	24.02	—
上游边墙 0+96.7：高程 2259.0m	10	9.2	4680	跃阶型	—	1.4	2630	5000	47.40	—
上游边墙 0+98.3：高程 2259.0m	11	9.2	4650	跃阶型	—	1.6	3280	4870	32.65	—
上游边墙 0+100.9：高程 2259.0m	12	9.2	4760	跃阶型	—	1.2	3280	4950	33.74	—
下游边墙 0+61.3：高程 2259.0m	13	9.4	5060	跃阶型	—	1.4	4300	5180	16.99	—

续表

测试位置/(km+m)	孔号	孔深/m	平均波速/(m/s)	曲线类型	低波速段	松弛带		未松弛	松弛度/%	检测时间
						厚度/m	平均波速/(m/s)	平均波速/(m/s)		
下游边墙 0+62.8：高程 2259.0m	14	9.6	4870	跃阶型	—	1.2	3370	5050	33.27	—
下游边墙 0+64.3：高程 2259.0m	15	9.8	4930	跃阶型	—	1.0	3960	5020	21.12	—
上游边墙 0+30.6：高程 2259.0m	16	10.0	4580	跃阶型	—	1.4	3620	4720	23.31	—
上游边墙 0+32.1：高程 2259.0m	17	10.0	4890	跃阶型	—	1.4	4160	4980	16.47	—
上游边墙 0+33.6：高程 2259.0m	18	9.8	4820	跃阶型	—	1.4	4110	4910	16.29	—
下游边墙 0+61.8：Ⅴ层	1	9.8	5270	平直型	—	—	—	—	—	—
下游边墙 0+639.0：Ⅴ层	2	9.8	5410	平直型	—	—	—	—	—	—
下游边墙 0+64.3：Ⅴ层	3	9.8	5340	平直型	—	—	—	—	—	—
下游边墙 0+129.4：Ⅴ层	4	9.8	4260	凹凸型	孔深 2～3.0m，波速 2730m/s	—	—	—	—	—
下游边墙 0+131.0：Ⅴ层	5	9.8	4580	凹凸型	孔深 2.4～3.0m，波速 2090m/s	—	—	—	—	—
下游边墙 0+132.5：Ⅴ层	6	9.6	4470	凹凸型	孔深 2.6～3.2m，波速 1960m/s	—	—	—	—	—
下游边墙 0+198.4：Ⅴ层	7	9.4	4360	跃阶型	—	1.4	2020	4710	57.11	—
下游边墙 0+200.0：Ⅴ层	8	9.4	4510	跃阶型	—	1.4	1940	4890	60.33	—

续表

测试位置/(km+m)	孔号	孔深/m	平均波速/(m/s)	曲线类型	低波速段	松弛带		未松弛	松弛度/%	检测时间
						厚度/m	平均波速/(m/s)	平均波速/(m/s)		
下游边墙 0+201.4：Ⅴ层	9	9.4	4800	跃阶型	—	1.4	3440	5000	31.20	—
上游边墙 0+193.8：Ⅴ层	10	9.6	4220	锯齿型	—	—	—	—	—	—
上游边墙 0+195.0：Ⅴ层	11	9.4	4270	锯齿型	—	—	—	—	—	—
上游边墙 0+196.6：Ⅴ层	12	9.0	4400	锯齿型	—	—	—	—	—	—
上游边墙 0+108.3：Ⅴ层	13	10.0	4650	凹凸型	孔深 4～4.6m，波速 2430m/s	—	—	—	—	—
上游边墙 0+110.0：Ⅴ层	14	10.0	4740	凹凸型	孔深 3.2～4.0m，波速 2270m/s	—	—	—	—	—
上游边墙 0+111.5：Ⅴ层	15	10.0	3840	锯齿型	—	—	—	—	—	—
上游边墙 0+111.5：Ⅴ层	16	9.4	4460	锯齿型	—	—	—	—	—	—
上游边墙 0+111.5：Ⅴ层	17	9.4	4380	锯齿型	—	—	—	—	—	—
上游边墙 0+111.5：Ⅴ层	18	9.4	4370	凹凸型	孔深 3.2～3.8m，波速 2000m/s	—	—	—	—	—
累计	—	727.2	—	—	—	—	—	—	—	—
最大值	—	—	5430	—	—	3.0	4540	5465	60.33	—
最小值	—	—	3610	—	—	1.0	1940	3720	10.73	—
平均值	—	—	4758	—	—	1.6	3671	4993	26.67	—

3. 跨孔声波波速测试

单孔测试孔每组孔之间一般同时进行跨孔纵波速度测试。从测试结果(表 5.3.6)

看，主变室上、下游边墙跨孔平均波速达 5176m/s。其中，上游边墙平均波速 5085m/s，下游边墙平均波速度 5270m/s。

表 5.3.6　主变室跨孔声波波速测试结果

测试位置	桩号/(km+m)	高程/m	跨孔孔号	波速范围/(m/s)	平均波速/(m/s)
上游边墙(Ⅰ层)	0+131.0	2280.00～2281.80	1#～2#	4800～5600	5150
上游边墙(Ⅰ层)	0+131.0	2280.00～2281.80	1#～3#	4000～4800	4420
上游边墙(Ⅱ层)	0+97.0	—	1#～2#	4700～5320	5020
上游边墙(Ⅱ层)	0+97.0	—	2#～3#	5130～5610	5370
下游边墙(Ⅱ层)	0+63.0	—	4#～5#	5010～5770	5550
下游边墙(Ⅱ层)	0+63.0	—	5#～6#	4450～5780	5300
下游边墙(Ⅱ层)	0+131.0	—	7#～8#	4770～5620	5300
下游边墙(Ⅱ层)	0+131.0	—	8#～9#	5280～5670	5520
下游边墙(Ⅱ层)	0+199.0	—	1#～2#	5240～5990	5710
下游边墙(Ⅱ层)	0+199.0	—	2#～3#	5110～5690	5480
上游边墙(Ⅱ层)	0+155.0	—	4#～5#	4830～5160	4980
上游边墙(Ⅱ层)	0+155.0	—	5#～6#	5250～5890	5460
上游边墙(Ⅱ层)	0+35.0	—	7#～8#	4800～5590	5280
上游边墙(Ⅱ层)	0+35.0	—	8#～9#	5000～5590	5370
上游边墙(Ⅲ层)	0+92.3	2266.00	7#～8#	5920～4530	5350
上游边墙(Ⅲ层)	0+92.3	2266.00	8#～9#	5910～4560	5170
上游边墙(Ⅲ层)	0+30.6	2266.00	10#～11#	5880～4450	5360
上游边墙(Ⅲ层)	0+30.6	2266.00	11#～12#	5760～4300	5260
上游边墙(Ⅲ层)	0+162.9	2266.00	13#～14#	5720～4710	5270
上游边墙(Ⅲ层)	0+162.9	2266.00	14#～15#	5690～4560	5350
下游边墙(Ⅲ层)	0+131.0	2266.00	1#～2#	5620～4510	5060
下游边墙(Ⅲ层)	0+131.0	2266.00	2#～3#	5730～4740	5300
下游边墙(Ⅲ层)	0+65.0	2266.00	4#～5#	5920～4530	5350
下游边墙(Ⅲ层)	0+65.0	2266.00	5#～6#	5720～3830	5280
下游边墙(Ⅲ层)	0+199.0	2266.00	16#～17#	5720～4900	5510
下游边墙(Ⅲ层)	0+199.0	2266.00	17#～18#	5980～5220	5730
上游边墙(Ⅳ层)	0+166.2～0+163.5	2259.00	4#～5#	5870～4870	5600
上游边墙(Ⅳ层)	0+166.2～0+163.5	2259.00	5#～6#	5760～4700	5360
上游边墙(Ⅳ层)	0+96.7～0+100.0	2259.00	10#～11#	5590～4180	5330
上游边墙(Ⅳ层)	0+96.7～0+100.0	2259.00	11#～12#	5780～4520	5520
上游边墙(Ⅳ层)	0+30.5～0+33.5	2259.00	16#～17#	5400～4640	5080
上游边墙(Ⅳ层)	0+30.5～0+33.5	2259.00	17#～18#	5640～4560	5310

续表

测试位置	桩号/(km+m)	高程/m	跨孔孔号	波速范围/(m/s)	平均波速/(m/s)
下游边墙(Ⅳ层)	0+197.0～0+200.0	2259.00	1#～2#	5960～4840	5430
下游边墙(Ⅳ层)	0+197.0～0+200.0	2259.00	2#～3#	5690～4430	5370
下游边墙(Ⅳ层)	0+128.6～0+131.6	2259.00	7#～8#	5640～4870	5210
下游边墙(Ⅳ层)	0+128.6～0+131.6	2259.00	8#～9#	5570～4320	5170
下游边墙(Ⅳ层)	0+61.2～0+64.2	2259.00	13#～14#	5850～4390	5420
下游边墙(Ⅳ层)	0+61.2～0+64.2	2259.00	14#～15#	5600～4090	5050
下游边墙(Ⅴ层)	0+61.7～0+64.2	2252.00	1#～2#	5510～4810	5300
下游边墙(Ⅴ层)	0+61.7～0+64.2	2252.00	2#～3#	5590～4810	5270
下游边墙(Ⅴ层)	0+129.4～0+132.5	2252.00	4#～5#	5370～3780	4980
下游边墙(Ⅴ层)	0+129.4～0+132.5	2252.00	5#～6#	5510～3100	3780
下游边墙(Ⅴ层)	0+198.4～0+201.4	2252.00	7#～8#	5490～4220	5140
下游边墙(Ⅴ层)	0+198.4～0+201.4	2252.00	8#～9#	5210～4170	4950
上游边墙(Ⅴ层)	0+193.8～0+196.6	2252.00	10#～11#	5640～4210	4990
上游边墙(Ⅴ层)	0+193.8～0+196.6	2252.00	11#～12#	5500～4410	5000
上游边墙(Ⅴ层)	0+108.4～0+111.5	2252.00	13#～14#	5030～4680	4920
上游边墙(Ⅴ层)	0+108.4～0+111.5	2252.00	14#～15#	5550～3490	4430
上游边墙(Ⅴ层)	0+43.4～0+46.4	2252.00	16#～17#	5520～4620	5140
上游边墙(Ⅴ层)	0+43.4～0+46.4	2252.00	17#～18#	5590～4150	5010
下游边墙(Ⅳ层)	0+163.6～0+165.0	—	1#～2#	4490～5560	5380
下游边墙(Ⅳ层)	0+165.0～0+166.5	—	2#～3#	3460～5600	4850
上游边墙(Ⅳ层)	0+143.2～0+145.0	—	4#～5#	3360～5490	4660
上游边墙(Ⅳ层)	0+145.0～0+146.8	—	5#～6#	4510～5440	5200
上游边墙(Ⅳ层)	0+183.6～0+185.0	—	7#～8#	2800～5210	3890
上游边墙(Ⅳ层)	0+185.0～0+186.6	—	8#～9#	2920～5440	4330
下游边墙(Ⅳ层)	0+95.9～0+97.0	—	10#～11#	4130～5780	5340
下游边墙(Ⅳ层)	0+97.0～0+98.3	—	11#～12#	4700～5640	5390
上游边墙(Ⅳ层)	0+74.0～0+75.0	—	13#～14#	4290～5630	4980
上游边墙(Ⅳ层)	0+75.0～0+75.9	—	14#～15#	4790～5180	5180
下游边墙(Ⅳ层)	0+51.2～0+52.0	—	16#～17#	4890～5870	5580
下游边墙(Ⅳ层)	0+52.0～0+52.8	—	17#～18#	4690～5810	5480

按照与主、副厂房同样的方法统计主变室松弛度，结果表明：主变室松弛度最大 60.33%，最小 10.73%，平均松弛度 26.67%，总体属于中等松弛范畴。松弛度分级统计表明：轻微松弛岩体约占 23.81%，中等松弛岩体占 49.21%，较强烈

松弛占 26.98%，反映了主变室岩体松弛程度低于主、副厂房区。按波速确定的围岩体松弛圈厚度在 1～3m 变化，平均 1.6m；松弛圈岩体波速在 1940～4540m/s 变化，平均波速为 3671m/s；松弛带以外较完整岩体平均波速为 4993m/s。

按上、下游边墙分别统计，结果表明：上游边墙松弛带平均厚度 1.66m，松弛带平均波速 3920m/s，松弛带以内完整岩体平均波速 5100m/s；下游边墙松弛带平均厚度 1.48m，松弛带平均波速 3520m/s，松弛带以内完整岩体平均波速 4950m/s。反映出上游边墙岩体比下游边墙岩体略差。

5.3.3　尾水洞物探检测

1) 洞壁表面地震法测试

尾水洞上层导洞开挖过程中，曾在 1#、2#洞中分别进行了一段洞壁表面地震法测试。1#尾水洞桩号 0km+20m～0km+40m 段测试平均波速为 5500m/s，2#尾水洞桩号 0km+510m～0km+540m 段测试波速大于 5000m/s，总体反映了测试段围岩质量较好的特征。

2) 声波法单孔测试

尾水洞只在 2#洞桩号 0km+23m 断面布置了 4 个孔进行单孔测试，测试孔深 4.2m 左右。从测试结果看，单孔平均波速在 5000m/s 左右，确定的松弛带厚度为 1.6～2.2m，松弛带平均波速约 4000m/s。

第6章　拉西瓦水电站地下厂房洞室群安全控制

6.1　地下厂房洞室群块体稳定性分析

6.1.1　块体稳定性分析的基本原则与参数选取

拉西瓦水电站地下厂房洞室群的块体稳定性分析，依据精测的各断裂与洞室立体模型交切状况进行。由洞室各部位剖切图可知，裂隙在洞室各个部位呈网状，尤其在洞室拱顶，陡、缓裂隙密集交切，使得洞室拱顶围岩稳定性问题尤其突出。从纷繁的裂隙中选取可能构成不稳定块体的边界，是分析各洞室围岩块体稳定性的关键。因此，对剖切图上所有裂隙进行三角形单元组合，对构成块体边界的裂隙或断层，按断层优先原则考虑；在组合形成的块体中(大块体包含小块体)，依据取大优先的原则对不稳定块体进行选取。

块体稳定性不仅与块体的形态特征(主要是各类裂隙与洞室临空面的组合形式)有关，而且各类结构面的物理力学特性也是影响块体稳定性的重要因素。依据结构面的发育特征和规模，计算时结构面参数选取原则如下：①凡是断层，c 一般取 0.01～0.02MPa，φ 取 22°～26°；②对于贯通性较好的长大裂隙，尤其是有滴水、渗水情况时，均按断层参数选取；③对于有一定胶结程度的一般性裂隙，c 一般取 0.10～0.15MPa，φ 取 30°～35°。

6.1.2　主厂房块体稳定性

依据裂隙剖切图对主厂房不稳定块体进行检索，各块体单元(主要是三角形单元)的结构面组合见表 6.1.1。分析中用 Unwedge、Swedge 软件对边墙进行检索，用 Unwedge 软件对拱顶进行检索。由于结构面的位置是确定性的，因此检索的块体可称为确定性块体。

表 6.1.1　地下厂房块体检索结果

检索号	结构面组合	检索软件	检索结果	洞室部位
1	$PD_{2\text{-}2}$-mL_{16}、$PD_{14\text{-}5}$-f_1、$PD_{2\text{-}2}$-L_1	Unwedge	无	拱顶
2	$PD_{2\text{-}2}$-L_1、$PD_{2\text{-}2}$-L_{10}、$PD_{2\text{-}2}$-f_1	Unwedge	无	拱顶
3	$PD_{2\text{-}2}$-mL_{26}、$PD_{2\text{-}1}$-f_1、$PD_{2\text{-}2}$-L_4	Unwedge	无	拱顶
4	$PD_{2\text{-}2}$-f_{13}、$PD_{2\text{-}2}$-L_{35}、$PD_{2\text{-}2}$-L_1	Unwedge	有	拱顶

续表

检索号	结构面组合	检索软件	检索结果	洞室部位
5	PD_{2-2}-L_1、PD_{2-2}-f_2、PD_{14-5}-f_1	Unwedge	无	拱顶
6	PD_{2-2}-L_1、PD_{2-2}-f_2、PD_{2-2}-f_{12}	Unwedge	无	拱顶
7	PD_{2-2}-L_1、PD_{2-2}-f_2、PD_2-f_{13}	Unwedge	无	拱顶
8	PD_{2-2}-f_2、PD_{2-2}-L_{27}、PD_2-f_{13}	Unwedge	有	拱顶
9	PD_{2-2}-f_2、PD_{2-2}-L_{27}、PD_2-f_{12}	Unwedge	有	拱顶
10	PD_{2-2}-f_2、PD_{2-2}-L_{27}、PD_{14-5}-f_1	Unwedge	无	拱顶
11	PD_{2-2}-L_{27}、PD_{2-2}-f_5、PD_{2-2}-f_{13}	Unwedge	无	拱顶
12	PD_{2-2}-L_{27}、PD_{2-2}-f_5、PD_{2-2}-f_{12}	Unwedge	有	拱顶
13	PD_{14}-f_{12}、PD_{2-2}-f_5、PD_{14-5}-f_1	Unwedge	无	拱顶
14	PD_{14}-f_{12}、PD_{2-2}-f_5、PD_2-f_{12}	Unwedge	无	拱顶
15	PD_{14}-f_{12}、PD_{2-2}-f_5、PD_2-f_{13}	Unwedge	有	拱顶
16	PD_{2-2}-f_5、PD_{2-2}-L_{27}、PD_{2-2}-L_{74}	Unwedge	有	拱顶
17	PD_{2-2}-L_{74}、PD_{2-2}-L_{48}、PD_{2-2}-f_5	Unwedge	有	拱顶
18	PD_{2-2}-L_{74}、PD_{2-2}-L_{60}、PD_{2-2}-L_{27}	Unwedge	有	拱顶
19	PD_{2-2}-L_{74}、PD_{2-2}-L_{60}、PD_{2-2}-L_{48}	Unwedge	无	拱顶
20	PD_{2-2}-L_{60}、PD_{2-2}-L_{135}、PD_{2-2}-L_{48}	Unwedge	无	拱顶
21	PD_{2-2}-f_{12}、PD_{2-2}-L_{60}、PD_{2-2}-L_{48}	Unwedge	无	拱顶
22	PD_{2-2}-L_{48}、PD_{2-2}-L_{135}、PD_{14}-Hf_8	Unwedge	无	拱顶
23	PD_{2-2}-f_4、PD_{2-2}-L_{50}、PD_{2-2}-Lf_{41}	Unwedge	无	拱顶
24	PD_{2-2}-f_4、PD_{2-2}-L_{50}、PD_{2-2}-L_{125}	Unwedge	无	拱顶
25	PD_{2-2}-f_4、PD_{2-2}-L_{50}、PD_{2-2}-L_{134}	Unwedge	无	拱顶
26	PD_{2-2}-L_{62}、PD_{2-2}-L_{50}、PD_{2-2}-L_{125}	Unwedge	无	拱顶
27	PD_{2-2}-L_{62}、PD_{2-2}-L_{50}、PD_{2-2}-L_{134}	Unwedge	无	拱顶
28	PD_{2-2}-L_{62}、PD_{2-2}-L_{50}、PD_{2-2}-L_{41}	Unwedge	无	拱顶
29	PD_{2-2}-L_{62}、PD_{14}-Hf_8、PD_{2-2}-L_{134}	Unwedge	无	拱顶
30	PD_{2-2}-L_{135}、PD_{2-2}-Lf_{41}、PD_{2-2}-L_{84}	Unwedge	无	拱顶
31	PD_{2-2}-L_{84}、PD_{2-2}-L_{35}、PD_{2-2}-L_{48}	Unwedge	无	拱顶
32	PD_{2-2}-L_{48}、PD_{14}-f_{12}、PD_{2-2}-L_{35}	Unwedge	无	拱顶
33	PD_{2-2}-L_{35}、PD_{14}-f_{12}、PD_{2-2}-f_5	Unwedge	有	拱顶
34	PD_{2-2}-L_{35}、PD_{2-2}-L_{48}、PD_{2-2}-L_{60}	Unwedge	有	拱顶
35	PD_{2-2}-f_{13}、PD_{14}-f_{12}、PD_{2-2}-L_{60}	Unwedge	有	拱顶
36	PD_{2-2}-f_{13}、PD_{2-2}-f_2、PD_{2-2}-L_{74}	Unwedge	有	拱顶
37	PD_{2-2}-f_{13}、PD_{2-2}-L_{10}、PD_{2-2}-mL_{26}	Unwedge	有	拱顶
38	PD_{2-2}-f_{13}、PD_{2-2}-L_{10}、PD_{2-2}-L_{74}	Unwedge	有	拱顶
39	PD_{2-2}-f_{13}、PD_{2-2}-f_5、PD_2-L_{228}	Unwedge	有	拱顶

续表

检索号	结构面组合	检索软件	检索结果	洞室部位
40	PD_{2-2}-f_{13}、PD_{2-2}-mL_{16}、PD_2-L_{228}	Unwedge	有	拱顶
41	PD_{2-2}-f_{13}、PD_2-f_9、PD_2-g_3	Unwedge	有	拱顶
42	PD_2-f_{12}、PD_{2-2}-f_2、PD_{2-2}-L_{60}	Unwedge	有	拱顶
43	PD_2-f_{12}、PD_2-L_{228}、PD_{2-2}-mL_{26}	Unwedge	有	拱顶
44	PD_{2-2}-L_{109}、PD_{2-2}-mL_{26}、PD_2-L_{228}	Unwedge	有	拱顶
45	PD_{2-2}-L_{109}、PD_{2-2}-f_5、PD_{2-1}-f_1	Unwedge	有	拱顶
46	PD_{2-2}-f_5、PD_{2-1}-f_1、PD_{2-2}-mF_1	Unwedge	无	拱顶
47	PD_{2-2}-f_5、PD_{2-2}-mF_1、PD_2-f_{13}	Unwedge	有	拱顶
48	PD_2-L_{228}、PD_{2-2}-mF_1、PD_2-cd_3	Unwedge	有	拱顶
49	PD_2-L_{228}、PD_2-cd_3、PD_{2-2}-mL_{16}	Unwedge	有	拱顶
50	PD_2-f_{12}、PD_2-g_3、PD_{14}-F_{164}	Unwedge	有	拱顶
51	PD_{2-2}-mL_{26}、PD_2-g_3、PD_{2-2}-L_{109}	Unwedge	无	拱顶
52	PD_{2-2}-mL_{26}、PD_{2-1}-f_1、PD_{2-2}-L_{109}	Unwedge	无	拱顶
53	PD_{2-1}-f_1、PD_2-g_3、PD_{2-2}-L_{109}	Unwedge	有	拱顶
54	PD_{2-2}-f_5、PD_{2-2}-mL_{26}、PD_{2-1}-f_1	Unwedge	有	拱顶
55	PD_{2-2}-mF_1、PD_2-g_3、PD_2-f_{13}	Unwedge	有	拱顶
56	PD_2-f_{12}、PD_2-f_9、PD_{14}-F_{164}	Unwedge	有	拱顶
57	PD_2-f_9、PD_2-g_3、PD_{14}-F_{164}	Unwedge	有	拱顶
58	PD_2-g_3、PD_2-f_{13}、PD_{2-2}-mL_{16}	Unwedge	有	拱顶
59	PD_{2-2}-mL_{26}、PD_2-g_3、PD_2-cd_3	Unwedge	有	拱顶
60	PD_{2-2}-mL_{26}、PD_2-g_3、PD_2-f_9	Unwedge	有	拱顶
61	PD_2-cd_3、PD_2-f_9、PD_2-mL_{26}	Unwedge	无	拱顶
62	PD_2-cd_3、PD_2-f_{11}、PD_{2-2}-L_1	Unwedge	无	拱顶
63	PD_2-cd_3、PD_2-f_{17}、PD_{2-2}-L_1	Unwedge	无	拱顶
64	PD_2-cd_3、PD_2-f_{17}、PD_{2-2}-L_{52}	Unwedge	无	拱顶
65	PD_2-f_{11}、PD_2-L_1、PD_{2-2}-L_{109}	Unwedge	无	拱顶
66	PD_2-f_{17}、PD_{2-2}-mL_{16}、PD_{2-2}-L_{109}	Unwedge	无	拱顶
67	PD_2-f_{17}、PD_{2-2}-L_{109}、PD_{2-2}-L_4	Unwedge	无	拱顶
68	PD_2-F_{164}、PD_2-f_{17}、PD_{2-2}-mL_{16}	Unwedge	无	拱顶
69	PD_2-F_{164}、PD_2-f_{17}、PD_{2-2}-L_4	Unwedge	有	拱顶
70	PD_{14}-F_{164}、PD_{2-2}-L_{52}、PD_{2-2}-L_{10}	Unwedge	有	拱顶
71	PD_{2-2}-L_{10}、PD_{2-2}-L_{52}、PD_{2-2}-mL_{16}	Unwedge	有	拱顶
72	PD_{2-2}-L_{52}、PD_{2-2}-L_{10}、PD_{2-2}-L_{109}	Unwedge	有	拱顶
73	PD_{2-2}-L_{52}、PD_{2-1}-f_1、PD_{2-2}-L_{109}	Unwedge	有	拱顶
74	PD_{2-2}-L_{10}、PD_2-L_{228}、PD_{2-2}-L_{52}	Unwedge	有	拱顶

续表

检索号	结构面组合	检索软件	检索结果	洞室部位
75	PD_{2-2}-L_{10}、PD_2-L_{228}、PD_{2-2}-L_{84}	Unwedge	有	拱顶
76	PD_{2-2}-L_{10}、PD_{2-1}-f_1、PD_{2-2}-L_{52}	Unwedge	无	拱顶
77	PD_{2-2}-f_5、PD_{2-1}-f_1、PD_{2-2}-L_{109}	Unwedge	无	拱顶
78	PD_{2-2}-f_5、PD_{2-2}-L_{27}、PD_{2-2}-L_{57}	Unwedge	无	拱顶
79	PD_2-L_{228}、PD_{2-2}-L_{84}、PD_{2-2}-L_{60}	Unwedge、Swedge	无	上游边墙
80	PD_{2-2}-L_{109}、PD_{2-2}-f_5、PD_{2-2}-L_{27}	Unwedge、Swedge	无	上游边墙
81	PD_{2-2}-L_{109}、PD_{2-2}-f_5、PD_{2-2}-L_{57}	Unwedge、Swedge	无	上游边墙
82	PD_{2-2}-L_{109}、PD_{2-2}-f_5、PD_{2-2}-L_{35}	Unwedge、Swedge	无	上游边墙
83	PD_{2-2}-L_{109}、PD_{2-2}-f_5、PD_{14}-f_{12}	Unwedge、Swedge	有	上游边墙
84	PD_{2-2}-L_{109}、PD_{2-2}-L_{27}、PD_{2-2}-L_{57}	Unwedge、Swedge	无	上游边墙
85	PD_{2-2}-L_{109}、PD_{2-2}-L_{60}、PD_{2-2}-L_{57}	Unwedge、Swedge	无	上游边墙
86	PD_{2-2}-L_{109}、PD_{2-2}-L_{60}、PD_{2-2}-L_{48}	Unwedge、Swedge	无	上游边墙
87	PD_{2-2}-L_{109}、PD_{2-2}-L_{74}、PD_{14}-f_{12}	Unwedge、Swedge	无	上游边墙
88	PD_{2-2}-L_{109}、PD_{2-2}-L_{74}、PD_{2-2}-L_{57}	Unwedge、Swedge	无	上游边墙
89	PD_{2-2}-L_{109}、PD_{2-2}-L_{74}、PD_{2-2}-L_{27}	Unwedge、Swedge	无	上游边墙
90	PD_{2-2}-L_{35}、PD_{2-2}-f_5、PD_{14}-f_{12}	Unwedge、Swedge	无	上游边墙
91	PD_{2-2}-L_{35}、PD_{2-2}-f_5、PD_{2-2}-L_{57}	Unwedge、Swedge	无	上游边墙
92	PD_{2-2}-L_{35}、PD_{2-2}-L_{74}、PD_{14}-f_{12}	Unwedge、Swedge	无	上游边墙
93	PD_{2-2}-L_{35}、PD_{2-2}-L_{74}、PD_{2-2}-L_{48}	Unwedge、Swedge	无	上游边墙
94	PD_{2-2}-L_{48}、PD_{14}-f_{12}、PD_{2-2}-L_{84}	Unwedge、Swedge	无	上游边墙
95	PD_{2-2}-L_{48}、PD_{14}-f_{12}、PD_{2-2}-L_{109}	Unwedge、Swedge	无	上游边墙
96	PD_{2-2}-L_{48}、PD_{14}-f_{12}、PD_{2-2}-L_{120}	Unwedge、Swedge	有	上游边墙
97	PD_{2-2}-L_{48}、PD_{14}-f_{12}、PD_{2-2}-L_{75}	Unwedge、Swedge	有	上游边墙
98	PD_{2-2}-L_{84}、PD_{2-2}-L_{60}、PD_{2-2}-L_{27}	Unwedge、Swedge	无	上游边墙
99	PD_{2-2}-L_{84}、PD_{2-2}-L_{60}、PD_{2-2}-L_{57}	Unwedge、Swedge	有	上游边墙
100	PD_{2-2}-L_{84}、PD_{2-2}-L_{60}、PD_{2-2}-L_{48}	Unwedge、Swedge	无	上游边墙
101	PD_{2-2}-L_{84}、PD_{2-2}-f_3、PD_{14}-Hf_8	Unwedge、Swedge	无	上游边墙
102	PD_{2-2}-L_{84}、PD_{2-2}-f_3、PD_{2-2}-L_{50}	Unwedge、Swedge	无	上游边墙
103	PD_{2-2}-L_{84}、PD_{2-2}-f_3、PD_{2-2}-f_4	Unwedge、Swedge	有	上游边墙
104	PD_{2-2}-L_{84}、PD_{2-2}-L_{50}、PD_{14}-Hf_8	Unwedge、Swedge	有	上游边墙
105	PD_{2-2}-L_{84}、PD_{2-2}-L_{50}、PD_{2-2}-Lf_{41}	Unwedge、Swedge	有	上游边墙
106	PD_{14}-f_{12}、PD_{2-2}-L_{84}、PD_{2-2}-L_{62}	Unwedge、Swedge	无	上游边墙
107	PD_{14}-f_{12}、PD_{2-2}-L_{84}、PD_{2-2}-f_3	Unwedge、Swedge	有	上游边墙
108	PD_{14}-f_{12}、PD_{2-2}-L_{84}、PD_{2-2}-L_{135}	Unwedge、Swedge	有	上游边墙
109	PD_{2-2}-L_{109}、PD_{14}-f_{12}、PD_{2-2}-f_3	Unwedge、Swedge	无	下游边墙

续表

检索号	结构面组合	检索软件	检索结果	洞室部位
110	$PD_{2\text{-}2}$-L_{109}、PD_{14}-f_{12}、$PD_{2\text{-}2}$-L_{62}	Unwedge、Swedge	无	下游边墙
111	$PD_{2\text{-}2}$-L_{109}、PD_{14}-f_{12}、$PD_{2\text{-}2}$-L_{135}	Unwedge、Swedge	无	下游边墙
112	$PD_{2\text{-}2}$-mL_{16}、$PD_{14\text{-}5}$-f_1、$PD_{2\text{-}2}$-L_1	Unwedge、Swedge	无	下游边墙
113	$PD_{2\text{-}2}$-L_1、$PD_{2\text{-}2}$-L_{10}、$PD_{2\text{-}2}$-f_1	Unwedge、Swedge	无	下游边墙
114	$PD_{2\text{-}2}$-mL_{26}、$PD_{2\text{-}1}$-f_1、$PD_{2\text{-}2}$-L_4	Unwedge、Swedge	无	下游边墙
115	$PD_{2\text{-}2}$-f_{13}、$PD_{2\text{-}2}$-L_{35}、$PD_{2\text{-}2}$-L_1	Unwedge、Swedge	有	下游边墙
116	$PD_{2\text{-}2}$-L_1、$PD_{2\text{-}2}$-f_2、$PD_{14\text{-}5}$-f_1	Unwedge、Swedge	无	下游边墙
117	$PD_{2\text{-}2}$-L_1、$PD_{2\text{-}2}$-f_2、$PD_{2\text{-}2}$-f_{12}	Unwedge、Swedge	无	下游边墙
118	$PD_{2\text{-}2}$-L_1、$PD_{2\text{-}2}$-f_2、PD_2-f_{13}	Unwedge、Swedge	无	下游边墙
119	$PD_{2\text{-}2}$-f_2、$PD_{2\text{-}2}$-L_{27}、PD_2-f_{13}	Unwedge、Swedge	无	下游边墙
120	$PD_{2\text{-}2}$-f_2、$PD_{2\text{-}2}$-L_{27}、PD_2-f_{12}	Unwedge、Swedge	无	下游边墙
121	$PD_{2\text{-}2}$-f_2、$PD_{2\text{-}2}$-L_{27}、$PD_{14\text{-}5}$-f_1	Unwedge、Swedge	无	下游边墙
122	$PD_{2\text{-}2}$-L_{27}、$PD_{2\text{-}2}$-f_5、$PD_{2\text{-}2}$-f_{13}	Unwedge、Swedge	无	下游边墙
123	$PD_{2\text{-}2}$-L_{27}、$PD_{2\text{-}2}$-f_5、$PD_{2\text{-}2}$-f_{12}	Unwedge、Swedge	有	下游边墙
124	PD_{14}-f_{12}、$PD_{2\text{-}2}$-f_5、$PD_{14\text{-}5}$-f_1	Unwedge、Swedge	无	下游边墙
125	PD_{14}-f_{12}、$PD_{2\text{-}2}$-f_5、PD_2-f_{12}	Unwedge、Swedge	有	下游边墙
126	PD_{14}-f_{12}、$PD_{2\text{-}2}$-f_5、PD_2-f_{13}	Unwedge、Swedge	无	下游边墙
127	$PD_{2\text{-}2}$-f_5、$PD_{2\text{-}2}$-L_{27}、$PD_{2\text{-}2}$-L_{74}	Unwedge、Swedge	无	下游边墙
128	$PD_{2\text{-}2}$-L_{74}、$PD_{2\text{-}2}$-L_{48}、$PD_{2\text{-}2}$-f_5	Unwedge、Swedge	无	下游边墙
129	$PD_{2\text{-}2}$-L_{74}、$PD_{2\text{-}2}$-L_{60}、$PD_{2\text{-}2}$-L_{27}	Unwedge、Swedge	无	下游边墙
130	$PD_{2\text{-}2}$-L_{74}、$PD_{2\text{-}2}$-L_{60}、$PD_{2\text{-}2}$-L_{48}	Unwedge、Swedge	有	下游边墙
131	$PD_{2\text{-}2}$-L_{60}、$PD_{2\text{-}2}$-L_{135}、$PD_{2\text{-}2}$-L_{48}	Unwedge、Swedge	有	下游边墙
132	$PD_{2\text{-}2}$-f_{12}、$PD_{2\text{-}2}$-L_{60}、$PD_{2\text{-}2}$-L_{48}	Unwedge、Swedge	有	下游边墙
133	$PD_{2\text{-}2}$-L_{48}、$PD_{2\text{-}2}$-L_{135}、PD_{14}-Hf_8	Unwedge、Swedge	有	下游边墙
134	$PD_{2\text{-}2}$-f_4、$PD_{2\text{-}2}$-L_{50}、$PD_{2\text{-}2}$-Lf_{41}	Unwedge、Swedge	有	下游边墙
135	$PD_{2\text{-}2}$-f_4、$PD_{2\text{-}2}$-L_{50}、$PD_{2\text{-}2}$-L_{125}	Unwedge、Swedge	有	下游边墙
136	$PD_{2\text{-}2}$-f_4、$PD_{2\text{-}2}$-L_{50}、$PD_{2\text{-}2}$-L_{134}	Unwedge、Swedge	有	下游边墙
137	$PD_{2\text{-}2}$-L_{62}、$PD_{2\text{-}2}$-L_{50}、$PD_{2\text{-}2}$-L_{125}	Unwedge、Swedge	有	下游边墙
138	$PD_{2\text{-}2}$-L_{62}、$PD_{2\text{-}2}$-L_{50}、$PD_{2\text{-}2}$-L_{134}	Unwedge、Swedge	有	下游边墙
139	$PD_{2\text{-}2}$-L_{62}、$PD_{2\text{-}2}$-L_{50}、$PD_{2\text{-}2}$-L_{41}	Unwedge、Swedge	有	下游边墙
140	$PD_{2\text{-}2}$-L_{62}、PD_{14}-Hf_8、$PD_{2\text{-}2}$-L_{134}	Unwedge、Swedge	无	下游边墙
141	$PD_{2\text{-}2}$-L_{135}、$PD_{2\text{-}2}$-Lf_{41}、$PD_{2\text{-}2}$-L_{84}	Unwedge、Swedge	无	下游边墙
142	$PD_{2\text{-}2}$-L_{84}、$PD_{2\text{-}2}$-L_{35}、$PD_{2\text{-}2}$-L_{48}	Unwedge、Swedge	无	下游边墙
143	$PD_{2\text{-}2}$-L_{48}、PD_{14}-f_{12}、$PD_{2\text{-}2}$-L_{35}	Unwedge、Swedge	无	下游边墙
144	$PD_{2\text{-}2}$-L_{35}、PD_{14}-f_{12}、$PD_{2\text{-}2}$-f_5	Unwedge、Swedge	有	下游边墙

续表

检索号	结构面组合	检索软件	检索结果	洞室部位
145	PD$_{2-2}$-L$_{35}$、PD$_{2-2}$-L$_{48}$、PD$_{2-2}$-L$_{60}$	Unwedge、Swedge	有	下游边墙
146	PD$_{2-2}$-f$_{13}$、PD$_{14}$-f$_{12}$、PD$_{2-2}$-L$_{60}$	Unwedge、Swedge	有	下游边墙
147	PD$_{2-2}$-f$_{13}$、PD$_{2-2}$-f$_{2}$、PD$_{2-2}$-L$_{74}$	Unwedge、Swedge	无	下游边墙
148	PD$_{2-2}$-f$_{13}$、PD$_{2-2}$-L$_{10}$、PD$_{2-2}$-mL$_{26}$	Unwedge、Swedge	有	下游边墙
149	PD$_{2-2}$-f$_{13}$、PD$_{2-2}$-L$_{10}$、PD$_{2-2}$-L$_{74}$	Unwedge、Swedge	有	下游边墙
150	PD$_{2-2}$-f$_{13}$、PD$_{2-2}$-f$_{5}$、PD$_{2}$-L$_{228}$	Unwedge、Swedge	有	下游边墙
151	PD$_{2-2}$-f$_{13}$、PD$_{2-2}$-mL$_{16}$、PD$_{2}$-L$_{228}$	Unwedge、Swedge	有	下游边墙
152	PD$_{2-2}$-f$_{13}$、PD$_{2}$-f$_{9}$、PD$_{2}$-g$_{3}$	Unwedge、Swedge	有	下游边墙
153	PD$_{2}$-f$_{12}$、PD$_{2-2}$-f$_{2}$、PD$_{2-2}$-L$_{60}$	Unwedge、Swedge	无	下游边墙
154	PD$_{2}$-f$_{12}$、PD$_{2}$-L$_{228}$、PD$_{2-2}$-mL$_{26}$	Unwedge、Swedge	无	下游边墙
155	PD$_{2-2}$-L$_{109}$、PD$_{2-2}$-mL$_{26}$、PD$_{2}$-L$_{228}$	Unwedge、Swedge	无	下游边墙
156	PD$_{2-2}$-L$_{109}$、PD$_{2-2}$-f$_{5}$、PD$_{2-1}$-f$_{1}$	Unwedge、Swedge	有	下游边墙
157	PD$_{2-2}$-f$_{5}$、PD$_{2-1}$-f$_{1}$、PD$_{2-2}$-mF$_{1}$	Unwedge、Swedge	有	下游边墙
158	PD$_{2-2}$-f$_{5}$、PD$_{2-2}$-mF$_{1}$、PD$_{2}$-f$_{13}$	Unwedge、Swedge	无	下游边墙
159	PD$_{2}$-L$_{228}$、PD$_{2-2}$-mF$_{1}$、PD$_{2}$-cd$_{3}$	Unwedge、Swedge	有	下游边墙
160	PD$_{2}$-L$_{228}$、PD$_{2}$-cd$_{3}$、PD$_{2-2}$-mL$_{16}$	Unwedge、Swedge	有	下游边墙
161	PD$_{2}$-f$_{12}$、PD$_{2}$-g$_{3}$、PD$_{14}$-F$_{164}$	Unwedge、Swedge	无	下游边墙

1. Unwedge 检索

分别对主厂房拱顶与边墙进行检索，得到确定性块体拱顶 15 个，上、下游边墙各 5 个。各块体形态特征如图 6.1.1～图 6.1.25 所示。

2. Swedge 检索

用 Swedge 对厂房边墙进行检索，结果与 Unwedge 的检索结果一致。Swedge 直观地展示了边墙确定性块体的空间形态，如图 6.1.26～图 6.1.35 所示。

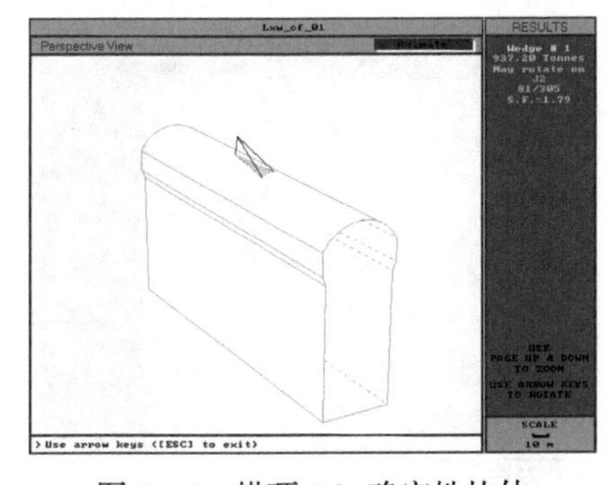

图 6.1.1　拱顶 Cf$_{01}$ 确定性块体

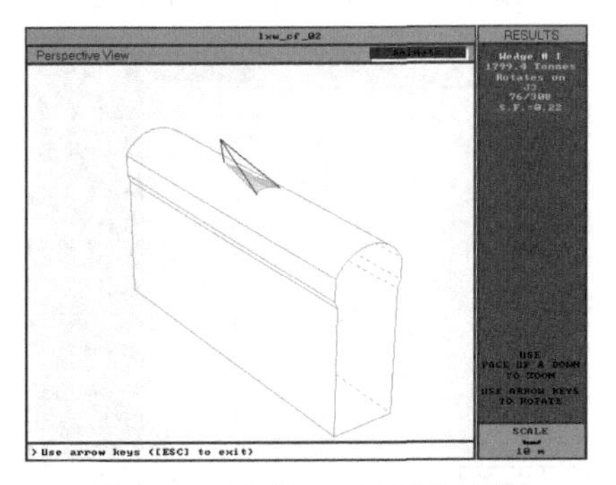

图 6.1.2　拱顶 Cf$_{02}$ 确定性块体

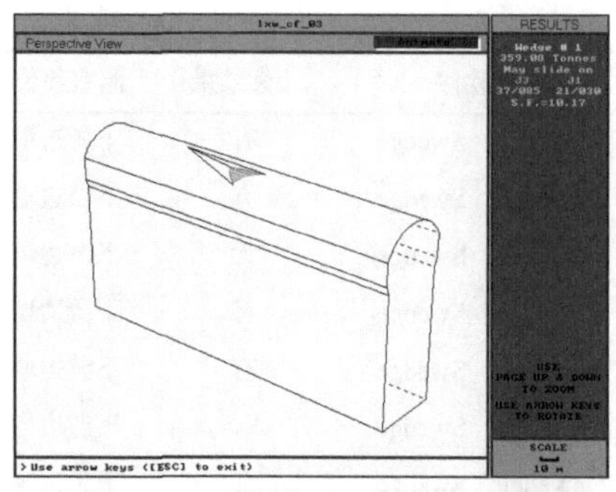

图 6.1.3　拱顶 Cf_{03} 确定性块体

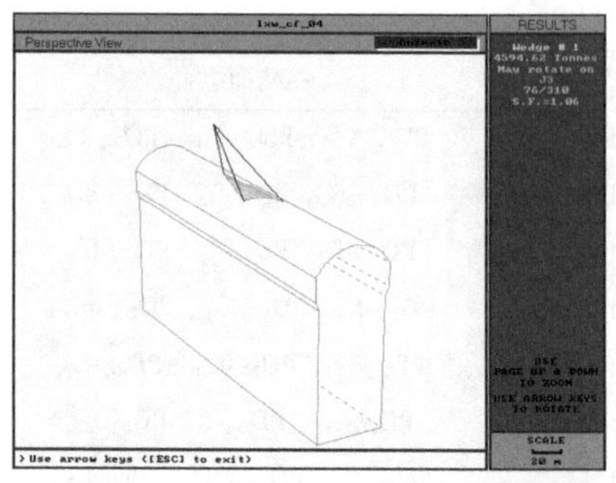

图 6.1.4　拱顶 Cf_{04} 确定性块体

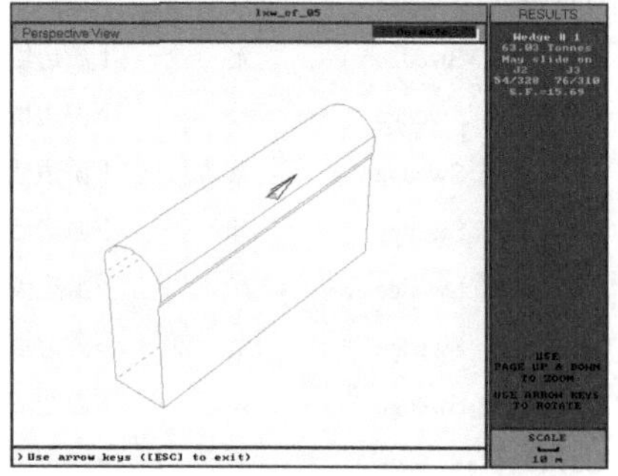

图 6.1.5　拱顶 Cf_{05} 确定性块体

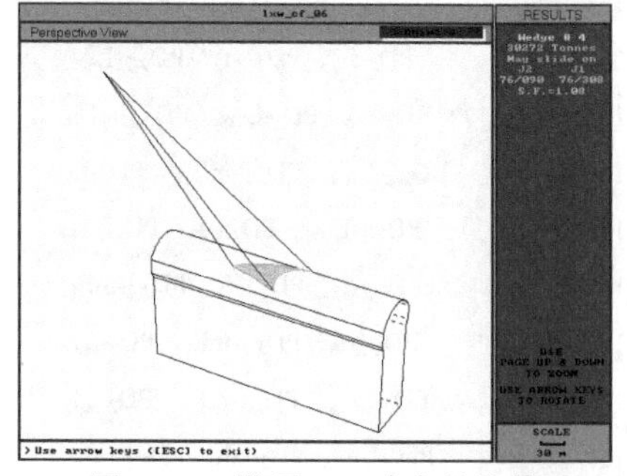

图 6.1.6　拱顶 Cf_{06} 确定性块体

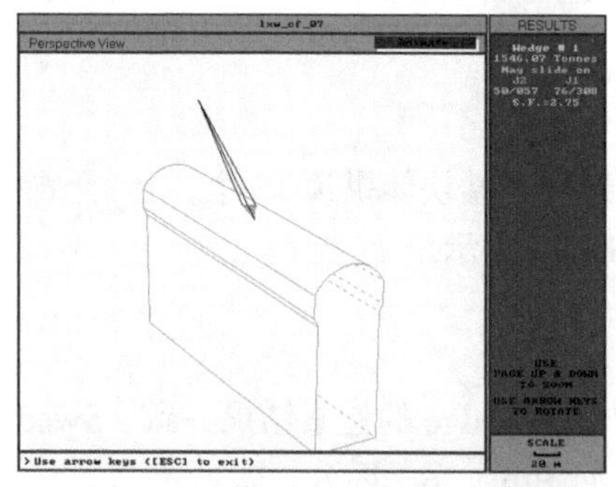

图 6.1.7　拱顶 Cf_{07} 确定性块体

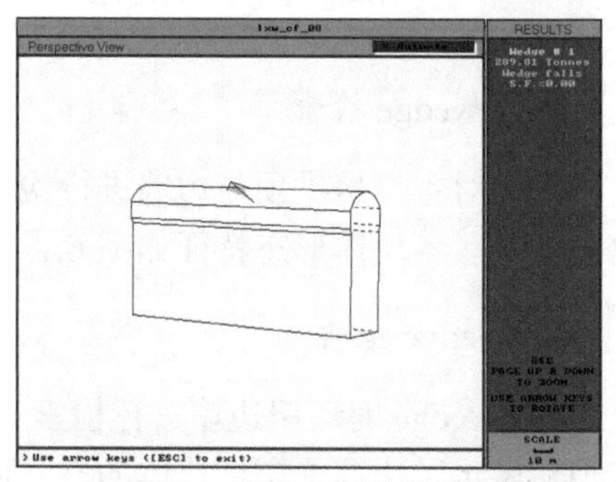

图 6.1.8　拱顶 Cf_{08} 确定性块体

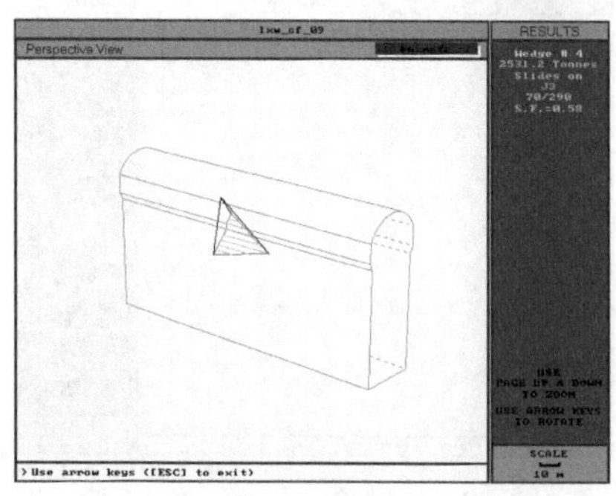

图 6.1.9　拱顶 Cf_{09} 确定性块体

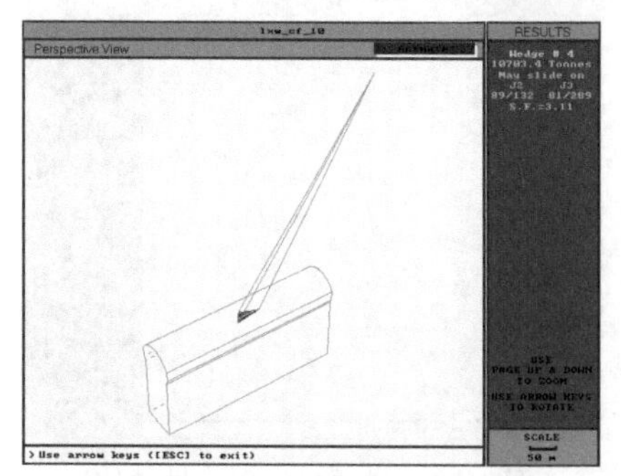

图 6.1.10　拱顶 Cf_{10} 确定性块体

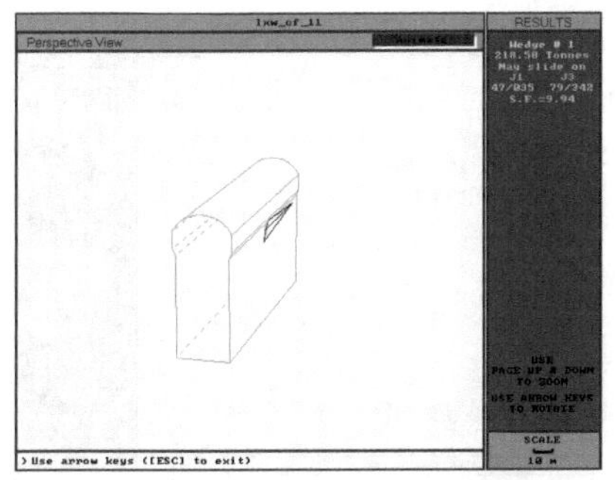

图 6.1.11　拱顶 Cf11 确定性块体

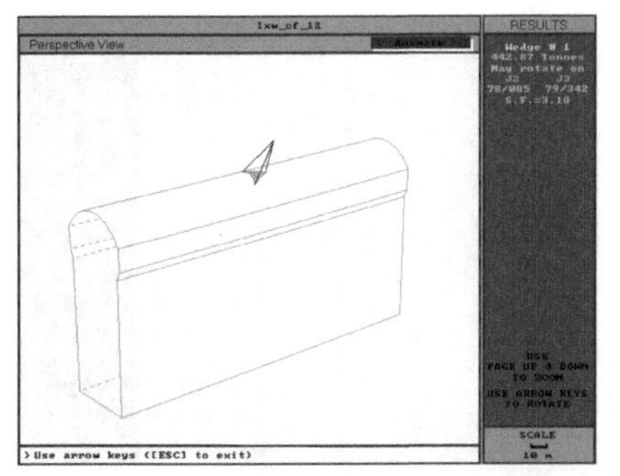

图 6.1.12　拱顶 Cf12 确定性块体

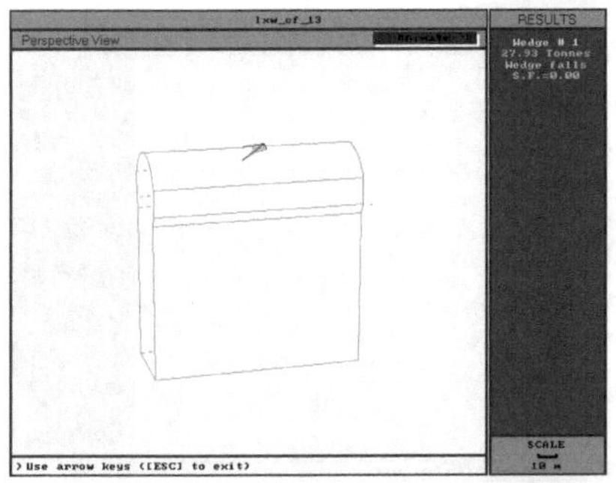

图 6.1.13　拱顶 Cf13 确定性块体

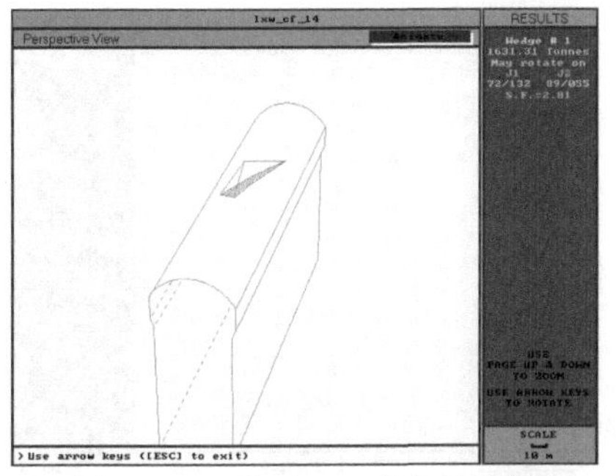

图 6.1.14　拱顶 Cf14 确定性块体

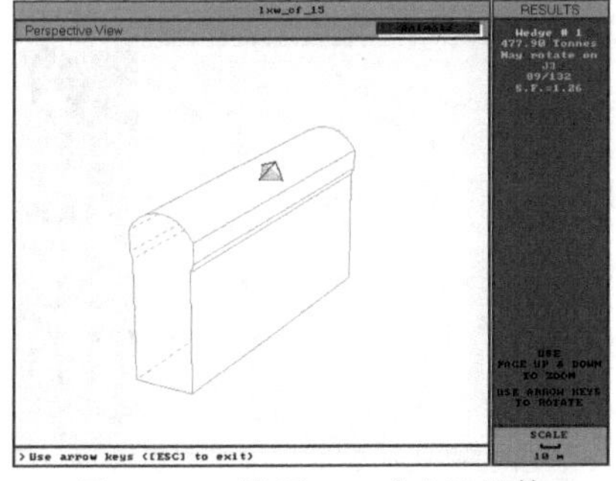

图 6.1.15　拱顶 Cf15 确定性块体

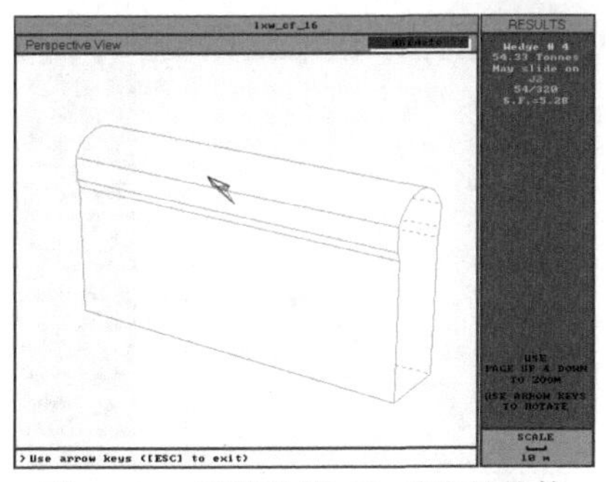

图 6.1.16　下游边墙 Cf16 确定性块体

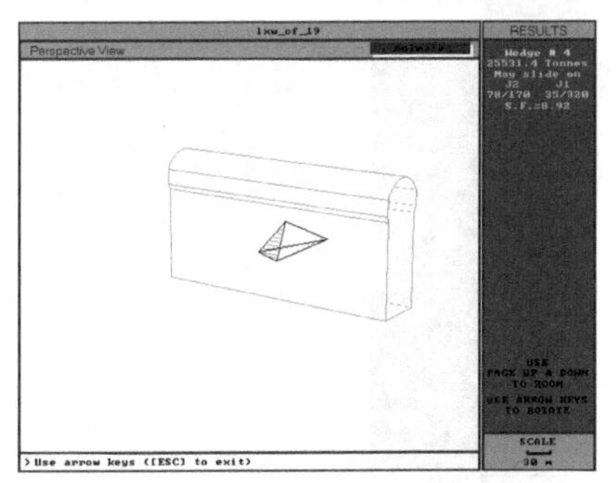

图 6.1.17　下游边墙 Cf17 确定性块体

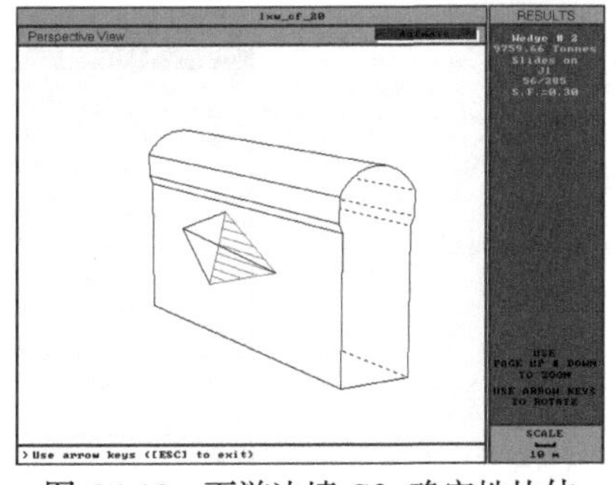

图 6.1.18　下游边墙 Cf18 确定性块体

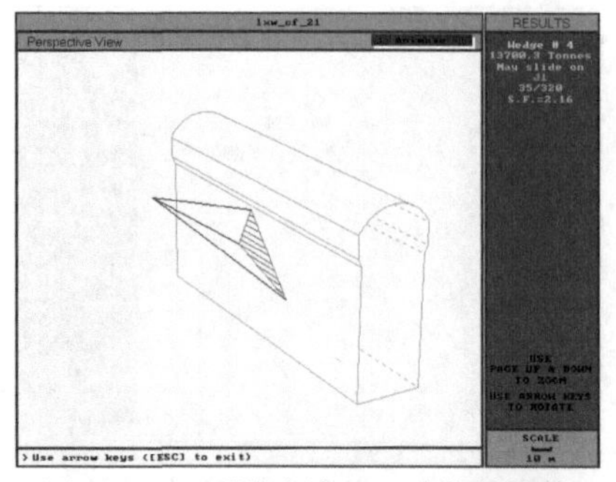

图 6.1.19　下游边墙 Cf_{19} 确定性块体

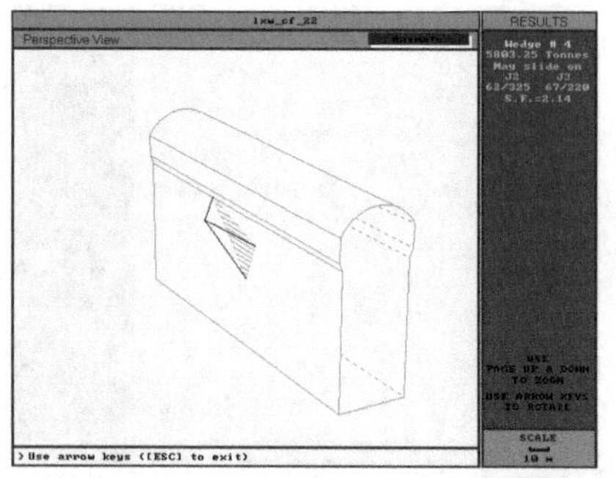

图 6.1.20　下游边墙 Cf_{20} 确定性块体

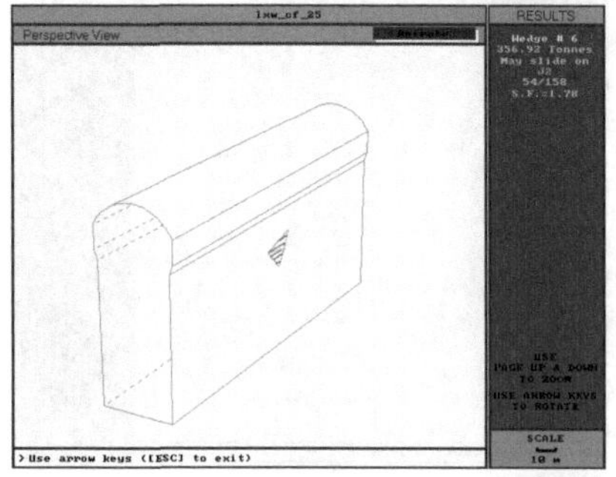

图 6.1.21　上游边墙 Cf_{21} 确定性块体

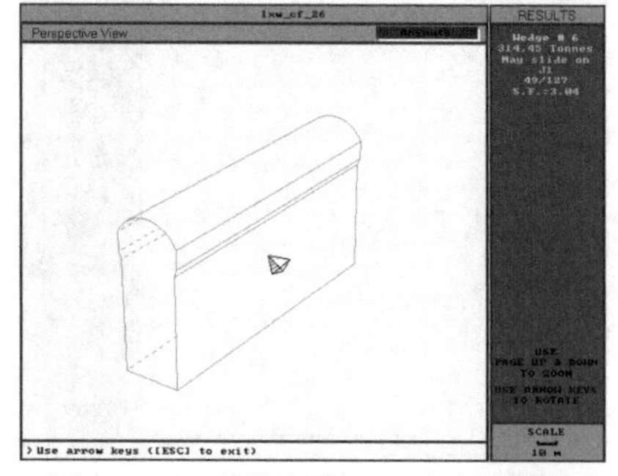

图 6.1.22　上游边墙 Cf_{22} 确定性块体

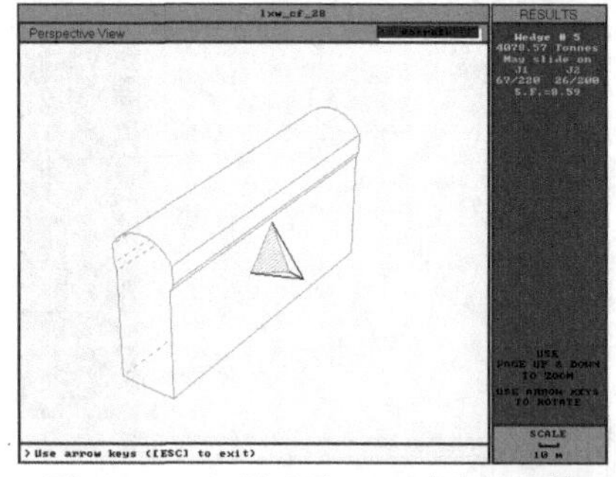

图 6.1.23　上游边墙 Cf_{23} 确定性块体

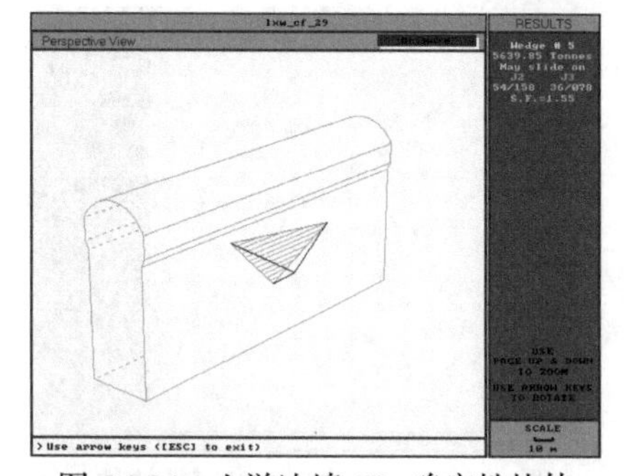

图 6.1.24　上游边墙 Cf_{24} 确定性块体

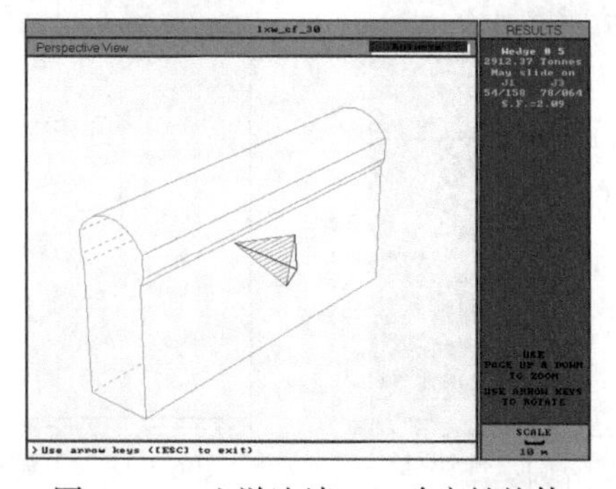

图 6.1.25　上游边墙 Cf_{25} 确定性块体

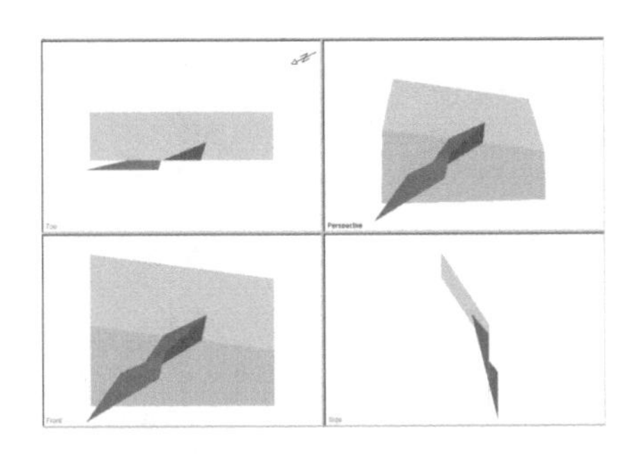

图 6.1.26　边墙 Cf_{16} 确定性块体三维透视图

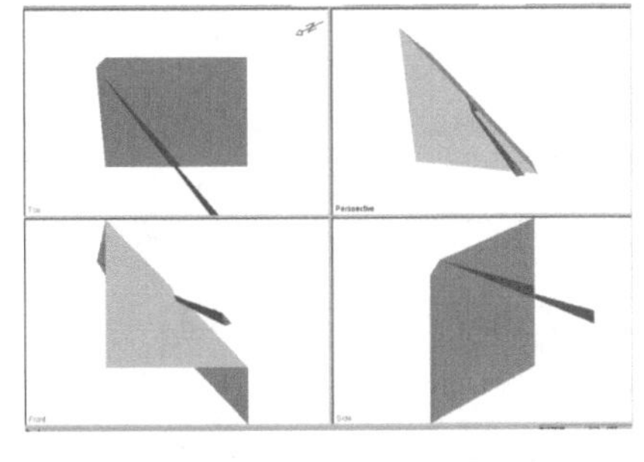

图 6.1.27　边墙 Cf_{17} 确定性块体三维透视图

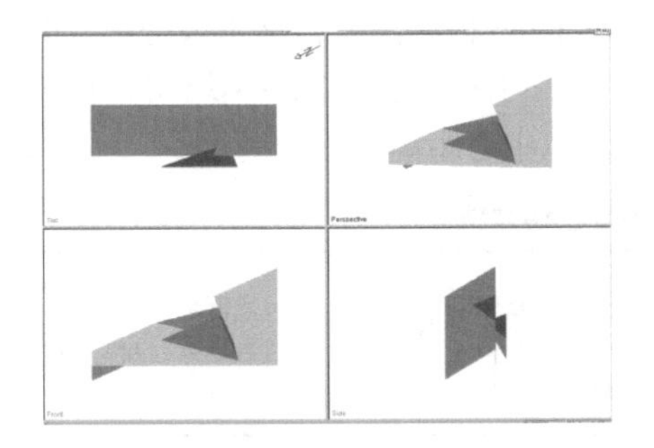

图 6.1.28　边墙 Cf_{18} 确定性块体三维透视图

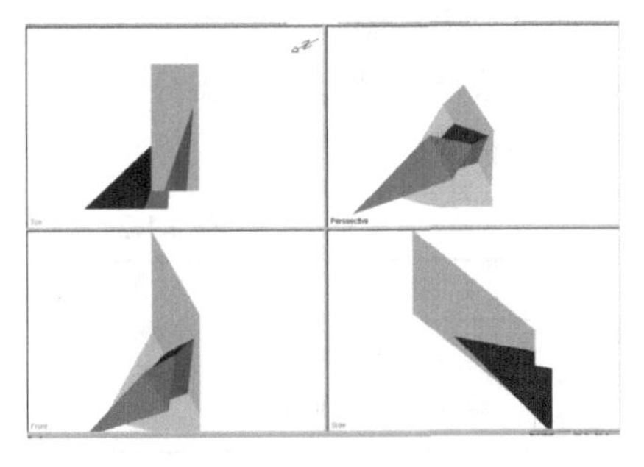

图 6.1.29　边墙 Cf_{19} 确定性块体三维透视图

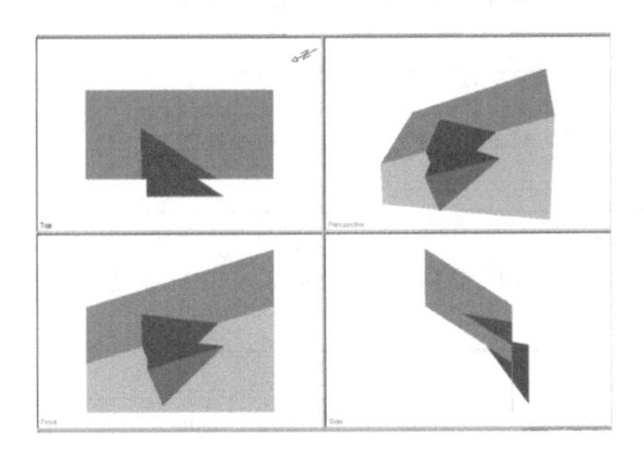

图 6.1.30　边墙 Cf_{20} 确定性块体三维透视图

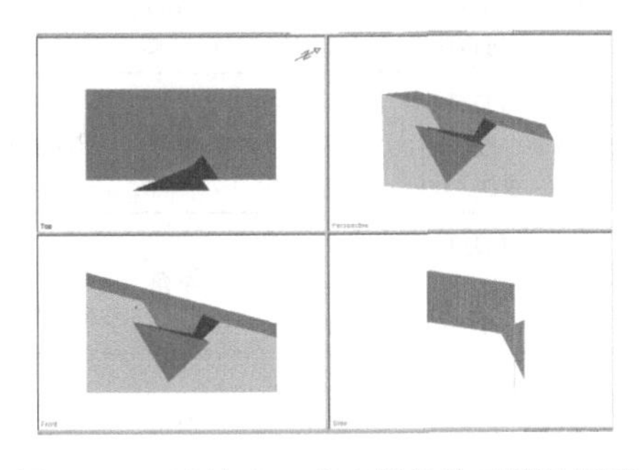

图 6.1.31　边墙 Cf_{21} 确定性块体三维透视图

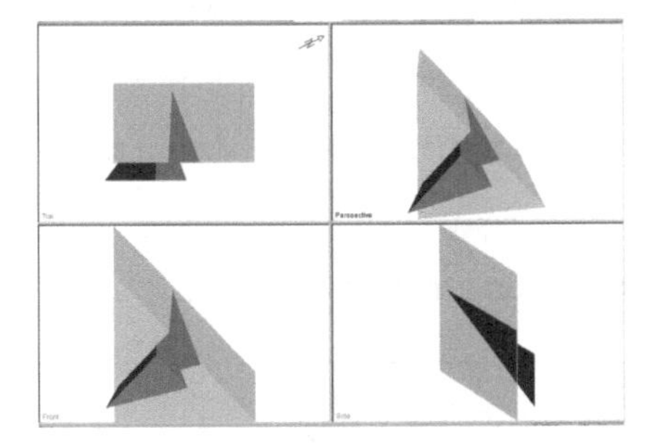

图 6.1.32　边墙 Cf_{22} 确定性块体三维透视图

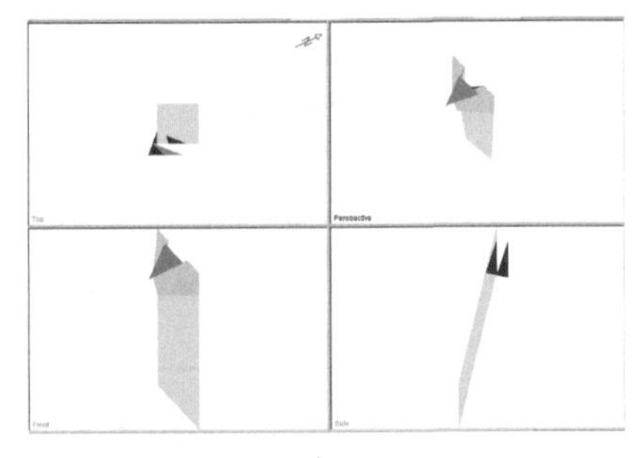

图 6.1.33　边墙 Cf_{23} 确定性块体三维透视图

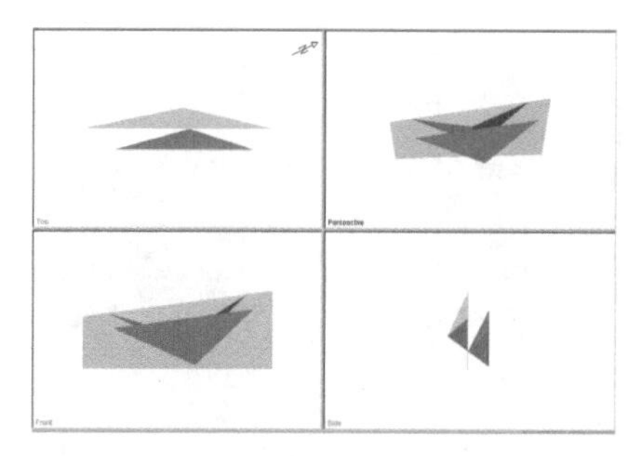

图 6.1.34　边墙 Cf$_{24}$确定性块体三维透视图

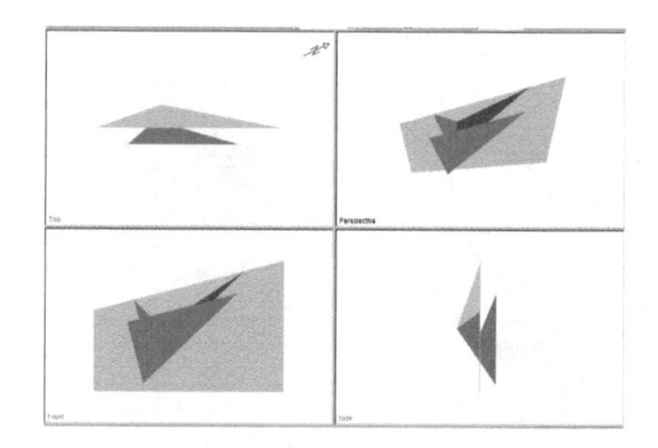

图 6.1.35　边墙 Cf$_{25}$确定性块体三维透视图

通过以上检索可以看出，Unwedge 和 Swedge 两种方法的检索结果是一致的，各确定性块体的特征和分布分别见表 6.1.2 和图 6.1.36。表 6.1.2 中块体桩号为块体中心的桩号，高度是指块体出露于边墙时块体中心距离底板的高度。

表 6.1.2　地下厂房确定性块体特征

洞室部位	块体编号	裂隙组合		失稳方式	滑移面	出露面积/m^2	分布深度/m	体积/m^3	质量/t	安全系数 F_s	出露位置	
		裂隙编号	裂隙产状(倾向、倾角)/(°)								桩号/m	高度/m
拱顶	Cf$_{01}$	PD$_2$-f$_{12}$ PD$_{2\text{-}1}$-g$_1$ PD$_2$-L$_{159}$	290、71 305、81 0、25	转动	PD$_2$-g$_2$	136.61	9.76	385.42	937.20	1.79	14	—
	Cf$_{02}$	PD$_2$-L$_{168}$ PD$_2$-f$_{12}$ PD$_{2\text{-}2}$-mF$_1$	30、21 290、71 308、76	滑落	PD$_{2\text{-}2}$-mF$_1$	221.65	11.61	737.35	1799.40	0.22	32	—
	Cf$_{03}$	PD$_2$-L$_{168}$ PD$_{2\text{-}2}$-L$_{109}$ PD$_{14}$-f$_{11}$	30、21 285、56 85、37	滑落	PD$_2$-L$_{168}$ PD$_{14}$-f$_{11}$	67.27	8.10	147.79	359.08	10.17	21	—
	Cf$_{04}$	PD$_{14\text{-}5}$-f$_2$ PD$_2$-f$_{12}$ PD$_{2\text{-}2}$-mL$_{26}$	66、51 290、71 310、76	滑落	PD$_{2\text{-}2}$-mL$_{26}$	261.50	24.26	1832.41	4594.62	1.06	55	—
	Cf$_{05}$	PD$_2$-f$_9$ PD$_{14}$-f$_{10}$ PD$_{2\text{-}2}$-mL$_{26}$	55、17 328、54 310、76	滑落	PD$_{14}$-f$_{10}$ PD$_{2\text{-}2}$-mL$_{26}$	26.57	6.27	32.75	63.03	15.69	72	—
	Cf$_{06}$	PD$_{2\text{-}2}$-mF$_1$ PD$_{14}$-F$_{164}$ PD$_{2\text{-}2}$-mL$_{16}$	308、76 90、76 57、50	滑落	PD$_{2\text{-}2}$-mF$_1$ PD$_{14}$-F$_{164}$	388.22	101.70	11726.9	30272	1.08	83	—
	Cf$_{07}$	PD$_{2\text{-}2}$-mF$_1$ PD$_{2\text{-}2}$-mL$_{16}$ PD$_{14}$-f$_{10}$	308、76 57、50 328、54	滑落	PD$_{2\text{-}2}$-mF$_1$ PD$_{2\text{-}2}$-mL$_{16}$	54.10	36.97	607.18	1546.07	2.75	95	—
	Cf$_{08}$	PD$_{2\text{-}2}$-L$_{35}$ PD$_{2\text{-}2}$-mL$_{26}$ PD$_{2\text{-}1}$-f$_1$	200、26 310、76 64、78	直接掉落	—	265.37	4.31	111.47	289.81	0	121	—

续表

洞室部位	块体编号	裂隙组合		失稳方式	滑移面	出露面积/m^2	分布深度/m	体积/m^3	质量/t	安全系数 F_s	出露位置	
		裂隙编号	裂隙产状(倾向、倾角)/(°)								桩号/m	高度/m
拱顶	Cf$_{09}$	PD$_{2-2}$-L$_1$ PD$_{2-2}$-f$_2$ PD$_2$-f$_{12}$	320、54 230、62 290、71	滑落	PD$_2$-f$_{12}$	283.35	24.73	1083.12	2531.2	0.58	140	—
拱顶	Cf$_{10}$	PD$_{2-2}$-f$_2$ PD$_{2-2}$-L$_{27}$ PD$_{14-5}$-f$_1$	230、62 132、89 289、81	滑落	PD$_{2-2}$-L$_{27}$ PD$_{14-5}$-f$_1$	140.12	186.32	4161.95	10703.4	3.11	172	—
拱顶	Cf$_{11}$	PD$_{2-2}$-L$_{60}$ PD$_{2-2}$-L$_{74}$ PD$_{2-2}$-L$_{48}$	35、47 70、35 342、79	滑落	PD$_{2-2}$-L$_{60}$ PD$_{2-2}$-L$_{48}$	21.52	18.03	85.37	218.58	9.49	204	—
拱顶	Cf$_{12}$	PD$_{2-2}$-L$_{60}$ PD$_{2-2}$-L$_{135}$ PD$_{2-2}$-L$_{48}$	35、47 85、78 342、79	滑落	PD$_{2-2}$-L$_{135}$ PD$_{2-2}$-L$_{48}$	50.56	11.96	80.14	442.87	3.18	207	—
拱顶	Cf$_{13}$	PD$_{2-2}$-L$_{135}$ PD$_{14}$-Hf$_8$ PD$_{2-2}$-L$_{48}$	85、78 200、20 342、79	直接掉落	—	285.53	1.54	10.74	27.93	0	225	—
拱顶	Cf$_{14}$	PD$_{2-2}$-L$_{50}$ PD$_{2-2}$-L$_{41}$ PD$_{2-2}$-f$_4$	132、72 55、89 142、55	转动	PD$_{2-2}$-L$_{50}$ PD$_{2-2}$-L$_{41}$	132.49	16.92	652.87	1631.31	2.81	281	—
拱顶	Cf$_{15}$	PD$_{14}$-f$_{12}$ PD$_{2-2}$-f$_5$ PD$_{2-2}$-L$_{27}$	220、67 78、36 132、89	转动	PD$_{14}$-f$_{12}$ PD$_{2-2}$-f$_5$	87.88	6.94	185.72	477.90	1.26	102	—
下游边墙	Cf$_{16}$	PD$_{2-2}$-L$_{109}$ PD$_{2-2}$-L$_1$ PD$_2$-f$_{11}$	285、56 320、54 85、70	滑落	PD$_{2-2}$-L$_1$	23.63	5.07	24.69	54.33	5.28	68	—
下游边墙	Cf$_{17}$	PD$_{2-2}$-L$_{84}$ PD$_{2-2}$-L$_{10}$ PD$_2$-L$_{228}$	320、35 170、78 178、49	滑落	PD$_{2-2}$-L$_{84}$ PD$_{2-2}$-L$_{10}$	166.64	189.78	9818.26	25384.50	8.93	110	11
下游边墙	Cf$_{18}$	PD$_{2-2}$-L$_{109}$ PD$_{2-2}$-f$_5$ PD$_{14}$-f$_{12}$	285、56 78、36 220、67	滑落	PD$_{2-2}$-L$_{109}$	720.30	18.61	3717.29	9759.66	0.46	145	50
下游边墙	Cf$_{19}$	PD$_{2-2}$-L$_{84}$ PD$_{2-2}$-L$_{60}$ PD$_{2-2}$-f$_2$	320、35 35、47 230、62	滑落	PD$_{2-2}$-L$_{84}$	417.47	39.24	4689.82	12235	2.12	151	26
下游边墙	Cf$_{20}$	PD$_{2-2}$-L$_{84}$ PD$_{2-2}$-L$_{62}$ PD$_{14}$-f$_{12}$	320、35 325、62 220、67	滑落	PD$_{2-2}$-L$_{62}$ PD$_{14}$-f$_{12}$	309.32	27.37	2219.82	5803.25	2.14	198	22
上游边墙	Cf$_{21}$	PD$_2$-f$_9$ PD$_2$-g$_3$ PD$_{14}$-F$_{164}$	55、17 158、54 90、76	滑落	PD$_2$-g$_3$	81.92	5.91	134.67	356.91	1.78	18	57

续表

洞室部位	块体编号	裂隙组合		失稳方式	滑移面	出露面积/m²	分布深度/m	体积/m³	质量/t	安全系数 F_s	出露位置	
		裂隙编号	裂隙产状(倾向、倾角)/(°)								桩号/m	高度/m
上游边墙	Cf_{22}	PD_2-cd_3 $PD_{2\text{-}2}$-mL_{16} $PD_{2\text{-}2}$-L_{28}	127、49 57、50 178、49	滑落	PD_2-cd_3	45.96	9.65	120.83	314.46	3.04	77	62
	Cf_{23}	PD_{14}-f_{12} $PD_{2\text{-}2}$-L_{35} $PD_{2\text{-}2}$-mL_{26}	220、67 200、26 310、76	滑落	PD_{14}-f_{12} $PD_{2\text{-}2}$-L_{35}	411.72	17.68	1548.92	4078.57	8.59	167	57
	Cf_{24}	PD_2-f_{13} PD_2-g_3 $PD_{2\text{-}2}$-f_5	290、57 158、54 78、36	滑落	PD_2-f_{13} $PD_{2\text{-}2}$-f_5	665.99	21.34	11.96	5639.85	1.55	61	38
	Cf_{25}	PD_2-g_3 $PD_{2\text{-}2}$-L_{109} $PD_{2\text{-}1}$-f_1	158、54 285、56 64、78	滑落	$PD_{2\text{-}2}$-L_{109} $PD_{2\text{-}1}$-f_1	397.74	10.91	9.68	2912.37	2.09	80	13

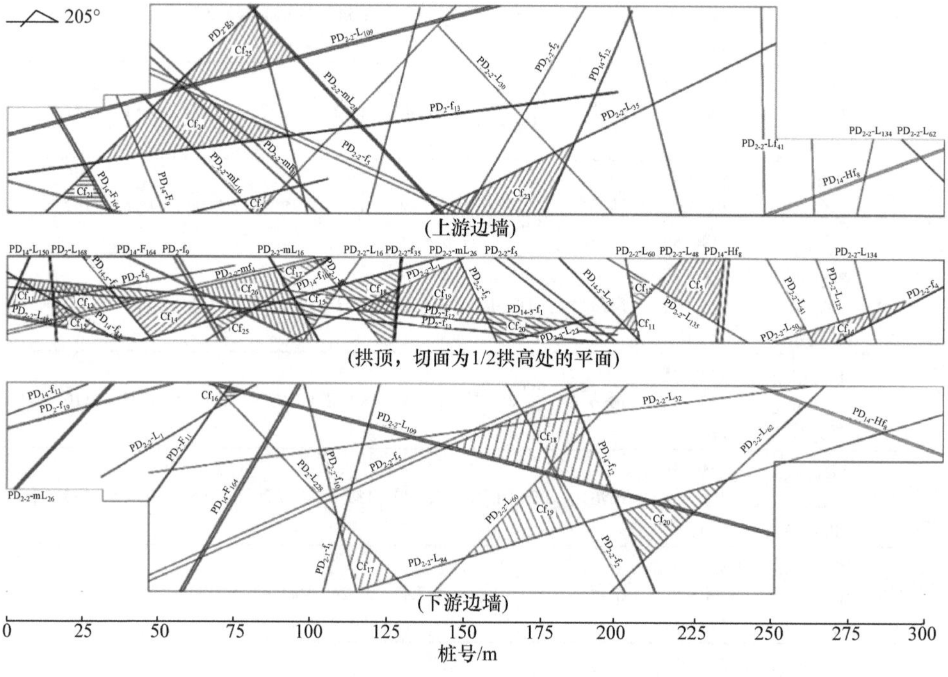

(上游边墙)

(拱顶，切面为1/2拱高处的平面)

(下游边墙)

桩号/m

图 6.1.36　地下厂房洞室各部位确定性块体分布图

综上所述，地下厂房的确定性块体集中分布在裂隙发育的地段。拱顶的问题最为突出。受缓倾角裂隙或断层的影响，拱顶从厂房入口开始就出现确定性块体的集中分布带。检索到的 25 个块体中，拱顶占 15 个，上、下游边墙各占 5 个。

拱顶的确定性块体集中分布在 0～175m 处，各块体的安全系数普遍较小，除个别较大外，一般在 2.0 以下。上游边墙的确定性块体集中在 50～175m 处，下游边墙的确定性块体集中在 100～225m 桩号，各块体的安全系数普遍较大，一般在 2.1～8.9，平均为 3.60。受裂隙与临空面组合形式的影响，块体的失稳方式在洞室各部位不尽相同。拱顶块体的失稳相对复杂，除直接掉落外，还有沿某一结构面的转动和滑落。边墙块体的失稳定方式较为单一，主要是沿某一结构面或两组结构面交线方向的滑落。因此，地下厂房块体的稳定性主要是拱顶块体的稳定性问题。

6.1.3 主变室围岩块体稳定性

1. 主变室拱顶和上、下游边墙块体检索

检索块体以各大裂隙在各主变室拱顶和上、下游边墙的分布图为基础，对可能滑动的块体逐一用 Unwedge 软件(用于拱顶块体、边墙块体)和 Swedge 软件(用于边墙块体)进行检索，检索结果列于表 6.1.3。

表 6.1.3 主变室块体检索结果

检索号	结构面组合	检索结果	检索软件	洞室部位
1	$PD_{2\text{-}4}$-f_4、$PD_{2\text{-}4}$-L_7、$PD_{2\text{-}4}$-HL_1	无	Unwedge	拱顶
2	$PD_{2\text{-}4}$-L_7、$PD_{2\text{-}4}$-f_2、$PD_{2\text{-}4}$-HL_1	无	Unwedge	拱顶
3	$PD_{2\text{-}4}$-f_2、$PD_{2\text{-}4}$-f_3、$PD_{2\text{-}4}$-HL_{65m}	无	Unwedge	拱顶
4	$PD_{2\text{-}4}$-L_7、$PD_{2\text{-}4}$-f_2、$PD_{2\text{-}4}$-f_4	无	Unwedge	拱顶
5	$PD_{2\text{-}4}$-f_{10}、$PD_{2\text{-}2}$-f_4、$PD_{2\text{-}2}$-L_{35}	有	Unwedge	拱顶
6	$PD_{2\text{-}4}$-f_{10}、$PD_{2\text{-}2}$-f_4、$PD_{2\text{-}2}$-L_{34}	有	Unwedge	拱顶
7	$PD_{2\text{-}2}$-f_4、$PD_{2\text{-}4}$-f_5、$PD_{2\text{-}2}$-L_{34}	无	Unwedge	拱顶
8	$PD_{2\text{-}2}$-f_4、$PD_{2\text{-}4}$-f_5、$PD_{2\text{-}2}$-L_{35}	无	Unwedge	拱顶
9	$PD_{2\text{-}2}$-f_4、$PD_{2\text{-}4}$-f_9、$PD_{2\text{-}2}$-L_{34}	无	Unwedge	拱顶
10	$PD_{2\text{-}2}$-f_4、$PD_{2\text{-}4}$-f_9、$PD_{2\text{-}2}$-L_{35}	无	Unwedge	拱顶
11	$PD_{2\text{-}4}$-f_3、$PD_{2\text{-}4}$-f_9、$PD_{2\text{-}4}$-HL_{65m}	无	Unwedge	拱顶
12	$PD_{2\text{-}4}$-f_3、$PD_{2\text{-}4}$-f_9、$PD_{2\text{-}2}$-L_{34}	有	Unwedge	拱顶
13	$PD_{2\text{-}4}$-f_3、$PD_{2\text{-}4}$-f_9、$PD_{2\text{-}2}$-L_{35}	有	Unwedge	拱顶
14	$PD_{2\text{-}4}$-f_3、$PD_{2\text{-}4}$-L_{13}、$PD_{2\text{-}4}$-HL_{65m}	无	Unwedge	拱顶
15	$PD_{2\text{-}4}$-f_3、$PD_{2\text{-}4}$-f_5、$PD_{2\text{-}4}$-HL_{65m}	无	Unwedge	拱顶
16	$PD_{2\text{-}4}$-f_3、$PD_{2\text{-}4}$-f_5、$PD_{2\text{-}2}$-f_4	有	Unwedge	拱顶
17	$PD_{2\text{-}4}$-f_5、$PD_{2\text{-}4}$-f_9、$PD_{2\text{-}2}$-L_{34}	有	Unwedge	拱顶
18	$PD_{2\text{-}4}$-f_5、$PD_{2\text{-}4}$-f_9、$PD_{2\text{-}2}$-L_{35}	有	Unwedge	拱顶
19	$PD_{2\text{-}4}$-f_5、$PD_{2\text{-}4}$-f_9、$PD_{2\text{-}4}$-HL_{65m}	无	Unwedge	拱顶
20	$PD_{2\text{-}4}$-f_5、$PD_{2\text{-}4}$-f_9、$PD_{2\text{-}2}$-f_4	有	Unwedge	拱顶

续表

检索号	结构面组合	检索结果	检索软件	洞室部位
21	PD_{2-4}-f_5、PD_{2-4}-f_9、PD_{2-4}-HL_2	无	Unwedge	拱顶
22	PD_{2-4}-f_5、PD_{2-4}-f_9、PD_{2-2}-L_{48}	无	Unwedge	拱顶
23	PD_{2-4}-f_9、PD_{2-2}-f_4、PD_{2-2}-L_{48}	无	Unwedge	拱顶
24	PD_{2-2}-f_4、PD_{2-4}-f_9、PD_{2-4}-HL_2	无	Unwedge	拱顶
25	PD_{2-2}-f_4、PD_{2-2}-L_{48}、PD_{2-4}-HL_2	无	Unwedge	拱顶
26	PD_{2-4}-f_9、PD_{2-4}-L_{26}、PD_{2-2}-f_2	无	Unwedge	拱顶
27	PD_{2-4}-f_9、PD_{2-4}-L_{26}、PD_{2-2}-L_{48}	无	Unwedge	拱顶
28	PD_{2-4}-f_9、PD_{2-4}-L_{26}、PD_{2-4}-HL_{104m}	无	Unwedge	拱顶
29	PD_{2-4}-HL_{104m}、PD_{2-2}-f_2、PD_{2-2}-f_4	无	Unwedge	拱顶
30	PD_{2-4}-HL_{104m}、PD_{2-2}-f_2、PD_{2-4}-L_{26}	有	Unwedge	拱顶
31	PD_{2-4}-HL_{104m}、PD_{2-2}-f_2、PD_{2-4}-L_{28}	有	Unwedge	拱顶
32	PD_{2-4}-f_9、PD_{2-4}-L_{26}、PD_{2-2}-f_2	无	Unwedge	拱顶
33	PD_{2-2}-f_2、PD_{2-2}-f_3、PD_{2-4}-L_{26}	无	Unwedge	拱顶
34	PD_{2-2}-f_2、PD_{2-2}-f_3、PD_{2-4}-L_{28}	无	Unwedge	拱顶
35	PD_{2-2}-f_2、PD_{2-2}-f_3、PD_{14}-f_{11}	无	Unwedge	拱顶
36	PD_{2-4}-HL_{104m}、PD_{2-2}-f_3、PD_{2-4}-f_9	有	Unwedge	拱顶
37	PD_{2-4}-HL_{104m}、PD_{2-2}-f_3、PD_{2-4}-L_{26}	有	Unwedge	拱顶
38	PD_{2-4}-HL_{104m}、PD_{2-2}-f_3、PD_{2-4}-L_{28}	有	Unwedge	拱顶
39	PD_{2-4}-f_6、PD_{2-4}-L_{31}、PD_{2-2}-f_3	无	Unwedge	拱顶
40	PD_{2-4}-f_7、PD_{2-4}-L_{31}、PD_{2-2}-f_3	无	Unwedge	拱顶
41	PD_{2-4}-f_7、PD_{2-4}-L_{31}、PD_{2-4}-f_9	无	Unwedge	拱顶
42	PD_{2-4}-f_6、PD_{2-4}-L_{31}、PD_{2-4}-f_9	无	Unwedge	拱顶
43	PD_{2-4}-f_6、PD_{2-4}-L_{31}、PD_{2-2}-L_{131}	无	Unwedge	拱顶
44	PD_{2-4}-f_7、PD_{2-4}-L_{31}、PD_{2-2}-L_{131}	无	Unwedge	拱顶
45	PD_{2-4}-f_6、PD_{14}-f_{11}、PD_{2-2}-f_3	无	Unwedge	拱顶
46	PD_{2-4}-f_7、PD_{14}-f_{11}、PD_{2-2}-f_3	无	Unwedge	拱顶
47	PD_{2-4}-f_6、PD_{14}-f_{11}、PD_{2-2}-L_{131}	无	Unwedge	拱顶
48	PD_{2-4}-f_7、PD_{14}-f_{11}、PD_{2-2}-L_{131}	无	Unwedge	拱顶
49	PD_{14}-f_{11}、PD_{14}-Hf_8、PD_{2-2}-L_{131}	无	Unwedge	拱顶
50	PD_{14}-f_{11}、PD_{2-2}-L_{57}、PD_{2-2}-L_{131}	无	Unwedge	拱顶
51	PD_{14}-f_{11}、PD_{14}-Hf_8、PD_{2-2}-f_3	有	Unwedge	拱顶
52	PD_{14}-f_{11}、PD_{14}-Hf_8、PD_{2-2}-L_{75}	有	Unwedge	拱顶
53	PD_{2-2}-f_3、PD_{2-2}-L_{57}、PD_{2-2}-L_{75}	无	Unwedge	拱顶
54	PD_{2-4}-f_8、PD_{2-2}-L_{60}、PD_{14}-F_{164}	有	Unwedge	拱顶
55	PD_{2-2}-L_{84}、PD_{2-2}-L_{60}、PD_{14}-F_{164}	有	Unwedge	拱顶

续表

检索号	结构面组合	检索结果	检索软件	洞室部位
56	PD_{2-4}-f_9、PD_{2-4}-f_7、PD_{2-2}-f_3	有	Unwedge	拱顶
57	PD_{2-2}-L_{131}、PD_{14}-F_{164}、PD_{2-2}-L_{60}	无	Unwedge	拱顶
58	PD_{2-4}-f_9、PD_{2-4}-f_6、PD_{2-2}-f_3	有	Unwedge	拱顶
59	PD_{2-2}-f_2、PD_{2-2}-f_3、PD_{2-2}-f_4	无	Unwedge、Swedge	上游边墙
60	PD_{2-2}-f_4、PD_{14}-F_{164}、PD_{2-2}-L_{84}	无	Unwedge、Swedge	上游边墙
61	PD_{2-2}-L_{60}、PD_{2-2}-f_4、PD_{2-2}-L_{84}	无	Unwedge、Swedge	上游边墙
62	PD_{2-2}-L_{36}、PD_{2-2}-L_{84}、PD_{14}-Hf_8	有	Unwedge、Swedge	上游边墙
63	PD_{2-2}-L_{131}、PD_{2-2}-f_5、PD_{14}-Hf_8	有	Unwedge、Swedge	上游边墙
64	PD_{2-2}-L_{136}、PD_{14}-F_{164}、PD_{2-4}-f_6	无	Unwedge、Swedge	上游边墙
65	PD_{2-4}-f_6、PD_{2-2}-L_{57}、PD_{2-2}-f_5	无	Unwedge、Swedge	上游边墙
66	PD_{2-2}-L_{57}、PD_{2-4}-f_7、PD_{2-2}-f_3	有	Unwedge、Swedge	上游边墙
67	PD_{2-2}-L_{57}、PD_{2-2}-f_3、PD_{2-4}-f_6	有	Unwedge、Swedge	上游边墙
68	PD_{2-2}-L_{57}、PD_{2-2}-L_{84}、PD_{2-2}-f_3	无	Unwedge、Swedge	上游边墙
69	PD_{2-2}-f_4、PD_{2-2}-f_3、PD_{2-2}-L_{84}	无	Unwedge、Swedge	上游边墙
70	PD_{2-2}-L_{84}、PD_{14}-F_{164}、PD_{2-2}-f_6	无	Unwedge、Swedge	上游边墙
71	PD_{2-4}-f_2、PD_{2-4}-L_{28}、PD_{14}-f_{11}	无	Unwedge、Swedge	上游边墙
72	PD_{2-4}-f_4、PD_{14}-f_{11}、PD_{2-4}-f_2	有	Unwedge、Swedge	上游边墙
73	PD_{2-2}-L_{75}、PD_{2-2}-f_3、PD_{2-2}-f_4	无	Unwedge、Swedge	上游边墙
74	PD_{2-2}-L_{75}、PD_{2-2}-f_3、PD_{2-4}-f_7	无	Unwedge、Swedge	上游边墙
75	PD_{2-4}-f_3、PD_{2-4}-f_2、PD_{14}-f_{11}	有	Unwedge、Swedge	上游边墙
76	PD_{2-2}-L_{84}、PD_{2-4}-f_8、PD_{2-2}-L_{136}	无	Unwedge、Swedge	上游边墙
77	PD_{2-2}-L_{84}、PD_{2-4}-f_8、PD_{2-2}-f_6	无	Unwedge、Swedge	上游边墙
78	PD_{2-2}-L_{84}、PD_{2-4}-f_8、PD_{2-2}-f_7	无	Unwedge、Swedge	上游边墙
79	PD_{2-2}-L_{84}、PD_{2-4}-f_8、PD_{2-2}-L_{57}	无	Unwedge、Swedge	上游边墙
80	PD_{2-2}-L_{84}、PD_{2-4}-f_8、PD_{14}-Hf_8	无	Unwedge、Swedge	上游边墙
81	PD_{2-4}-f_8、PD_{14}-Hf_8、PD_{2-2}-L_{136}	无	Unwedge、Swedge	上游边墙
82	PD_{2-4}-f_2、PD_{2-4}-f_3、PD_{2-4}-HL_{65m}	无	Unwedge、Swedge	下游边墙
83	PD_{2-4}-HL_{104m}、PD_{2-4}-L_7、PD_{2-4}-L_8	无	Unwedge、Swedge	下游边墙
84	PD_{2-4}-HL_{104m}、PD_{2-4}-L_7、PD_{2-4}-f_2	有	Unwedge、Swedge	下游边墙
85	PD_{2-4}-f_3、PD_{2-4}-f_2、PD_{14}-f_{11}	无	Unwedge、Swedge	下游边墙
86	PD_{2-4}-f_5、PD_{2-2}-f_4、PD_{2-4}-L_{24}	无	Unwedge、Swedge	下游边墙
87	PD_{2-4}-f_5、PD_{2-2}-f_4、PD_{14}-f_{11}	无	Unwedge、Swedge	下游边墙
88	PD_{2-2}-f_2、PD_{2-4}-L_{31}、PD_{14}-f_{11}	无	Unwedge、Swedge	下游边墙
89	PD_{2-4}-f_8、PD_{2-4}-f_7、PD_{2-4}-f_{10}	无	Unwedge、Swedge	下游边墙
90	PD_{2-2}-L_{57}、PD_{2-4}-L_{45}、PD_{2-4}-f_6	无	Unwedge、Swedge	下游边墙

续表

检索号	结构面组合	检索结果	检索软件	洞室部位
91	$PD_{2-2}\text{-}L_{57}$、$PD_{2-4}\text{-}L_{45}$、$PD_{2-4}\text{-}f_{9}$	无	Unwedge、Swedge	下游边墙
92	$PD_{2-2}\text{-}L_{57}$、$PD_{2-4}\text{-}L_{45}$、$PD_{2-4}\text{-}f_{10}$	无	Unwedge、Swedge	下游边墙
93	$PD_{2-2}\text{-}L_{57}$、$PD_{2-4}\text{-}L_{45}$、$PD_{14}\text{-}Hf_{8}$	有	Unwedge、Swedge	下游边墙
94	$PD_{2-2}\text{-}f_{2}$、$PD_{2-4}\text{-}L_{45}$、$PD_{2-4}\text{-}f_{4}$	有	Unwedge、Swedge	下游边墙
95	$PD_{2-2}\text{-}f_{5}$、$PD_{14}\text{-}F_{164}$、$PD_{14}\text{-}Hf_{8}$	有	Unwedge、Swedge	下游边墙
96	$PD_{2-2}\text{-}f_{5}$、$PD_{14}\text{-}F_{164}$、$PD_{2-4}\text{-}f_{10}$	无	Unwedge、Swedge	下游边墙
97	$PD_{2-4}\text{-}f_{4}$、$PD_{2-2}\text{-}f_{2}$、$PD_{2-4}\text{-}f_{8}$	有	Unwedge、Swedge	下游边墙
98	$PD_{2-4}\text{-}L_{31}$、$PD_{2-4}\text{-}f_{4}$、$PD_{2-4}\text{-}f_{8}$	有	Unwedge、Swedge	下游边墙
99	$PD_{2-2}\text{-}f_{2}$、$PD_{2-4}\text{-}L_{31}$、$PD_{2-4}f_{4}$	无	Unwedge、Swedge	下游边墙
100	$PD_{2-4}\text{-}f_{7}$、$PD_{2-4}\text{-}f_{10}$、$PD_{2-4}\text{-}f_{8}$	无	Unwedge、Swedge	下游边墙
101	$PD_{2-4}\text{-}f_{7}$、$PD_{2-4}\text{-}f_{6}$、$PD_{2-4}\text{-}f_{8}$	有	Unwedge、Swedge	下游边墙
102	$PD_{2-4}\text{-}f_{6}$、$PD_{2-4}\text{-}f_{10}$、$PD_{2-4}\text{-}f_{8}$	无	Unwedge、Swedge	下游边墙

2. 主变室拱顶和上、下游边墙块体稳定性分析

在所有块体检索(表 6.1.3)的基础上，按照大优先(大小块体同时出现时)、断裂优先(断裂和裂隙同时出现时)等原则，共确定了 21 个块体，其中拱顶 11 个块体，上游边墙 5 个块体，下游边墙 5 块块体。块体分布见图 6.1.37。

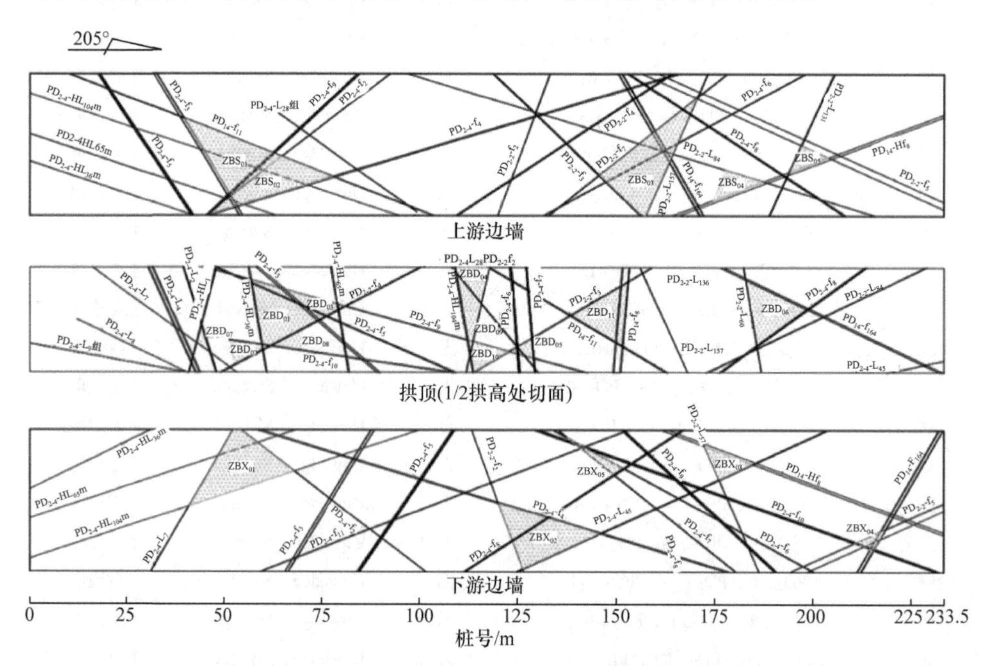

图 6.1.37　主变室拱顶和上、下游边墙确定性块体分布

按照前文提出的参数，对这 21 块块体用 Unwedge 软件(用于拱顶块体、边墙块体)和 Swedge 软件(用于边墙块体)进行稳定性分析，结果见表 6.1.4。表 6.1.4 中块体桩号为块体从 0m 开始算起的中心点桩号，高度是指块体出露于边墙时块体中心距离底板的高度。

表 6.1.4 主变室确定性块体稳定性分析结果

洞室部位	块体编号	裂隙组合		失稳方式	滑移面	出露面积/m^2	分布深度/m	体积/m^3	质量/t	安全系数	出露位置	
		裂隙编号	产状(倾向、倾角)/(°)								桩号/m	高度/m
拱顶	ZBD_{01}	PD_{2-2}-f_4 PD_{2-4}-f_5 PD_{2-4}-HL_{36m}	142、55 92、75 35、18	转动	PD_{2-4}-f_5	76.81	3.40	76.91	199.96	0.47	65	—
拱顶	ZBD_{02}	PD_{2-2}-f_4 PD_{2-4}-f_{10} PD_{2-4}-HL_{65m}	142、55 287、68 35、18	直接掉落	—	173.29	4.36	220.77	574.00	0	55	—
拱顶	ZBD_{03}	PD_{2-2}-f_4 PD_{2-4}-f_9 PD_{2-4}-HL_{104m}	142、55 280、74 35、18	直接掉落	—	93.31	3.16	88.22	229.37	0	72	—
拱顶	ZBD_{04}	PD_{2-2}-f_2 PD_{2-2}-f_4 PD_{2-4}-L_{28}	192、70 144、55 65、42	双滑面	PD_{2-2}-f_2 PD_{2-2}-f_4	141.38	30.62	1051.25	2533.81	0.94	114	—
拱顶	ZBD_{05}	PD_{2-2}-f_3 PD_{2-4}-f_9 PD_{2-4}-f_7	325、62 285、66 210、38	直接掉落	—	4.97	0.57	0.66	1.72	0	127	—
拱顶	ZBD_{06}	PD_{14}-F_{164} PD_{2-4}-f_6 PD_{2-2}-L_{60}	90、76 330、48 35、47	双滑面	PD_{14}-F_{164} PD_{2-2}-L_{60}	125.36	69.69	1982.31	5191.33	2.99	190	—
拱顶	ZBD_{07}	PD_{2-4}-L_7 PD_{2-4}-f_2 PD_{2-4}-HL_1	80、71 223、38 10、26	直接掉落	—	11.04	1.10	3.50	9.10	0	44	—
拱顶	ZBD_{08}	PD_{2-4}-f_{10} PD_{2-2}-f_4 PD_{2-2}-L_{35}	287、68 142、55 200、38	转动	PD_{2-2}-L_{35}	21.69	13.62	85.32	212.99	5.04	68	—
拱顶	ZBD_{09}	PD_{2-4}-HL_{104m} PD_{2-2}-f_2 PD_{2-4}-L_{26}	35、18 192、70 72、55	转动	PD_{2-2}-f_2	4.85	0.63	0.87	2.25	10.31	113	—
拱顶	ZBD_{10}	PD_{2-4}-HL_{104m} PD_{2-2}-f_3 PD_{2-4}-f_9	35、18 192、70 280、74	直接掉落	—	28.92	1.57	13.24	34.43	0	116	—
拱顶	ZBD_{11}	PD_{14}-f_{11} PD_{14}-Hf_8 PD_{2-2}-f_3	85、37 200、20 325、62	直接掉落	—	23.25	1.24	8.47	22.01	0	147	—

续表

洞室部位	块体编号	裂隙组合		失稳方式	滑移面	出露面积/m^2	分布深度/m	体积/m^3	质量/t	安全系数	出露位置	
		裂隙编号	产状(倾向、倾角)/(°)								桩号/m	高度/m
上游边墙	ZBS$_{01}$	PD$_{2-4}$-f$_3$ PD$_{2-4}$-f$_2$ PD$_{14}$-f$_{11}$	75、68 223、38 85、37	双滑面	PD$_{2-4}$-f$_3$ PD$_{2-4}$-f$_2$	181.02	113.82	6142.97	15913.20	2.91	53	21
上游边墙	ZBS$_{02}$	PD$_{2-4}$-f$_4$ PD$_{14}$-f$_{11}$ PD$_{2-4}$-f$_2$	230、18 85、37 223、38	双滑面	PD$_{14}$-f$_{11}$ PD$_{2-4}$-f$_2$	138.13	33.76	1480.5	3844.68	3.08	63	27
上游边墙	ZBS$_{03}$	PD$_{2-2}$-L$_{57}$ PD$_{2-4}$-f$_7$ PD$_{2-2}$-f$_3$	230、68 210、38 325、62	双滑面	PD$_{2-2}$-L$_{57}$ PD$_{2-4}$-f$_7$	238.47	18.14	1244.17	3243.43	6.44	156	20
上游边墙	ZBS$_{04}$	PD$_{2-2}$-L$_{136}$ PD$_{2-2}$-L$_{84}$ PD$_{14}$-Hf$_8$	130、84 345、65 200、20	双滑面	PD$_{2-2}$-L$_{136}$ PD$_{2-2}$-L$_{84}$	41.08	2.62	33.60	87.98	11.94	180	28
上游边墙	ZBS$_{05}$	PD$_{2-2}$-L$_{131}$ PD$_{2-2}$-f$_5$ PD$_{14}$-Hf$_8$	137、80 78、36 200、20	转动	PD$_{2-2}$-L$_{131}$	26.10	2.72	23.07	60.16	4.04	198	21
下游边墙	ZBX$_{01}$	PD$_{2-4}$-HL$_{36m}$ PD$_{2-4}$-L$_7$ PD$_{2-4}$-f$_2$	35、18 80、71 223、38	双滑面	PD$_{2-4}$-HL$_{36m}$ PD$_{2-4}$-L$_7$	215.17	18.47	1301.00	3389.30	11.01	54	26
下游边墙	ZBX$_{02}$	PD$_{2-2}$-f$_2$ PD$_{2-4}$-L$_{45}$ PD$_{2-4}$-f$_4$	192、70 307、65 230、18	双滑面	PD$_{2-2}$-f$_2$ PD$_{2-4}$-L$_{45}$	184.23	14.50	631.98	1597.32	2.72	81	9
下游边墙	ZBX$_{03}$	PD$_{2-2}$-L$_{57}$ PD$_{2-4}$-L$_{45}$ PD$_{14}$-Hf$_8$	230、68 307、65 200、20	双滑面	PD$_{2-2}$-L$_{57}$ PD$_{2-4}$-L$_{45}$	41.54	4.91	49.68	129.11	5.30	118	27
下游边墙	ZBX$_{04}$	PD$_{2-2}$-f$_5$ PD$_{14}$-Hf$_8$ PD$_{14}$-F$_{164}$	78、36 200、20 90、76	双滑面	PD$_{14}$-F$_{164}$ PD$_{2-2}$-f$_5$	29.58	6.32	60.20	156.95	11.99	215	7
下游边墙	ZBX$_{05}$	PD$_{2-4}$-f$_7$ PD$_{2-4}$-f$_6$ PD$_{2-4}$-f$_8$	78、36 200、20 90、76	双滑面	PD$_{2-4}$-f$_7$ PD$_{2-4}$-f$_8$	20.16	16.97	113.94	296.24	4.42	148	27

从表 6.1.4 的块体失稳方式和图 6.1.37 中块体分布可以看出,拱顶块体相对较多，主要有 3 类。第 1 类为沿两个结构面滑动型，有 2 个块体(编号为 ZBD$_{06}$ 和 ZBD$_{04}$)。这类块体体积相对较大，ZBD$_{06}$ 块体体积为 1982.31m^3，分布深度为 69.69m，安全系数为 2.99；ZBD$_{04}$ 块体体积为 1051.25m^3，分布深度为 30.62m，安全系数为 0.94。第 2 类为沿某一结构面转动滑落型(编号为 ZBD$_{01}$、ZBD$_{08}$、ZBD$_{09}$)，块体体积最大为 85.32m^3(编号为 ZBD$_{08}$)，最大分布深度为 13.62m；除

ZBD_{01}块体安全系数为 0.47，其余安全系数大于 5。第 3 类为直接掉落型，ZBD_{02}、ZBD_{03}、ZBD_{05}、ZBD_{07}、ZBD_{10}、ZBD_{11}属于这种类型。这类块体体积较小，为 0.66～220.77m^3，安全系数为 0，分布深度为 0.57～4.36m。拱顶的块体主要为第 3 类，主要受缓倾角裂隙和中小型断层控制，体积不大，安全系数全为 0，稳定性差，应引起重视。从分布范围来看，块体主要集中在桩号 50～80m、110～150m、180～200m，前 2 段主要受缓倾角裂隙和断层组合控制，第 3 段主要受F_{164}控制。

上、下游边墙的块体滑落类型主要为沿两组结构面滑落型，最大体积为 6142.97m^3，最大分布深度为 113.82m，最小安全系数为 2.72。虽然这类块体体积较大，但是安全系数相对较大，因此块体稳定条件较好。从块体分布情况来看，分布比较均匀，主要分布在桩号 30～75m、110～180m，块体主要受较大断层和缓倾角裂隙控制。

拱顶块体用 Unwedge 软件的检索结果见图 6.1.38～图 6.1.48。上游边墙块体用 Unwedge 软件的检索结果见图 6.1.49～图 6.1.53，用 Swedge 软件的检索结果见图 6.1.54～图 6.1.58。下游边墙块体用 Unwedge 软件的检索结果见图 6.1.59～图 6.1.62，用 Swedge 软件的检索结果见图 6.1.63～图 6.1.67。

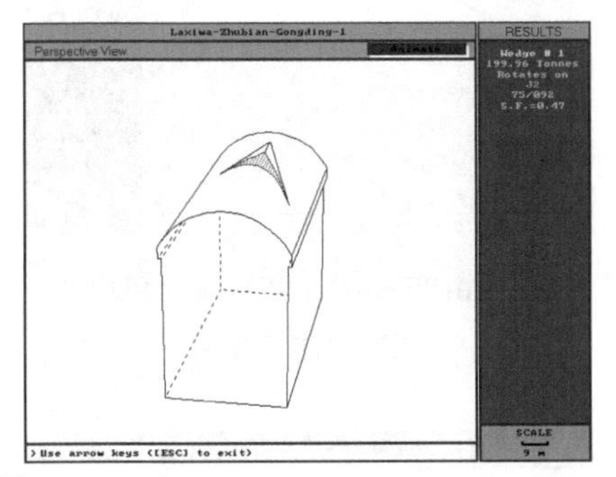

图 6.1.38　由 PD_{2-2}-f_4、PD_{2-4}-f_5、PD_{2-4}-HL_{36m} 组成的块体 ZBD_{01}

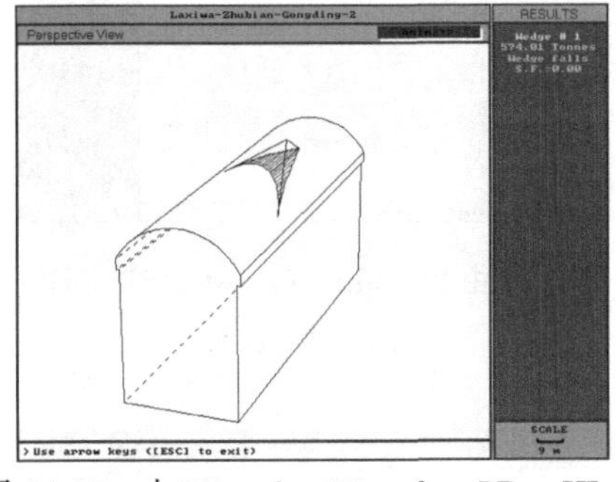

图 6.1.39　由 PD_{2-2}-f_4、PD_{2-4}-f_{10}、PD_{2-4}-HL_{65m} 组成的块体 ZBD_{02}

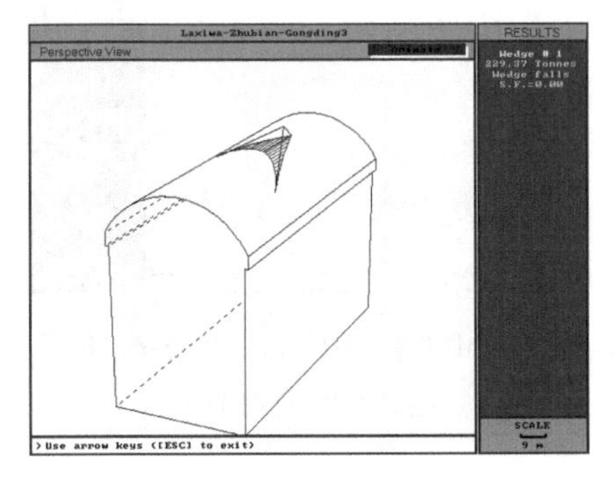

图 6.1.40　由 PD_{2-2}-f_4、PD_{2-4}-f_9、PD_{2-4}-HL_{104m} 组成的块体 ZBD_{03}

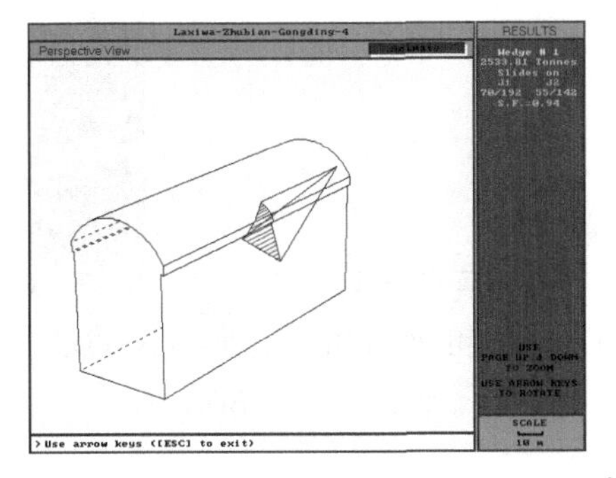

图 6.1.41　由 PD_{2-2}-f_2、PD_{2-2}-f_4、PD_{2-4}-L_{28} 组成的块体 ZBD_{04}

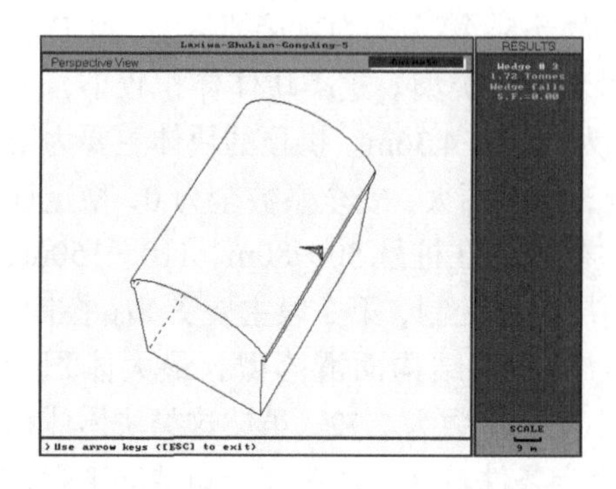

图 6.1.42　由 PD_{2-2}-f_3、PD_{2-4}-f_9、PD_{2-4}-f_7 组成的块体 ZBD_{05}

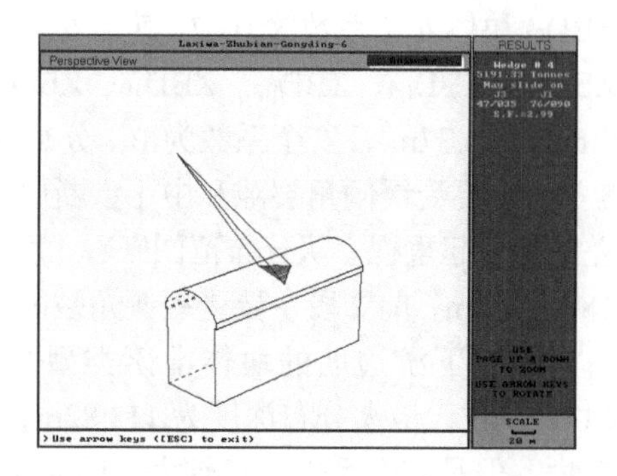

图 6.1.43　由 PD_{14}-F_{164}、PD_{2-4}-f_6、PD_{2-2}-L_{60} 组成的块体 ZBD_{06}

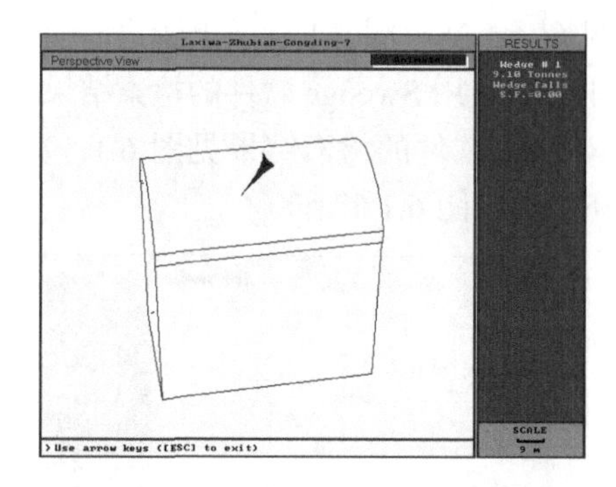

图 6.1.44　由 PD_{2-4}-L_7、PD_{2-4}-f_2、PD_{2-4}-HL_1 组成的块体 ZBD_{07}

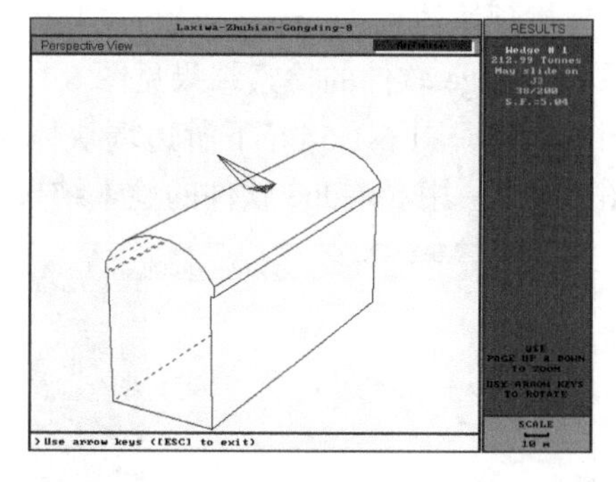

图 6.1.45　由 PD_{2-4}-f_{10}、PD_{2-2}-f_4、PD_{2-2}-L_{35} 组成的块体 ZBD_{08}

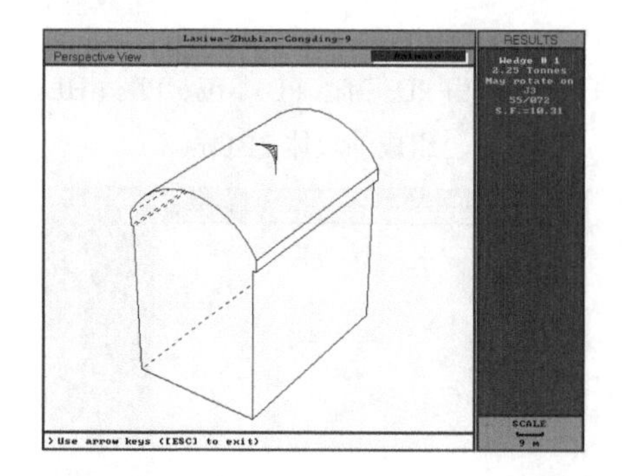

图 6.1.46　由 PD_{2-4}-HL_{104m}、PD_{2-2}-f_2、PD_{2-4}-L_{26} 组成的块体 ZBD_{09}

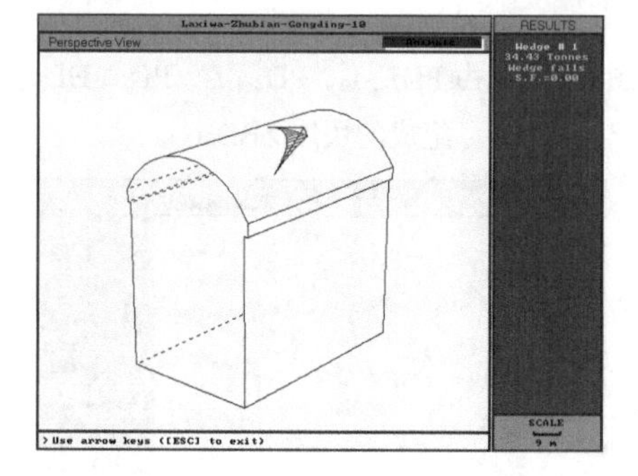

图 6.1.47　由 PD_{2-4}-HL_{104m}、PD_{2-2}-f_3、PD_{2-4}-f_9 组成的块体 ZBD_{10}

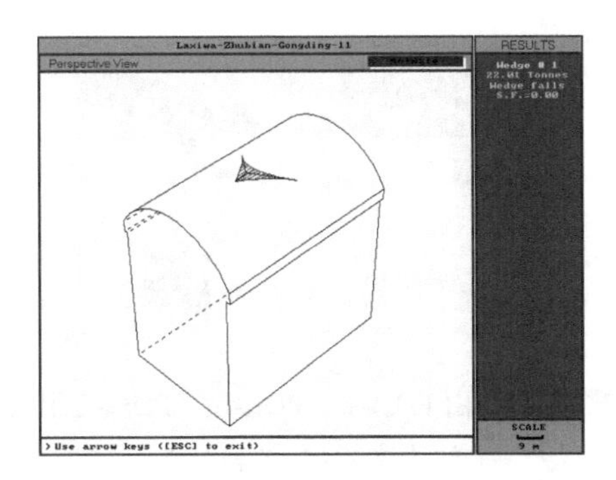

图 6.1.48　由 PD_{14}-f_{11}、PD_{14}-Hf_8、$PD_{2\text{-}2}$-f_3 组成的块体 ZBD_{11}

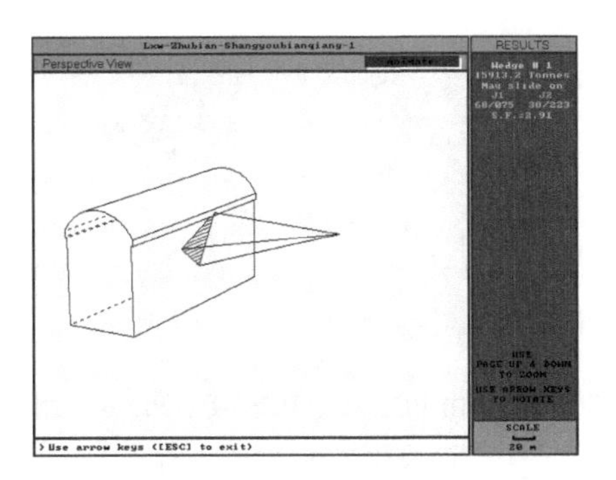

图 6.1.49　由 $PD_{2\text{-}4}$-f_3、$PD_{2\text{-}4}$-f_2、PD_{14}-f_{11} 组成的块体 ZBS_{01}(Unwedge)

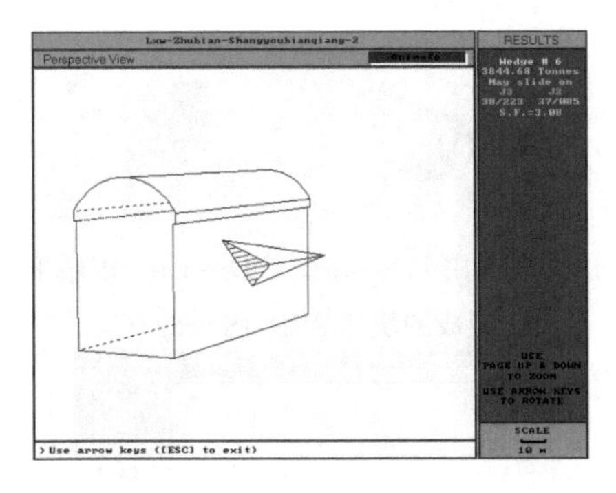

图 6.1.50　由 $PD_{2\text{-}4}$-f_4、PD_{14}-f_{11}、$PD_{2\text{-}4}$-f_2 组成的块体 ZBS_{02}(Unwedge)

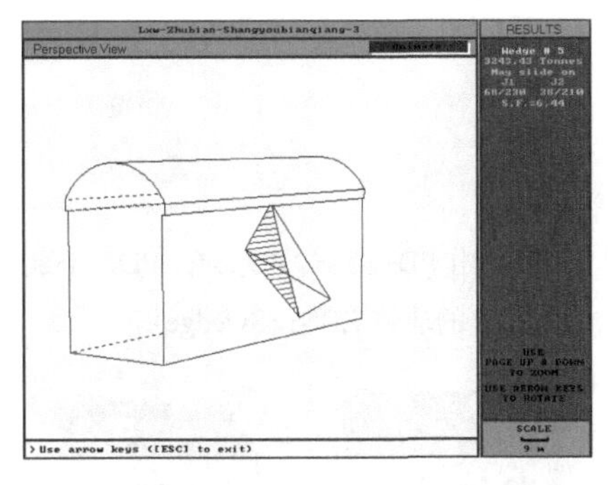

图 6.1.51　由 $PD_{2\text{-}2}$-L_{57}、$PD_{2\text{-}4}$-f_7、$PD_{2\text{-}2}$-f_3 组成的块体 ZBS_{03}(Unwedge)

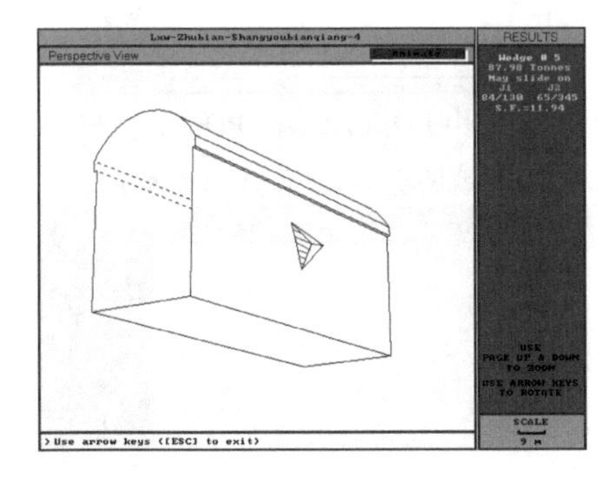

图 6.1.52　由 $PD_{2\text{-}2}$-L_{136}、$PD_{2\text{-}2}$-L_{84}、PD_{14}-Hf_8 组成的块体 ZBS_{04}(Unwedge)

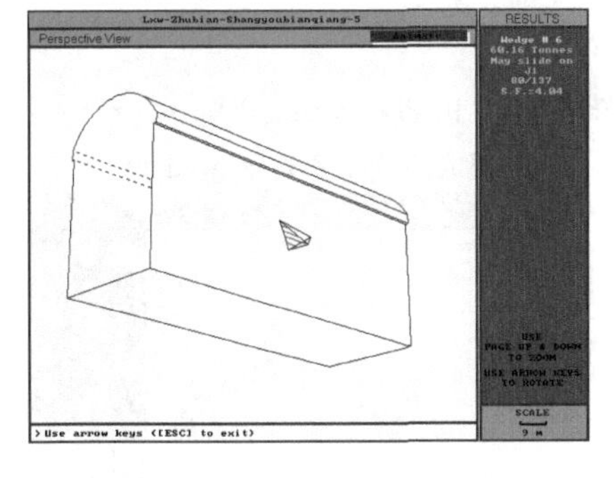

图 6.1.53　由 $PD_{2\text{-}2}$-L_{131}、$PD_{2\text{-}2}$-f_5、PD_{14}-Hf_8 组成的块体 ZBS_{05}(Unwedge)

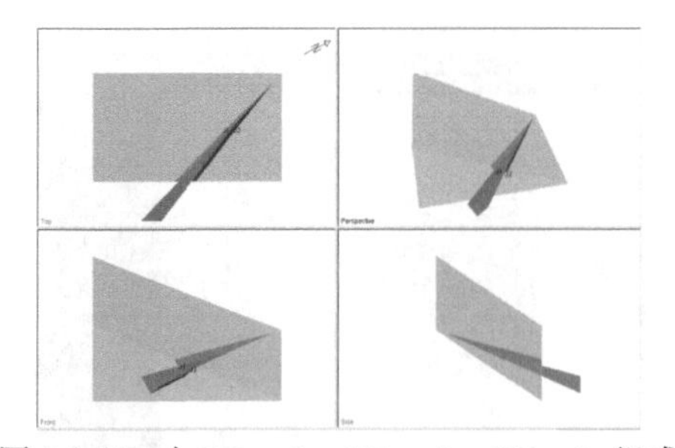

图 6.1.54 由 PD$_{2\text{-}4}$-f$_3$、PD$_{2\text{-}4}$-f$_2$、PD$_{14}$-f$_{11}$ 组成的块体 ZBS$_{01}$(Swedge)

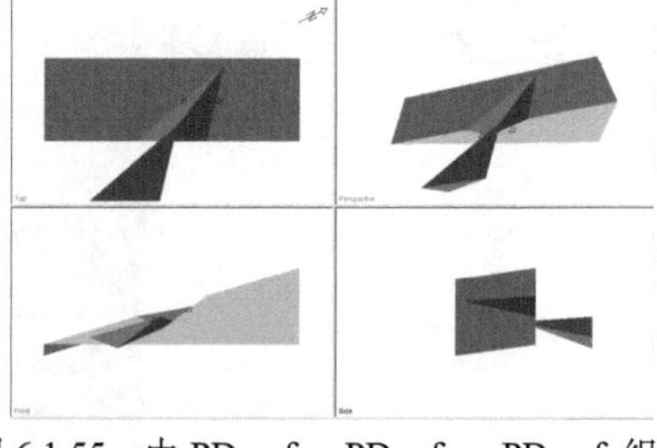

图 6.1.55 由 PD$_{2\text{-}4}$-f$_4$、PD$_{14}$-f$_{11}$、PD$_{2\text{-}4}$-f$_2$ 组成的块体 ZBS$_{02}$(Swedge)

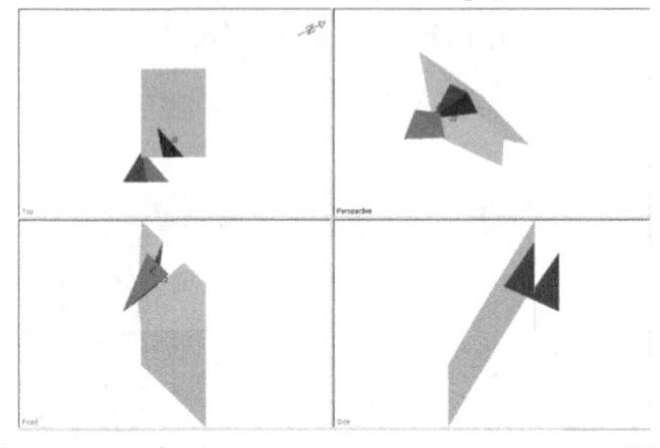

图 6.1.56 由 PD$_{2\text{-}2}$-L$_{57}$、PD$_{2\text{-}4}$-f$_7$、PD$_{2\text{-}2}$-f$_3$ 组成的块体 ZBS$_{03}$(Swedge)

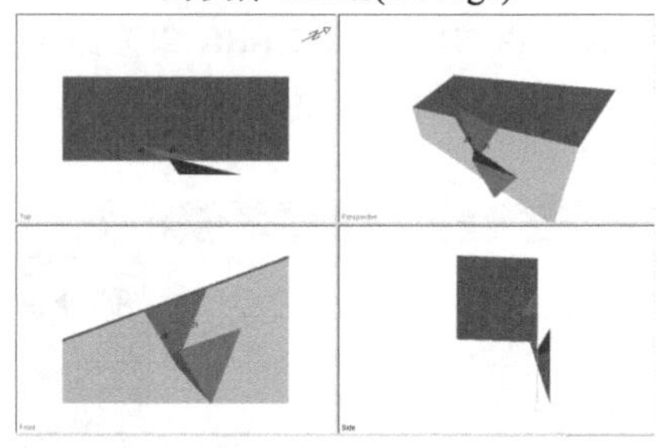

图 6.1.57 由 PD$_{2\text{-}2}$-L$_{136}$、PD$_{2\text{-}2}$-L$_{84}$、PD$_{14}$-Hf$_8$ 组成的块体 ZBS$_{04}$(Swedge)

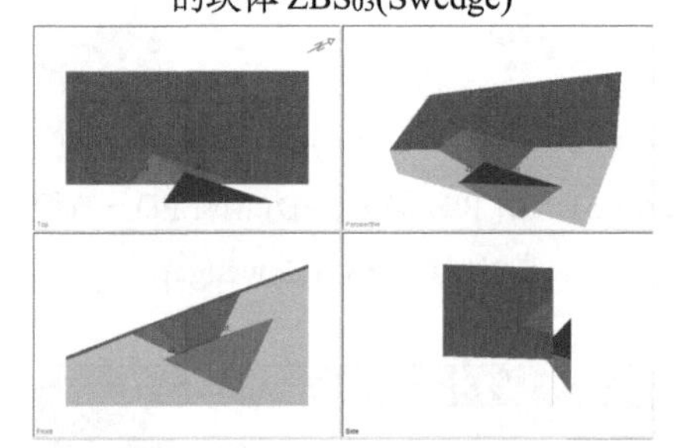

图 6.1.58 由 PD$_{2\text{-}2}$-L$_{131}$、PD$_{2\text{-}2}$-f$_5$、PD$_{14}$-Hf$_8$ 组成的块体 ZBS$_{05}$(Swedge)

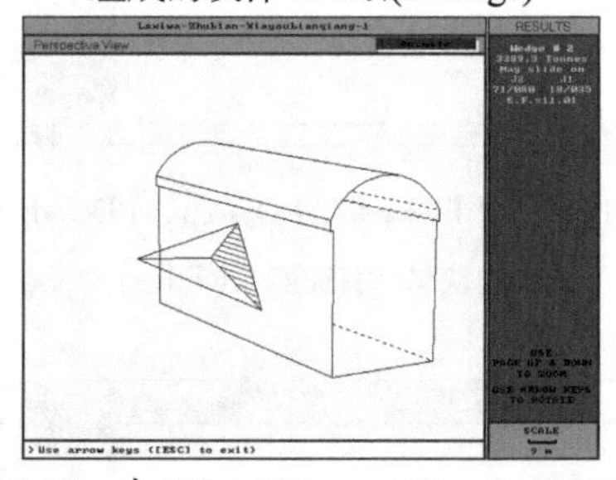

图 6.1.59 由 PD$_{2\text{-}4}$-HL$_{36m}$、PD$_{2\text{-}4}$-L$_7$、PD$_{2\text{-}4}$-f$_2$ 组成的块体 ZBX$_{01}$(Unwedge)

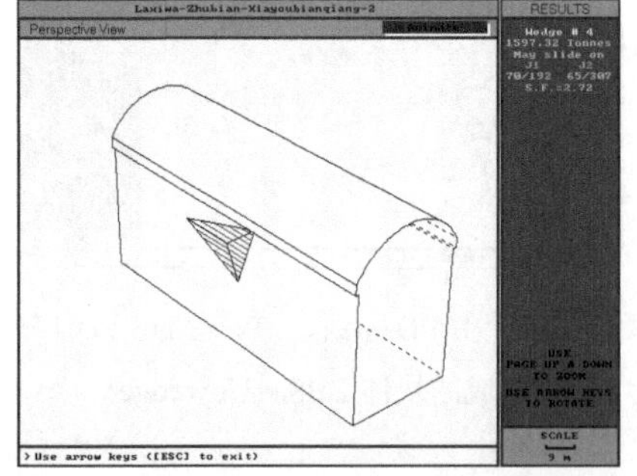

图 6.1.60 由 PD$_{2\text{-}2}$-f$_2$、PD$_{2\text{-}4}$-L$_{45}$、PD$_{2\text{-}4}$-f$_4$ 组成的块体 ZBX$_{02}$(Unwedge)

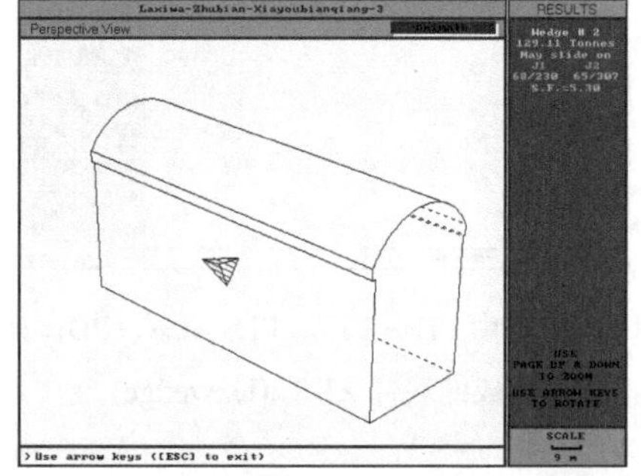

图 6.1.61 由 PD$_{2\text{-}2}$-L$_{57}$、PD$_{2\text{-}4}$-L$_{45}$、PD$_{14}$-Hf$_8$ 组成的块体 ZBX$_{03}$(Unwedge)

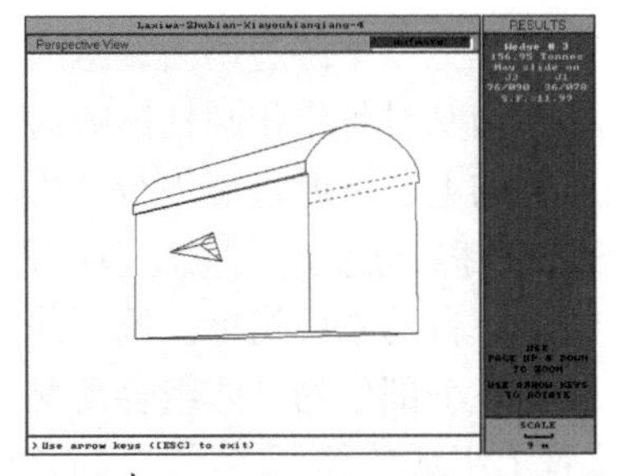

图 6.1.62　由 PD_{2-2}-f_5、PD_{14}-Hf_8、PD_{14}-F_{164} 组成的块体 ZBX_{04}(Unwedge)

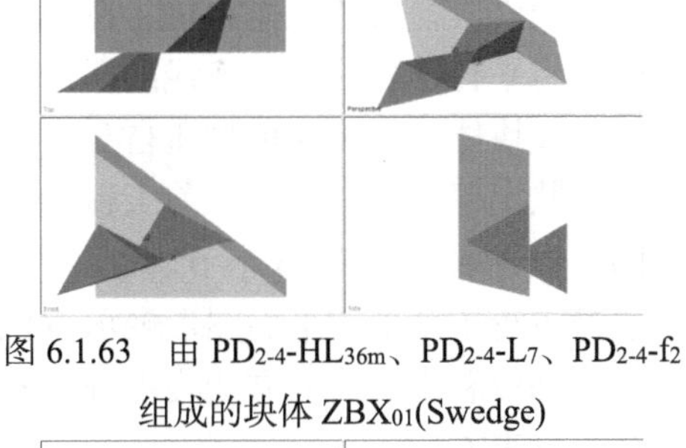

图 6.1.63　由 PD_{2-4}-HL_{36m}、PD_{2-4}-L_7、PD_{2-4}-f_2 组成的块体 ZBX_{01}(Swedge)

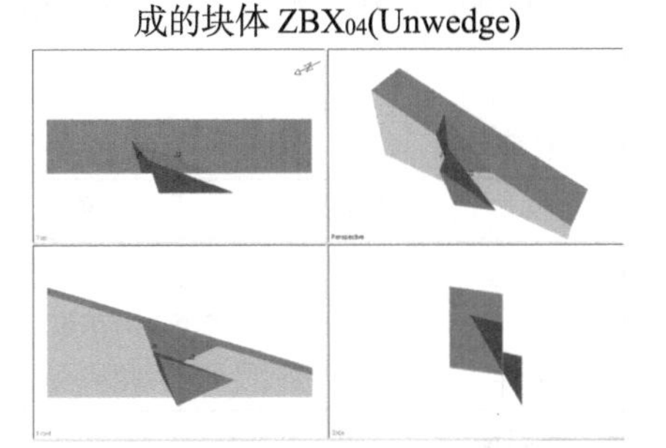

图 6.1.64　由 PD_{2-2}-f_2、PD_{2-4}-L_{45}、PD_{2-4}-f_4 组成的块体 ZBX_{02}(Swedge)

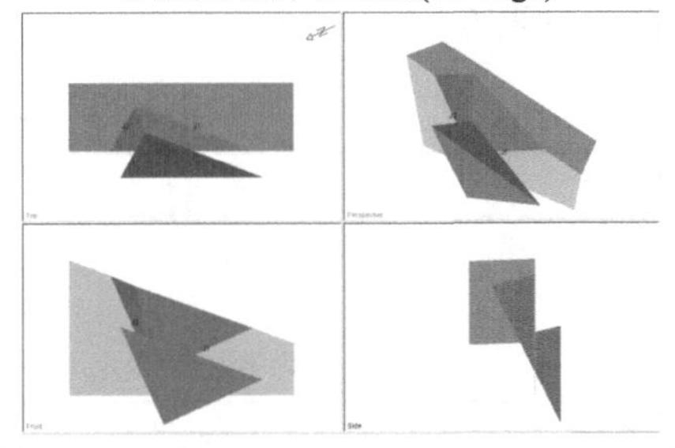

图 6.1.65　由 PD_{2-2}-L_{57}、PD_{2-4}-L_{45}、PD_{14}-Hf_8 组成的块体 ZBX_{03}(Swedge)

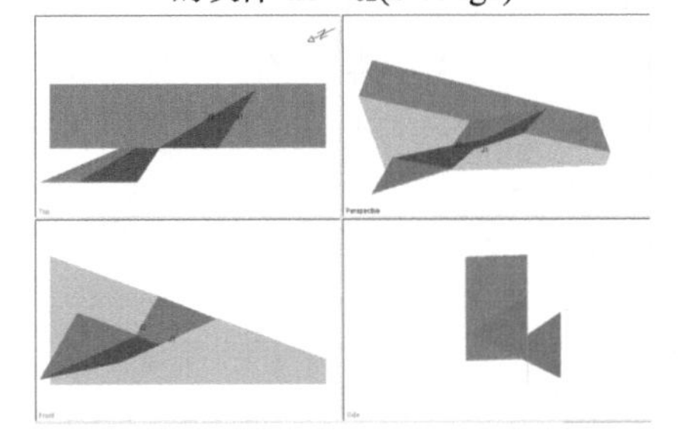

图 6.1.66　由 PD_{2-2}-f_5、PD_{14}-Hf_8、PD_{14}-F_{164} 组成的块体 ZBX_{04}(Swedge)

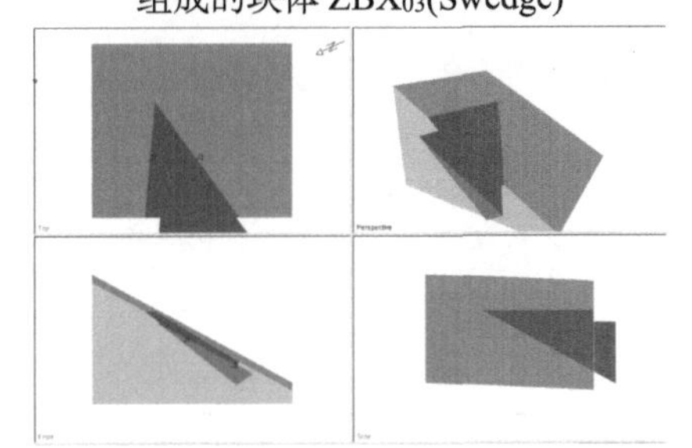

图 6.1.67　由 PD_{2-4}-f_7、PD_{2-4}-f_6、PD_{2-4}-f_8 组成的块体 ZBX_{05}(Swedge)

6.1.4　调压井围岩块体稳定性

调压井位于主变室后，单独成井，顶、底高程分别为 2269.24m、2217.46m，高 64m，直径 32m。调压井洞身段岩石分化轻微，整体完整性较好，局部地段断层和裂隙较发育。这些断层和断层、断层和裂隙、裂隙和裂隙之间互相交错形成块体，在开挖形成临空面的条件下导致块体掉落。为了指导施工开挖、保证调压井建成后正常运营，应对围岩的稳定性特别是块体的稳定性进行分析。确定性块体的检索：根据在平洞进行的裂隙精测和追踪规模相对较大的断裂，分析 AutoCAD 程序切割获得的空间分布位置、组合情况等，利用块体检索程序进行块体的检索和分析，获得不同部位存在块体的具体情况。调压井单独成井，两井中心连线方向为 NE25°。由于调压井为圆柱形，确定其上、下游边墙上裂隙的切割投影比较困难，为了工作简化，在 AutoCAD 程序切割过程中作圆柱体的内接长方体，将平行于两井中心连线的两个面作为调压井的上、下游边墙进行分析。

组成块体的断裂充填物质自身存在一定强度，根据其成分、厚度、胶结程度、结构面状况等因素，借鉴以前工程中的经验，给出各自的强度指标。调压井中断裂的参数选取参见 5.2.5 小节。调压井中主要断裂在各个部位的具体组合情况在前文已经进行了简单的平面图形展示。对于空间位置上组成块体可能的结构面组合，在不同部位利用不同的方法集中进行分析，从而筛选出块体。调压井中的块体检索结果见表 6.1.5。

表 6.1.5　调压井块体检索结果

检索号	结构面组合	检索软件	检索结果	洞室部位
1	L_{70}、L_{67}、L_{74}	Unwedge	无	
2	L_{70}、L_{67}、$f_{1(2\text{-}4)}$	Unwedge	无	1#调压井拱顶
3	L_{70}、L_{74}、$f_{1(2\text{-}4)}$	Unwedge	无	
4	L_{70}、L_{74}、$f_{1(2\text{-}4)}$	Unwedge、Swedge	有	
5	L_{70}、L_{77}、$f_{1(2\text{-}4)}$	Unwedge	无	
6	L_{70}、L_{74}、L_{77}	Unwedge	无	
7	L_{74}、L_{67}、L_{81}	Unwedge	无	
8	L_{81}、L_{77}、$f_{1(2\text{-}4)}$	Unwedge	无	1#调压井上游边墙
9	L_{70}、L_{74}、L_{67}	Unwedge	无	
10	L_{77}、L_{74}、L_{67}	Unwedge	无	
11	L_{77}、L_{81}、L_{67}	Unwedge	无	
12	L_{70}、L_{77}、L_{67}	Unwedge	无	
13	L_{81}、L_{74}、$f_{1(2\text{-}4)}$	Unwedge	无	1#调压井下游边墙
14	L_{104}、L_{111}、L_{106}	Unwedge	无	
15	L_{106}、L_{81}、L_{111}	Unwedge、Swedge	有	
16	f_{84}、L_{106}、L_{81}	Unwedge	无	
17	$f_{8(2\text{-}3)}$、L_{81}、L_{84}	Unwedge	无	
18	$L_{8(2\text{-}3)}$、L_{81}、L_{106}	Unwedge、Swedge	有	
19	L_{81}、L_{99}、L_{111}	Unwedge	无	2#调压井拱顶
20	L_{81}、L_{98}、L_{111}	Unwedge	无	
21	L_{111}、L_{104}、L_{99}	Unwedge	无	
22	L_{111}、L_{104}、L_{98}	Unwedge	无	
23	L_{111}、L_{104}、$f_{8(2\text{-}3)}$	Unwedge	无	
24	L_{111}、L_{104}、L_{90}	Unwedge、Swedge	有	
25	L_{111}、L_{104}、L_{87}	Unwedge	无	

续表

检索号	结构面组合	检索软件	检索结果	洞室部位
26	L_{111}、L_{104}、L_{84}	Unwedge	无	2#调压井拱顶
27	L_{81}、L_{104}、$f_{8(2-3)}$	Unwedge、Swedge	有	
28	L_{103}、L_{104}、L_{81}	Unwedge	无	2#调压井上游边墙
29	L_{103}、L_{104}、L_{84}	Unwedge	无	
30	L_{103}、L_{104}、L_{106}	Unwedge	无	
31	L_{81}、L_{111}、L_{84}	Unwedge	无	
32	L_{81}、L_{111}、L_{99}	Unwedge	无	
33	L_{81}、L_{84}、$f_{8(2-3)}$	Unwedge	无	
34	L_{81}、L_{104}、$L_{8(2-3)}$	Unwedge	无	
35	L_{81}、L_{103}、L_{84}	Unwedge	无	
36	L_{81}、L_{103}、L_{111}	Unwedge	无	
37	L_{111}、L_{104}、L_{106}	Unwedge	无	
38	L_{111}、L_{104}、L_{84}	Unwedge	无	
39	L_{111}、L_{103}、L_{84}	Unwedge	无	
40	L_{111}、L_{103}、L_{99}	Unwedge	无	
41	L_{111}、L_{104}、L_{99}	Unwedge	无	
42	L_{106}、L_{81}、L_{111}	Unwedge、Swedge	有	
43	L_{98}、L_{87}、L_{81}	Unwedge	无	2#调压井下游边墙
44	L_{98}、L_{99}、L_{81}	Unwedge	无	
45	L_{99}、L、L_{81}	Unwedge	无	
46	L_{87}、L_{90}、L_{81}	Unwedge	无	
47	L_{98}、L_{90}、$Hf_{8(14)}$	Unwedge	无	
48	L_{98}、L_{87}、L_{84}	Unwedge	无	
49	L_{99}、L_{90}、$Hf_{8(14)}$	Unwedge	无	
50	$f_{8(2-3)}$、L_{90}、$Hf_{8(14)}$	Unwedge	无	
51	L_{87}、L_{90}、$Hf_{8(14)}$	Unwedge	无	
52	L_{98}、L_{99}、L_{81}	Unwedge	无	
53	L_{87}、L_{81}、L_{84}	Unwedge	无	
54	L_{90}、L_{81}、L_{84}	Unwedge	无	
55	L_{99}、L_{81}、L_{84}	Unwedge	无	
56	$f_{8(2-3)}$、L_{81}、L_{84}	Unwedge	无	
57	L_{98}、L_{81}、L_{84}	Unwedge	无	

1. 1#调压井确定性块体检索

1#调压井拱顶处规模达到能够组成块体的断裂发育相对较少，在 AutoCAD 程序切割分析中共有 4 条中型断裂切割到拱顶，倾角都较大，在 47°～82°。其中 3

条断裂倾向近乎一致，无论是从空间位置组合上，还是从产状上进行分析，都不会组成不稳定块体。通过 Unwedge 程序检索也没有发现块体。

1#调压井上游边墙裂隙发育不密集，但是在顶部存在 1 条缓倾角断裂 L_{81}(倾向 135°、倾角 18°)和切割到边墙的裂隙 L_{70}、L_{74}。这几组较缓的裂隙与其他裂隙组合，可能形成控制面构成块体。1#调压井上游边墙确定性块体基本情况见表 6.1.6。1#调压井上游边墙块体 Unwedge 软件检索见图 6.1.68，Swedge 软件检索见图 6.1.69。

表 6.1.6　1#调压井上游边墙确定性块体基本情况

洞室部位	块体编号	裂隙组合		失稳方式	滑移面	出露面积/m²	分布深度/m	体积/m³	质量/t	安全系数
		裂隙编号	产状(倾向、倾角)/(°)							
上游边墙	tyj_{1-1}	L_{70} L_{74} $f_{1(2-4)}$	295、47 80、57 240、72	滑动	L_{74}	169.52	10.59	485.163	1260.26	7.09

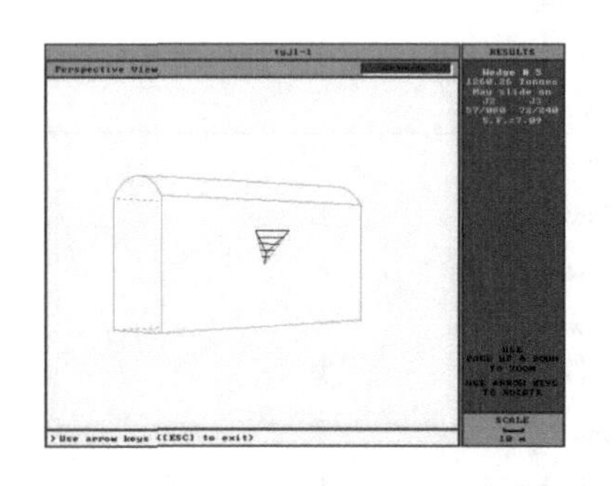

图 6.1.68　Unwedge 软件检索确定性块体 tyj_{1-1}

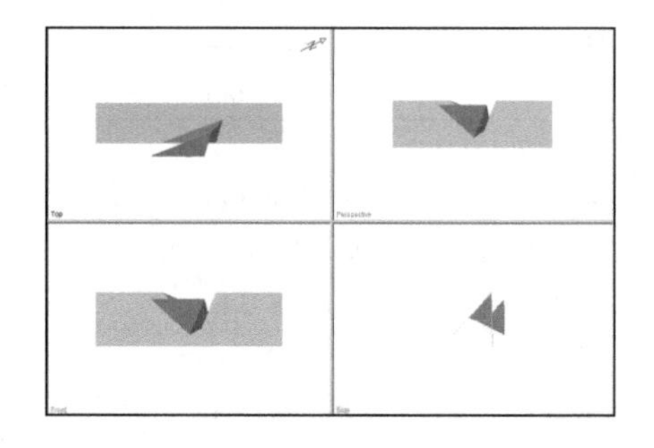
图 6.1.69　Swedge 软件检索确定性块体 tyj_{1-1}

1#调压井下游边墙裂隙发育少。AutoCAD 程序切割结果显示，只有平洞 PD_{2-4} 中断层 f_1 和 PD_{2-3} 中裂隙 L_{74} 切割到边墙，尽管边墙上部有平洞 PD_{2-3} 中裂隙 L_{81} 存在，但是 3 组结构面在边墙范围以外才能组合，缺少开挖形成的临空面，因此不予考虑。整个下游边墙没有形成规模较大的不稳定块体。

2. 2#调压井确定性块体检索

2#调压井拱顶处规模达到能够组成块体的断裂发育相对较多，裂隙交错，并且发育有数条平缓断裂，因此有形成块体的条件。2#调压井确定性块体基本情况见表 6.1.7，拱顶块体 Unwedge 软件检索见图 6.1.70～图 6.1.73。

表 6.1.7　2#调压井确定性块体基本情况

洞室部位	块体编号	裂隙组合		失稳方式	滑移面	出露面积/m²	分布深度/m	体积/m³	质量/t	安全系数
		裂隙编号	产状(倾向、倾角)/(°)							
拱顶	$tyj_{2\text{-}1}$	L_{106} L_{81} L111	265、55 135、18 340、80	掉落	—	130.72	4.29	155.46	404.18	0
拱顶	$tyj_{2\text{-}2}$	$f_{8(2\text{-}3)}$ L_{81} L_{106}	235、84 135、18 265、55	转动	$f_{8(2\text{-}3)}$	64.62	3.66	57.93	150.60	0.38
拱顶	$tyj_{2\text{-}3}$	L_{81} L_{104} $f_{8(2\text{-}3)}$	135、18 330、67 235、84	掉落	—	121.90	5.13	163.27	424.49	0
拱顶	$tyj_{2\text{-}4}$	L_{111} L_{104} L_{90}	340、80 330、67 92、75	转动	L_{111}	129.30	19.48	739.55	1922.83	1.87
上游边墙	$tyj_{2\text{-}5}$	L_{81} L_{103} L_{111}	135、18 230、54 340、80	滑动	L_{81}	25.20	4.26	34.57	89.87	8.01

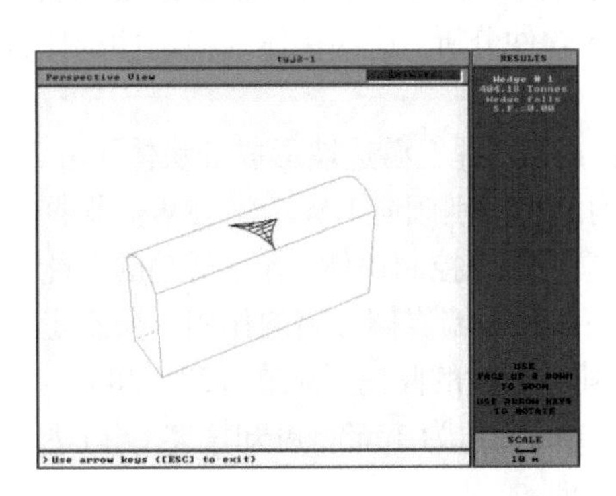

图 6.1.70　Unwedge 软件检索确定性块体 $tyj_{2\text{-}1}$

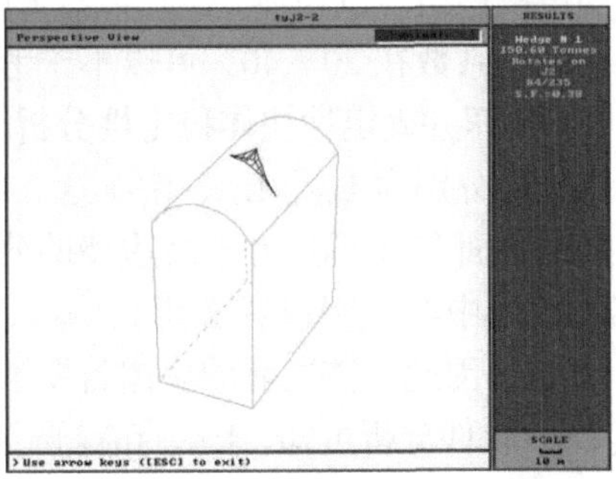

图 6.1.71　Unwedge 软件检索确定性块体 $tyj_{2\text{-}2}$

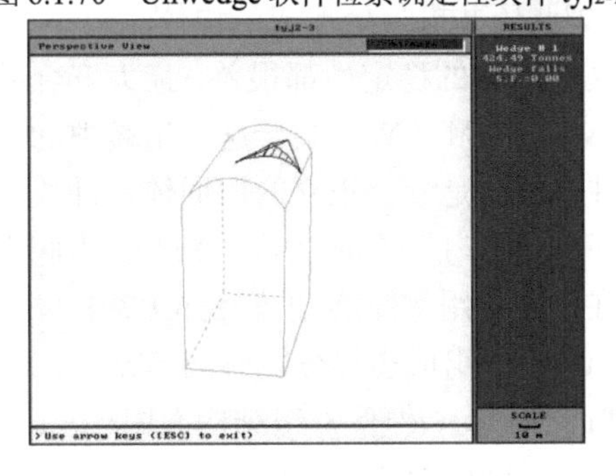

图 6.1.72　Unwedge 软件检索确定性块体 $tyj_{2\text{-}3}$

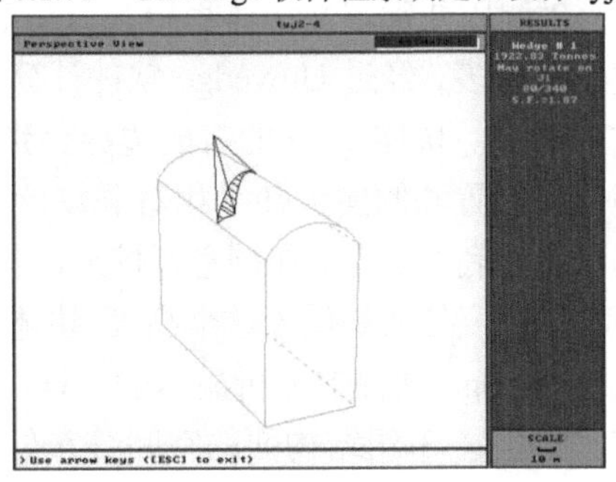

图 6.1.73　Unwedge 软件检索确定性块体 $tyj_{2\text{-}4}$

2#调压井上游边墙断裂发育较多，并且存在 2 组平缓的裂隙 L_{81} 和 L_{84}，倾向分别为 135°和 210°，倾角分别为 18°和 25°，存在形成块体结构面的条件。分析这些断裂可知，其中几组结构面可在上游边墙范围构成块体。2#调压井上游边墙确定性块体基本情况见表 6.1.7，Unwedge 软件检索见图 6.1.74，Swedge 软件检索见图 6.1.75。

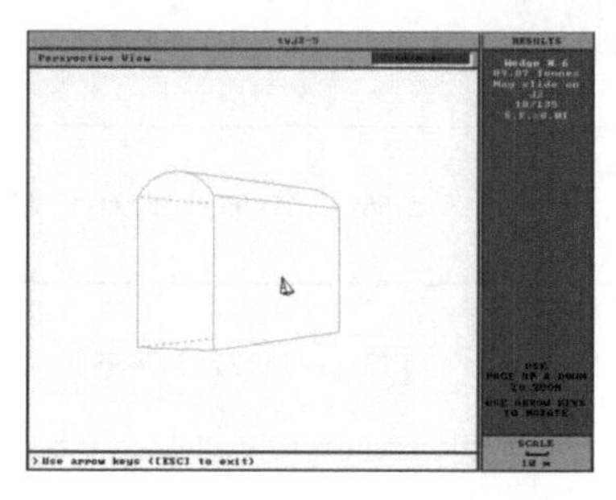

图 6.1.74　Unwedge 软件检索确定性块体 tyj_{2-5}

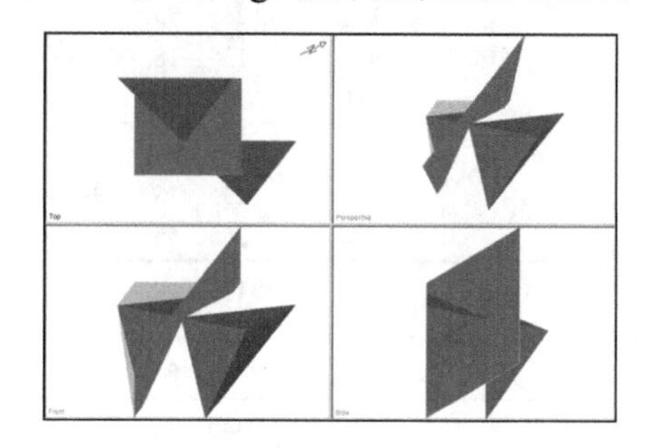

图 6.1.75　Swedge 软件检索确定性块体 tyj_{2-5}

2#调压井下游边墙局部地段裂隙较发育，特别是 NE25°方向的洞壁与拱顶变角线处。这些裂隙除 L_{81}、L_{84}、$f_{8(2-3)}$规模较大以外，其余规模相对要小一些。充填物主要为方解石，宽度在 0.5～3.0cm。切割到 2#调压井下游边墙的断裂可以在边墙范围内组合成块体，但是经过 Unwedge 软件分析，这些块体的稳定性都比较好，安全系数在 20～40，可以不予考虑。

1#调压井确定性块体稳定性分析表明：1#调压井上游边墙形成的块体 tyj_{1-1}，构成边界分别为 L_{70}、L_{74}、$f_{1(2-4)}$这 3 组结构面，分别倾向 NW、E、SW。根据这 3 组结构面在 1#调压井上游边墙的分布位置可知，控制块体 tyj_{1-1} 滑动的可能是 L_{74}、$f_{1(2-4)}$中的 1 组或者 2 组，L_{70} 只起使块体和边墙岩体分离的作用。洞室走向为 205°，因此上游边墙的块体若要滑动，其滑动面的倾向必须在 25°～205°。利用 Dips 软件分析可知，L_{74}、$f_{1(2-4)}$两组结构面的夹角为 156°，可知块体 tyj_{1-1} 为不稳定块体，L_{74} 倾向为 80°，是此块体的滑移面。

2#调压井确定性块体稳定性分析表明：2#调压井拱顶处形成的块体相对于 1#调压井较多，经过 Unwedge 软件计算得到这些块体的稳定性都很差，最大安全系数为 1.87。块体 tyj_{2-1} 的组成边界分别倾向 W、SE 和 NW，结合这 3 组裂隙的空间分布位置和倾向可知，相对洞室位置来讲，块体是一个正立的四面体，即块体的顶点在底面之上。在洞室开挖形成临空面后，块体下落的阻力大大减小。当底面在洞顶高度处或是低于这个高度，块体就会在重力作用下掉落，正如表 6.1.7 中 tyj_{2-1} 在 Unwedge 软件中分析显示的一样。块体 tyj_{2-2} 的组成边界分别倾向 SW、SE、W。结合这 3 组结构面的空间分布位置和倾向可知，尽管 3 组结构面中 $f_{8(2-3)}$和 L_{106} 倾向相差不大，但是 $f_{8(2-3)}$的倾角近于直立，因此形成的块体仍然为正立的四面体。在开挖形成临空面以后，$f_{8(2-3)}$有可能阻止块体下滑，考虑到 $f_{8(2-3)}$的倾角为

84°，对块体的阻力不会很大，因此块体 tyj_{2-2} 不稳定，滑移方式是转动。拱顶处其他块体用以上的方法进行分析，可知均为不稳定块体，具体情况见表 6.1.7。

2#调压井上游边墙处形成的块体 tyj_{2-5}，对块体稳定性起控制作用的是 L_{81}。L_{81} 作为块体的底面，尽管另外 2 组裂隙 L_{103}、L_{111} 都是倾向开挖面以内，但是考虑到 L_{111} 倾角为 80°，2 组结构面对于块体下滑的阻力仍不能保证块体稳定。

调压井上游边墙和拱顶中确定性块体的具体位置分别见图 6.1.76 和图 6.1.77。

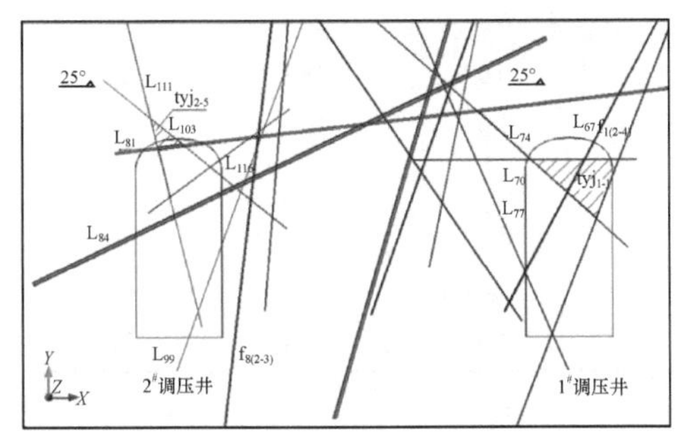

图 6.1.76　1#、2#调压井上游边墙确定性块体位置

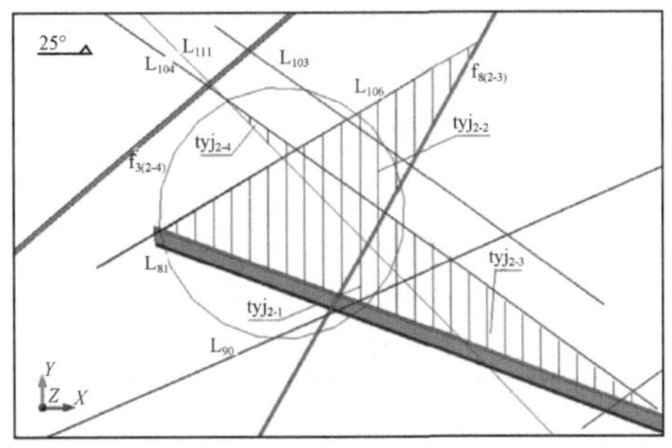

图 6.1.77　2#调压井拱顶确定性块体位置

6.2　地下厂房不连续变形分析

1. 计算模型

图 6.2.1 是 DDA 计算模型示意图。模型只模拟了厂房洞周围岩，围岩中的岩体结构面由 2 部分组成。一是拱顶部分，根据厂右 0km+96m 地质剖面，模拟了 f_7、L_{47}、L_{35}、L_{21} 组、f_9、L_{12} 组、HL_2、Hf_8 等断层；二是依据厂房区优势结构随

图 6.2.1　DDA 计算模型示意图

机产生。计算模型模拟了锚杆和锚索的加固，考虑的荷载有水平构造应力和自重应力，岩体结构面力学参数只考虑摩擦系数，不考虑黏聚力，计算参数和工况见表 6.2.1。

表 6.2.1　计算参数和工况

工况	变形模量 E_0/MPa	重度 γ/(kN/m^3)	水平构造应力 σ_h/MPa	垂直地应力 σ_v/MPa	内摩擦角 φ/(°)	锚固措施
1	20000.0	27.0	0.0	0.0	15.0	无
2	20000.0	27.0	0.0	0.0	20.0	无
3	20000.0	27.0	0.0	0.0	28.8	无
4	20000.0	27.0	15.0	5.0	20.0	无
5	20000.0	27.0	0.0	0.0	20.0	有
6	20000.0	27.0	15.0	5.0	20.0	有
7	20000.0	27.0	15.0	5.0	26.6	有
8	20000.0	27.0	15.0	5.0	28.8	有

2. 计算结果

在无锚固、结构面内摩擦角φ为 15.0°、无水平构造应力情况(工况 1)下，拱顶和边墙围岩发生大面积的塌落或滑落，如图 6.2.2 所示；在φ为 20.0°和 28.8°、无水平构造应力情况(工况 2 和工况 3)下，以及φ为 20.0°、σ_h为 15.0MPa、σ_v为 5.0MPa 情况(工况 4)下，拱顶围岩没有发生塌落，两侧高边墙有岩块滑落，见图 6.2.3 和图 6.2.4。

图 6.2.2　工况 1 围岩失稳示意图

图 6.2.3　工况 2 围岩失稳示意图

在有锚固、结构面内摩擦角φ为 20.0°、无水平构造应力情况(工况 5)下，拱顶和边墙围岩没有发生岩块塌落或滑落，如图 6.2.5 所示。90%的锚杆应力在 200MPa 以下，其中 4.5%超过屈服应力(340MPa)，最大应力为 462MPa；锚索最大应力为 1283MPa，约为屈服应力 1860MPa 的 69%。在φ为 20.0°、26.6°、28.8°，σ_h为 15.0MPa，

σ_V为 5.0MPa 情况(工况 6～工况 8)下，拱顶和边墙围岩没有发生岩块塌落或滑落，80%～90%的锚杆应力在 200MPa 以下，其中有 3.0%～5.0%锚杆应力超过屈服应力(340MPa)，最大应力为 425MPa；锚索最大应力为 1145MPa，约为屈服应力 1860MPa 的 62%。

图 6.2.4　工况 3 围岩失稳示意图

图 6.2.5　工况 5 围岩失稳示意图

6.3　地下厂房洞室群稳定性预测

根据拉西瓦水电站 2003 年 8 月初的设计资料，主厂房长、宽、高分别为 200m、29m、75.24m，主变室长、宽、高分别为 235m、28.5m、44.325m。由此可见，地下厂房洞室群具有开挖边墙高、跨度大的特点，洞室群开挖过程中的应力重分布(应力调整)必然很强烈。通过对地下厂房洞室群进行三维有限元计算，了解地下洞室群开挖后的应力重分布情况，是地下洞室群稳定性评价的主要内容之一，也是进行围岩岩爆预测评价的基础之一。

6.3.1　计算模型的建立

1) 考虑因素

建立计算模型考虑的因素：①模型中没有考虑结构面的影响；②由于应力分布的范围有限，单独模拟各个洞室；③由于洞室群远离河谷，应力较稳定，模拟中未考虑河谷应力场的影响。

2) 计算工况

对于主厂房系统，只开挖副厂房、副安装间和主安装间；在第 I 层的基础上全部开挖(开挖主厂房)。对于主变室系统，只开挖主变室 0～50m 和 185～235m 桩号处；在第 I 层的基础上全部开挖主变室。

3) 符号方向的规定

计算模型中，XY平面垂直于厂房洞轴线，即走向 115°的铅直平面。Z轴正方向为洞向 25°方向。压应力为负值，拉应力为正值，未特殊说明时，正应力均为压应力。洞室桩号从小到大的方向为 Z 轴负方向，即 205°。

4) 边界条件的选取

地下厂房洞室群区的水平构造应力较大，选择地应力测点的实测值来校正模型的边界，使模型的边界达到最佳拟合状态。计算中选取的有代表性的地应力测点实测值和模拟值见表 6.3.1，实际加荷边界见图 6.3.1。

表 6.3.1　模型代表性地应力测点实测值与模拟值对比

测点位置		σ_1/MPa		σ_2/MPa		σ_3/MPa	
编号	对应测试钻孔号	实测值	模拟值	实测值	模拟值	实测值	模拟值
1	ZK_5	19.7	20.3	15.0	15.7	9.3	10.0
2	ZK_4	21.0	22.0	15.8	16.3	10.0	10.8
3	ZK_{106}	21.4	22.0	14.9	15.5	10.2	11.0

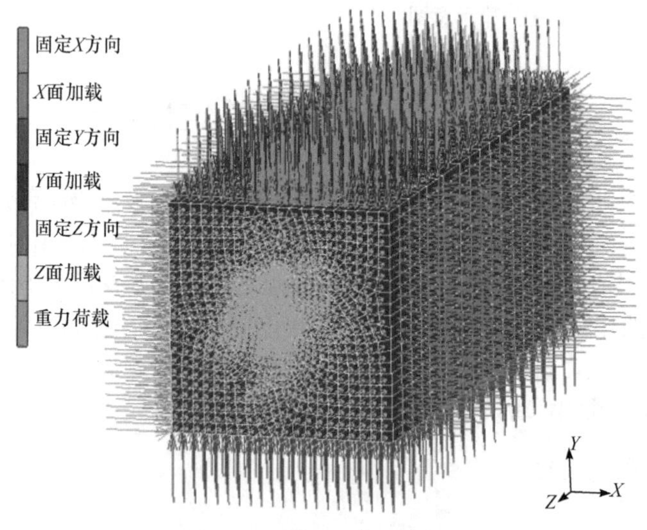

图 6.3.1　模型加荷边界条件

5) 计算参数的选取

选取的计算参数见表 6.3.2。

表 6.3.2　选取的计算参数

岩体名称	变形模量 E_0/MPa	泊松比μ	重度γ/(MN/m³)	黏聚力 c/MPa	内摩擦角φ/(°)
花岗岩	20000	0.24	0.027	2.5	50

6.3.2　计算模型的剖分

1) 主厂房模型的剖分

主厂房模型共剖分单元 16230 个，节点 18031 个，模型网格剖分情况见图 6.3.2。

2) 主变室模型的剖分

主变室模型共剖分单元 5953 个，节点 7130 个，模型网格剖分情况见图 6.3.3。

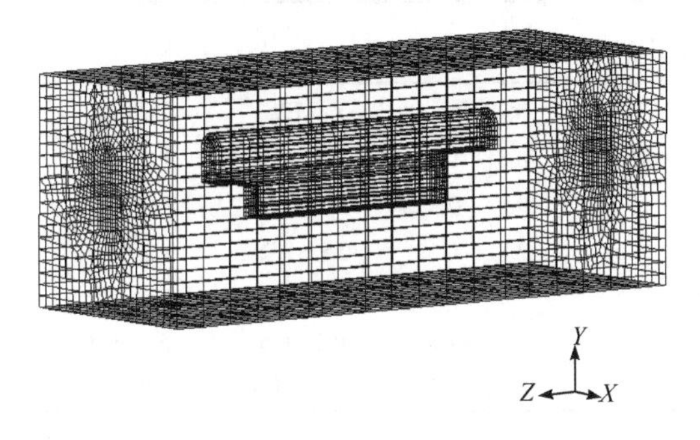

图 6.3.2　主厂房系统模型网格剖分

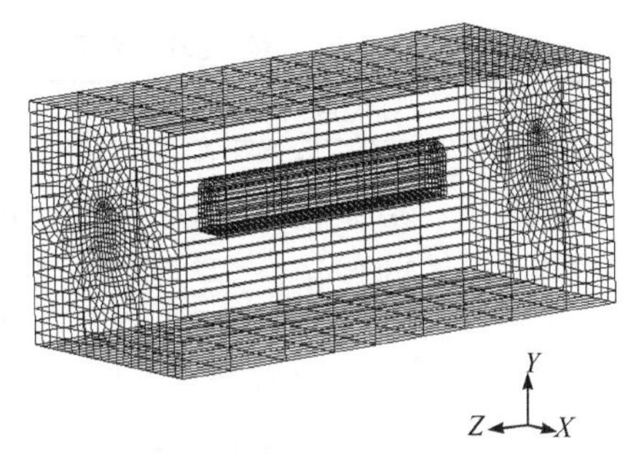

图 6.3.3　主变室系统模型网格剖分

6.3.3　各工况的计算结果

1. 工况 1

工况 1 是主厂房系统只开挖副厂房、副安装间和主安装间的情况，各断面应力见表 6.3.3～表 6.3.5，应力分布见图 6.3.4～图 6.3.21(由于计算资料较多，仅体现典型计算断面)。其中，最大主应力分布见图 6.3.4～图 6.3.9，中间主应力分布见图 6.3.10～图 6.3.13，最小主应力分布见图 6.3.14～图 6.3.17，剪应力分布见图 6.3.18～图 6.3.21。

表 6.3.3　工况 1 下主厂房拱顶应力

桩号/m	σ_1/MPa	σ_2/MPa	σ_3/MPa	τ_{xy}/MPa	τ_{yz}/MPa	τ_{xz}/MPa
306	21.6～23.3	19.9～22.2	7.5～9.5	−0.5～1.7	−4.1～−2.9	0～1.2
278.5	29.8～31.5	24.5～26.7	1.5～3.5	−0.5～1.7	−0.6～0.5	0～1.2
251	21.7～23.3	17.7～19.9	7.5～9.5	−0.5～1.7	−4.1～−2.9	0～1.2
47	21.7～23.3	17.7～19.9	7.5～9.5	−0.5～1.7	−4.1～−2.9	0～1.2
32	26.6～28.2	24.5～26.7	3.5～5.5	−0.5～1.7	−2.9～−1.8	0～1.2
0	23.3～24.9	19.9～22.2	9.5～11.5	−0.5～1.7	−4.1～−2.9	0～1.2

表 6.3.4　工况 1 下主厂房上游边墙角点应力

桩号/m	σ_1/MPa	σ_2/MPa	σ_3/MPa	τ_{xy}/MPa	τ_{yz}/MPa	τ_{xz}/MPa
306	21.6～23.3	17.7～19.9	11.5～13.5	−2.8～−0.5	−1.8～−0.6	5.0～6.0
278.5	28.0～29.8	24.5～26.7	9.5～11.5	8.5～10.7	−0.6～0.5	−2.5～−1.3

续表

桩号/m	σ_1/MPa	σ_2/MPa	σ_3/MPa	τ_{xy}/MPa	τ_{yz}/MPa	τ_{xz}/MPa
251	21.7～23.3	17.7～19.9	9.5～11.5	−2.8～−0.5	0.5～1.7	−3.8～5.0
47	21.7～23.3	17.7～19.9	9.5～11.5	−2.8～−0.5	1.7～2.6	3.7～5.0
32	24.9～26.6	22.2～24.5	9.5～11.5	6.0～8.5	−0.6～0.5	5.0～6.0
0	24.9～26.6	19.9～22.0	11.5～13.5	−2.8～−0.5	−2.9～−1.8	5.0～6.0

表 6.3.5　工况 1 下主厂房下游边墙角点应力

桩号/m	σ_1/MPa	σ_2/MPa	σ_3/MPa	τ_{xy}/MPa	τ_{yz}/MPa	τ_{xz}/MPa
306	21.6～23.3	17.7～19.9	11.5～13.5	−0.8～−0.5	−1.8～−0.6	5.0～6.0
278.5	29.8～31.5	24.5～26.7	11.5～13.5	−9.5～−7.3	−0.6～0.5	−2.5～−1.3
251	21.6～23.3	17.7～19.9	9.5～11.5	−2.8～−0.5	0.5～1.7	3.7～5.0
47	21.6～23.3	17.7～19.9	9.5～11.5	−5.0～−2.7	1.7～2.9	3.7～5.0
32	28.2～29.8	24.5～26.7	11.5～13.5	−9.5～−7.3	−0.6～0.5	−5.0～6.0
0	24.9～26.6	19.9～22	11.5～13.5	−5.0～−2.7	−2.9～−1.8	−5.0～6.0

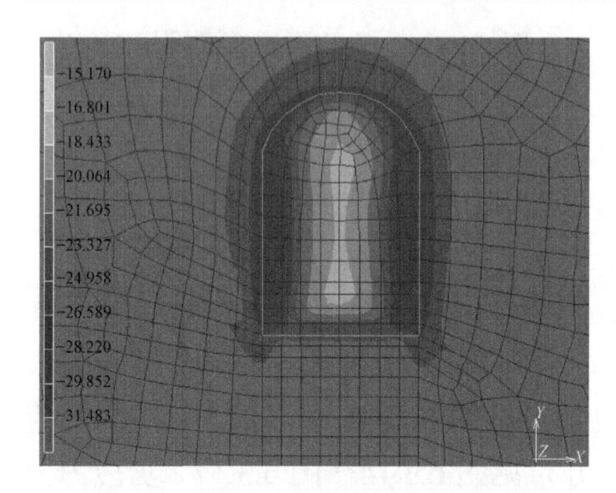

图 6.3.4　工况 1 下 0m 桩号处σ_1分布
(垂直洞轴线方向，单位为 MPa)

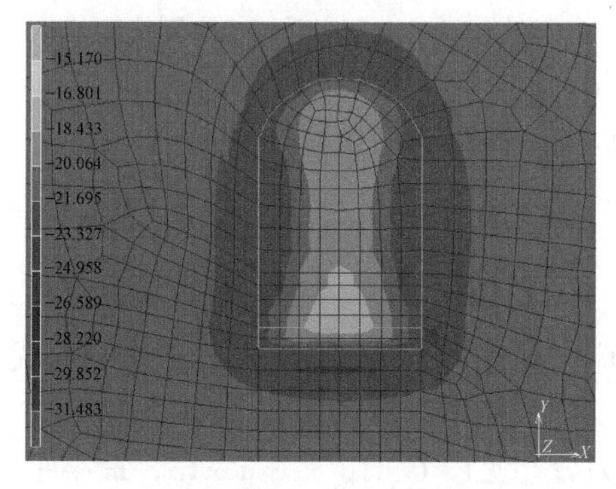

图 6.3.5　工况 1 下 47m 桩号处σ_1分布
(垂直洞轴线方向，单位为 MPa)

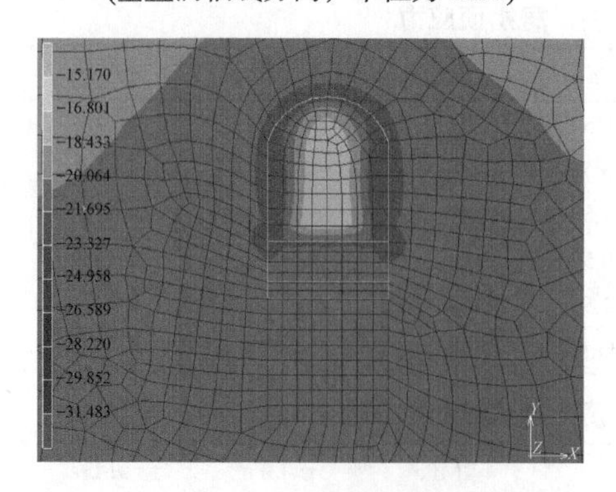

图 6.3.6　工况 1 下 306m 桩号处σ_1分布
(垂直洞轴线方向，单位为 MPa)

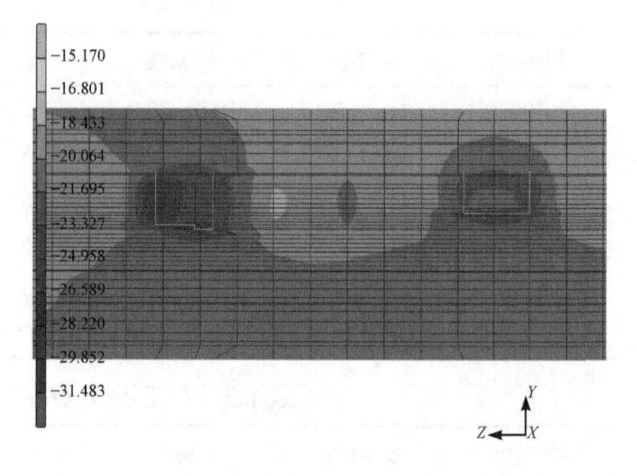

图 6.3.7　工况 1 下上游边墙剖面σ_1分布
(洞轴线方向，单位为 MPa)

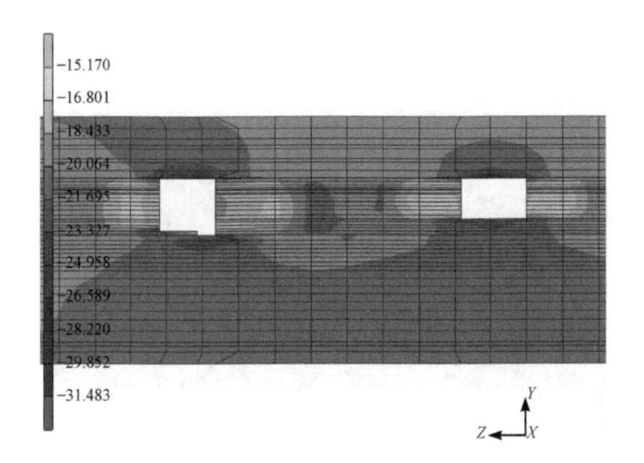

图 6.3.8　工况 1 下洞轴线剖面σ_1分布
(洞轴线方向，单位为 MPa)

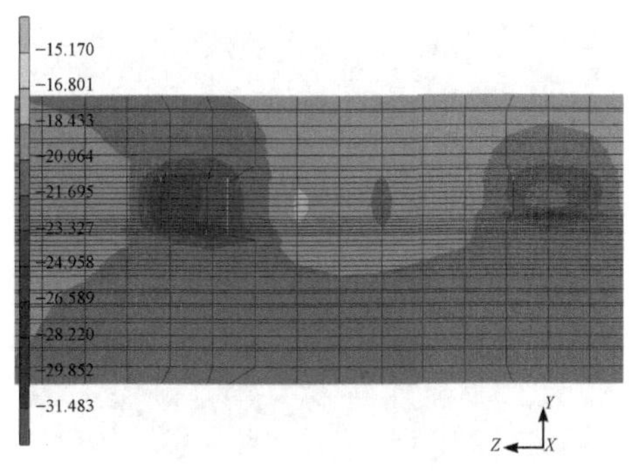

图 6.3.9　工况 1 下下游边墙剖面σ_1分布
(洞轴线方向，单位为 MPa)

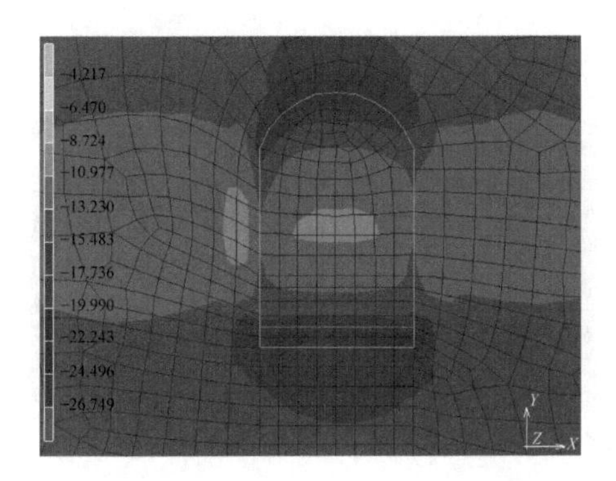

图 6.3.10　工况 1 下 47m 桩号处σ_2分布
(垂直洞轴线方向，单位为 MPa)

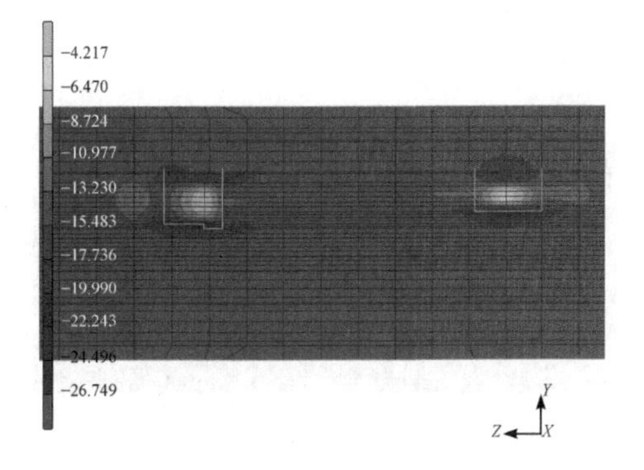

图 6.3.11　工况 1 下上游边墙剖面σ_2分布
(洞轴线方向，单位为 MPa)

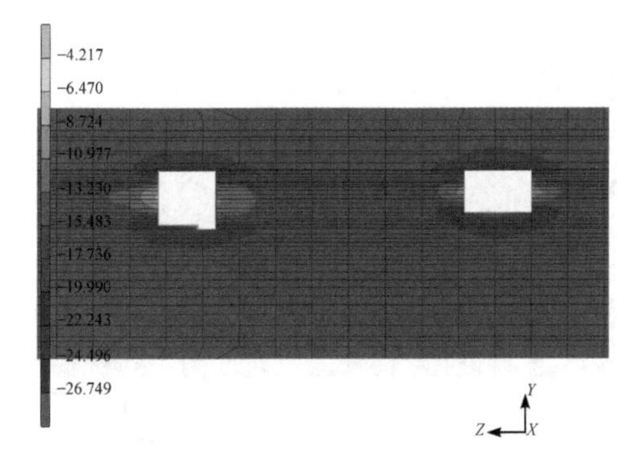

图 6.3.12　工况 1 下洞轴线剖面σ_2分布
(洞轴线方向，单位为 MPa)

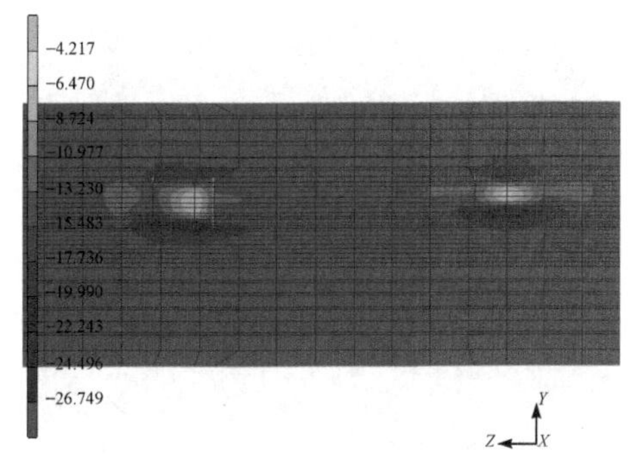

图 6.3.13　工况 1 下下游边墙剖面σ_2分布
(洞轴线方向，单位为 MPa)

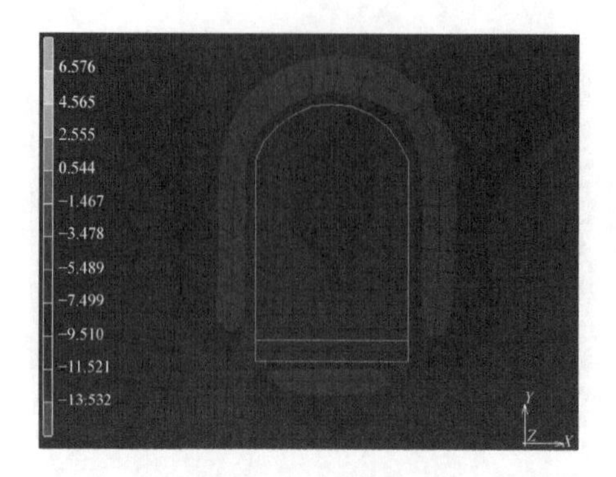

图 6.3.14 工况 1 下 47m 桩号处σ_3分布
(垂直洞轴线方向，单位为 MPa)

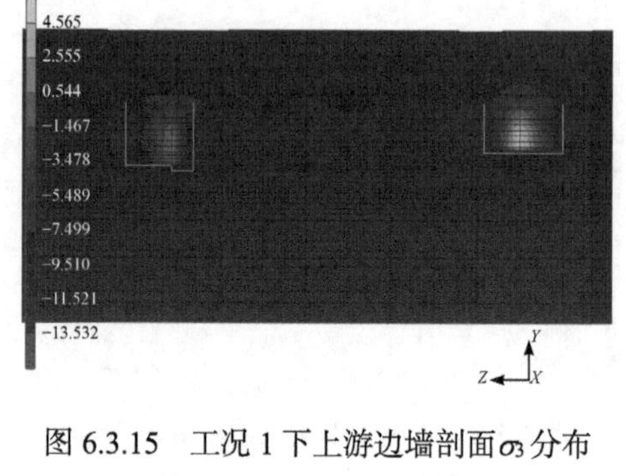

图 6.3.15 工况 1 下上游边墙剖面σ_3分布
(洞轴线方向，单位为 MPa)

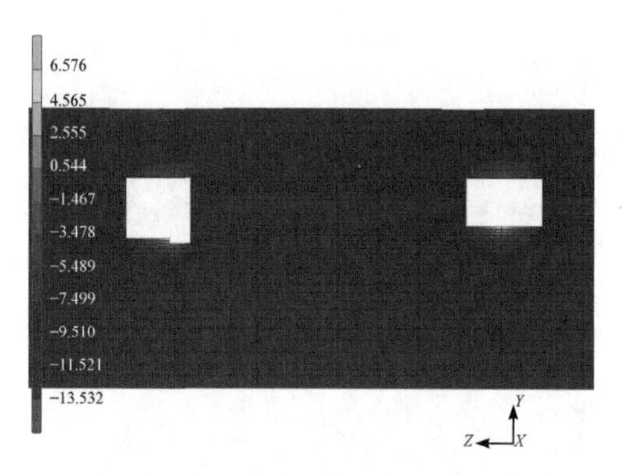

图 6.3.16 工况 1 下洞轴线剖面σ_3分布
(洞轴线方向，单位为 MPa)

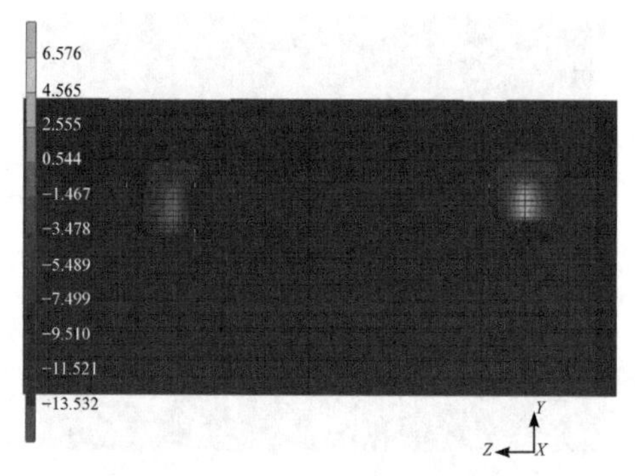

图 6.3.17 工况 1 下下游边墙剖面σ_3分布
(洞轴线方向，单位为 MPa)

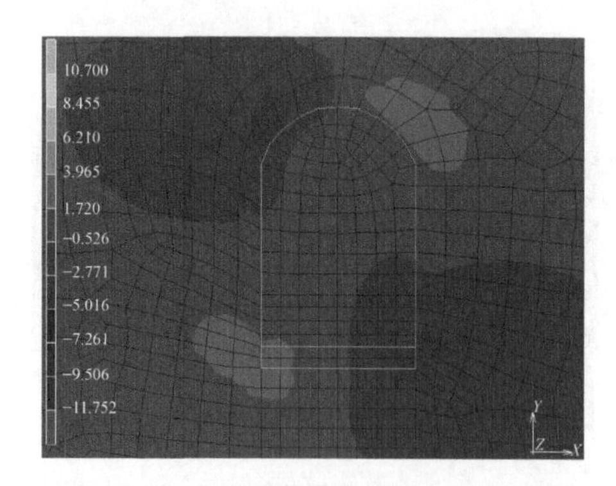

图 6.3.18 工况 1 下 47m 桩号处τ_{xy}分布
(垂直洞轴线方向，单位为 MPa)

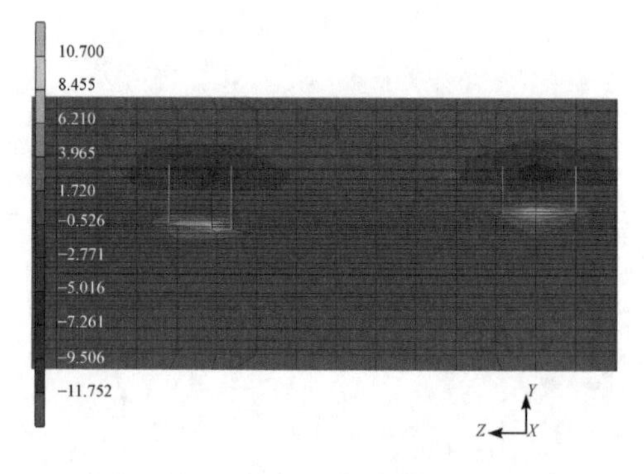

图 6.3.19 工况 1 下上游边墙剖面τ_{xy}分布
(洞轴线方向，单位为 MPa)

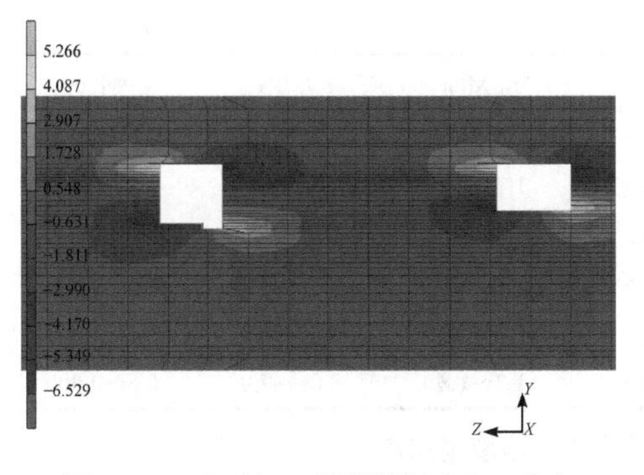

图 6.3.20 工况 1 下洞轴线剖面 τ_{xy} 分布
(洞轴线方向，单位为 MPa)

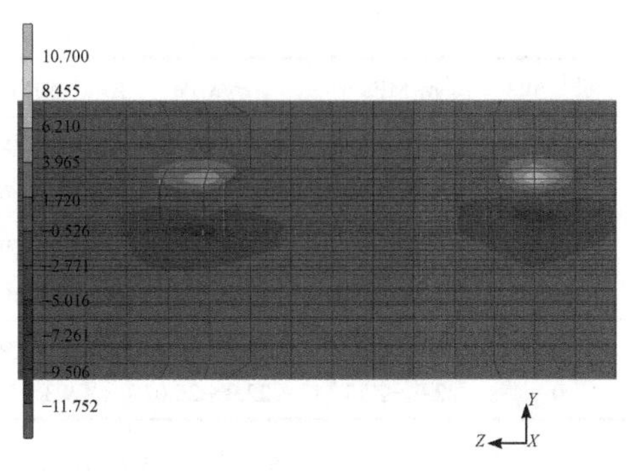

图 6.3.21 工况 1 下下游边墙剖面 τ_{xy} 分布
(洞轴线方向，单位为 MPa)

当只开挖主安装间、副厂房和副安装间时，最大主应力高值没有出现在 0m、47m、251m、306m 桩号处的掌子面上，而出现在 0～47m 和 251～306m 的中间部位；最大主应力 σ_1 高值一般为 28.0～31.5MPa。中间主应力 σ_2 的分布与最大主应力 σ_1 相近，高值没有出现在 0m、47m、251m、306m 桩号处的掌子面上，而出现在 0～47m 和 251～306m 的中间部位上；中间主应力 σ_2 高值一般为 24.5～26.7MPa。最小主应力 σ_3 在 0～55m 和 259～306m 洞段变化不明显，一般为 9.5～11.5MPa。剪应力 τ_{xy} 在 0～47m 和 251～306m 洞段均表现出两端低、中间高的特点，高值一般为−9.5～−7.3MPa。剪应力 τ_{yz} 与 τ_{xz} 在 0～47m 和 251～306m 洞段分布较均匀。剪应力 τ_{yz} 稍有两端高、中间低的特点；τ_{yz} 高值一般为 1.7～2.9MPa，τ_{xz} 高值为 5.0～6.0MPa。

2. 工况 2

工况 2 是主厂房系统全部开挖后的情况，各断面应力见表 6.3.6～表 6.3.8，应力分布见图 6.3.22～图 6.3.45(由于计算资料较多，仅体现典型计算断面)。其中，最大主应力 σ_1 分布见图 6.3.22～图 6.3.28，中间主应力 σ_2 分布见图 6.3.29～图 6.3.34，最小主应力 σ_3 分布见图 6.3.35～图 6.3.39，剪应力 τ_{xy} 分布见图 6.3.40～图 6.3.45。

表 6.3.6 工况 2 下主厂房拱顶应力

桩号/m	σ_1/MPa	σ_2/MPa	σ_3/MPa	τ_{xy}/MPa	τ_{yz}/MPa	τ_{xz}/MPa
306	22.0～27.3	19.2～22.6	6.5～9.0	1.7～1.8	−4.0～5.6	0.6～2.0
276	32.0～37.0	26.0～29.0	3.7～6.5	1.7～1.8	0～1.0	0.6～2.0
251	37.0～39.0	26.0～29.0	3.7～6.5	1.7～1.8	0～1.0	0.6～2.0
216	43.0～48.0	26.0～29.0	3.7～6.5	1.7～1.8	4.1～5.5	0.6～2.0
186	54.0～59.0	26.0～29.0	6.5～9.3	1.7～1.8	0～1.0	0.6～2.0
156	54.0～59.0	29.0～32.0	6.5～9.3	1.7～1.8	0～1.0	0.6～2.0

续表

桩号/m	σ_1/MPa	σ_2/MPa	σ_3/MPa	τ_{xy}/MPa	τ_{yz}/MPa	τ_{xz}/MPa
126	54.0～59.0	26.0～29.0	6.5～9.3	1.7～1.8	0～1.0	0.6～2.0
96	48.0～53.0	26.0～29.0	3.7～6.5	1.7～1.8	0～1.0	0.6～2.0
66	48.0～53.0	26.0～29.0	3.7～6.5	1.7～1.8	−4.0～−3.0	0.6～2.0
47	37.9～43.0	22.0～26.0	3.7～6.5	1.7～1.8	−8.0～−7.0	0.6～3.6
32	32.0～37.9	22.0～26.0	3.7～6.5	1.7～1.8	−3.0～−1.5	0.6～3.6
0	22.0～27.3	22.0～26.0	9.3～12.0	1.7～1.8	−8.0～−7.0	0.6～2.0

表 6.3.7　工况 2 时主厂房上游边墙角点应力

桩号/m	σ_1/MPa	σ_2/MPa	σ_3/MPa	τ_{xy}/MPa	τ_{yz}/MPa	τ_{xz}/MPa
306	22.0～27.3	19.2～22.7	9.3～12.1	1.8～1.9	−1.4～0	3.0～6.6
276	32.7～37.9	22.6～26.1	12.1～14.8	9.0～12.7	−4.3～−2.9	0.6～3.6
251	32.7～37.9	22.6～26.1	12.1～14.8	5.4～9.0	−4.3～−2.9	3.0～6.6
216	43.2～48.5	26.1～29.5	14.8～17.5	12.7～16.4	0～1.3	0～2.0
186	43.2～48.5	29.5～32.5	14.8～17.5	12.7～16.4	0～1.3	0～2.0
156	48.6～53.9	29.5～32.5	14.8～17.5	12.7～16.4	0～1.3	0～2.0
126	48.6～53.9	29.5～32.5	14.8～17.5	12.7～16.4	0～1.3	0～2.0
96	48.6～53.9	26.1～29.5	14.8～17.5	12.7～16.4	0～1.3	0～2.0
66	32.7～37.9	26.1～29.5	14.8～17.5	9.0～12.7	0～1.3	0～2.0
47	32.7～37.9	22.6～26.1	12.1～14.8	5.4～9.0	−4.3～−2.9	−11～−8.2
32	37.9～43.2	22.6～26.1	12.1～14.8	9.0～12.7	−4.3～−2.9	−8.2～−5.2
0	27.3～32.7	19.2～22.7	9.3～12.1	1.8～1.9	−2.9～−1.5	−8.2～−5.2

表 6.3.8　工况 2 时主厂房下游边墙角点应力

桩号/m	σ_1/MPa	σ_2/MPa	σ_3/MPa	τ_{xy}/MPa	τ_{yz}/MPa	τ_{xz}/MPa
306	22.0～27.3	19.2～22.6	9.3～12.1	−5.5～−1.8	0～1.3	−5.2～−2.3
276	37.9～43.3	22.6～26.1	12.1～14.8	−12.8～−9.2	−4.3～−2.9	−8.2～−5.2
251	37.9～43.3	22.6～26.1	12.1～14.8	5.4～9.0	−5.7～−4.3	−8.2～−5.2
216	48.6～53.9	29.5～33.0	17.6～20.3	−16.5～−12.8	−1.5～0	−2.3～0.6
186	48.6～53.9	29.5～33.0	17.6～20.3	−16.5～−12.8	−1.5～0	−2.3～0.6
156	48.6～53.9	29.5～33.0	17.6～20.3	−16.5～−12.8	−1.5～0	−2.3～0.6
126	48.6～53.9	29.5～33.0	17.6～20.3	−16.5～−12.8	−1.5～0	−2.3～0.6
96	48.6～53.9	29.5～33.0	17.6～20.3	−16.5～−12.8	−1.5～0	−2.3～0.6
66	37.9～43.3	26.1～29.5	14.9～17.6	−12.8～−9.2	−1.5～0	3.6～6.5
47	37.9～43.3	26.1～29.5	12.1～14.8	−9.2～−5.5	4.1～5.5	12.4～15.4
32	43.3～48.6	22.6～26.1	14.8～17.6	−12.8～−9.2	4.1～5.5	6.5～9.5
0	27.3～32.7	19.2～22.6	9.3～12.1	−5.5～−1.9	0～1.3	3.6～6.5

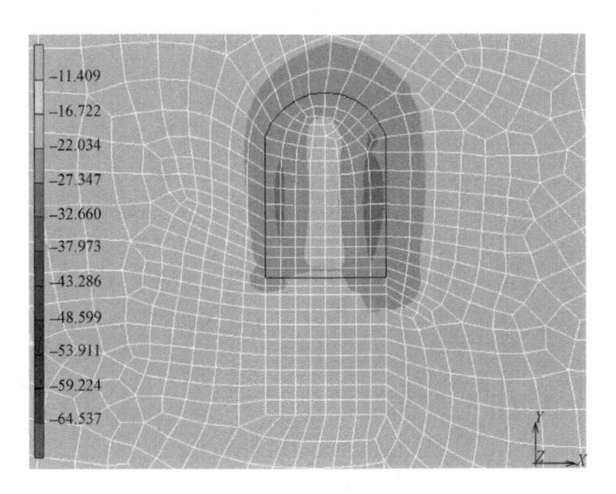

图 6.3.22　工况 2 下 0m 桩号处σ_1分布
(垂直于洞轴线剖面，单位为 MPa)

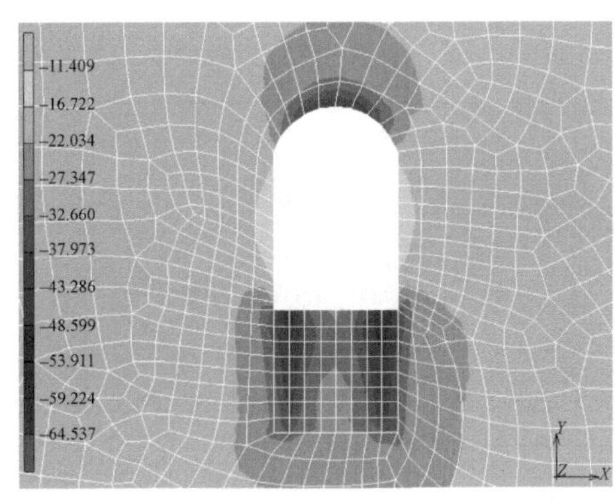

图 6.3.23　工况 2 下 47m 桩号处σ_1分布
(垂直于洞轴线剖面，单位为 MPa)

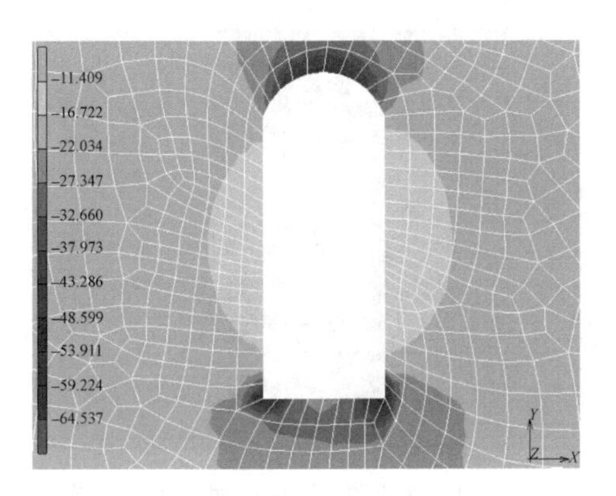

图 6.3.24　工况 2 下 149m 桩号处σ_1分布
(垂直洞轴线方向，单位为 MPa)

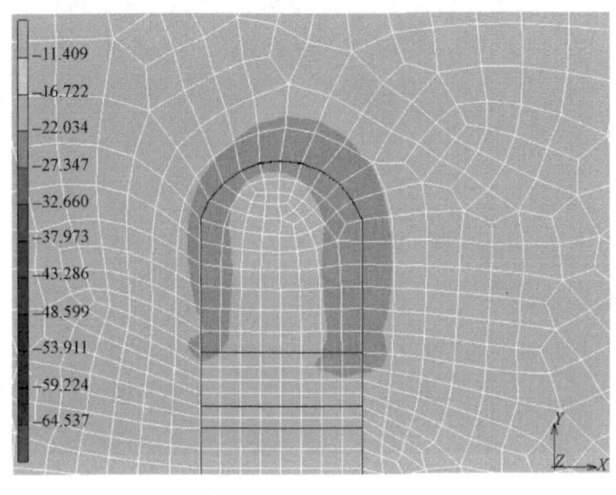

图 6.3.25　工况 2 下 306m 桩号处σ_1分布
(垂直洞轴线方向，单位为 MPa)

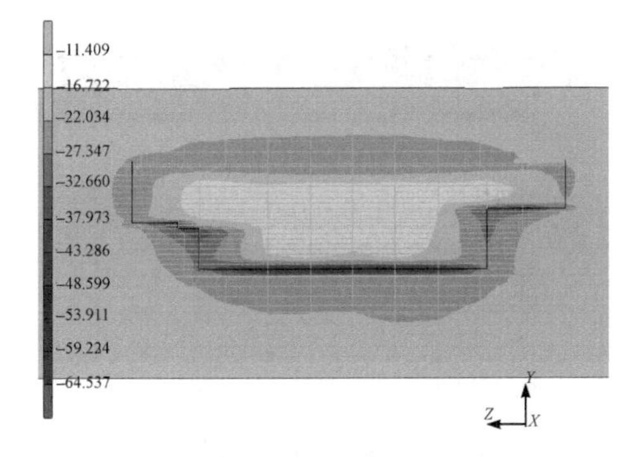

图 6.3.26　工况 2 下上游边墙剖面σ_1分布
(洞轴线方向，单位为 MPa)

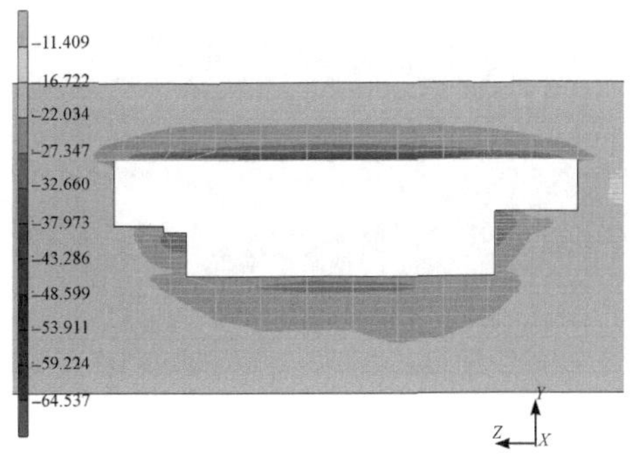

图 6.3.27　工况 2 下洞轴线剖面σ_1分布
(洞轴线方向，单位为 MPa)

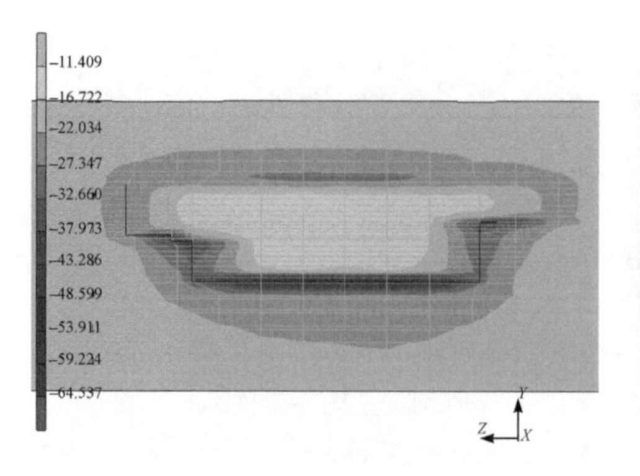

图 6.3.28　工况 2 下下游边墙剖面σ_1分布
(洞轴线方向，单位为 MPa)

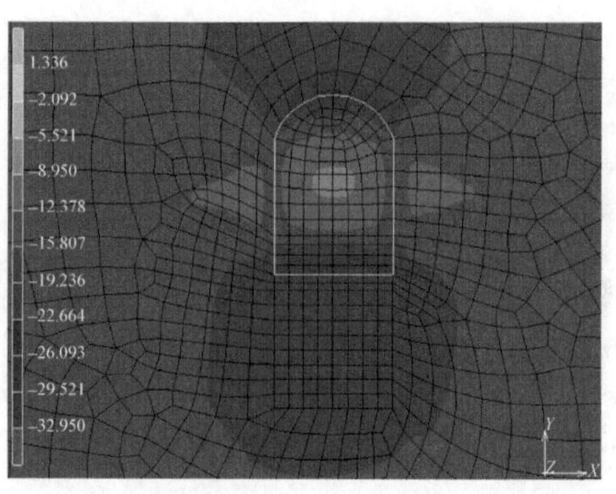

图 6.3.29　工况 2 下 0m 桩号处σ_2分布
(垂直洞轴线方向，单位为 MPa)

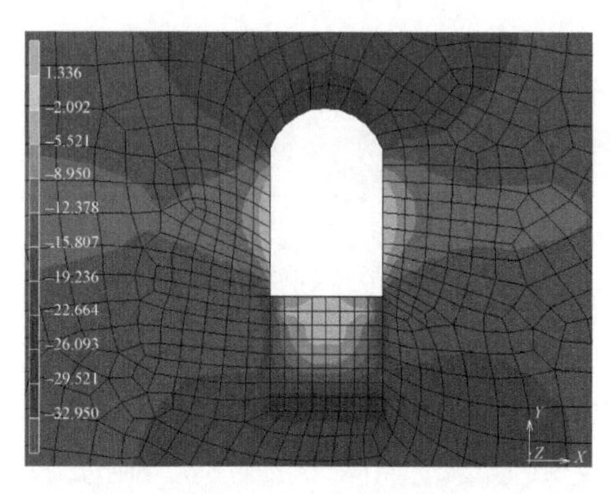

图 6.3.30　工况 2 下 47m 桩号处σ_2分布
(垂直洞轴线方向，单位为 MPa)

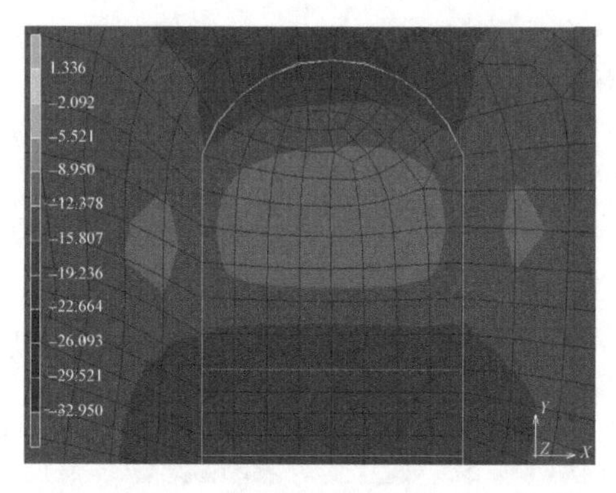

图 6.3.31　工况 2 下 306m 桩号处σ_2分布
(垂直洞轴线方向，单位为 MPa)

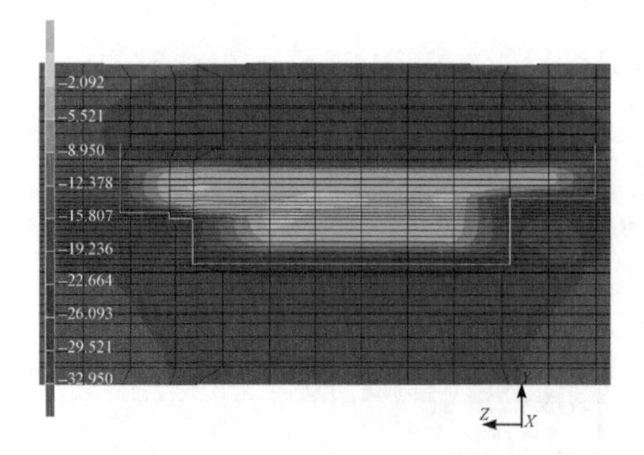

图 6.3.32　工况 2 下上游边墙剖面σ_2分布
(洞轴线方向，单位为 MPa)

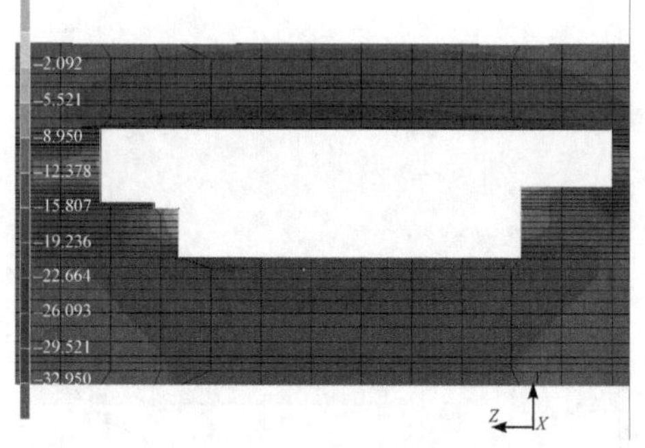

图 6.3.33　工况 2 下洞轴线剖面σ_2分布图
(洞轴线方向，单位为 MPa)

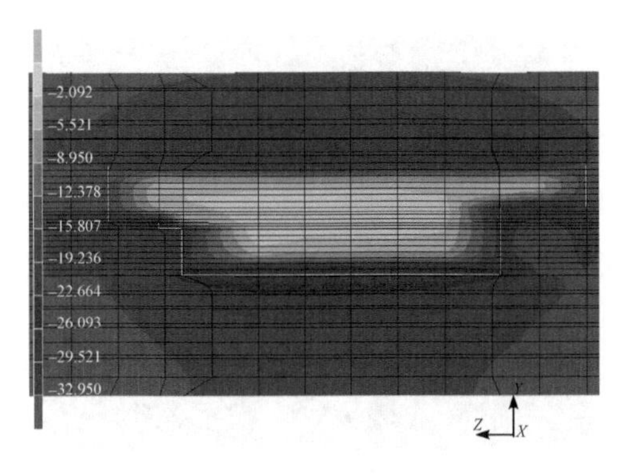

图 6.3.34　工况 2 下下游边墙剖面σ_2分布
(洞轴线方向，单位为 MPa)

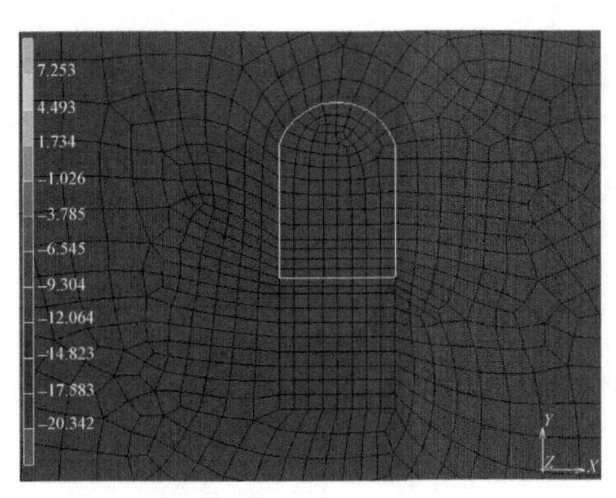

图 6.3.35　工况 2 下 0m 桩号处σ_3分布
(垂直洞轴线方向，单位为 MPa)

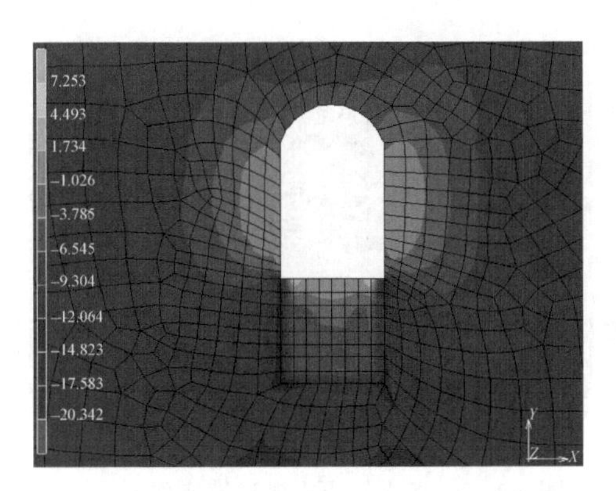

图 6.3.36　工况 2 下 47m 桩号处σ_3分布
(垂直洞轴线方向，单位为 MPa)

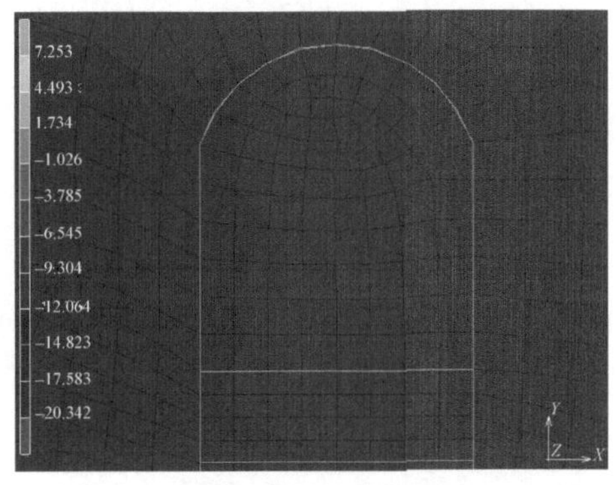

图 6.3.37　工况 2 下 306m 桩号处σ_3分布
(垂直洞轴线方向，单位为 MPa)

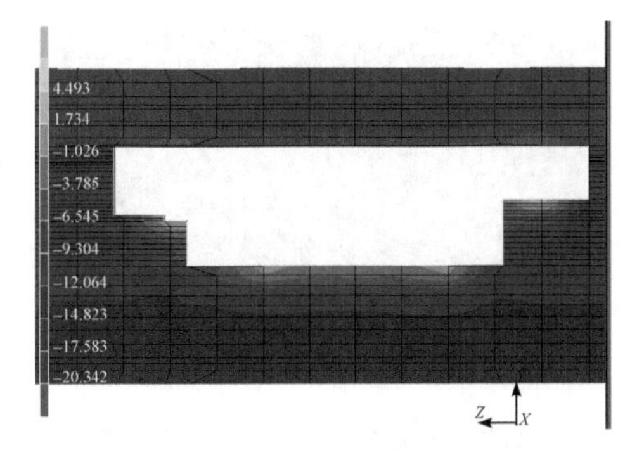

图 6.3.38　工况 2 下洞轴线剖面σ_3分布
(洞轴线方向，单位为 MPa)

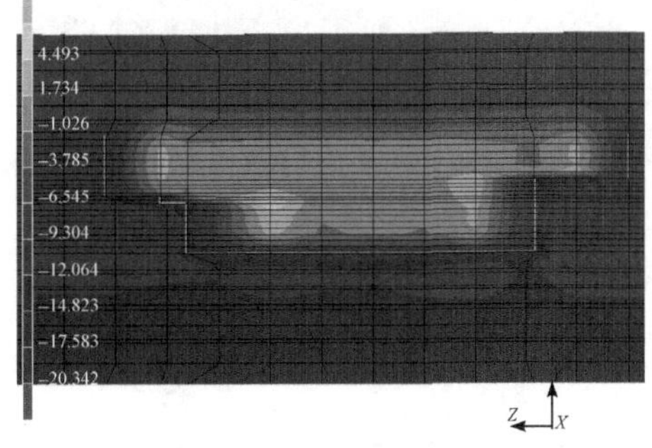

图 6.3.39　工况 2 下下游边墙剖面σ_3分布
(洞轴线方向，单位为 MPa)

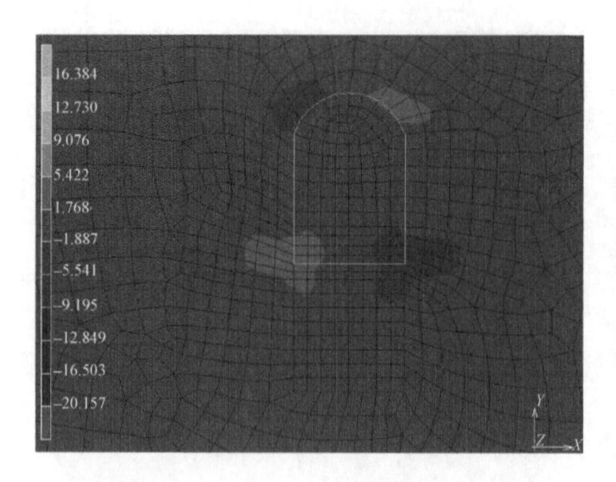

图 6.3.40　工况 2 下 0m 桩号处τ_{xy}分布
(垂直洞轴线方向，单位为 MPa)

图 6.3.41　工况 2 下 149m 桩号处τ_{xy}分布
(垂直洞轴线方向，单位为 MPa)

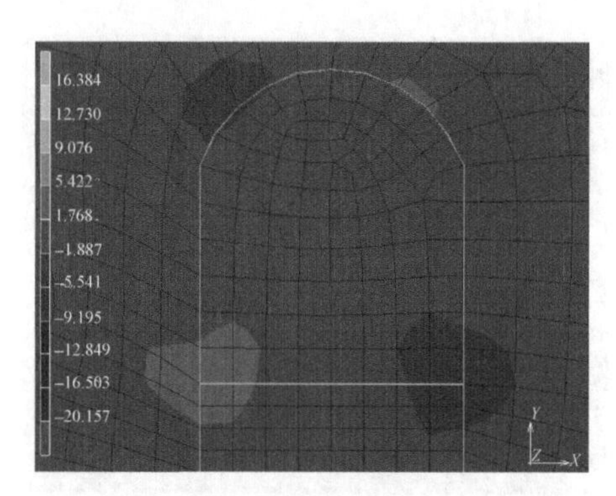

图 6.3.42　工况 2 下 306m 桩号处τ_{xy}分布
(垂直洞轴线方向，单位为 MPa)

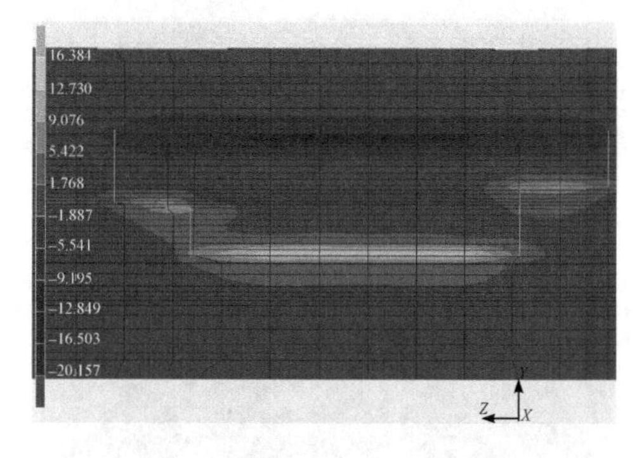

图 6.3.43　工况 2 下上游边墙剖面τ_{xy}分布
(洞轴线方向，单位为 MPa)

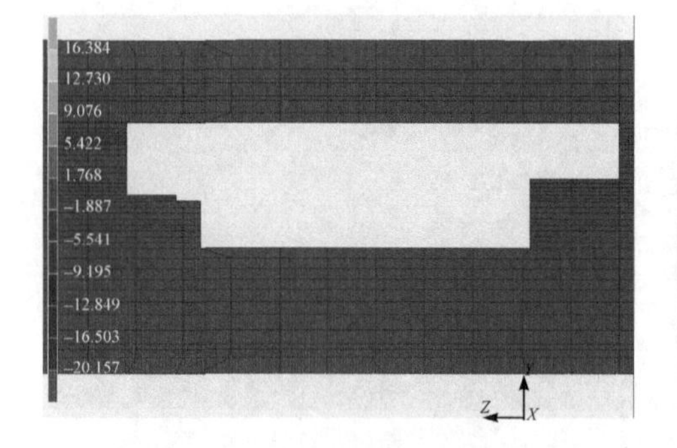

图 6.3.44　工况 2 下洞轴线剖面τ_{xy}分布
(洞轴线方向，单位为 MPa)

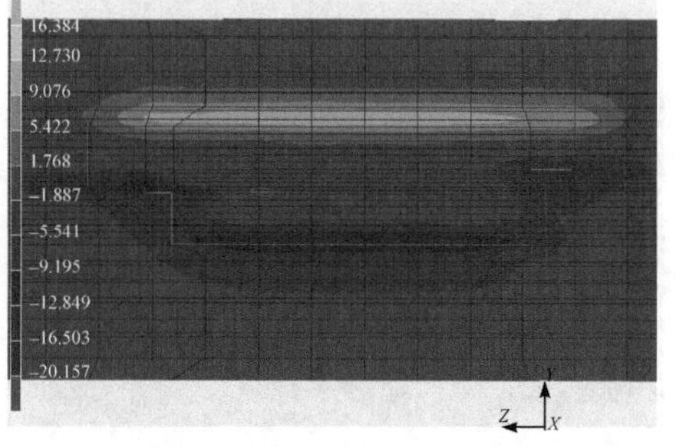

图 6.3.45　工况 2 下下游边墙剖面τ_{xy}分布
(洞轴线方向，单位为 MPa)

主厂房全部开挖后，0m 桩号和 306m 桩号处拱顶的最大主应力σ_1为 22.0～

27.3MPa，可见在两端掌子面上的最大主应力σ_1不大，256～276m 桩号处最大主应力σ_1为 32.0～39.0MPa，206～256m 桩号处最大主应力σ_1为 43.0～48.0MPa，106～206m 桩号处最大主应力σ_1为 54.0～59.0MPa，56～106m 桩号处最大主应力σ_1为 48.0～53.0MPa，32～47m 桩号处最大主应力σ_1为 32.0～43.0MPa。分布规律基本上为两端小、中间大。上、下游边墙的最大主应力σ_1分布基本上与拱顶相近，在 306m 桩号处掌子面上最大主应力σ_1为 22.0～27.3MPa，0m 桩号处掌子面上最大主应力σ_1为 27.3～32.7MPa，256～306m 桩号处最大主应力σ_1为 27.0～43.0MPa，50～206m 桩号处最大主应力σ_1为 48.6～53.9MPa，0～56m 桩号处最大主应力σ_1为 27.3～43.3MPa。分布规律也是两端较小，向中间逐渐变大后趋于稳定。

在 0m 桩号和 306m 桩号处拱顶的中间主应力σ_2高值为 19.2～22.6MPa，0～50m 桩号与 250～306m 桩号处中间主应力σ_2高值为 22.0～26.0MPa，50～250m 桩号处中间主应力σ_2高值为 26.0～29.0MPa，其中 150m 桩号处中间应力σ_2高值为 29.0～32.0MPa。分布规律为两端应力较小，往中心处应力逐渐变大。上、下游边墙中间主应力稍大于拱顶中间主应力，但分布规律一致。0m 桩号与 306m 桩号处掌子面上中间主应力σ_2的高值为 19.2～22.7MPa，0～50m 桩号与 250～306m 桩号处中间主应力σ_2高值为 22.6～26.1MPa，50～250m 桩号处中间主应力σ_2高值为 29.5～33.0MPa。

最小主应力σ_3在拱顶的分布规律大致为两端和中间大，其余地方小。0m 和 306m 桩号掌子面处最小主应力σ_3为 6.5～9.3MPa，局部为 9.3～12.0MPa，0～100m 与 200～306m 桩号处最小主应力σ_3为 3.7～6.5MPa，100～200m 桩号处最小主应力σ_3为 6.5～9.3MPa。上、下游边墙上最小主应力σ_3的分布规律大致为两端小、中间大。0m 桩号与 306m 桩号处掌子面上最小主应力σ_3的高值为 9.3～12.1MPa，0～50m 与 250～306m 桩号处最小主应力σ_3的高值为 12.1～14.8MPa，50～250m 桩号处最小主应力σ_3的高值为 14.8～17.5MPa，局部为 17.6～20.3MPa。

剪应力τ_{xy}的最大值主要出现在边墙的角点，分布规律为从洞室两端向中部逐渐增大。剪应力τ_{xy}的高值为 12.7～14.6MPa，两端剪应力τ_{xy}(0m 和 306m 桩号)为 1.8～1.9MPa；剪应力τ_{yz}的最大值主要出现在洞室的两端，中间位置较小，高值为−8.0～−7.0MPa；剪应力τ_{xz}的高值位于洞室两端及洞室尺寸变化的部位，如 55m、259m、274m 处，剪应力τ_{xz}的高值一般为−8.2～−5.2MPa，个别部位为 12.4～15.4MPa。

3. 工况 3

工况 3 是只开挖主变室 0～50m 桩号和 185～235m 桩号的情况，各断面应力见表 6.3.9～表 6.3.11，应力分布见图 6.3.46～图 6.3.63(由于计算资料较多，仅体现典型计算断面)。其中，最大主应力σ_1分布见图 6.3.46～图 6.3.51，中间主应力σ_2分布见图 6.3.52～图 6.3.55，最小主应力σ_3分布见图 6.3.56～图 6.3.59，剪应力τ_{xy}分布见图 6.3.60～图 6.3.63。

表 6.3.9　工况 3 下主变室拱顶应力

桩号/m	σ_1/MPa	σ_2/MPa	σ_3/MPa	τ_{xy}/MPa	τ_{yz}/MPa	τ_{xz}/MPa
0	20.5～21.6	19.5～20.5	9.4～10.1	–0.4～0.5	2.1～2.8	0～0.7
25	20.0～21.0	20.5～21.6	10.1～10.8	–0.4～0.5	0～0.6	0～0.7
50	21.0～22.0	20.5～21.6	10.1～10.8	–0.4～0.5	2.1～2.8	0～0.7
185	21.4～22.4	20.5～21.6	10.1～10.8	–0.4～0.5	3.0～3.8	0～0.7
210	21.4～22.4	20.5～21.6	10.1～10.8	–0.4～0.5	–0.8～–0.1	0～0.7
235	20.3～21.4	19.5～20.6	10.8～11.4	–0.4～0.5	2.8～3.5	0～0.7

表 6.3.10　工况 3 下主变室上游边墙角点应力

桩号/m	σ_1/MPa	σ_2/MPa	σ_3/MPa	τ_{xy}/MPa	τ_{yz}/MPa	τ_{xz}/MPa
0	23.5～24.6	18.4～19.5	12.1～12.8	3.4～4.4	–1.6～–0.8	3.1～3.9
25	21.0～22.0	19.5～20.5	11.4～12.1	3.4～4.4	0～0.6	0～0.7
50	23.5～24.6	19.5～20.5	11.4～12.1	3.4～4.4	–1.6～–0.8	3.1～3.9
185	24.6～25.7	19.5～20.5	11.4～12.1	3.4～4.4	–1.6～–0.8	3.1～3.9
210	21.4～22.4	18.4～19.5	11.4～12.1	3.4～4.4	–0.8～–0.1	0～0.7
235	22.5～23.5	18.4～19.5	11.4～12.1	3.4～4.4	–2.3～3	–3.9～–3.1

表 6.3.11　工况 3 下主变室下游边墙角点应力

桩号/m	σ_1/MPa	σ_2/MPa	σ_3/MPa	τ_{xy}/MPa	τ_{yz}/MPa	τ_{xz}/MPa
0	23.5～24.6	19.5～20.6	10.7～11.4	–5.4～–4.4	–1.6～–0.8	–3.9～–3.1
25	21.4～22.4	20.6～21.6	10.7～11.4	–5.4～–4.4	0～0.6	0～0.7
50	23.5～24.6	20.6～21.6	11.4～12.1	–5.4～–4.4	–1.6～–0.8	–3.9～–3.1
185	24.6～25.7	20.6～21.6	11.4～12.1	–5.4～–4.4	–1.6～–0.8	–3.9～–3.1
210	21.4～22.4	20.6～21.6	10.7～11.4	–5.4～–4.4	–0.8～–0.1	0～0.7
235	22.5～23.5	20.6～21.6	11.4～12.1	–5.4～–4.4	–3.0～–2.3	3.1～3.9

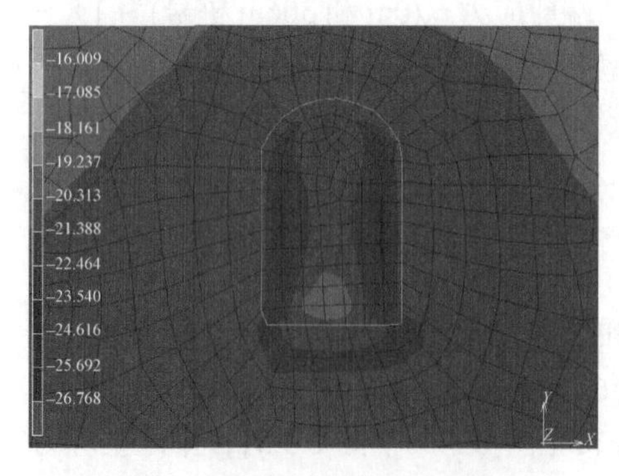

图 6.3.46　工况 3 下 0m 桩号处σ_1分布
(垂直洞轴线方向，单位为 MPa)

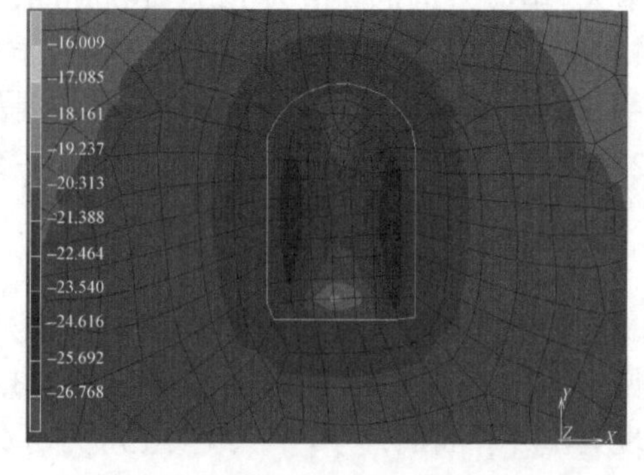

图 6.3.47　工况 3 下 185m 桩号处σ_1分布
(垂直洞轴线方向，单位为 MPa)

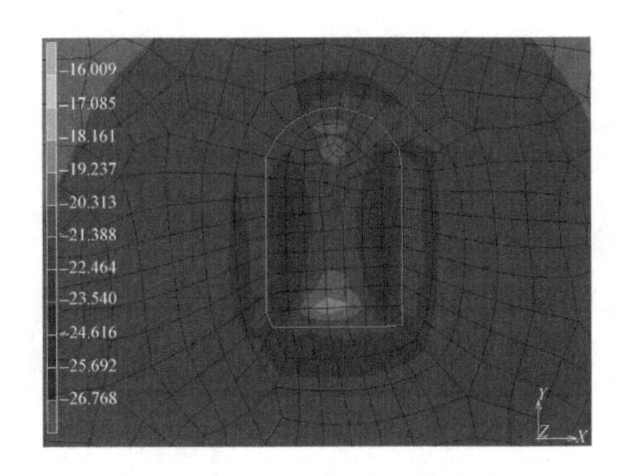

图 6.3.48　工况 3 下 235m 桩号处σ_1分布
(垂直洞轴线方向，单位为 MPa)

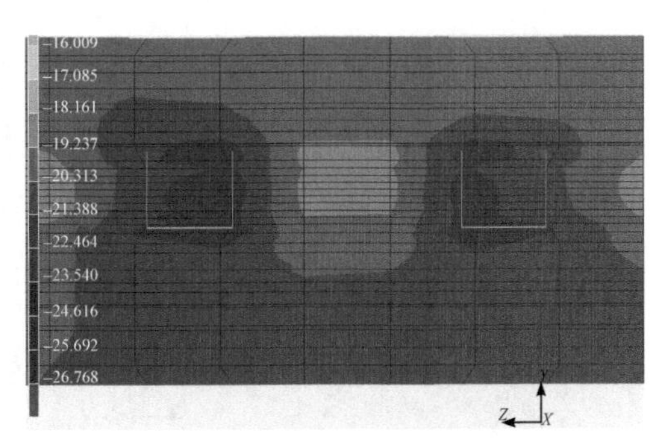

图 6.3.49　工况 3 下上游边墙剖面σ_1分布
(洞轴线方向，单位为 MPa)

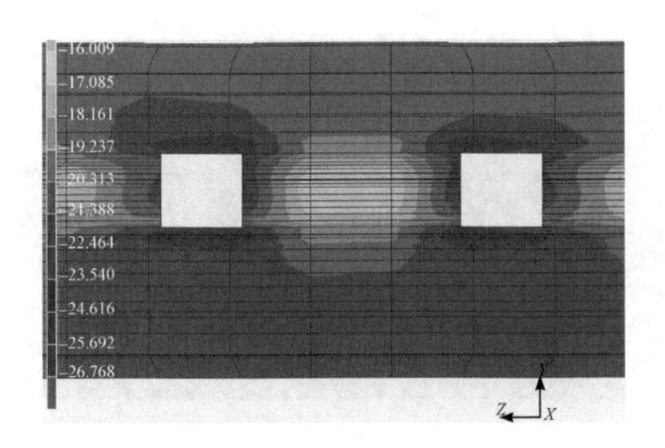

图 6.3.50　工况 3 下洞轴线剖面σ_1分布
(洞轴线方向，单位为 MPa)

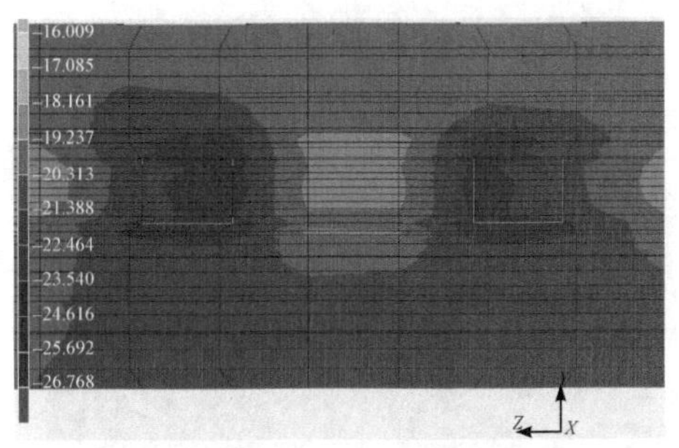

图 6.3.51　工况 3 下下游边墙剖面σ_1分布
(洞轴线方向，单位为 MPa)

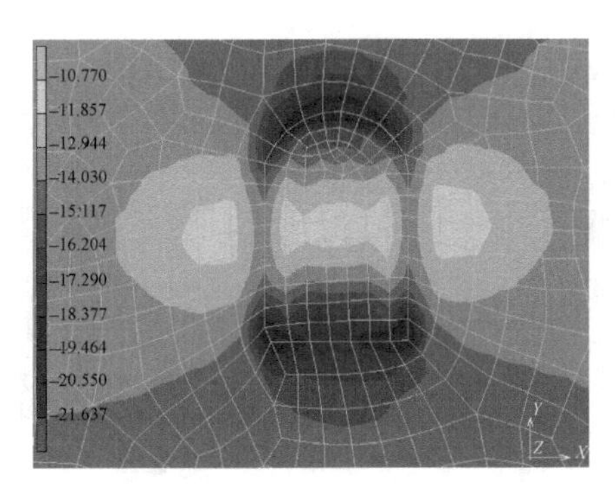

图 6.3.52　工况 3 下 50m 桩号处σ_2分布
(垂直洞轴线方向，单位为 MPa)

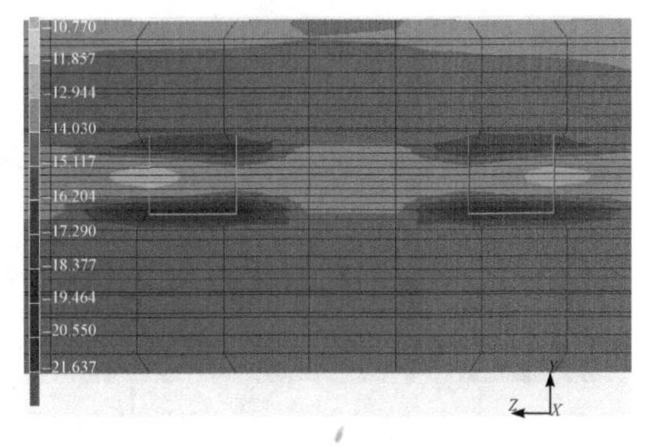

图 6.3.53　工况 3 下上游边墙剖面σ_2分布
(洞轴线方向，单位为 MPa)

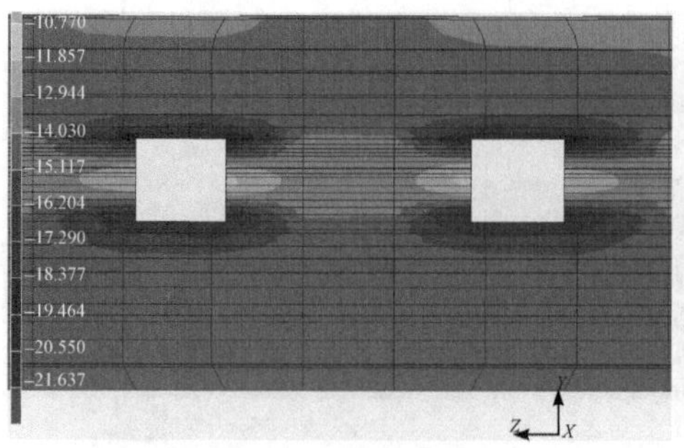

图 6.3.54　工况 3 下洞轴线剖面σ_2分布
(洞轴线方向，单位为 MPa)

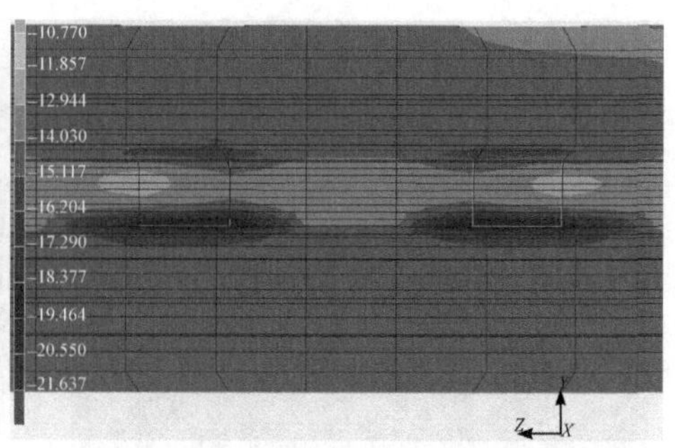

图 6.3.55　工况 3 下下游边墙剖面σ_2分布
(洞轴线方向，单位为 MPa)

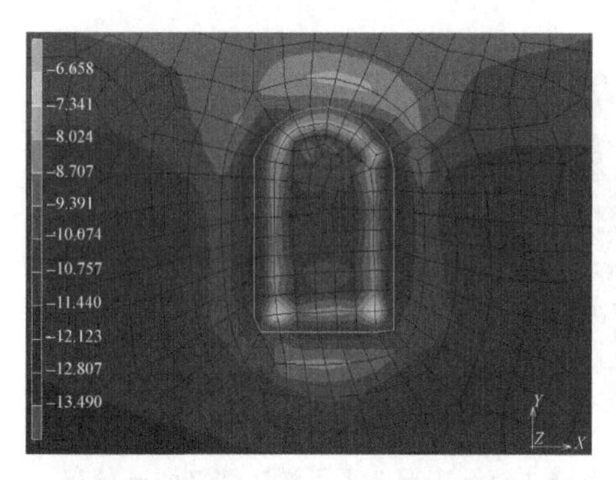

图 6.3.56　工况 3 下 50m 桩号处σ_3分布
(垂直洞轴线方向，单位为 MPa)

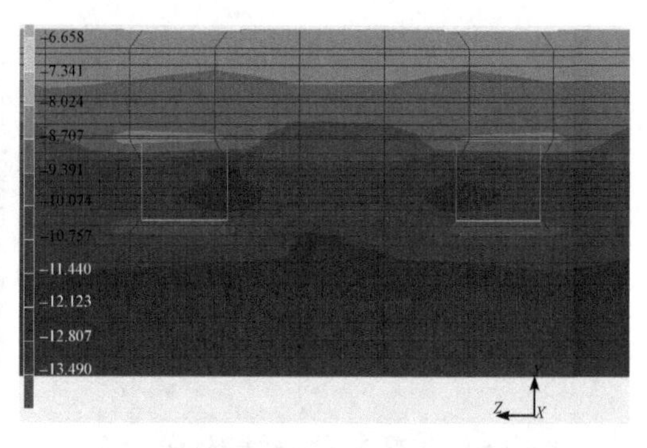

图 6.3.57　工况 3 下上游边墙剖面σ_3分布
(洞轴线方向，单位为 MPa)

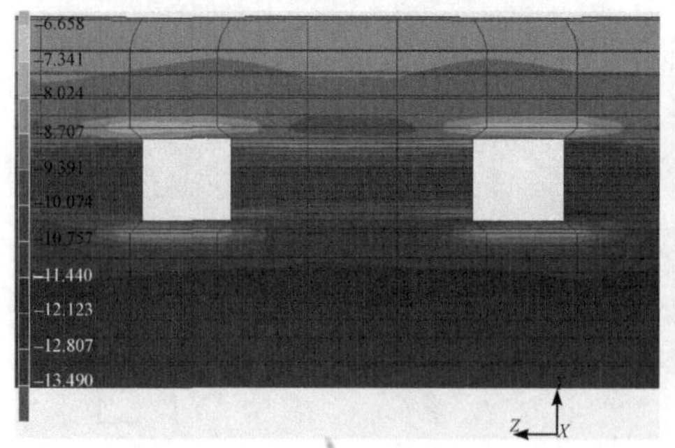

图 6.3.58　工况 3 下洞轴线剖面σ_3分布
(洞轴线方向，单位为 MPa)

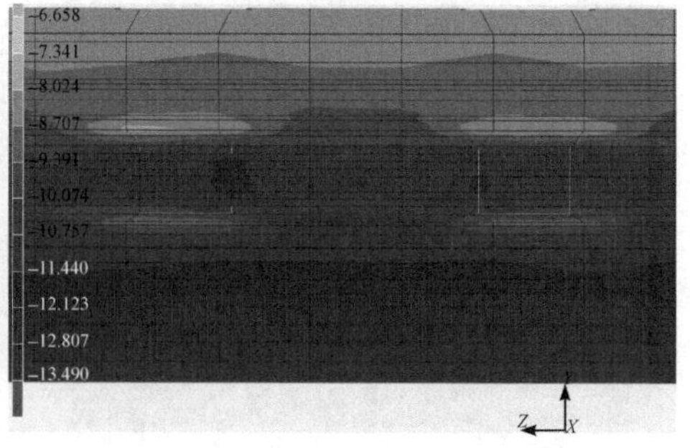

图 6.3.59　工况 3 下下游边墙剖面σ_3分布
(洞轴线方向，单位为 MPa)

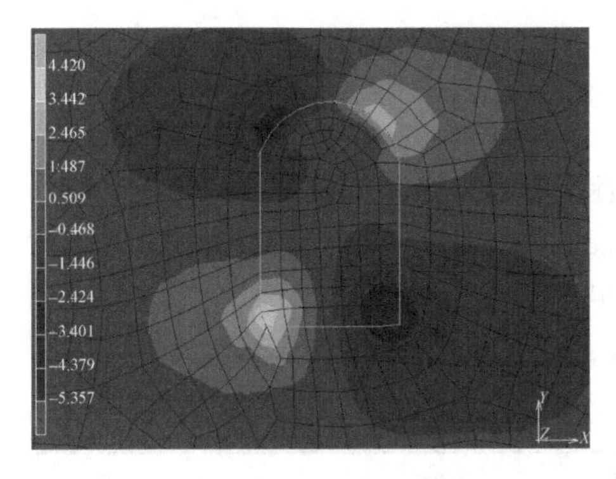

图 6.3.60　工况 3 下 50 m 桩号处τ_{xy}分布
(垂直洞轴线方向，单位为 MPa)

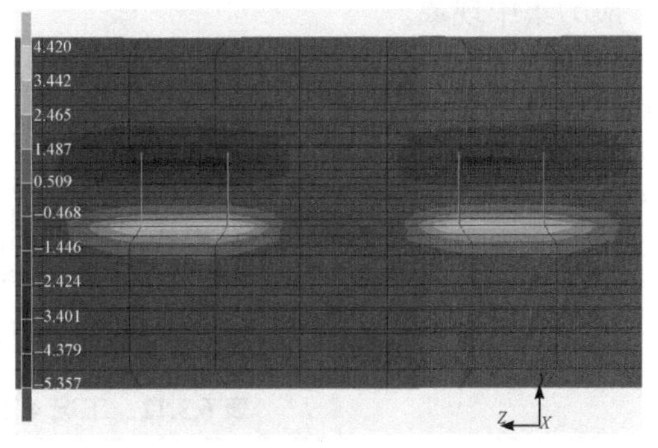

图 6.3.61　工况 3 下上游边墙剖面τ_{xy}分布
(洞轴线方向，单位为 MPa)

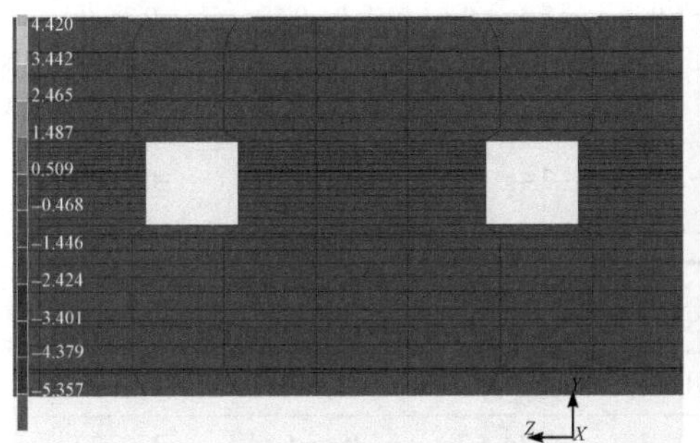

图 6.3.62　工况 3 下洞轴线剖面τ_{xy}分布
(洞轴线方向，单位为 MPa)

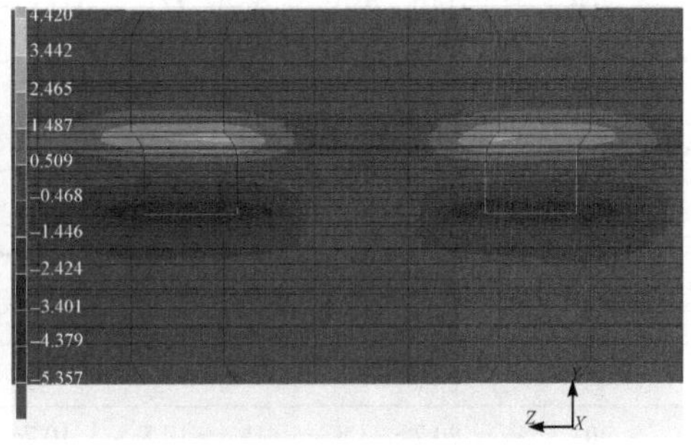

图 6.3.63　工况 3 下下游壁剖面τ_{xy}分布
(洞轴线方向，单位为 MPa)

当主变室只开挖 0～50m 和 185～235m 桩号处时，最大主应力σ_1在掌子面上有应力集中现象，如 0m、50m、185m 和 235m 桩号处掌子面上的最大主应力σ_1高值为 22.5～23.5MPa；在 0～50m 和 185～235m 桩号处，最大主应力σ_1高值为 21.4～22.4MPa。这主要是因为区域最大主应力σ_1方向近似与轴线平行。

中间主应力σ_2与最小主应力σ_3在 0m、50m、185m、235m 桩号处掌子面上没有应力集中现象，中间主应力σ_2在 18.4～20.5MPa，最小主应力σ_3在 10.1～12.1MPa。剪应力τ_{xy}在 0m、50m、185m 和 235m 桩号处掌子面上没有应力集中现象，分布较均匀，剪应力τ_{xy}高值在 3.4～4.4MPa；剪应力τ_{yz}和τ_{xz}高值在 0m、50m、185m 和 235m 桩号处掌子面上有应力集中现象，剪应力τ_{yz}高值在–0.8～3.5MPa，剪应力τ_{xz}高值在 3.1～3.9MPa。

由此可见，总的规律是，由于只开挖 0～50m 和 185～235m 洞段，最大主应力σ_1、剪应力τ_{yz}和τ_{xz}在掌子面上有应力集中现象，两个掌子面之间这些应力逐渐减少；中间主应力σ_2、最小主应力σ_3与剪应力τ_{xy}分布比较均匀，没有出现明显的应力集中现象。

4. 工况 4

工况 4 是全部开挖主变室后的情况，各断面应力见表 6.3.12～表 6.3.14，应力分布见图 6.3.64～图 6.3.81(由于计算资料较多，仅体现典型计算断面)。其中，最大主应力 σ_1 分布见图 6.3.64～图 6.3.69，中间主应力 σ_2 分布见图 6.3.70～图 6.3.73，最小主应力 σ_3 分布见图 6.3.74～图 6.3.77，剪应力 τ_{xy} 分布见图 6.3.78～图 6.3.81。

表 6.3.12　工况 4 下主变室拱顶应力

桩号/m	σ_1/MPa	σ_2/MPa	σ_3/MPa	τ_{xy}/MPa	τ_{yz}/MPa	τ_{xz}/MPa
0	20.7～23.8	19.5～22.0	9.1～10.7	−3.4～−0.3	−2.7～−2	−0.2～0.5
50	36.0～39.0	24.0～27.0	4.4～5.9	−3.4～−0.3	−0.7～0	−0.2～0.5
100	36.0～39.0	24.0～27.0	4.4～5.9	−3.4～−0.3	0～0.6	−0.2～0.5
117.5	39.5～42.7	24.0～27.0	4.4～5.9	−3.4～−0.3	0～0.6	−0.2～0.5
150	39.5～42.7	24.0～27.0	4.4～5.9	−3.4～−0.3	0～0.6	−0.2～0.5
200	33.0～36.0	22.0～24.0	4.4～5.9	−3.4～−0.3	0.6～1.3	−0.2～0.5
235	20.0～23.0	17.0～22.0	7.6～9.1	−3.4～−0.3	1.3～1.9	−0.2～0.5

表 6.3.13　工况 4 下主变室上游边墙角点应力

桩号/m	σ_1/MPa	σ_2/MPa	σ_3/MPa	τ_{xy}/MPa	τ_{yz}/MPa	τ_{xz}/MPa
0	20.7～23.8	16.6～19.5	10.7～12.3	2.7～5.7	0.6～1.3	2.7～3.5
50	36.0～39.0	24.0～27.0	10.7～12.3	12.0～15.0	0～0.6	0.5～1.3
100	36.0～39.0	24.0～27.0	12.3～13.9	12.0～15.0	−0.7～0	−0.9～−0.2
117.5	36.0～39.0	24.0～27.0	12.3～13.9	12.0～15.0	−0.7～0	−0.2～0.5
150	36.0～39.0	24.0～27.0	12.3～13.9	12.0～15.0	0～0.6	−0.2～0.5
200	30.0～33.0	22.0～24.0	10.7～12.3	8.0～11.0	−0.7～0	−1.6～−0.9
235	20.0～23.0	19.0～22.0	10.0～12.0	5.8～8.9	0.6～1.3	−3.1～−2.4

表 6.3.14　工况 4 下主变下游边墙角点应力

桩号/m	σ_1/MPa	σ_2/MPa	σ_3/MPa	τ_{xy}/MPa	τ_{yz}/MPa	τ_{xz}/MPa
0	20.7～23.8	19.5～22.0	10.7～12.3	−6.5～−3.5	0.6～1.3	−3.9～−3.1
50	42.0～45.0	24.0～27.0	12.3～13.9	−15.8～−12.7	0.6～1.3	−1.6～−0.9
100	42.0～45.0	27.0～29.0	12.3～13.9	−15.8～−12.7	−1.3～−0.7	−0.2～0.5
117.5	42.0～45.0	27.0～29.0	12.3～13.9	−15.8～−12.7	−0.7～0	−0.2～0.5
150	42.0～45.0	27.0～29.0	12.3～13.9	−15.8～−12.7	0～0.6	−0.2～0.5
200	36.0～39.0	24.0～27.0	10.7～12.3	9.6～12.7	−0.7～0	1.3～1.9
235	20.0～23.0	19.0～22.0	10.7～12.3	−6.5～−3.5	0.6～1.3	2.7～3.4

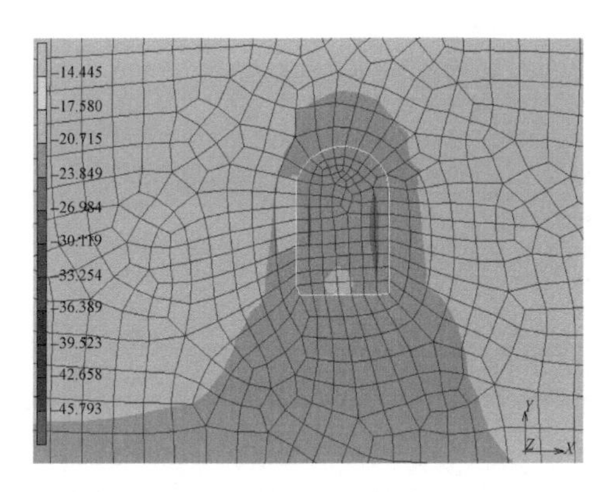

图 6.3.64　工况 4 下 0m 桩号处σ_1分布
(垂直洞轴线剖面方向，单位为 MPa)

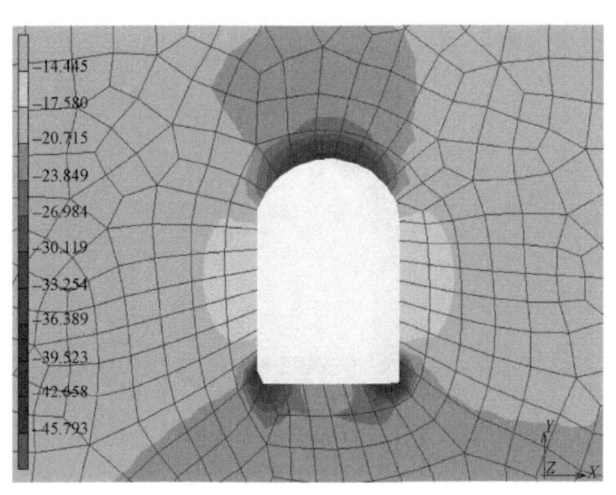

图 6.3.65　工况 4 下 117.5m 桩号处σ_1分布
(垂直洞轴线方向，单位为 MPa)

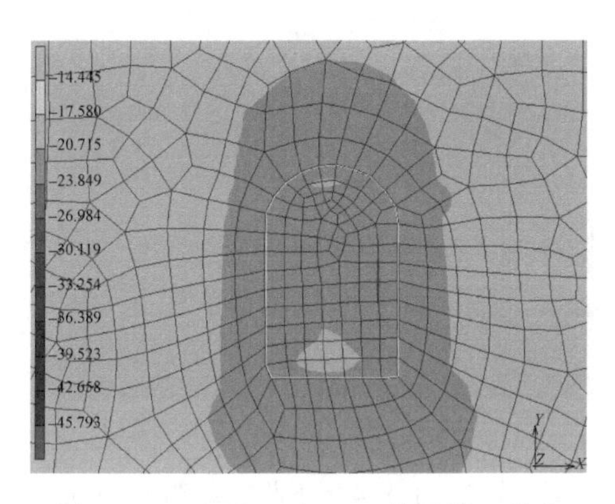

图 6.3.66　工况 4 下 235m 桩号处σ_1分布
(垂直洞轴线方向，单位为 MPa)

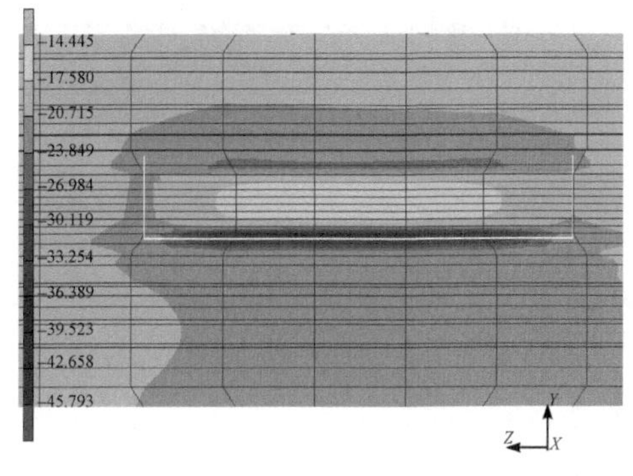

图 6.3.67　工况 4 下上游边墙剖面σ_1分布
(洞轴线方向，单位为 MPa)

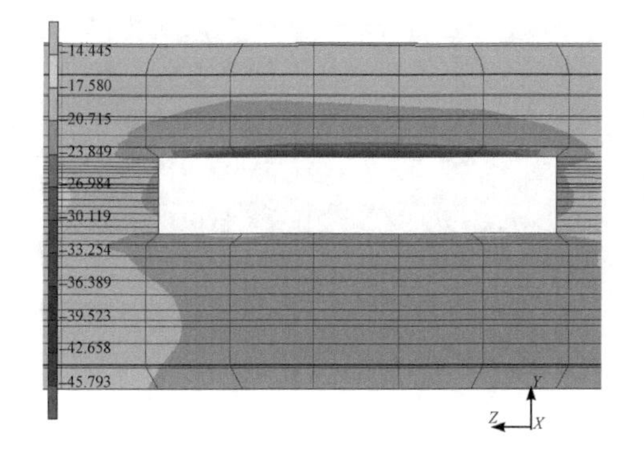

图 6.3.68　工况 4 下洞轴线剖面σ_1分布
(洞轴线方向，单位为 MPa)

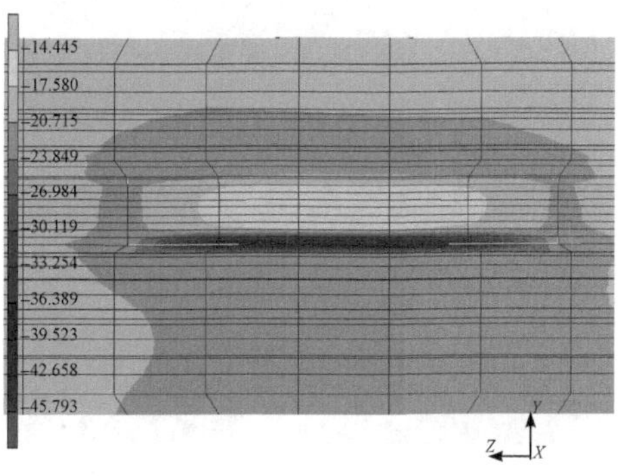

图 6.3.69　工况 4 下下游边墙剖面σ_1分布
(洞轴线方向，单位为 MPa)

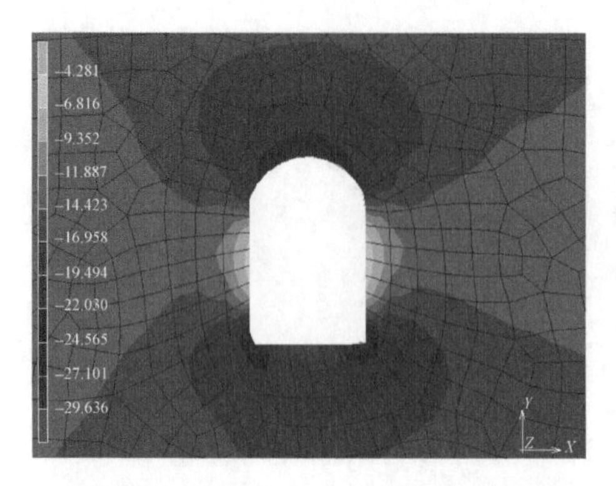

图 6.3.70　工况 4 下 117.5m 桩号处σ_2分布
(垂直洞轴线方向，单位为 MPa)

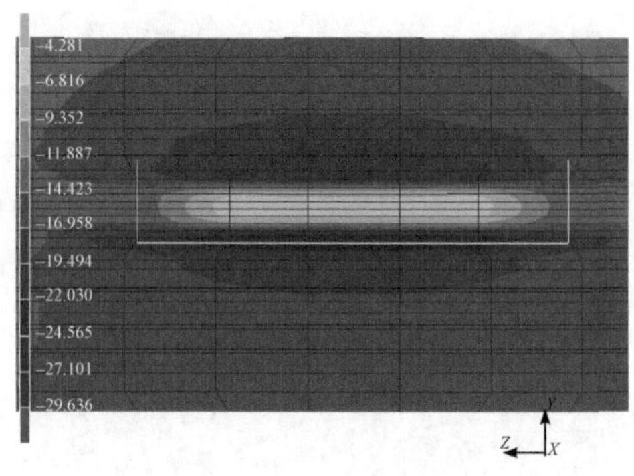

图 6.3.71　工况 4 下上游边墙剖面σ_2分布
(洞轴线方向，单位为 MPa)

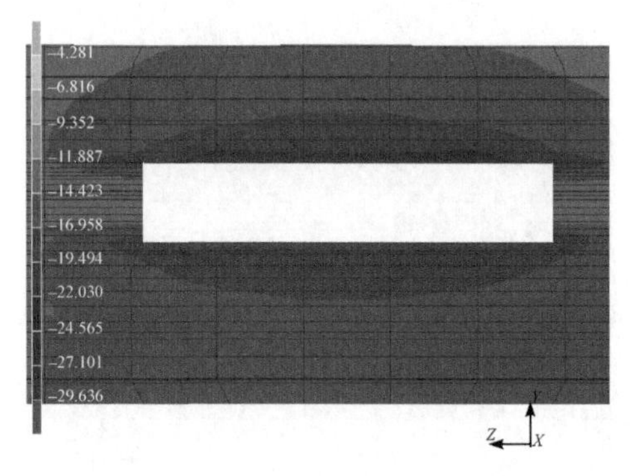

图 6.3.72　工况 4 下洞轴线剖面σ_2分布
(洞轴线方向，单位为 MPa)

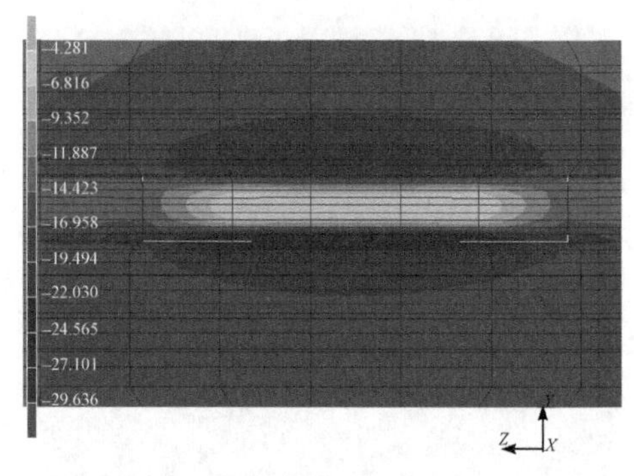

图 6.3.73　工况 4 下下游边墙剖面σ_2分布
(洞轴线方向，单位为 MPa)

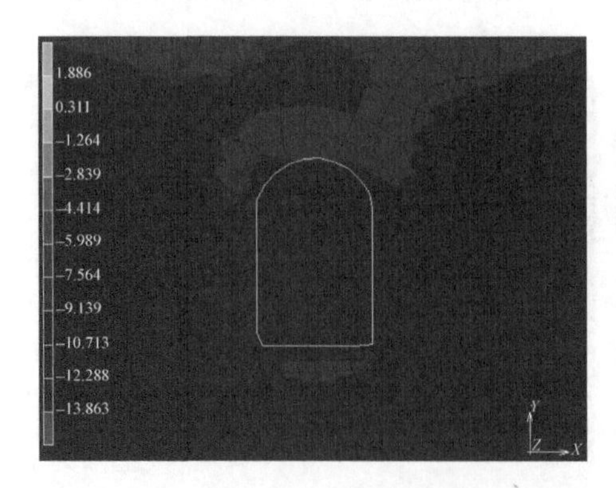

图 6.3.74　工况 4 下 235m 桩号处σ_3分布
(垂直洞轴线方向，单位为 MPa)

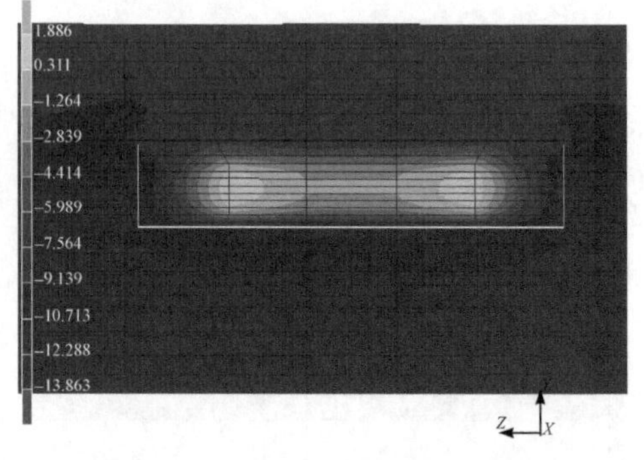

图 6.3.75　工况 4 下上游边墙剖面σ_3分布
(洞轴线方向，单位为 MPa)

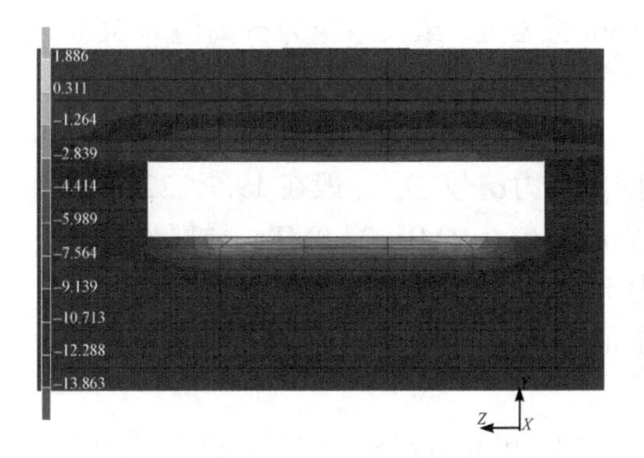

图 6.3.76　工况 4 下洞轴线剖面σ_3分布
(洞轴线方向，单位为 MPa)

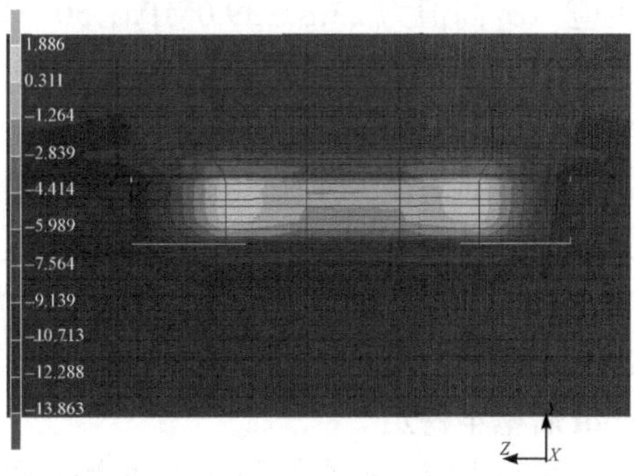

图 6.3.77　工况 4 下下游边墙剖面σ_3分布
(洞轴线方向，单位为 MPa)

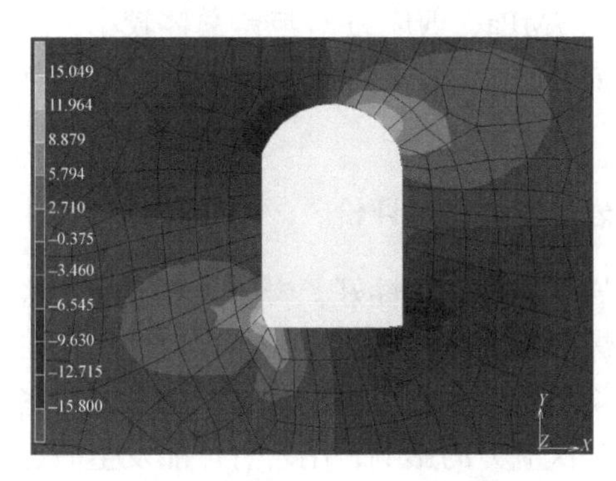

图 6.3.78　工况 4 下 117.5m 桩号处τ_{xy}分布
(垂直洞轴线方向，单位为 MPa)

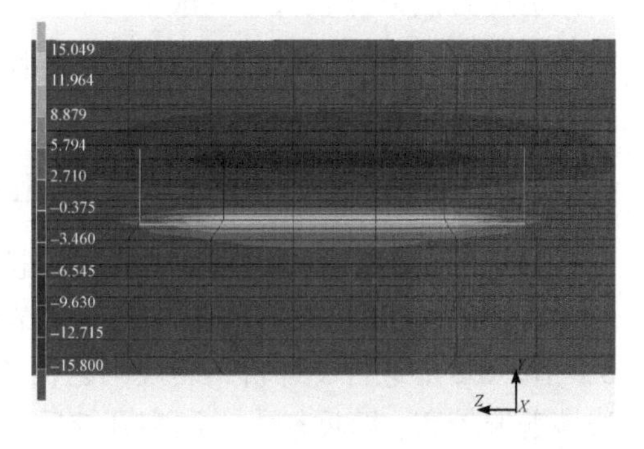

图 6.3.79　工况 4 下上游边墙剖面τ_{xy}分布
(洞轴线方向，单位为 MPa)

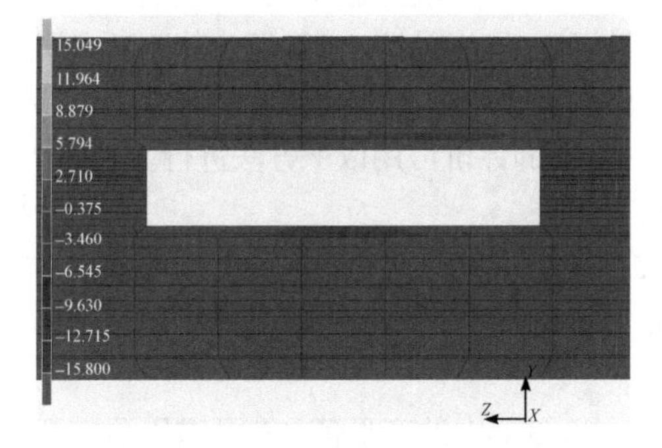

图 6.3.80　工况 4 下洞轴线剖面τ_{xy}分布
(洞轴线方向，单位为 MPa)

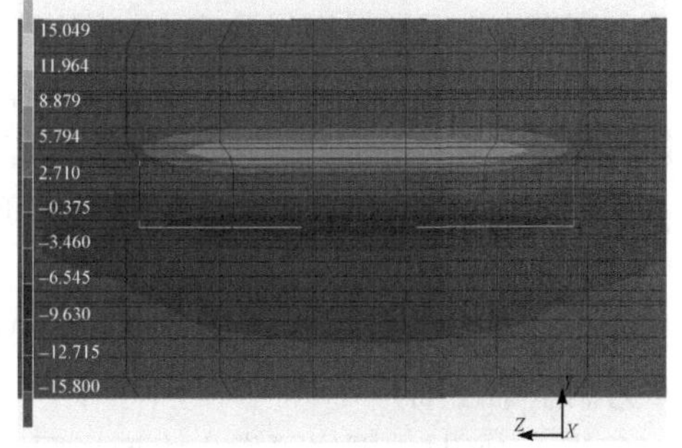

图 6.3.81　工况 4 下下游边墙剖面τ_{xy}分布
(洞轴线方向，单位为 MPa)

在洞室的两端(0m 和 235m 桩号处)，无论是拱顶还是边墙角点，最大主应力σ_1都较小，为 20.7～23.8MPa；0～50m 与 185～203m 桩号处，拱顶和边墙最大主应力σ_1高值为23.8～39.0MPa；50～185m桩号处，最大主应力σ_1高值为36.0～39.0MPa，局部为42.0～45.0MPa。总的分布规律是，洞室两端最大主应力σ_1较小，两端50m范围逐渐增大后趋于稳定。

洞室的两端(0m和306m桩号处)中间主应力σ_2较小，一般在19.5～22.0MPa；0～50m与185～235m桩号处，中间主应力σ_2高值在22.0～24.0MPa，局部为24.0～27.0MPa；50～185m桩号处，中间主应力σ_2高值为24.0～27.0MPa，局部为27.0～29.0MPa。总的规律为洞室两端掌子面上的中间主应力σ_2较小，往里逐渐增大，50m后基本稳定。

最小主应力σ_3在拱顶处表现为在洞室的两端(0m和235m桩号处)较大，为9.1～10.7MPa，中间部位σ_3大小变化不大，为4.4～5.9MPa。最小主应力σ_3在上、下游边墙也比较稳定，基本在10.7～13.9MPa，两端稍小，中间稍大，但变化不大。

剪应力τ_{xy}总体较大，一般在−15.8～−12.7MPa，剪应力τ_{yz}与τ_{xz}总体较小，高值为2.7～3.4MPa。剪应力τ_{xy}的分布规律为洞室的两端较小、中间较大，高值点主要出现在边墙角点上。

6.3.4 地下厂房系统开挖后二次应力对围岩稳定性影响评价

地下厂房系统穿越的岩体为花岗闪长岩，岩体完整性好，岩体强度较高。这类岩体稳定性问题主要为块体稳定性和岩爆引起的脆性破坏，块体稳定性已经在6.1节、6.2节进行了评价，岩爆问题在6.4节予以评价。由于地下厂房系统洞室边墙普遍较高、跨度较大，洞室开挖后受二次应力的影响，围岩有可能发生一定程度的变形。是否存在变形稳定性问题，接下来进行评价。

洞室围岩变形稳定性问题又称围岩的大变形问题。围岩大变形的原因是洞室开挖后二次应力超过围岩的强度，原岩进入塑性状态。实际上是围岩弹塑性的一种表现，围岩中出现塑性区导致应力向围岩深部转移。与此同时，塑性区岩体不断向洞室方向发生变形，应力逐渐释放。在这个过程中，塑性区的岩体强度明显降低，裂隙增多并张开，最后导致围岩破坏。围岩大变形的评价可用以下方法进行。

用围岩的应变率(或收敛率)进行评价，即

$$\varepsilon \geqslant \Delta L/R \tag{6.3.1}$$

式中，ε为应变率或收敛率(量纲为一)；ΔL为隧洞开挖后围岩变形值或收敛值(m)；R为洞室半径(m)。

当$\varepsilon>1\%$时，围岩可发生大变形问题。式(6.3.1)中的变形值ΔL可以用洞室开挖后监测的收敛变形量计算，也可以利用弹塑性有限元分析获得的隧道开挖后变形值。在此采用有限元计算结果进行评价。

由于主厂房和主变室边墙高、跨度大，拱顶和边墙位置容易出现高应力和大变形量。为了评价主厂房和主变室的变形稳定性，特选取应力和变形量值大的典型断面予以评价。如果这些典型断面上不存在变形稳定性问题，也就表明其他地方不会出现变形稳定性问题。

1. 主厂房洞围岩变形稳定性评价

选取 197m 桩号处为典型断面，有限元计算获得的主厂房开挖后的变形值见图 6.3.82，选取图 6.3.82 中边墙和拱顶的变形值作为评价值，评价结果见表 6.3.15。

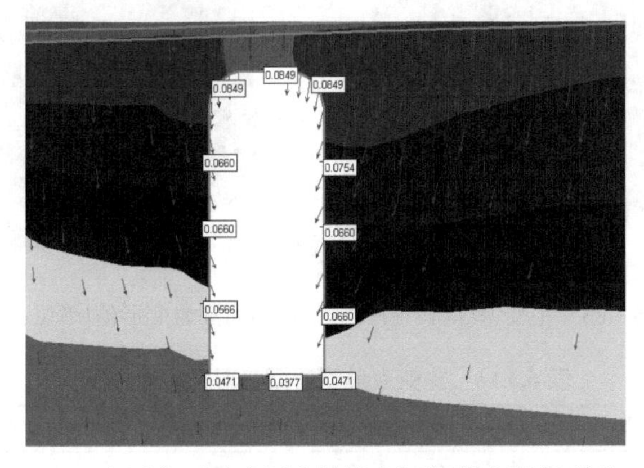

图 6.3.82　主厂房(垂直主厂房轴线)剖面围岩变形值(单位：m)

表 6.3.15　主厂房典型断面变形稳定性评价

编号	位置	变形值 ΔL/m	洞室半径 R/m	收敛率($\Delta L/R$)/%	是否有大变形
1	拱顶	0.0849	14.5	0.6	无
2	拱顶	0.0849	14.5	0.6	无
3	拱顶	0.0849	14.5	0.6	无
4	上游边墙	0.0754	14.5	0.5	无
5	上游边墙	0.0660	14.5	0.5	无
6	上游边墙	0.0660	14.5	0.5	无
7	上游边墙与底板交点	0.0471	14.5	0.3	无
8	下游边墙	0.0660	14.5	0.5	无
9	下游边墙	0.0660	14.5	0.5	无
10	下游边墙	0.0566	14.5	0.4	无
11	下游边墙与底板交点	0.0471	14.5	0.3	无
12	底板中点	0.0377	14.5	0.3	无

利用计算出的主厂房典型断面上的变形值来评价主厂房的变形稳定性，见表 6.3.15。由表 6.3.15 可以看出，主厂房典型断面上围岩没有变形稳定性问题。由于该典型断面的变形值最大，因此主厂房其他地方也不会出现变形稳定性问题。

2. 主变室围岩变形稳定性评价

选取 152m 桩号处为典型断面，有限元计算获得的主变室开挖后的变形值见图 6.3.83。选取图 6.3.83 中边墙和拱顶的变形值作为评价值，评价结果见表 6.3.16。

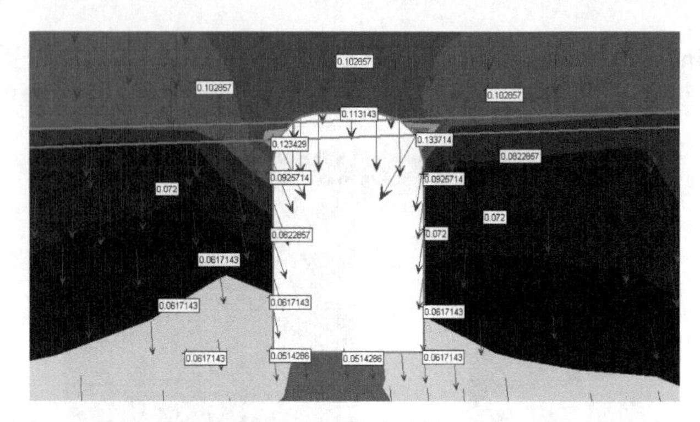

图 6.3.83　主变室(垂直主厂房轴线)剖面围岩变形值(单位：m)

表 6.3.16　主变室典型断面变形稳定性评价

编号	位置	变形值 ΔL/m	洞室半径 R/m	收敛率($\Delta L/R$)/%	是否有大变形
1	拱顶	0.1131	14.25	0.8	无
2	拱顶	0.1337	14.25	0.9	无
3	拱顶	0.1234	14.25	0.9	无
4	上游边墙	0.0926	14.25	0.6	无
5	上游边墙	0.0720	14.25	0.5	无
6	上游边墙	0.0617	14.25	0.4	无
7	上游边墙与底板交点	0.0617	14.25	0.4	无
8	下游边墙	0.0926	14.25	0.6	无
9	下游边墙	0.0823	14.25	0.6	无
10	下游边墙	0.0617	14.25	0.4	无
11	下游边墙与底板交点	0.0514	14.25	0.4	无
12	底板中点	0.0514	14.25	0.4	无

由表 6.3.16 可以看出，主变室典型断面上围岩没有变形稳定性问题。由于该典型断面的变形值最大，因此主变室其他地方也不会出现变形稳定性问题。受缓倾角断层 HF_8 的影响，主变室的拱顶局部位置变形值较大，变形值最大可达 0.1337m，收敛率已接近 1%，存在变形稳定性问题，应引起相应的重视。

尾水洞阻抗式调压井内径 28m，高 52m。在尾水调压井与主变室之间，设置尾水闸门操作室。地下厂房系统前期各阶段进行了大量地质勘测工作，基本查清了影响地下厂房洞室群的主要工程地质问题，按可行性研究审查意见中的建议，

“鉴于工程区为高地应力区，下阶段应补充必要的地勘和地应力测试等工作，进一步查明主厂房至尾水调压井之间的工程地质条件，结合具体建筑物部位和厂区高地应力等因素，分别复核拱顶、边墙和洞室交叉等部位围岩分类和确定性组合块体的分布，评价高地应力条件下围岩的稳定性和对围岩支护设计提出建议”，在发包阶段进行了厂房洞室群主变室区、调压井区的补充勘测工作。

6.4　地下厂房洞室群围岩岩爆评价

岩爆是高地应力区脆性围岩发生破坏的一种形式，是强度较高的围岩在高二次应力作用下发生伴有声响或向洞内抛射的破坏形式。强烈的岩爆会对施工机械、人员造成大的危害，是地下洞室围岩稳定性评价的一个方面。拉西瓦水电站地下厂房全部置于花岗岩中，为新鲜、完整的岩体，岩石有较高的强度，可以储存较高的应变能。由于坝址地应力较高，地下厂房开挖后，在二次应力的作用下能否发生岩爆，需要予以评价。

区域地应力量值是洞室开挖后二次应力量值高低的本征值。当其他条件相同时，区域地应力量值高，则围岩周边的切向应力量值也高。国外把区域地应力σ_1高于围岩抗压强度 1/5 的量值作为有可能发生岩爆的基本量值。

拉西瓦水电站区域构造应力场最大主应力σ_1为 9.0～9.5MPa，如果考虑岩体自重，以 600m 厚度考虑，重度γ取 0.026MN/m^3，μ=0.240，换算自重引起的水平应力σ_h = 4.93MPa；若不考虑河谷二次应力，则水平地应力可以达到 14.43MPa。事实上，虽然地下厂房位置离河床 140m 左右，但是仍受河谷二次应力的影响，有的已接近 20MPa，若花岗岩的抗压强度取 100MPa，则有发生岩爆的可能性。

拉西瓦水电站导流洞开挖时在靠河谷一侧发生过岩爆，完全受河谷应力集中包的影响。导流洞的高程多与河床的高程接近，又布置在距离岸边不太远的地段，通常靠河床一侧的洞壁位于应力集中包内，因而可以形成岩爆。图 6.4.1 是河谷应力集中包与地下厂房的位置关系，集中包宽 200 余米，分布高程在河床附近，量值较邻近区高出 2～3 倍。地下厂房各洞室均布置在离谷坡 150m 以内的部位，已

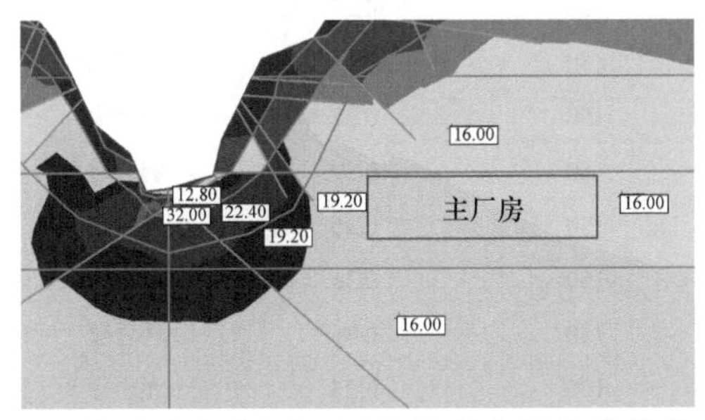

图 6.4.1　河谷应力集中包与地下厂房的位置关系(单位：MPa)

避开河床下部应力集中包，这对减小洞室开挖后的二次应力是非常有利的，应力降低使得发生岩爆的概率减小。

获得主厂房、主变室开挖后围岩最大主应力后，可以将最大主应力σ_1作为洞室周边的最大切向应力σ_θ(或$\sigma_{\theta\max}$)来判断岩爆发生的可能性，判据为σ_θ与岩石抗压强度σ_c的比值。这里选取花岗岩抗压强度的平均值150MPa作为岩爆评价的基本值，从而对地下厂房洞室发生岩爆的可能性进行评价。仅以全断面开挖主厂房时的最大主应力作为选取值，各断面的最大主应力、岩石抗压强度及两种判据评价的结果见表6.4.1～表6.4.3。

表 6.4.1　主厂房拱顶发生岩爆的可能性评价

桩号/m	最大主应力σ_1/MPa	岩石抗压强度σ_c/MPa	σ_1/σ_c	用多尔卡尼诺夫判据判断岩爆	用巴顿判据判断岩爆
306	27.3	150	0.18	无岩爆	无岩爆
276	37.0	150	0.25	无岩爆	无岩爆
251	39.0	150	0.26	无岩爆	无岩爆
216	48.0	150	0.32	弱岩爆	无岩爆
186	59.0	150	0.39	弱岩爆	无岩爆
156	59.0	150	0.39	弱岩爆	无岩爆
126	59.0	150	0.39	弱岩爆	无岩爆
96	53.0	150	0.35	弱岩爆	无岩爆
66	53.0	150	0.35	弱岩爆	无岩爆
47	43.0	150	0.29	无岩爆	无岩爆
32	37.9	150	0.25	无岩爆	无岩爆
0	27.3	150	0.18	无岩爆	无岩爆

表 6.4.2　主厂房上游边墙发生岩爆的可能性评价

桩号/m	最大主应力σ_1/MPa	岩石抗压强度σ_c/MPa	σ_1/σ_c	用多尔卡尼诺夫判据判断岩爆	用巴顿判据判断岩爆
306	27.3	150	0.18	无岩爆	无岩爆
276	37.9	150	0.25	无岩爆	无岩爆
251	37.9	150	0.25	无岩爆	无岩爆
216	48.5	150	0.32	弱岩爆	无岩爆
186	48.5	150	0.32	弱岩爆	无岩爆
156	53.9	150	0.36	弱岩爆	无岩爆
126	53.9	150	0.36	弱岩爆	无岩爆
96	53.9	150	0.36	弱岩爆	无岩爆
66	37.9	150	0.25	无岩爆	无岩爆
47	37.9	150	0.25	无岩爆	无岩爆

续表

桩号 /m	最大主应力 σ_1/MPa	岩石抗压强度 σ_c/MPa	σ_1/σ_c	用多尔卡尼诺夫判据判断岩爆	用巴顿判据判断岩爆
32	43.2	150	0.29	无岩爆	无岩爆
0	32.7	150	0.22	无岩爆	无岩爆

表 6.4.3　主厂房下游边墙发生岩爆的可能性评价

桩号 /m	最大主应力 σ_1/MPa	岩石抗压强度 σ_c/MPa	σ_1/σ_c	用多尔卡尼诺夫判据判断岩爆	用巴顿判据判断岩爆
306	27.3	150	0.18	无岩爆	无岩爆
276	43.3	150	0.29	无岩爆	无岩爆
251	43.3	150	0.29	无岩爆	无岩爆
216	53.9	150	0.36	弱岩爆	无岩爆
186	53.9	150	0.36	弱岩爆	无岩爆
156	53.9	150	0.36	弱岩爆	无岩爆
126	53.9	150	0.36	弱岩爆	无岩爆
96	53.9	150	0.36	弱岩爆	无岩爆
66	43.3	150	0.29	无岩爆	无岩爆
47	43.3	150	0.29	无岩爆	无岩爆
32	48.6	150	0.32	无岩爆	无岩爆
0	32.7	150	0.22	无岩爆	无岩爆

从表 6.4.1～表 6.4.3 的评价结果可以看出，如果取 $0.30<\sigma_\theta/\sigma_c<0.55$ 为弱岩爆，用多尔卡尼诺夫判据评价主厂房仅会发生轻微的岩爆，这与过去勘探平洞开挖时仅见有片帮现象是相符合的，而用巴顿判据则没有岩爆发生。结合勘探时平洞围岩的片帮现象及导流洞开挖时有岩爆发生，表明多尔卡尼诺夫判据有一定适用性。因此，综合评定为弱岩爆或轻微岩爆。

判断主变室围岩发生岩爆的可能性，选取主变室应力计算的 7 个代表性断面，然后分别用各断面拱顶、上游边墙角点(边墙与底板相交的点)、下游边墙角点这三个应力相对较大的部位进行评价。岩石抗压强度仍按 150MPa 取值，评价结果见表 6.4.4～表 6.4.6。从表 6.4.4～表 6.4.6 中可以看出，仅下游边墙有出现弱岩爆的可能性。

表 6.4.4　主变室拱顶发生岩爆的可能性评价

桩号 /m	最大主应力 σ_1/MPa	岩石抗压强度 σ_c/MPa	σ_1/σ_c	用多尔卡尼诺夫判据判断岩爆	用巴顿判据判断岩爆
0	23.8	150	0.16	无岩爆	无岩爆
50	39	150	0.26	无岩爆	无岩爆

续表

桩号 /m	最大主应力 σ_1/MPa	岩石抗压强度 σ_c/MPa	σ_1/σ_c	用多尔卡尼诺夫判据判断岩爆	用巴顿判据判断岩爆
100	39	150	0.26	无岩爆	无岩爆
117.5	42.7	150	0.28	无岩爆	无岩爆
150	42.7	150	0.28	无岩爆	无岩爆
200	36	150	0.24	无岩爆	无岩爆
235	23	150	0.15	无岩爆	无岩爆

表 6.4.5 主变室上游边墙发生岩爆的可能性评价

桩号 /m	最大主应力 σ_1/MPa	岩石抗压强度 σ_c/MPa	σ_1/σ_c	用多尔卡尼诺夫判据判断岩爆	用巴顿判据判断岩爆
0	23.8	150	0.16	无岩爆	无岩爆
50	39	150	0.26	无岩爆	无岩爆
100	39	150	0.26	无岩爆	无岩爆
117.5	39	150	0.26	无岩爆	无岩爆
150	39	150	0.26	无岩爆	无岩爆
200	33	150	0.22	无岩爆	无岩爆
235	23	150	0.15	无岩爆	无岩爆

表 6.4.6 主变室下游边墙发生岩爆的可能性评价

桩号 /m	最大主应力 σ_1/MPa	岩石抗压强度 σ_c/MPa	σ_1/σ_c	用多尔卡尼诺夫判据判断岩爆	用巴顿判据判断岩爆
0	23.8	150	0.16	无岩爆	无岩爆
50	45	150	0.30	弱岩爆	无岩爆
100	45	150	0.30	弱岩爆	无岩爆
117.5	45	150	0.30	弱岩爆	无岩爆
150	45	150	0.30	弱岩爆	无岩爆
200	39	150	0.26	无岩爆	无岩爆
235	23	150	0.15	无岩爆	无岩爆

6.5 地下厂房洞室群围岩稳定性反馈

6.5.1 三维数值分析

1) 计算参数

根据拉西瓦水电站地下厂房洞室群布局和开挖揭露地质条件，采用反演的地应力场。模型岩体的材料及开挖分期参考实际地质编录图和开挖现象进行划分，调整后的岩体力学参数取值如表 6.5.1 所示，计算时取中间值。

表 6.5.1　地下厂房系统围岩应力变形计算参数取值

围岩类别	围岩深度/m	抗剪断强度参数		变形模量 E_0/GPa	抗拉强度 σ_t/MPa
		内摩擦系数峰值 f'	黏聚力峰值 c'/MPa		
Ⅱ	0.0～5.0	1.2	1.5	8.0～15.0	0.5
	5.0～10.0	1.3	2.0	15.0～20.0	1.0
	>10.0	1.4	2.5	20.0～25.0	1.5
$Ⅲ_Ⅰ$	0.0～5.0	1.0	1.0	5.0～10.0	0.4
	5.0～10.0	1.1	1.2	10.0～15.0	0.8
	>10.0	1.2	1.5	15.0～20.0	1.2

2) 计算工况

在厂房第Ⅶ层开挖锚固基本结束之前，根据监测资料、块体稳定分析结果及围岩外观察的结果，对厂房下游边墙锚固措施进行动态调整，要求在厂房第Ⅷ、Ⅸ层开挖之前实施。厂房下游边墙锚固措施动态调整分为以下几个层次：在母线洞底板以下高程 2229.45m、2227.95m、2224.95m，增设 3 根 Φ28mm、长 15m 锚筋桩，间距 1.5m，在高程 2226.45m 处增设 2000kN 级预应力锚索，新增预应力锚索长 20m、间距 4.5m；厂房下游边墙厂右 0km+155m～厂右 0km+217m 段，高程 2221.90m、2218.90m、2215.90m 处增设 3 排 3 根 Φ28mm、长 15m 锚筋桩；厂房下游边墙厂左 0km+15m～厂右 0km+29m 段和厂右 0km+130m～厂右 0km+180m 段高程 2254.70m 处，增加 1 排 200t、长 25m 无黏结预应力锚索 20 根，厂房下游边墙母线洞之间，新增 3 排 200t、长 25m 的锚索。

针对设计锚固方案和实施情况，拟定 4 种计算工况：工况 1，原锚固方案，即厂房洞室群系统原锚固方案；工况 2，工况 1+主厂房下游边墙新增加锚筋桩(在厂房第Ⅷ、Ⅸ层开挖之前实施，增加锚筋桩)，计算时新增的锚筋桩在第Ⅷ层；工况 3，工况 2+主厂房下游边墙新增加预应力锚索(在厂房第Ⅷ、Ⅸ层开挖之前实施，增加预应力锚索)，计算时新增加的锚索在第Ⅷ层，和新增的锚筋桩同时实施；工况 4，工况 2+主厂房下游边墙新增加预应力锚索(在厂房第Ⅷ、Ⅸ层开挖之后实施，增加预应力锚索)，计算时新增的锚筋桩在第Ⅷ层，新增加的锚索在第Ⅸ层。根据 4 种工况的计算结果，评价围岩整体稳定性，以及原锚固方案和动态调整的锚固措施对围岩变形、应力、塑性区、开裂区的影响。

3) 计算模型

有限元网格模型模拟的是 $4^{\#}$～$6^{\#}$机组段，如图 6.5.1 所示。模型左右两端为法向约束，计算结果偏于保守。

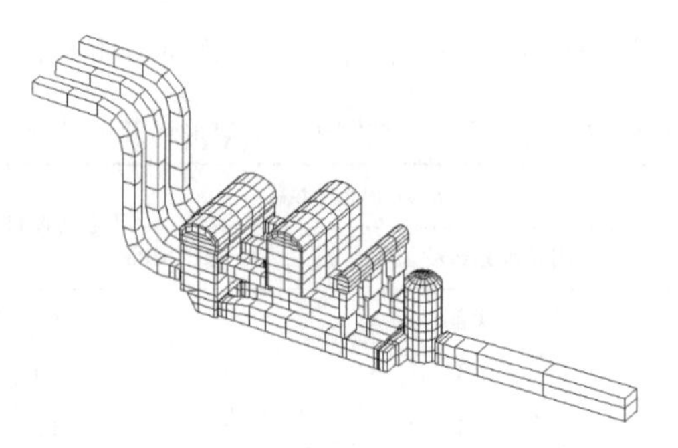

图 6.5.1　地下厂房开挖体三维有限元网格

6.5.2　计算结果

1) 洞周围岩塑性破损区和耗散能

计算分析结果表明，破损区(开挖扰动拉裂区)随着洞室的逐步下挖增加得比较均匀，但在第Ⅵ层开挖完之后，破损区增加明显，主要在洞室管道的相交部位，见图 6.5.2。开挖结束之后，从破损的深度来看，拱顶破损深度一般在 2～5m，局部有断层穿过的地方破损深度达到 8m。上、下游边墙破损深度一般在 5～8m，厂房上、下游边墙两洞相交处有 15m 左右的破损区。

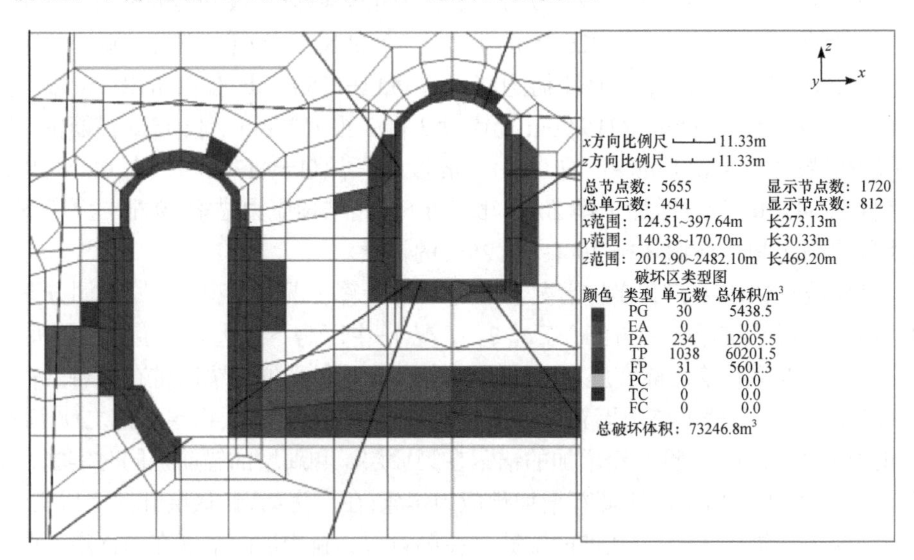

图 6.5.2　工况 1 开挖结束 5#机组段塑性区破损区分布示意图

2) 洞周应力分布

表 6.5.2 是原锚固支护方案主厂房洞周应力分布。由表 6.5.2 可以看出，随着开挖的进行，厂房拱顶应力变化不大，而边墙应力变化相对较大。由于支护作用逐渐发挥，随着洞室的逐步下挖，形成高边墙效应，压应力逐渐增加，增加幅度

在 5MPa 左右。开挖完毕之后拱顶偏应力张量为 25.3MPa，上游边墙为 37.97MPa，下游边墙为 26.08MPa，上游边墙偏应力张量较大的原因是上游锚索支护较下游弱。从应力的分布来看，洞室边界发生突变的部位、洞室相交处有一定程度的应力集中；洞周的应力分布比较均匀，应力的扰动范围在 15.0m 以内，说明支护很好地减小了洞周应力扰动。

表 6.5.2　原锚固支护方案主厂房洞周应力分布　(单位：MPa)

位置		施工分期							
		Ⅰ		Ⅴ		Ⅵ		Ⅸ	
		σ_1	σ_3	σ_1	σ_3	σ_1	σ_3	σ_1	σ_3
主厂房	拱顶	−24.97	−1.41	−25.44	0.12	−25.39	−0.14	−25.48	−0.18
	上游边墙	−64.51	−1.31	−30.65	0.50	−35.82	0.50	−37.50	0.47
	下游边墙	−43.74	−9.50	−25.03	−0.29	−25.41	−0.09	−25.99	0.09
主变室	拱顶	—	—	−24.58	0.18	−25.21	0.10	−25.25	0.07
	上游边墙	—	—	−31.99	−0.57	−36.46	−0.96	−36.48	−0.90
	下游边墙	—	—	−24.46	−0.45	−30.31	−1.07	−30.26	−0.97

从洞室之间的影响来看，主厂房和主变室之间的应力分布比较均匀，母线洞位置压应力较大，但没有超过岩体允许抗压强度(图 6.5.3)。

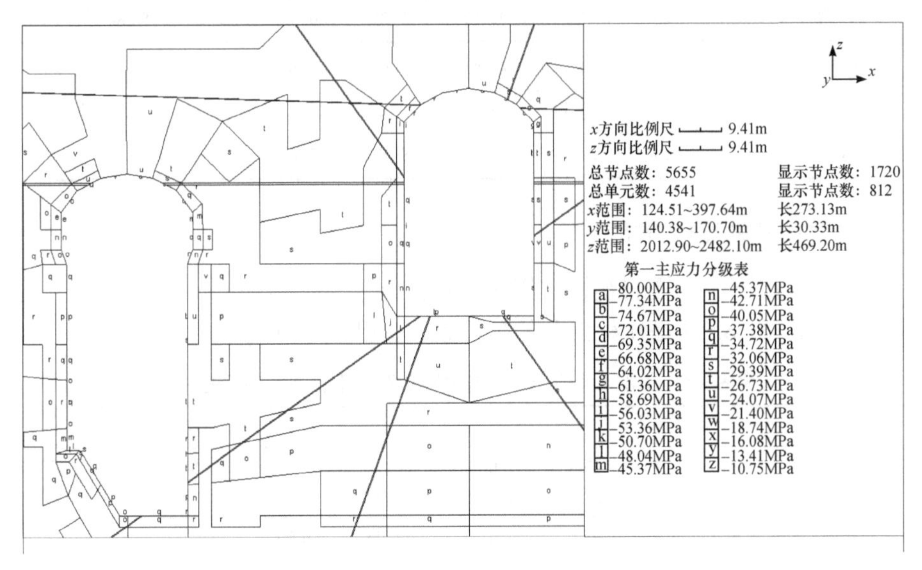

图 6.5.3　工况 1 第Ⅸ层开挖 5#机组段第一主应力分布

3) 洞周位移分布

表 6.5.3 是原锚固支护方案洞周位移分布。由表 6.5.3 可以得出，主厂房拱顶

位移随着洞室的逐步下挖，有一定的回弹，从 30.40mm 回弹到 24.77mm，回弹量为 5.63mm；在第Ⅳ层和第Ⅴ层有反复现象，主要原因是第Ⅳ期开挖之后，边墙位移增加的幅度较大，进而使得拱顶回弹效应加强，随后厂房拱顶位移逐步少量回弹。洞室边墙的位移随着洞室的逐步下挖而逐步增加，开挖完毕之后，主厂房下游边墙位移最大值达到 87.47mm，上游边墙位移最大值达到 81.27mm。按照监测位移损失 40%～50%来考虑，监测的相关部位最大位移为 46.47mm，说明计算结果是合理的，模拟反馈有较好的可靠性。在开挖接近尾声的时候，厂房洞周的位移增量小于 1mm。计算分析结果表明，锚杆应力随着洞室的逐步下挖而逐渐增加，其中有些反复，洞室开挖锚固结束后，有 70%的锚杆应力小于 150MPa，有 80%的锚杆应力小于 250MPa。在洞室相交部位和断层等部位有少量锚杆屈服，锚索的应力大多为屈服应力的 60%～80%。总体来讲，锚杆和锚索应力偏大，在洞室之间围岩、洞室相交处等容易发生应力集中的局部部位，仍须加强支护力度。

表 6.5.3　原锚固支护方案洞周位移分布　(单位：mm)

位置		施工分期								
		Ⅰ	Ⅱ	Ⅲ	Ⅳ	Ⅴ	Ⅵ	Ⅶ	Ⅷ	Ⅸ
主厂房	拱顶	30.40	29.85	26.15	24.80	28.19	26.83	25.55	25.35	24.77
	上游边墙	16.59	22.15	28.32	47.80	62.38	75.53	78.69	79.85	81.27
	下游边墙	13.30	18.87	26.12	42.42	53.78	80.48	86.36	86.84	87.47
主变室	拱顶	—	29.95	28.10	26.98	29.49	28.42	27.79	27.75	27.46
	上游边墙	—	18.72	33.40	38.50	40.93	42.22	42.85	42.77	43.08
	下游边墙	—	14.34	23.41	36.18	39.54	40.33	40.70	40.75	40.92

6.5.3　计算模拟的比较分析

1) 4 种工况下洞周围岩塑性破损区和耗散能

表 6.5.4、表 6.5.5 是 4 种工况的塑性破坏、开裂破坏特征指标。

表 6.5.4　工况 1 和工况 2 的塑性破坏、开裂破坏特征指标

分期	工况 1					工况 2				
	塑性体积/万 m³	开裂体积/万 m³	回弹体积/万 m³	总破损量/万 m³	耗散能/(万 t · m)	塑性体积/万 m³	开裂体积/万 m³	回弹体积/万 m³	总破损量/万 m³	耗散能/(万 t · m)
Ⅰ	0.50	4.54	0	5.05	1.97	0.43	4.10	0	4.54	1.66
Ⅱ	0.66	9.51	0.14	10.32	3.45	0.64	9.25	0.14	10.03	3.14
Ⅲ	0.75	32.60	0.21	33.57	10.38	0.84	32.48	0.10	33.43	10.31
Ⅳ	3.70	35.73	0.27	39.71	14.07	3.39	35.78	0.29	39.46	13.98
Ⅴ	5.39	45.00	0.49	51.07	19.49	6.89	43.22	0.46	50.75	18.70

续表

分期	工况 1					工况 2				
	塑性体积/万 m³	开裂体积/万 m³	回弹体积/万 m³	总破损量/万 m³	耗散能/(万 t · m)	塑性体积/万 m³	开裂体积/万 m³	回弹体积/万 m³	总破损量/万 m³	耗散能/(万 t · m)
Ⅵ	4.71	60.67	0.77	66.56	113.60	4.53	59.78	0.81	65.43	73.51
Ⅶ	22.51	44.98	1.15	69.06	116.12	22.48	43.93	1.02	67.68	75.96
Ⅷ	18.70	49.59	1.35	70.06	117.87	17.19	49.76	1.15	68.35	77.63
Ⅸ	25.15	45.15	1.39	72.11	119.87	24.95	44.00	1.24	70.43	79.70
	破损范围 8～10m,局部 15～20m,压裂体积 4080.88m³					破损范围 6～10m，局部洞室交口 10～16m，压裂体积为 2897.68m³				

表 6.5.5　工况 3 和工况 4 的塑性破坏、开裂破坏特征指标

分期	工况 3					工况 4				
	塑性体积/万 m³	开裂体积/万 m³	回弹体积/万 m³	总破损量/万 m³	耗散能/(万 t · m)	塑性体积/万 m³	开裂体积/万 m³	回弹体积/万 m³	总破损量/万 m³	耗散能/(万 t · m)
Ⅰ	0.50	4.10	0	4.61	1.41	0.43	4.10	0	4.54	1.66
Ⅱ	0.66	9.17	0.17	10.02	2.80	0.64	9.25	0.14	10.03	3.14
Ⅲ	0.87	32.51	0.32	33.80	33.41	0.84	32.48	0.10	33.43	10.31
Ⅳ	5.56	33.08	0.73	39.42	36.94	3.39	35.78	0.29	39.46	13.98
Ⅴ	5.18	40.07	1.80	47.23	43.87	5.78	39.97	1.28	47.14	18.04
Ⅵ	6.03	52.61	1.44	60.38	61.52	5.68	54.59	1.25	61.84	39.40
Ⅶ	21.01	39.62	1.50	62.44	63.49	21.49	40.41	1.45	63.67	41.47
Ⅷ	16.29	46.59	1.51	64.68	6512	16.01	48.41	1.31	66.05	42.88
Ⅸ	22.37	42.06	1.38	66.12	67.48	21.55	44.12	1.35	67.33	68.87
	破损范围 6～10m，局部洞室交口 8～16m，压裂体积 2886.31m³					破损范围 6～10m，局部洞室交口 8～16m，压裂体积 3055.91m³				

塑性区、开裂区主要分布在上游边墙引水管部位，破损深度达到 15m 左右；下游边墙主要分布在母线洞的部位，最大破损深度为 17m 左右，母线洞底部的破损比较严重；厂房拱顶的破坏深度在 2～5m，局部有断层穿过的部位达到 8m (图 6.5.4～图 6.5.6)。

增加锚筋桩之后，即工况 1 与工况 2 相比较，总破损量从 72.11 万 m³ 减小到 70.43 万 m³，减少了 1.68 万 m³，耗散能也从 119.87 万 t · m 减小到 79.70 万 t · m。增加了锚筋桩之后，主厂房下游母线洞底部破损改善得并不明显，说明要改善厂房下游母线洞部位的应力集中只加锚筋桩还不够。在厂房第Ⅷ层开挖之前增加锚索(工况 3)，和前面两个工况相比较，工况 3 的破总损量和耗散能有明显的减小；在第Ⅷ层增加锚索之后，各项指标没有明显减少。因此，及时增加锚索，厂房下

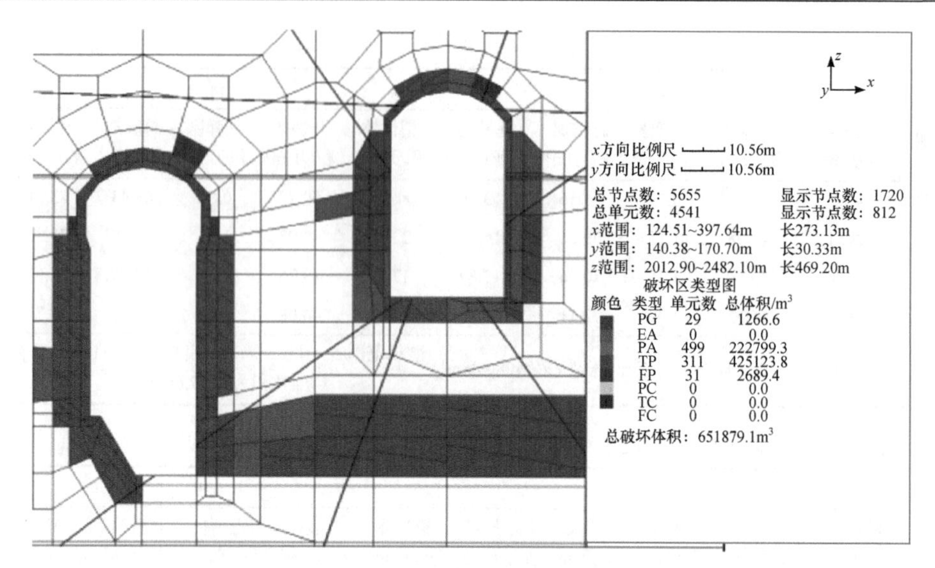

图 6.5.4 工况 2 开挖结束 5#机组段塑性区、破损区分布

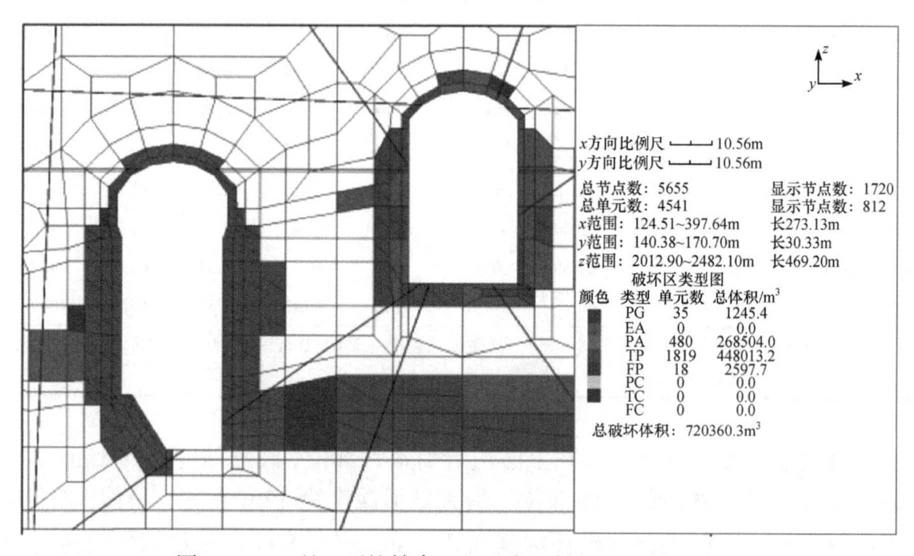

图 6.5.5 工况 3 开挖结束 5#机组段塑性区、破损区分布

游母线洞周围的破损减小，使得该区域的稳定性加强。在开挖之后再增加锚索，即工况 4，与工况 3 相比较，由于增加的支护不是及时支护，效果明显没有及时支护的工况 3 好；与工况 2 相比较，虽然增加的锚索滞后，还是有一定的效果，比较图 6.5.4～图 6.5.6 可以看出，在增加支护的区域稳定性有所改善。

2) 4 种工况下洞周应力

表 6.5.6 是 4 种工况下的洞周应力。由表 6.5.6 可以得出，厂房拱顶各个工况

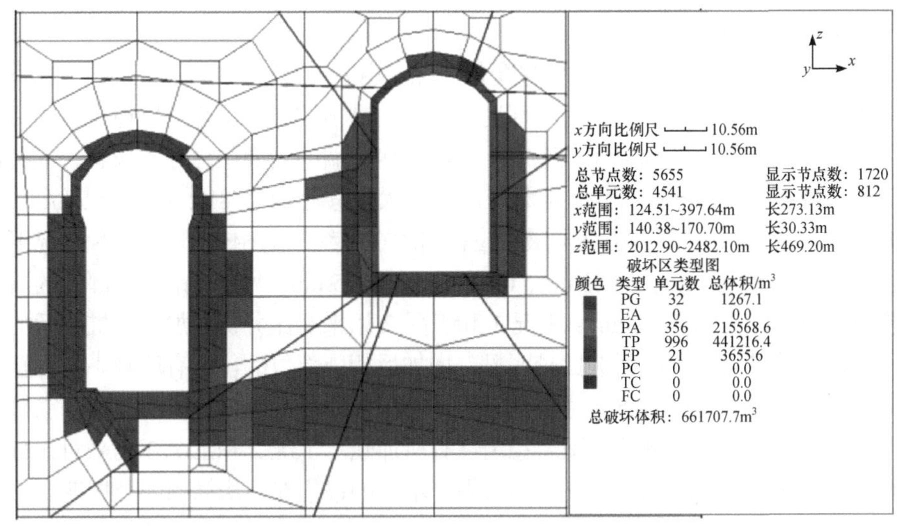

图 6.5.6　工况 4 开挖结束 5#机组段塑性区、破损区分布

下的洞周应力分布相差不大，各个工况的拱顶压应力稳定，偏应力张量也比较稳定，变化不超过 1MPa。比较工况 1 和工况 2 下游边墙应力分布可以看出，第 I 层分布相同，增加了锚筋桩之后洞周应力变化增大，单元的最大主应力有所增加，但增幅并不明显。在工况 3 增加了锚索之后，下游边墙的洞周应力增加比较明显，说明增加锚索的影响比较显著。工况 4 滞后增加锚索支护，对下游边墙的影响较工况 3 小，和工况 2 相当。

表 6.5.6　各工况下主厂房洞周应力变化　　(单位：MPa)

位置		工况	施工分期							
			Ⅰ		Ⅴ		Ⅵ		Ⅸ	
			σ_1	σ_3	σ_1	σ_3	σ_1	σ_3	σ_1	σ_3
主厂房	拱顶	工况 1	−24.97	−1.41	−25.44	0.12	−25.39	−0.14	−25.48	−0.18
		工况 2	−25.12	−1.42	−25.66	−0.19	−25.62	−0.16	−25.70	−0.17
		工况 3	−25.08	−1.42	−25.36	−0.13	−25.32	−0.22	−25.43	−0.09
		工况 4	−25.12	−1.42	−25.65	−0.20	−25.62	−0.12	−25.72	−0.16
	上游边墙	工况 1	−64.51	−1.31	−30.65	0.50	−35.82	0.50	−37.5	0.47
		工况 2	−62.70	−1.15	−30.52	0.50	−35.27	0.50	−36.85	0.48
		工况 3	−61.89	−1.07	−29.84	0.50	−34.18	0.50	−35.63	0.50
		工况 4	−62.70	−1.46	−30.40	0.50	−34.74	0.50	−36.21	0.50
	下游边墙	工况 1	−43.74	−9.50	−25.03	−0.29	−25.41	−0.09	−25.99	0.09
		工况 2	−44.71	−9.35	−26.88	−0.12	−27.50	−0.28	−28.21	−0.29
		工况 3	−45.36	−9.52	−37.90	−1.01	−38.62	−0.77	−39.21	−0.83
		工况 4	−44.72	−9.36	−26.86	0.02	−27.50	−0.14	−28.16	−0.13

3) 4 种工况下洞周位移

表 6.5.7 是 4 种工况下洞周位移变化情况。由表 6.5.7 可以得到，4 种工况下拱顶洞周位移相差不大，随着洞室下部逐层开挖，拱顶的洞周位移比较稳定，回弹也很小，说明拱顶部位的围岩比较稳定。从主厂房边墙的洞周位移分布来看，上游最大位移出现在引水管相交部位，4 种工况下最大位移分别为 81.27mm、81.17mm、77.84mm、78.85mm。下游边墙的最大位移出现在母线洞的相交部位，4 种工况下最大位移分别为 87.47mm、84.21mm、68.71mm、74.75mm。另外，吊车梁部位的洞周位移也比较大，为 70～80mm。工况 1 和工况 2 用来对比分析增加锚筋桩之后的效果，增加锚筋桩对位移的影响比较明显，增加后相应部位的位移有所减小；直至开挖完毕，位移较不增加锚筋桩时明显减小，减小了 3.0～4.0mm，说明增加锚筋桩使主厂房下游边墙母线洞部位的围岩稳定性有所加强。工况 2 和工况 3 用来对比分析在增加锚筋桩之后再增加锚索支护的效果，增加的锚索在厂房第Ⅷ层开挖期。

表 6.5.7　各工况下洞室洞周位移变化　　(单位：mm)

位置		第Ⅳ层开挖				第Ⅴ层开挖				第Ⅸ层开挖			
		工况 1	工况 2	工况 3	工况 4	工况 1	工况 2	工况 3	工况 4	工况 1	工况 2	工况 3	工况 4
主厂房	拱顶	24.80	24.72	24.40	24.72	26.83	26.91	26.32	26.63	24.77	24.81	24.28	24.65
	上游边墙	47.80	48.13	47.61	48.13	75.53	75.36	72.40	73.40	81.27	81.17	77.84	78.85
	下游边墙	42.58	42.55	42.27	42.55	80.48	77.21	62.55	68.77	87.47	84.21	68.71	74.75
主变室	拱顶	26.98	26.80	29.28	26.80	28.42	28.77	29.90	28.79	27.46	27.79	28.98	27.85
	上游边墙	38.51	39.09	39.59	39.09	42.22	42.93	42.92	42.36	43.08	43.78	43.84	43.13
	下游边墙	36.18	36.19	37.52	36.19	40.33	40.51	41.95	41.23	40.92	41.09	41.61	41.07

由表 6.5.7 可看出，增加的锚索发挥作用之后，主厂房下游边墙的洞周位移有明显减小，工况 3 比工况 2 减小了 15～18mm，比工况 1 减小了 18～22mm，说明锚索的及时支护可以有效地减小围岩的变形。工况 4 和工况 3 相比，由于工况 4 增加的锚索支护滞后，起到的作用有所下降；但和工况 2 相比，滞后增加的锚索支护仍能起到一定的作用，主厂房下游边墙的位移较工况 2 减少了 9～10mm，说明后期的锚索支护作用同样比较明显。

4) 4 种工况下锚杆和锚索应力变化

4 种工况下拱顶和上游边墙锚杆应力分布大致相同，相差不明显，相差在 3MPa 以内，说明增加的锚固支护对这两个部位的锚杆应力影响较小。4 种工况 80%锚杆应力在 250MPa 以下，超过锚杆应力屈服强度的锚杆主要分布在厂房边墙中部、拱顶断层穿过的地方、与管道相交部位。4 种工况计算统计结果中，屈服的锚杆数占总数的 7%～8%。新增加锚筋桩后，随着厂房下部开挖，锚杆应力逐渐增加，最终有 70%的锚杆应力小于 150MPa，有 80%的锚杆应力小于 250MPa。4 种工况最终锚索应力相差不大，工况 3 锚索应力相对小一些，相差仅在 3MPa 左右，锚索应力大多在 1184～1475MPa，达到锚索屈服应力的 60%～80%。在主厂房高边墙的中部和洞室相交处，锚索应力达到 1420MPa。

对比分析上述 4 种工况，可得出的结论是：原锚固支护方案两大洞室拱顶的破损区在系统锚杆(索)锚固范围；上、下游边墙破损区基本在系统锚杆锚固范围，在洞室相交部位和局部断层软弱部位的破损区也在锚索锚固范围；围岩收敛变形在允许范围之内，有 70%的锚杆应力小于 150MPa，有 80%的锚杆应力小于 250MPa；锚索应力只有锚索屈服应力的 60%～80%。这些值均在设计允许范围，因此洞室围岩整体是稳定的。主厂房下游边墙母线洞附近围岩变形相对较大，在洞室相交部位和局部断层软弱部位的破损区相对较深。通过增加 15m 长的锚筋桩和 2000kN 级锚索支护，经计算分析，及时增加锚筋桩和锚索支护的效果比较显著，破损区和耗散能都有明显的减小。若不及时(主厂房第Ⅷ层开挖之前)施加锚索，效果不明显。因此，在主厂房下游边墙母线洞附近增加锚筋桩和锚索支护是必要的，对保证厂房长期安全运行是有利的。

6.6 地下厂房洞室群围岩变形监测与工程控制

6.6.1 地下洞室群支护措施动态调整

根据地下洞室监测资料分析及开挖揭露的地质情况反馈，为了限制地下洞室局部变位和裂缝发展，先后制订了一系列的加强支护措施。主要措施是增加锚杆数量、长度和加大直径；增加锚筋桩；用锚筋桩代替锚杆；增加预应力锚索数量等。

1. 主厂房

2004 年 3～6 月，对主厂房第Ⅰ层开挖揭露的地质情况进行分析，厂房厂右 0km+31.1m～厂右 0km+121.1m 拱顶存在数个不稳定块体，该段部分收敛计和锚杆应力计的观测值较大。为了确保该段拱顶围岩稳定，设计人员发布了《关于厂房厂右 0km+31.1m～厂右 0km+121.1m 拱顶支护措施变更的通知》，具体方案是：厂右 0km+31.1m～厂右 0km+121.1m 拱顶未施工的普通锚杆长度由原长 4.8m 改为 9.0m；在厂右 0km+31.1m～厂右 0km+121.1m 拱顶施加 150t 预应力锚索。

主厂房第Ⅰ层、第Ⅱ层、第Ⅳ层、第Ⅴ层后期开挖过程中，厂右 0km+96(97)m 监测断面多点变位计监测值平稳增长，在第Ⅲ层后期及第Ⅳ层开挖前期，监测值增长明显，最大值约为 8mm；2005 年 8～12 月，第Ⅵ层、第Ⅶ层开挖时变形呈台阶增长，最大变形达 12mm；此后至 2006 年 3 月上旬，变形平稳增长，3 月上旬第Ⅷ层、第Ⅸ层开挖时变形又有明显增长。2006 年 1 月 13 日，主厂房厂右 0km+96m 桩号附近拱顶局部发生喷混凝土连带表层岩石掉块。经综合分析，2006 年 3 月 8 日发布了《关于厂房厂右 0km+80m～厂右 0km+105m 拱顶增强支护处理的通知》，具体方案是：在厂右 0km+80.0m～厂右 0km+105.0m 拱顶增加 3 根 Φ32mm、长 15m 的锚筋桩(或 30t 预应力锚杆)，间排距为 3m×3m；凿除上述部位拱顶开裂的喷混凝土，重新挂 Φ6mm 的钢筋网喷护，钢筋网间排距为 15cm×15cm，喷 C20 混凝土，厚 10cm，并建议在整个厂房顶部设主动防护网。为便于施工，于 2006 年 8 月 18 日发布通知，同意上述部位采用 100t 级、长 20m 的预应力锚索进行加固(代替锚筋桩)。

2004 年 12 月～2005 年 3 月是地下厂房第Ⅲ层开挖期，岩锚梁岩台在此开挖层。由于多种原因，主厂房下游边墙较大范围岩锚梁岩台没有形成。针对此情况，2005 年 4 月，设计人员在综合计算分析的基础上拟定变更方案：岩锚梁高程范围内，超挖回填混凝土与岩锚梁混凝土同时浇筑；对于岩台下拐点高程 2250.18m 以下边墙超挖高度大于等于 1.0m、超挖深度大于等于 30cm 的断面，岩锚梁与回填混凝土分两次浇筑，如图 6.6.1 所示，为了避免高程 2247.00m 以下开挖对超挖回填混凝土的影响，回填混凝土的最低高程为 2248.30m；对于岩台下拐点高程 2250.18m 以下边墙超挖高度小于 1.0m、超挖深度大于等于 30cm 的断面，岩锚梁与回填混凝土一次浇筑，如图 6.6.2 所示；对于岩台下拐点高程 2250.18m 以下边墙超挖深度小于 30cm 的断面，先浇筑岩锚梁，后喷 C30 钢纤维混凝土，如图 6.6.3 所示；回填混凝土为 C30。在典型剖面Ⅰ、Ⅱ处，为了使防潮隔墙柱与岩锚梁紧密连接，在岩锚梁的底斜面上预埋钢板，并在钢板下焊接 50cm 长的工字钢。

图 6.6.1 岩锚梁岩台超挖处理典型剖面Ⅰ

高程单位：m

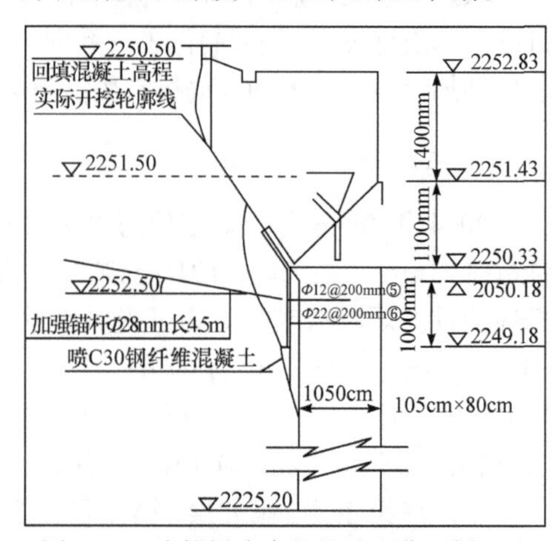

图 6.6.2 岩锚梁岩台超挖处理典型剖面Ⅱ

高程单位：m

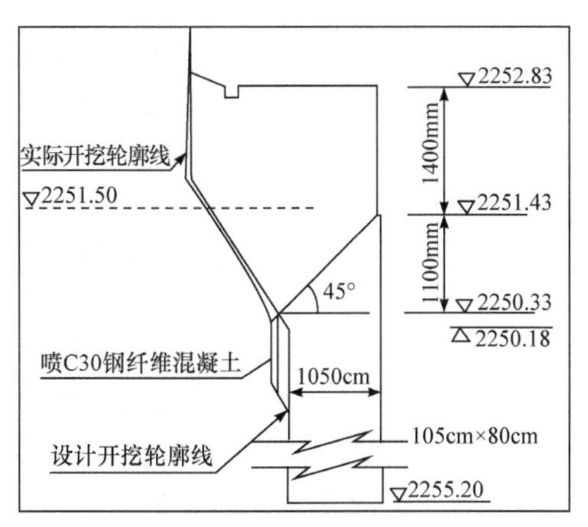

图 6.6.3　岩锚梁岩台超挖处理典型剖面Ⅲ

高程单位：m

根据 2004 年 12 月 30 日开挖揭示的地质情况，主厂房上、下游边墙岩体中发育有走向与厂房轴线夹角较小的中陡倾角断层。由于开挖爆破振动及地应力解除后卸荷的影响，裂隙面张开，下游边墙极易产生片帮塌落。为防止边墙受不利结构面组合及围岩卸荷松弛作用而塌落，保证岩锚梁部位的开挖成型及下部开挖后高边墙稳定，根据地质揭露及部分范围段的预测，设计人员发布通知，对厂房第Ⅲ层不良地质段进行加强支护。主要措施是：要求厂房下游边墙岩锚梁部位开挖前，必须将位于厂房第Ⅳ层的 6 条母线洞开挖支护完毕，特别是靠近下游边墙 8m 范围内，必须采用钢支撑结合喷锚加强支护后方可进行上部岩锚梁的开挖；将高程 2253.20m、2249.70m、2248.20m 三排系统锚杆中 Φ32mm、长 4.5m 的砂浆锚杆用 3 根 Φ28mm、长 6m 的锚筋桩(入岩 5.8m)等量代换；在高程 2255.45m 补加 3 根 Φ28mm、长 9m 的锚筋桩(入岩 8.8m)，锚筋桩与已施工的系统锚杆错排布置，未开挖至设计轮廓线的部位应采用预锚方式处理。

根据 2005 年 6 月 2 日开挖揭示的地质情况，下游边墙岩体中断层较发育，岩体完整性相对较差，受开挖爆破振动及卸荷的影响，裂隙面张开，顺断层易产生片帮掉块。根据地质预测，厂房第Ⅳ层特别是下游边墙局部围岩相对较差。为防止边墙受不利结构面组合及地应力调整而塌落，对厂房第Ⅳ层不良地质段采取加强支护。具体措施是：厂房下游边墙桩号厂右 0km+203.70m～厂右 0km+237.15m 段高程 2242.50～2247.00m 的 Φ28mm、长 4.5m 砂浆锚杆，改为 3 根 Φ28mm、长 6m 的锚筋桩；采用钢纤维混凝土挂网喷护，Φ6.5mm 钢筋，纵横间距为 20cm×20cm；厂右 0km+203.00m～厂右 0km+224.00m 段高程 2242.50～2247.00m 的 Φ32mm、长 9m 砂浆锚杆，改为 Φ32mm、长 9m 预应力锚杆；厂房上游边墙，厂右 0km+195.00m～厂右 0km+215.00m 段、厂右 0km+135.00m～厂右 0km+160.00m 段高程 2242.50～2247.00m 的 Φ32mm、长 9m 砂浆锚杆，改为 Φ32mm、长 9m 预应力锚杆；厂房下游边墙，厂右 0km+164.00m～厂右 0km+198.00m 段高程 2238.00～2247.00m 的 Φ28mm、长 4.5m 砂浆锚杆，改为 3 根 Φ28mm、长 6m 锚筋桩，Φ32mm、长 9m 砂浆锚杆改为 Φ32mm、长 9m 预应力锚杆；在岩体破碎带处，采用钢纤维混凝土挂网喷护，Φ6.5mm 钢筋，纵横间距为 20cm×20cm；强调在边墙开挖过程中严格控制爆破参数，提高爆破质量，开挖爆破质点振速应满足 7.0cm/s 的要求，并及时进行锚喷支护。

根据 2005 年 7 月 25 日主厂房Ⅳ层上游边墙厂右 0km+190.0m～厂右 0km+203.5m 段的 3 条喷混凝土裂缝检查结果，并结合该处的地质编录情况，认为该处裂缝为受地质结构影响产生的受力裂缝，而非收缩裂缝。其中，L_1 裂缝主要受 f_{11}、f_{12} 断层带的影响产生，L_2 裂缝主要受 f_{24} 断层的影响产生，L_3 裂缝主要受 f_{24}、L_{133}、L_{164} 裂隙组的影响产生，L_4 裂缝主要受 f_{24} 和 L_{164} 断层的影响产生。设计人员发布了《关于主厂房第Ⅳ层上游边墙裂缝处理的通知》，主要支护措施说明如下。

在厂右 0km+185m～厂右 0km+205m 段高程 2238.00～2248.00m 处，在已施工的系统锚杆之间增加 3 根 Φ28mm、长 9.0m 的锚筋桩；在厂右 0km+203m、高程 2239.95m 和 2245.95m 处，共埋设 2 组三点式锚杆测力计和四点式多点变位计。

2005 年 11 月底，主厂房已开挖至第Ⅶ层，高程 2216.00m。局部受与厂房轴线夹角较小高倾角节理裂隙面切割的影响，在洞室开挖卸荷作用下，母线洞两侧墙和底板出现了数条不同长度、宽度的裂缝。为保证高边墙稳定，并防止厂房下游高边墙产生过大变形而影响上部岩锚梁的安全，设计人员于 12 月上旬发布通知，要求尽快实施母线洞前半段混凝土衬砌施工。

2006 年 1 月 27 日，下游边墙变形较大，并有发展趋势。为了确保母线洞两侧墙和底板裂缝宽度不再增大，保证岩锚梁安全，设计人员发布通知。具体支护措施是：在主厂房下游边墙即母线洞底板以下高程 2229.45m、2227.95m、2224.95m 处，分别增设 3 根 Φ28mm、长 15m 锚筋桩，间距 1.5m；在高程 2226.45m 处增设 2000kN 级预应力锚索，新增预应力锚索长 20m、间距 4.5m。

2006 年 2 月 10 日，开挖工作已基本完成。根据主厂房第Ⅶ层高程 2216.00～2223.00m 的地质编录资料，第Ⅶ层开挖围岩类别仍以Ⅱ类围岩为主，Ⅲ类围岩相对较少。由于厂房下游边墙围岩中发育有走向与厂房轴线夹角较小的中陡倾角断层，在下游边墙极易产生片帮塌落，特别在厂右 0km+160m～厂右 0km+217m 段。岩体受与洞轴线呈小夹角的断层 f_{23}、L_{205} 组及大夹角的断层 f_9、f_{10} 控制，稳定性较差，局部可形成楔形块体，开挖后边墙已出现片帮掉块及塌落现象，为保证该段施工安全及下游边墙的整体稳定性，发布了《关于厂房下游边墙桩号厂右 0km+155m～厂右 0km+217m 段、高程 2216.00～2223.00m 范围加强支护的通知》。具体支护措施：在厂右 0km+155m～厂右 0km+217m 段，高程 2221.90m、2218.90m、2215.90m 处，增设 3 排 3 根 Φ28mm、长 15m 的锚筋桩，间距 1.5m。

2006 年 5 月 2 日，根据监测资料和围岩稳定性分析结果，为了限制 1#～6#母线洞之间的岩柱靠近厂房下游边墙端裂缝的进一步发展，决定在厂房下游边墙高程 2230.00～2240.00m 处进行加强支护，发布了《关于母线洞加固处理的通知》。具体支护措施：在厂房高程 2230.00～2240.00m 下游边墙，补加长 25m、量级为 2000kN 的无黏结预应力锚索。

2. 主变室

2004 年 12 月 21 日，根据地质情况，厂右 0km+14m～厂右 0km+70m 段主变室拱顶存在陡倾角断层 f_5、L_6 组、L_4 组等，厂右 0km+70m～厂右 0km+140m 段存在缓倾角断层 Hf_8、Hf_1 组，拱顶上游侧存在 L_{11} 裂隙组。f_1、f_2、f_3 等与洞轴大角度相交的高倾角断层，受 Hf_8、Hf_1 组、L_{11} 组、f_5、f_1 断层相互交切影响，在主变室拱顶形成了数个不稳定结构块体，根据已揭露的地质情况，设计人员对可能出现的不稳定块体重新进行复核后，决定在厂右 0km+60m～厂右 0km+84m 断面增加 5 排 150t 级预应力锚索。2006 年 5 月 7 日，主变室厂右 0km+96m 附近拱顶局部发生喷混凝土连带表层岩石掉块，经过分析，此处采用与主厂房拱顶类似的处理措施。

2005 年 9 月 20 日，根据施工单位报送的《厂房上下游边墙岩锚梁以上部位喷混凝土裂缝调查情况》问询函及施工单位、监理、设计人员现场共同查勘，主变室上游边墙厂右 0km+219.5m～厂右 0km+235.0m 段高程 2267.50～2279.50m 处，发现有 7 条不同长度、宽度的裂缝，裂缝最大长度约 7m，缝宽 1～2cm，局部喷混凝土鼓起、脱落。根据裂缝调查结果，结合相应部位的地质编录情况，分析研究确定主变室上游边墙的裂缝加强处理措施：主变开关室上游边墙厂右 0km+219.5m～厂右 0km+235.0m 段高程 2267.50～2279.50m 处，受边墙裂缝影响脱落、鼓起的喷混凝土层应全部凿除，并在裂缝段沿裂缝进行挂网喷 C30 混凝土至设计厚度，挂网规格 Φ6.5mm@15cm×15cm；在上述部位原设计系统锚杆之间布设 Φ32mm、长 9m 的预应力锚杆，锚杆施加预应力至设计预应力的 80%即可。

3. 尾闸室

2006 年 5 月 2 日，3#尾闸高程 2226.00～2247.00m 边墙岩体受 L_{46} 组、L_{66} 组、L_{85} 组、L_{57} 等结构面的切割，该部位岩体呈板裂块状，极大可能垮塌，设计人员发布了《关于 3#尾水闸门井加固处理的通知》。具体支护措施：3#尾闸室高程 2214.00～2247.00m 处的上、下游边墙增加 100kN、Φ32mm、长 6.0m 的预应力锚杆，间排距为 2.0m×2.0m。

4. 尾水调压井

2006 年 2 月 4 日，根据地质编录，尾水调压井岩性整体以Ⅱ类为主，局部节理裂隙夹杂Ⅲ类岩石，围岩自稳性较好。由于调压井底部被三条尾水管延伸段和一条尾水洞穿过，调压井底部岔洞开挖完毕后，整个岔洞都被塑性开裂区覆盖，开裂深度为 5.0～7.0m，因此设计人员要求对底部岔洞处进行加强支护，发布了《关于尾水调压井加强支护的通知》。具体支护措施：调压井底部每个岔洞处距洞口 1.5m，布置三排 3 根 Φ28mm、长 9m 的锚筋桩，间排距 1.5m×1.5m，与井壁呈 45°夹角。

5. 尾水洞

2006 年 4 月 6 日，$2^{\#}$尾水洞尾 $_2$0km+573m～0km+588m 右侧，由于受 f_7、L_{39} 组、L_{86} 组、L_{87} 组等不利地质结构面的影响，在高程 2212.00～2218.00m 处产生了 2 条与洞轴线近似平行的裂缝。为保证施工安全，设计人员对该部位提出加强支护措施：在该桩号范围内，沿裂缝分别在高程 2217.00m、2219.00m、2221.00m 处布置三排 3 根 Φ28mm、长 12m 的锚筋桩，锚筋桩间距为 2m。

2006 年 6 月 16 日，根据地质资料，$2^{\#}$尾水洞尾 $_2$ 0km+350m～0km+390m 的上半洞主要发育有 f_1、L_3、Hf_1、L_{22} 组、L_{23} 等断层，尾 $_2$0km+595m～0km+610m 的上半洞主要断层有 L_{25} 组和 f_9 等断层，易形成块体。在长期卸荷的影响下，结构抗剪强度的降低会直接影响该部位块体的稳定性。经计算分析，认为该部位应尽早进行混凝土衬砌，否则应加强支护。根据结构面延伸、分布及分析计算结果，上述两部位加强支护措施如下：①$2^{\#}$尾水洞尾 $_2$ 0km+350m～0km+390m 的上半洞在原系统锚杆之间采用 Φ32mm、长 9m 的锚杆加强支护，加强锚杆间排距为 2m×2m；②尾 $_2$ 0km+595m～0km+610m 的补强措施采用钢拱架，同尾 $_2$0km+614m～0km+618m 实施的钢拱架。

6.6.2 监测资料分析

主要针对 2006 年 9 月以前，经监测单位复核后的厂房和主变洞部位监测资料进行整编分析，主要分析结果如下。

1. 主厂房监测

主厂房监测以围岩变位和支护应力为主，主要采用多点变位计、锚杆应力计、锚索测力计、喷混压力盒等监测仪器进行。共布置监测断面 7 个，布置见图 6.6.4，其中 A 类断面主要布置变形监测仪器，B 类监测断面布置应力监测仪器，两类监测断面相距 1～2m。

厂左 0km+9m 断面(A1-A1、B1-B1 断面)，多点变位计测值、锚杆应力计测值均趋于稳定。该部位锚索(锚杆)测(应)力计锁定后测值变化较小，只有位于岩锚梁上部的锚杆应力计 PR_3-B_1 锁定后应力呈明显的台阶状增大过程，测值稳定在 1858kN 附近。

厂右 0km+29m 断面(A7-A7、B7-B7 断面)，拱顶变位较小，一般在 3～9mm。

上游边墙和下游边墙局部变位较大，最大值发生在下游边墙岩锚梁下部的 $M^4{}_{07}$-A_7 测点，最大变位 47.18mm。拱顶上游部位锚杆应力均较大，应力为 270～350MPa，其余部位锚杆应力基本在 40～50MPa。

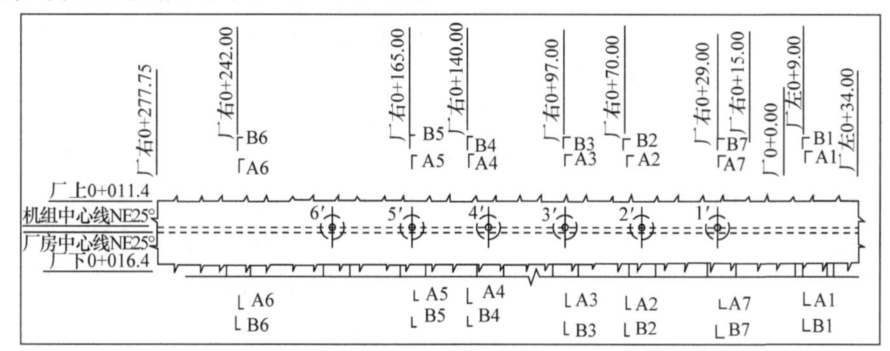

图 6.6.4　主厂房监测断面布置

桩号单位：km+m

厂右 0km+70m 断面(A2-A2、B2-B2 断面)，拱顶和上游边墙变位较小，一般介于 3～8mm，岩锚梁上部的 $M^4{}_{07}$-A_2 测点最大值为 33.60mm。断面变位最大值发生在母线洞下部的 $M^4{}_{11}$-A_2 测点，最大值为 54.15mm，变位主要发生在表部。拱顶锚杆应力较大，主要在深度 2.0m 以上的浅表。上游边墙高程 2228.70m 处，锚杆应力 2.0m 测点监测值达到 380MPa。各锚索测力计测点锁定后荷载普遍增大，一般在 250～850kN，只有位于上游边墙高程 2242.20m 处的 PR_6-B_2 测点最大损失应力在 100kN 左右。根据喷混压力盒测值过程线分析可知，断面各测点测值普遍较大，只有 C_3-B_2 和 C_6-B_2 测点测值在 0.1MPa 以下，其余测点应力在 0.8～2.2MPa。

厂右 0km+97m 断面(A3-A3、B3-B3 断面)，测点变位普遍较大。最大变位为 37.85mm，发生在上游边墙岩锚梁上部的 $M^4{}_{06}$-A_3 测点；最小变位为 5.15mm，发生在下游边墙岩锚梁下部的 $M^4{}_{09}$-A_3 测点。断面拱顶变位较大，为 13～28mm，分析认为是拱顶上部存在缓倾角裂隙 HL_2、缓倾角断层 Hf_8、陡倾角断层 f_9 及其他区域结构面同时造成的，该部位变位并未稳定。拱顶锚杆应力均较大，部分测点测值超过仪器量程；个别测点有应力减小现象，可能与该部位应力调整有关。拱座部位锚杆应力较小，测值一般在 0～50MPa，个别测点应力达到 164MPa，该部位边墙锚杆应力较小。由锚索测力计测值过程线可知，拱顶部位 PR_1-B_3 和 PR_3-B_3 测点锚索测力计测值锁定后有 170～230kN 的增加；下游边墙 3 台锚索测力计均出现 100～280kN 的应力损失；拱顶下游的 C_4-B_3 测点喷混压力盒测值较大，达到 2.9MPa，其余测点测值均较小。

厂右 0km+140m 断面(A4-A4、B4-B4 断面)，测点变位普遍较大，只有拱顶 $M^4{}_{01}$-A_4 测点和位于拱顶厂下 27°的 $M^4{}_{03}$-A4 测点测值较小，在 5mm 以下；其余测点变位基本为 10～30mm；位于上、下游边墙岩锚梁上部的 $M^4{}_{06}$-A_4 和 $M^4{}_{07}$-A4 测点变位最大，最大值接近 60mm。该断面拱顶锚杆应力小，测值一般不大于 50MPa；拱座部位为预应力锚杆，应力测值普遍较大，50%测点超量程；上、下游边墙锚杆应力一般介于 30～150MPa，个别测点达到 250MPa 左右。拱顶测点锁定后测值变化较小，一般在 120kN 左右；岩锚梁上部的 PR_3-B_4、PR_4-B_4 测点和母线洞下部的 PR_7-B_4 测点锁定后测值增加较大，在 300～400kN。喷混压力盒测值基本稳定在 0.3MPa 以下，只有 C_3-B_4 测点测值变化较大，最大值在 0.7MPa 左右。

厂右 0km+165m 断面(A5-A5、B5-B5 断面)，拱顶测点变位较小，一般在 1～6mm；上、下游边墙测点变位较大，一般在 20～60mm；位于下游边墙的 $M^4{}_{05}$-A_5、$M^4{}_{07}$-A_5、$M^4{}_{09}$-A_5 测点变位最大，为 50～60mm，而且 5m 以下的变形较大。该断面拱顶普通锚杆应力较小；拱座部位为预应力锚杆，应力测值较大。位于上游边墙高程 2254.70m 的 PR_4-B_5 测点锁定后测值增大较多，最大值为 2831.7kN，比锁定值增加了 906.3kN。其他测点锁定后测值变化一般在 100kN 以内；喷混压力盒测值平稳，变化较小，测值基本稳定在 0.1MPa 以内，只有 C_2-B_5 测点测值在 0.8MPa 左右。

厂右 0km+242m 断面(A6-A6、B6-B6 断面)，测点变位都比较小，一般在 2mm 以下。大部分测点锚杆应力较小，一般在 25～100MPa。上、下游边墙水平安装的 PR_3-B_6 和 PR_4-B_6 测点，2006 年 8 月 13 日测得的锚杆应力发生突变，分别比锁定值增大了 503.2kN 和减小了 652.1kN。喷混压力盒测值平稳，变化较小，除 C_5-B_6 测点最大值达到 0.5MPa 外，其余测点最大应力都在 0.3MPa 以下。

岩锚梁监测结果的特点：岩锚梁下游两排精轧螺纹钢受拉锚杆测值普遍较大，两点式普通锚杆最大应力基本在 150～400MPa。从测值过程线可知，应力测值表现出台阶状增加的现象，这是因为分层开挖产生较大的非持续荷载，支护应力进行了相应调整。岩锚梁测缝计的测值普遍较小，但是 B5 断面上游侧测值较大，为 3.88～6.73mm，B7 断面下游侧测值在 1.52～3.44mm。

主厂房共安装了四点式多点变位计 68 套。根据监测结果，整理得到围岩最大变位分布，见表 6.6.1。由表 6.6.1 可知，最大变位小于 5mm 的有 21 套，约占全部测点套数的 30.88%；最大变位小于 10mm 的有 39 套，约占 57.35%；最大变位大于 50 mm 的有 5 套，约占 7.35%。

表 6.6.1　主厂房围岩最大变位分布

最大变位/mm	套数	占比/%
≤5	21	30.88
5～10	18	26.47
10～20	8	11.76
20～30	10	14.71
30～40	3	4.41

续表

最大变位/mm	套数	占比/%
40～50	3	4.41
>50	5	7.35
合计	68	100.00

表 6.6.2 为主厂房围岩变形梯度(单位距离变形)分布。由表 6.6.2 可知，围岩变形梯度由开挖面向深部迅速减小，可见大多数变形发生在浅表部位(深度 5m 以内)。

表 6.6.2　主厂房围岩变形梯度分布

测点深度/m	变形梯度/‰
2	1.8
5	1.3
15	0.55
30	0.15

图 6.6.5 为主厂房多点变位计变位沿孔深分布。从图 6.6.5 可以看出，各仪器最大变位基本发生在围岩表面，随孔深增加变位逐渐减小。分析主厂房监测资料可得，主厂房多点变位计监测到的变位主要发生在安装初期(2～5 个月)，大部分测值过程线呈台阶状，与洞室开挖施工时间相对应。围岩变位一般主要发生在表部 5m 范围内，受局部结构面影响，个别部位变形主要发生在 5～15m 甚至 15～30m。厂房拱顶变位普遍较小，变位小于 3mm 的测点占 43%，小于 5mm 的测点占 62%，约有 9%的测点最大变位大于 10mm；桩号 0km+96m 部位变形较大，变位为 13～28mm，分析认为是因为拱顶上部存在缓倾结构面，HL_2、Hf_8 及陡倾断层 f_9 等共同影响。主厂房边墙围岩变位较大，由于地质构造和地应力(大小和方向)，厂房机窝、母线洞、尾水洞、主变室等相邻洞室开挖的多重影响，厂房上、下游边墙应力相对集中，岩体卸荷松弛强烈，围岩变形大。上游边墙在厂右 0km+96m～厂右 0km+165m 段岩锚梁附近变位较大，最大变位发生在 A4 断面(桩号厂右 0km+140m)岩锚梁上部，变位为 56.89mm。下游边墙在厂右 0km+29m～厂右 0km+164m 段变位较大，一般发生在岩锚梁附近和母线洞下部，最大变位为 61.53mm，发生在 A5 断面(厂右 0km+165m)岩锚梁上部。安装间和副厂房部位变位较小，原因与开挖高度有关(安装间高 32.5m，副厂房高 45.6m，主厂房高 74.84m)。

主厂房共安装普通锚杆应力计 51 套，完好测点共计 192 个，测值分布见表 6.6.3；预应力锚杆应力计 13 套，测点共计 48 个，测值分布见表 6.6.4；四点式精轧螺纹钢高强锚杆应力计 13 套，测点共计 112 个，测值分布见表 6.6.5。由普通锚杆应力计统计可知，大多数普通锚杆应力小于 150MPa，超量程(250MPa)的测点约占

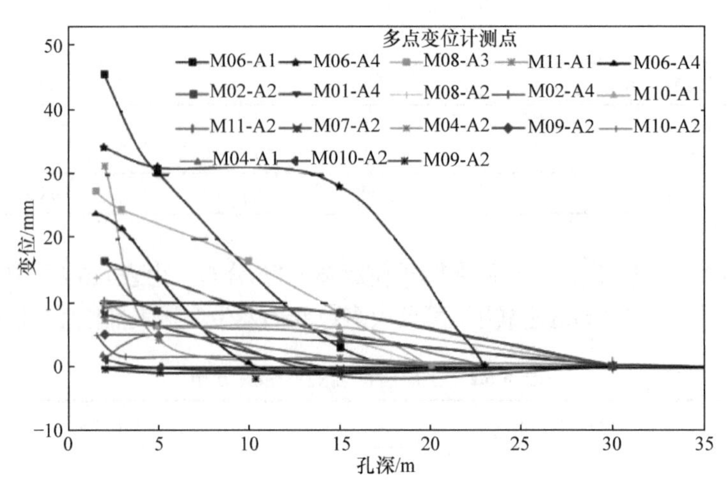

图 6.6.5　主厂房多点变位计变位沿孔深分布

10.94%；预应力锚杆应力计测值大于普通锚杆应力计，超量程测点占比约 18.37%；高强锚杆应力计测值绝大多数小于 300MPa，但是有部分测点测值较大。

表 6.6.3　主厂房普通锚杆应力计测值分布

应力测值/MPa	测点数	占比/%
≤50	100	52.08
50～150	50	26.04
150～250	21	10.94
>250	21	10.94
合计	192	100.00

表 6.6.4　主厂房预应力锚杆应力计测值分布

应力测值/MPa	测点数	占比/%
≤50	12	25.00
50～150	18	37.50
150～250	9	18.75
>250	9	18.75
合计	48	100.00

表 6.6.5　主厂房高强锚杆应力计测值分布

应力测值/MPa	测点数	占比/%
<50	41	36.61
50～100	21	18.75
100～300	31	27.68
300～600	14	12.50
>600	5	4.46
合计	112	100.00

2. 主变室监测

主变室共布置监测断面 4 个，位置见图 6.6.6。ZBA～ZBD 断面主要布置变形监测仪器(多点变位计)；ZB_1～ZB_4 断面主要布置应力监测仪器，包括锚杆应力计、锚索测力计。

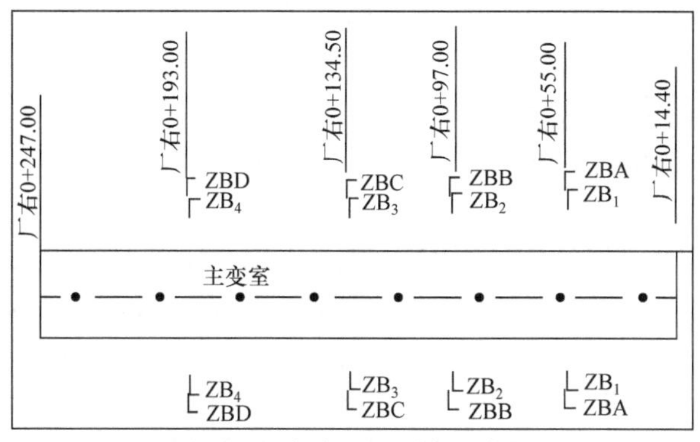

图 6.6.6　主变室监测断面布置

桩号单位：km+m

厂右 0km+55m 断面(ZBA-ZBA、ZB_1-ZB_1 断面)，拱顶部位围岩变形较小，变位在 3mm 以内；上游边墙高程 2263.00m 的 M^4_{06}-ZBA 测点最大变位为 45.39mm；同高程上游边墙围岩变位大于下游边墙围岩变位；多点变位计测值普遍趋于稳定。从锚杆应力计监测结果分析可知，拱顶部位测值较小，各测点测值基本在 10～80MPa；拱座部位的预应力锚杆上游侧测点测值较大，下游侧拱座测点测值不大于 140MPa；上游边墙锚杆各测点大于下游边墙锚杆测值。锚索测力计测值和喷混压力盒测值平稳，变化较小。

厂右 0km+97m 断面(ZBB-ZBB、ZB_2-ZB_2 断面)，围岩变形整体较大；围岩最大变位发生在下游边墙高程 2263.00m 的 M^4_{07}-ZBB 测点，为 62.4mm；最小变位发生上游边墙的 M^4_{06}-ZBB 测点，为 15.73mm；同高程下游边墙围岩变位较大；多点变位计测值普遍趋于稳定。该断面拱顶变位均较大，在 25～27mm，变位大小和深度与厂房同部位拱顶相近，分析认为是因为拱顶上部缓倾角裂隙 HL_2、缓倾角断层 Hf_8、陡倾角断层 f_9 及其他区域结构面共同影响。由锚杆应力计监测结果分析可知，上游侧半拱锚杆应力测值大于下游侧半拱，上游侧测点测值基本在 100～200MPa，下游侧半拱锚杆应力测值在 20～100MPa。拱座部位的锚杆上游侧测点测值较大，下游侧拱座锚杆应力测值不大于 180MPa；上游边墙锚杆应力测值一般在 40～250MPa，下游侧一般在 60～250MPa。该部位各测点锁定后锚索测力计测值变化较小，变化幅度不超过 150kN，上半拱顶、上游侧拱座、上游边墙中部等锚索(杆)测(应)力计测值变化幅度相对较大，在 300kN 左右。

厂右 0km+134m 断面(ZBC-ZBC、ZB_3-ZB_3 断面)，拱顶围岩变位较小，最大

变位不超过 2mm；围岩最大变位发生在上游拱座高程 2282.00m 的 M^4_{04}-ZBC 测点，为 37.39mm；最小变位发生在拱顶的 $M^4$01-ZBC 测点，为 1.47mm；总体上，上、下游围岩变位相当，多点变位计测值普遍趋于稳定。由锚杆应力计监测结果分析可知，拱顶锚杆应力测值较小，基本小于 130MPa；拱座部位的锚杆上游侧测点测值普遍大于 130MPa，超量程测点占 25%，下游侧拱座锚杆应力测值基本小于 130MPa；上、下游边墙锚杆应力测值相当，一般在 60MPa 以下；测值普遍趋于稳定。由该部位锚索(锚杆)测(应)力计监测结果可知，各测点锁定后测值变化较小，变化幅度不超过 100kN。由喷混压力盒测值过程线分析可知，各测点测值变化较小，基本稳定在 0.3MPa 以下。

厂右 0km+193m 断面(ZBD-ZBD、ZB_4-ZB_4 断面)，拱顶围岩变位较小，最大变位不超过 3mm；围岩最大变位在上游边墙高程 2263.00m 的 M^4_{06}-ZBD 测点，为 16.75mm；最小变位在拱顶厂上 22°的 M^4_{02}-ZBC 测点，为 2.19mm；总体上，上、下游围岩变位测值相当，多点变位计测值普遍趋于稳定。由锚杆应力计监测结果分析可知，拱顶锚杆应力测值较小，基本在 150MPa 以下；拱座部位的锚杆测点测值普遍小于 100MPa；上、下游边墙锚杆应力测值相当，一般在 80MPa 以下；测值普遍趋于稳定。由该部位锚索(锚杆)测(应)力计监测结果可知，拱顶测值基本在 50～80kN 变化；上游侧拱座 PR_3-ZB_4 测点荷载损失较大，由锁定的 1914.6kN 减小至 768.9kN，减小约 60%；上游边墙 PR_5-ZB_4 测点荷载由锁定的 2195.8kN 增加至 2553.2kN，增加约 16%；其他部位测值变化较小，变幅小于锁定值的 10%。由喷混压力盒测值过程线分析可知，各测点测值变化较小，基本稳定在 0.5MPa 以下。

主变室共安装四点式多点变位计 28 套，主变室围岩变形分布见表 6.6.6。主变室围岩变形随孔深分布见图 6.6.7，主变室围岩变形梯度分布见表 6.6.7。由图 6.6.7 和表 6.6.7 可知，主变室围岩变形梯度由开挖面向深部逐渐增大，主要变形发生在表部约 5m 范围，变位随孔深增加而逐渐减小。

表 6.6.6　主变室围岩变形分布

变形/mm	套数	占比/%
≤5	12	42.86
5～10	3	10.71
10～20	4	14.29
20～30	4	14.29
30～40	2	7.14
40～50	2	7.14
>50	1	3.57
合计	28	100.00

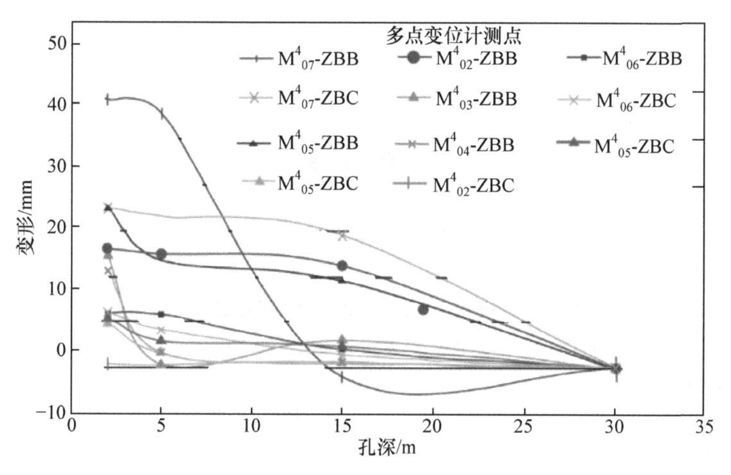

图 6.6.7　主变室围岩变形随孔深分布

表 6.6.7　主变室围岩变形梯度分布

测点深度/m	变形梯度/‰
2	1.70
5	1.89
15	0.41
30	0.29

主变室共安装四点式锚杆应力计 33 套，测点共计 132 个，测值分布见表 6.6.8。由表 6.6.8 可知，主变室锚杆应力 80%以上的测值小于 150MPa，约有 9.85%的测点测值超量程。

表 6.6.8　主变室锚杆应力计测值分布

应力测值/MPa	测点数	占比/%
≤50	75	56.82
50～150	32	24.24
150～250	12	9.09
>250	13	9.85
合计	132	100.00

主变室变位及锚固应力较大的部位是拱座和边墙中部。沿洞轴线方向，两端断面变位及锚固应力较小，中间两个观测断面测值较大，尤其以厂右 0km+97m 断面最为显著。0km+97m 断面拱顶变位较大，为 25～27mm，变位大小和深度与厂房同部位拱顶相近。这是因为拱顶上部存在缓倾结构面，虽然变位趋于稳定，但仍应加强监测。

参考文献

常斌, 李宁, 马玉扩, 2004. 神经网络方法在洞室施工期应力及变形预测中的应用及其改进[J]. 岩石力学与工程学报, 23(7): 1132-1135.

陈群策, 李方全, 1998. 水力阶撑法用于原地应力测量的工作原理及其工程实践[J]. 岩石力学与工程学报, 17(3): 305-310.

陈世杰, 肖明, 陈俊涛, 等, 2020. 断层对地应力场方向的扰动规律及反演分析方法[J]. 岩石力学与工程学报, 39(7): 1434-1444.

陈帅宇, 周维垣, 杨强, 等, 2003. 三维快速拉格朗日法进行水布垭地下厂房的稳定分析[J]. 岩石力学与工程学报, 22(7): 1047-1053.

陈卫忠, 朱维申, 王宝林, 等, 1998. 节理岩体中洞室围岩大变形数值模拟及模型试验研究[J]. 岩石力学与工程学报, 17(3): 223-229.

陈宗基, 傅冰骏, 1992. 应力释放对开挖工程稳定性的重要影响[J]. 岩石力学与工程学报, 11(1): 1-10.

程滨, 王水林, 李春光, 2006. 采用位移边界条件拟合初始地应力场的研究[J]. 矿业研究与开发, 26(1): 28-30, 86.

剑万禧, 1986. 离散单元法的基本原理及其在岩体工程中的应用[J]. 岩石力学与工程学报, 5(2): 165-172.

邓建辉, 陈菲, 魏进兵, 等, 2014. 略论国内外地应力分级方案的适用性[C]. 雅砻江虚拟研究中心 2014 年度学术年会, 成都: 146-151.

邓建辉, 王浩, 姜清辉, 等, 2002. 利用滑动变形计监测岩石边坡松动区[J]. 岩石力学与工程学报, 21(2): 180-184.

邓聚龙, 2014. 灰色系统气质理论[M]. 北京: 科学出版社.

丁秀丽, 张雨霆, 黄书岭, 等, 2023. 隧洞围岩大变形机制、挤压大变形预测及应用[J]. 岩石力学与工程学报, 42(3): 521-544.

董方庭, 宋宏伟, 郭志宏, 等, 1994. 巷道围岩松动圈支护理论[J]. 煤炭学报, 19(1): 21-32.

董林鹭, 李鹏, 李永红, 等, 2023. 高应力地下厂房顶拱开挖过程围岩力学响应与稳定性分析[J]. 岩石力学与工程学报, 42(5): 1096-1109.

杜鑫, 甯尤军, 杨军, 2023. 地下层状岩体爆破的 DDA 方法模拟研究[J]. 地下空间与工程学报, 19(3): 955-961.

樊纯坛, 梁庆国, 岳建平, 等, 2023. 层状岩体地下洞室施工阶段围岩精细化分级[J]. 中国公路学报, 36(4): 169-182.

樊启祥, 王义锋, 2010. 向家坝水电站地下厂房缓倾角层状围岩稳定分析[J]. 岩石力学与工程学报, 29(7): 1307-1313.

方智淳, 2023. 高地应力软硬互层隧道变形机理与控制技术研究[D]. 石家庄: 石家庄铁道大学.

符文熹, 王启鸿, 刘长武, 2010. 非线性 Hoek-Brown 强度折减技术[J]. 地质灾害与环境保护, 21(2): 82-87.

付长波, 洪成华, 王者超, 等, 2024. 水封洞库施工过程稳定性评价及断层影响分析[J]. 隧道与地下工程灾害防治, 6(1): 45-53.

高春玉, 徐进, 何鹏, 等, 2005. 大理岩加卸载力学特性的研究[J]. 岩石力学与工程学报, 24(3): 456-460.

葛华, 吉峰, 李攀峰, 2007. 某水电站地下厂房岩体质量分级研究[J]. 地质找矿论丛, 22(2): 157-160.

葛修润, 侯明勋, 2004. 一种测定深部岩体地应力的新方法: 钻孔局部壁面应力全解除法[J]. 岩石力学与工程学报, 23(23): 3923-3927.

谷德振, 1979. 岩体工程地质力学基础[M]. 北京: 科学出版社.

郭源源, 2022. 矿井地应力测试方法改进及应用[D]. 徐州: 中国矿业大学.

哈秋舲, 李建林, 张永兴, 等, 1998. 节理岩体卸荷非线性岩体力学[M]. 北京: 中国建筑工业出版社.

郝俊锁, 尹黔, 李勇, 等, 2022. 隧洞穿越高应力压密散体施工对策及其适应性分析[J]. 长江科学院院报, 39(12): 141-146, 153.

何军杰, 胡松, 郭永刚, 等, 2024. 基于多元线性回归原理的高海拔深埋隧道地应力反演分析[J]. 防灾减灾工程学报, 44(1): 120-127.

侯明勋, 葛修润, 2007. 岩体初始地应力场分析方法研究[J]. 岩土力学, 28(8): 1626-1630.

胡斌, 冯夏庭, 黄小华, 等, 2005. 龙滩水电站左岸高边坡区初始地应力场反演回归分析[J]. 岩石力学与工程学报, 24(22): 4055-4064.

胡楠, 2021. 深部高地应力条件下采场围岩损伤机理与稳定性分析[D]. 北京: 北京科技大学.

胡夏嵩, 2002. 低地应力区地下洞室围岩稳定性研究[D]. 西安: 长安大学.

黄达, 黄润秋, 2009. 自然地应力场对含断层地下洞室围岩稳定性影响规律[J]. 水文地质工程地质, 36(3): 71-76, 81.

黄达, 黄润秋, 2010. 卸荷条件下裂隙岩体变形破坏及裂纹扩展演化的物理模型试验[J]. 岩石力学与工程学报, 29(3): 502-512.

黄达, 黄润秋, 张永兴, 2009. 断层位置及强度对地下洞室群围岩稳定性影响[J]. 土木建筑与环境工程, 31(2): 68-73.

黄达, 谭清, 黄润秋, 2012. 高应力强卸荷条件下大理岩损伤破裂的应变能转化过程机制研究[J]. 岩石力学与工程学报, 31(12): 2483-2493.

黄宏伟, 陈佳耀, 2023. 基于机器视觉的隧道围岩智能识别分级与开挖安全风险研究[J]. 应用基础与工程科学学报, 31(6): 1382-1409.

黄润秋, 黄达, 2008. 卸荷条件下花岗岩力学特性试验研究[J]. 岩石力学与工程学报, 27(11): 2205-2213.

黄润秋, 黄达, 段绍辉, 等, 2011. 锦屏一级水电站地下厂房施工期围岩变形开裂特征及地质力学机制研究[J]. 岩石力学与工程学报, 30(1): 23-35.

黄伟, 沈明荣, 张清照, 2010. 高围压下岩石卸荷的扩容性质及其本构模型研究[J]. 岩石力学与工程学报, 29(S2): 3475-3481.

黄正加, 邬爱清, 盛谦, 2001. 块体理论在三峡工程中的应用[J]. 岩石力学与工程学报, 20(5): 648-652.

江权, 冯夏庭, 陈国庆, 等, 2008. 高地应力条件下大型地下洞室群稳定性综合研究[J]. 岩石力学与工程学报, 27(S2): 3768-3777.

姜小兰, 陈进, 操建国, 等, 2005. 锦屏一级水电站地下厂房洞室群地质力学模型试验分析[J]. 长江科学院院报, 22(1): 50-53.

金长宇, 马震岳, 张运良, 2009. ANFIS 在水电站地下厂房围岩变形预测中应用[J]. 大连理工大学学报, 49(4): 576-579.

金李, 卢文波, 周创兵, 等, 2007. 开挖动态卸荷对节理岩体渗透特性的影响研究[J]. 岩石力学与工程学报, 26(S2): 4158-4163.

巨广宏, 2011. 高拱坝建基岩体开挖松弛工程地质特性研究[D]. 成都: 成都理工大学.

巨广宏, 石立, 2023. 高拱坝坝基开挖卸荷理论与实践[M]. 北京: 中国水利水电出版社.

巨广宏, 王立志, 2022. 青藏高原某水电站地下厂房开挖方案比选研究[J]. 陕西水利, 10:110-112.

巨广宏, 杨天俊, 万宗礼, 2007. 拉西瓦水电站基本工程地质条件[J]. 水力发电, 33(11): 24-26, 60.

赖跃强, 姜小兰, 1998. 彭水枢纽地下洞室开挖应力及稳定试验研究[J]. 长江科学院院报, 15(1): 23-26, 56.

李广诚, 2022. 从岩体结构控制论到工程地质耦合论及其传承发展[J]. 工程地质学报, 30(1): 53-58.

李海轮, 李刚, 李奇, 等, 2021. 考虑围岩开挖扰动裂化的定位块体稳定性分析[J]. 地下空间与工程学报, 17(6): 1775-1781.

李宏哲, 夏才初, 闫子舰, 等, 2007. 锦屏水电站大理岩在高应力条件下的卸荷力学特性研究[J]. 岩石力学与工程学报, 26(10): 2104-2109.

李建斌, 李新宇, 朱英, 等, 2023. 基于机械激振方式进行高地应力软岩隧道应力释放效果研究[J]. 隧道建设(中英文), 43(8): 1261-1268.

李宁, 顾强康, 张承客, 2009. 相邻洞室爆破施工对已有洞室的影响[J]. 岩石力学与工程学报, 28(1): 30-38.

李鹏, 王启鸿, 2023. 缓倾岩层地下厂房洞室围岩稳定性评价: 以某抽水蓄能电站地下厂房为例[J]. 西北水电, (2): 40-46.

李邵军, 郑民总, 瞿定军, 等, 2021. 基于钻孔变形法的无线地应力测量系统及测试分析[J].岩石力学与工程学报, 40(S1): 2841-2850.

李天斌, 王兰生, 1993. 卸荷应力状态下玄武岩变形破坏特征的试验研究[J]. 岩石力学与工程学报, 12(4): 321-327.

李仲奎, 莫兴华, 王爱民, 等, 1999. 地下洞室松动区模型及其在反馈分析中的应用[J]. 水利水电技术, 30(5): 49-51.

李仲奎, 王爱民, 莫兴华, 等, 1998. 大型地下洞群时空双系列反馈分析[J]. 清华大学学报(自然科学版), 38(1): 52-56.

梁海波, 李仲奎, 谷兆祺, 1996. FLAC 程序及其在我国水电工程中的应用[J]. 岩石力学与工程学报, 15(3): 34-39.

梁金平, 荆浩勇, 侯公羽, 等, 2023. 卸荷条件下围岩的细观损伤及力学特性研究[J]. 岩土力学, 44(S1): 399-409.

梁明纯, 苗胜军, 蔡美峰, 等, 2021. 考虑剪胀特性和峰后形态的岩石损伤本构模型[J]. 岩石力学与工程学报, 40(12): 2392-2401.

刘建锋, 翟俨伟, 裴建良, 等, 2014. 不同频率循环荷载下大理岩动力学特性试验研究[J]. 河南理工大学学报(自然科学版), 33(4): 432-436.

刘锦华, 吕祖珩, 1988. 块体理论在工程岩体稳定分析中的应用[M]. 北京: 水利电力出版社.

刘军, 李仲奎, 2004. 非连续变形分析(DDA)方法研究现状及发展趋势[J]. 岩石力学与工程学报, 23(5): 839-845.

刘思峰, 2021. 灰色系统理论及其应用[M]. 9 版. 北京: 科学出版社.

刘威军, 范俊奇, 李天斌, 等, 2022. 深埋高地应力隧道勘察期岩爆烈度概率分级预测[J]. 水文地质工程地质, 49(6): 114-123.

刘允芳, 罗超文, 景锋, 1999. 水压致裂法三维地应力测量及其修正和工程应用[J]. 岩土工程学报, 21(4): 465-470.

刘允芳, 尹健民, 2003. 在一个铅垂钻孔中水压致裂法三维地应力测量的原理和应用[J]. 岩石力学与工程学报, 22(4): 615-620.

卢波, 王继敏, 丁秀丽, 等, 2010. 锦屏一级水电站地下厂房围岩开裂变形机制研究[J]. 岩石力学与工程学报, 29(12): 2429-2441.

卢书强, 许模, 巨能攀, 2006. 澜沧江某电站左岸地下洞室群围岩稳定性的 FLAC^{3D} 分析[J]. 工程地质学报, 14(3): 351-355.

卢文波, 董振华, 赖世骧, 1996. 确定周边控制爆破围岩影响深度的动力损伤计算方法[J]. 工程爆破, 2(4): 55-59.

卢文波, 周创兵, 陈明, 等, 2008. 开挖卸荷的瞬态特性研究[J]. 岩石力学与工程学报, 27(11): 2184-2192.

罗国煜, 王培清, 蔡钟业, 等, 1982. 论边坡两类优势面的概念及其研究方法[J]. 岩土工程学报, 4(2): 57-66.

吕颖慧, 刘泉声, 江浩, 2010. 基于高应力下花岗岩卸荷试验的力学变形特性研究[J]. 岩土力学, 31(2): 337-344.

马莎, 肖明, 黄志全, 等, 2008. 地下厂房围岩位移混沌动力学特征研究[J]. 岩石力学与工程学报, 27(S2): 3807-3815.

马振旺, 汪波, 王志伟, 等, 2019. 基于应力解除法的九岭山隧道洞壁二次应力场分布规律研究[J]. 水利水电技术, 50(2): 184-190.

毛海和, 夏才初, 张子新, 等, 2005. 块体理论赤平解析法在龙滩水电站地下厂房洞室群稳定分析中的应用[J]. 岩石力学与工程学报, 24(8): 1308-1314.

毛吉震, 陈群策, 王成虎, 2008. 超声波钻孔电视在地应力测量研究中的应用[J]. 岩土工程学报, 24(1): 46-50.

孟国涛, 何世海, 陈建林, 等, 2020. 白鹤滩右岸地下厂房顶拱深层变形机理分析[J]. 岩土工程学报, 42(3): 576-583.

孟文, 田涛, 孙东生, 等, 2022. 基于原位地应力测试及流变模型的深部泥页岩储层地应力状态研究[J]. 地质力学学报, 28(4): 537-549.

倪绍虎, 肖明, 2009. 基于围岩松动圈的地下工程参数场位移反分析[J]. 岩石力学与工程学报, 28(7): 1439-1446.

戚蓝, 庄小军, 陈术山, 2004. 应用灰色代数曲线模型分析初始地应力场[J]. 水利水电技术, 35(1): 42-44, 95.

乔国栋, 刘泽功, 高魁, 等, 2024. 爆破震动作用下高地应力巷道动力响应特征与稳定性研究[J]. 振动工程学报, 37(3): 414-422.

邵国建, 王东升, 1999. 岩体初始地应力场对地下洞室围岩变形及应力的影响[J]. 河海大学学报(自然科学版), 27(6): 82-85.

沈明荣, 石振明, 张雷, 2003. 不同加载路径对岩石变形特性的影响[J]. 岩石力学与工程学报, 22(8): 1234-1238.
沈强, 2020. 深埋圆隧围岩变形特征及支护结构受力研究[D]. 武汉: 华中科技大学.
石根华, 1985. 不连续变形分析及其在隧道工程中的应用[J]. 工程力学, 2(2): 161-170.
石广斌, 李宁, 徐彬, 2006. 用非连续变形法分析岩锚吊车梁失稳形式及机理[J]. 西安理工大学学报, 22(4): 346-349.
石林, 张旭东, 金衍, 等, 2004. 深层地应力测量新方法[J]. 岩石力学与工程学报, 23(14): 2355-2358.
石祥超, 李清鲅, 刘建锋, 等, 2023. 一种改进的真三轴 Hoek-Brown 强度准则[J]. 工程科学与技术, 55(2): 214-221.
宋彦辉, 巨广宏, 2012. 基于原位试验和规范的岩体抗剪强度与 Hoek-Brown 准则估值比较[J]. 岩石力学与工程学报, 31(5): 1000-1006.
宋彦辉, 巨广宏, 孙苗, 2011. 岩体波速与坝基岩体变形模量关系[J]. 岩土力学, 32(5):1507-1512, 1567.
孙港, 王军祥, 郭连军, 等, 2023. 基于IA-BP智能算法的初始地应力场反演研究[J]. 土木与环境工程学报(中英文), 45(2): 89-99.
孙广忠, 1988. 岩体结构力学[M]. 北京: 科学出版社.
孙广忠, 1993. 论“岩体结构控制论”[J]. 工程地质学报, 1(1): 14-18.
孙开畅, 孙志禹, 2006. 向家坝水电站地下厂房洞室群围岩稳定分析[J]. 长江科学院院报, 23(5): 29-32.
孙玉科, 1997. 岩体结构力学: 岩体工程地质力学的新发展[J]. 工程地质学报, 5(4): 4-7.
孙玉科, 李建国, 1965. 岩质边坡稳定性的工程地质研究[J]. 地质科学, 6(4): 330-352.
陶振宇, 1980. 岩体初始应力对地下工程的影响[J]. 武汉水利电力学院学报, 13(3): 59-64.
田家勇, 王恩福, 2006. 基于声弹理论的地应力超声测量方法[J]. 岩石力学与工程学报, 25(S2): 3719-3724.
王超, 王益腾, 韩增强, 等, 2022. 垂直孔应力解除法地应力测试技术及工程应用[J]. 岩土力学, 43(5): 1412-1421.
王成虎, 郭啟良, 贾龙, 2011. 基于 Hoek-Brown 强度准则的高应力判据理论分析[J]. 岩土力学, 32(11): 3325-3332.
王春萍, 刘建锋, 刘健, 等, 2023. 含卸荷裂隙北山花岗岩蠕变特征试验研究[J]. 地下空间与工程学报, 19(3): 888-896.
王建军, 2000. 应用水压致裂法测量三维地应力的几个问题[J]. 岩石力学与工程学报, 19(2): 229-233.
王军怀, 余永志, 1999. 三峡工程永久船闸高边坡卸荷松动带变形特点[J]. 人民长江, 30(4): 5-7, 48.
王涛, 陈晓玲, 于利宏, 2005. 地下洞室群围岩稳定的离散元计算[J]. 岩土力学, 26(12): 1936-1940.
王焘, 吴顺川, 浦仕江, 等, 2023. 水利水电工程围岩工程地质分类与 Q 分类相关性及支护对比研究[J]. 昆明理工大学学报(自然科学版), 48(2): 64-72, 86.
王贤能, 黄润秋, 1998. 岩石卸荷破坏特征与岩爆效应[J]. 山地研究, 16(4): 281-285.
王志云, 张雁鹏, 杨鹏锟, 等, 2023. 基于正则化理论的地应力场反演及其工程应用[J]. 地下空间与工程学报, 19(S2): 751-757.
魏进兵, 邓建辉, 王俤剀, 等, 2010. 锦屏一级水电站地下厂房围岩变形与破坏特征分析[J]. 岩石力学与工程学报, 29(6): 1198-1205.
魏进兵, 闵弘, 邓建辉, 2003. 龙滩水电站巨型地下洞室群稳定性分析[J]. 岩石力学与工程学报, 22(S1): 2259-2263.
邬爱清, 丁秀丽, 陈胜宏, 等, 2006. DDA 方法在复杂地质条件下地下厂房围岩变形与破坏特征分析中的应用研究[J]. 岩石力学与工程学报, 25(1): 1-8.
吴刚, 1997. 岩体在加、卸荷条件下破坏效应的对比分析[J]. 岩土力学, 18(2): 13-16.
夏熙伦, 周火明, 盛谦, 等, 1999. 三峡工程船闸高边坡岩体松动区及其性状[J]. 长江科学院院报, 16(4): 2-6.
肖明, 龚玉锋, 俞裕泰, 2000. 西龙池抽水蓄能电站地下厂房围岩稳定三维非线性分析[J]. 岩石力学与工程学报, 19(5): 557-561.
肖前丰, 李文龙, 符文熹, 等, 2022. 富水构造区圆形隧道抗突体最小安全厚度解析解[J]. 工程科学与技术, 54(3): 159-168.
谢红强, 2002. 小湾坝肩槽开挖高边坡卸荷特性三维非线性有限元分析及加固措施研究[D]. 成都: 四川大学.
谢云鹏, 陈秋南, 贺泳超, 等, 2021. 深部高地应力环境下含白云母及石墨炭质板岩蠕变模型构建及其应用[J]. 中南大学学报(自然科学版), 52(2): 568-578.
徐林生, 王兰生, 徐进, 等, 2002. 二郎山公路隧道岩体应力测试研究[J]. 西部探矿工程, 14(1): 89-90.
徐则民, 黄润秋, 罗杏春, 等, 2003. 静荷载理论在岩爆研究中的局限性及岩爆岩石动力学机理的初步分析[J]. 岩石力学与工程学报, 22(8): 1255-1262.
许东俊, 耿乃光, 1986. 岩体变形和破坏的各种应力途径[J]. 岩土力学, 7(2): 17-25.
许红涛, 卢文波, 2003. 爆破破岩过程中的动态卸载效应探讨[J]. 岩土力学, 24(6): 969-973.
薛玺成, 郭怀志, 马启超, 1987. 岩体高地应力及其分析[J]. 水利学报, 28(3): 52-58.
严鹏, 卢文波, 陈明, 等, 2008. 初始地应力场对钻爆开挖过程中围岩振动的影响研究[J]. 岩石力学与工程学报, 27(5): 1036-1045.
严鹏, 卢文波, 陈明, 等, 2013. 高应力取芯卸荷损伤及其对岩石强度的影响[J]. 岩石力学与工程学报, 32(4): 681-688.
严鹏, 卢文波, 许红涛, 2007. 高地应力条件下隧洞开挖动态卸荷的破坏机理初探[J]. 爆炸与冲击, 27(3): 283-288.
燕乔, 娄毅博, 卢红平, 等, 2022. 水布垭地下洞室燧石灰岩卸荷蠕变特性研究[J]. 地下空间与工程学报, 18(S1): 121-125.
杨东辉, 2019. 基于钻孔岩芯 Kaiser 效应的地应力测试方法与应用研究[D]. 北京: 中国矿业大学.
杨静熙, 黄书岭, 刘忠绪, 2019. 高地应力硬岩大型洞室群围岩变形破坏与岩石强度应力比关系研究[J]. 长江科学院院报, 36(2): 63-70.
杨庆, 杨钢, 王忠昶, 等, 2007. 块体理论在荒沟抽水蓄能电站地下厂房系统硐室群围岩稳定性分析中的应用[J]. 岩石力学与工程学报, 26(8): 1618-1624.
杨为民, 陈卫忠, 李术才, 等, 2005. 快速拉格朗日法分析巨型地下洞室群稳定性[J]. 岩土工程学报, 27(2): 230-234.
杨振宏, 李辉, 1999. 采场不稳固围岩锚杆支护设计与计算[J]. 黄金, 20(5): 19-21.
杨志法, 尚彦军, 刘英, 1997. 关于岩土工程类比法的研究[J]. 工程地质学报, 5(4): 12-18.
姚孝新, 耿乃光, 陈颙, 1980. 应力途径对岩石脆性—延性变化的影响[J]. 地球物理学报, 23(3): 312-319.
易达, 陈胜宏, 葛修润, 2004. 岩体初始应力场的遗传算法与有限元联合反演法[J]. 岩土力学, 25(7): 1077-1080.
尹建民, 刘元坤, 罗超文, 等, 2001. 原生裂隙水压法三维地应力测量原理及应用[J]. 岩石力学与工程学报, 20(S1): 1706-1709.
余志雄, 周创兵, 陈益峰, 等, 2007. 基于 V-SVR 和 GA 的初始地应力场位移反分析方法研究[J]. 岩土力学, 28(1): 151-156, 162.
喻军华, 金伟良, 邹道勤, 2003. 分析初始地应力场的位移函数法[J]. 岩土力学, 24(3): 417-419.
喻勇, 尹健民, 杨火平, 等, 2004. 岩体分级方法在水布垭地下厂房工程中的应用[J]. 岩石力学与工程学报, 23(10): 1706-1709.
曾海钊, 何江达, 谢红强, 等, 2009. 基于块体理论的大型地下洞室围岩稳定性分析[J]. 贵州水力发电, 23(3): 21-26.
曾静, 盛谦, 廖红建, 等, 2006. 佛子岭抽水蓄能水电站地下厂房施工开挖过程的 FLAC^{3D} 数值模拟[J]. 岩土力学, 27(4): 637-642.
曾亚武, 赵震英, 2001. 地下洞室模型试验研究[J]. 岩石力学与工程学报, 20(S1): 1745-1749.
张成良, 李新平, 郭运华, 2007. 地下厂房工程卸荷开挖模拟研究[J]. 武汉理工大学学报, 29(12): 97-100.
张广清, 金衍, 陈勉, 2002. 利用围压下岩石的凯泽效应测定地应力[J]. 岩石力学与工程学报, 21(3): 360-363.
张宏博, 宋修广, 黄茂松, 等, 2007. 不同卸荷应力路径下岩体破坏特征试验研究[J]. 山东大学学报(工学版), 37(6): 83-86.
张继勋, 刘秋生, 2005. 地下工程围岩稳定性分析方法现状与不足[J]. 水利科技与经济, 11(2): 71-74.
张明财, 巨广宏, 熊章强, 等, 2021. TGS360pro 超前预报地下水的地震波场正演模拟分析: 以岩溶模型为例[J]. 山东大学学报(工学版), 51(3): 68-75.
张奇华, 邬爱清, 石根华, 2004. 关键块体理论在百色水利枢纽地下厂房岩体稳定性分析中的应用[J]. 岩石力学与工程学报, 23(15): 2609-2614.

张绍民, 刘丰收, 毕晓东, 2007. 工程岩体分类方法在小浪底工程中的应用[J]. 岩土力学, 28(11): 2480-2484.

张晓君, 2011. 深部巷(隧)道围岩的劈裂岩爆试验研究[J]. 采矿与安全工程学报, 28(1): 66-71.

张晓君, 2012. 高应力硬岩卸荷岩爆模式及损伤演化分析[J]. 岩土力学, 33(12): 3554-3560.

张志良, 徐志英, 1991. 高地应力区地下洞室围岩稳定和变形分析[J]. 河海大学学报, 19(6): 9-15.

张志强, 李宁, SWOBODA G, 2005. 软弱夹层分布部位对洞室稳定性影响研究[J]. 岩石力学与工程学报, 24(18): 3252-3257.

张子新, 孙钧, 2002. 块体理论赤平解析法及其在硐室稳定分析中的应用[J]. 岩石力学与工程学报, 21(12): 1756-1760.

赵洪波, 冯夏庭, 2003. 位移反分析的进化支持向量机研究[J]. 岩石力学与工程学报, 22(10): 1618-1622.

赵铁拴, 邓运辰, 王敏, 等, 2023. 高地应力硬岩硐室群爆破开挖围岩稳定性分析[J]. 武汉理工大学学报, 45(12): 84-90.

中华人民共和国国家能源局, 2009. 水电水利工程地下建筑物工程地质勘查技术规程: DL/T 5415—2009[S]. 北京: 中国计划出版社.

中华人民共和国住房和城乡建设部, 2009. 岩土工程勘察规范(2009 年版): GB 50021—2001[S]. 北京: 中国建筑工业出版社.

中华人民共和国住房和城乡建设部, 2013. 工程岩体试验方法标准: GB/T 50266—2013[S]. 北京: 中国计划出版社.

中华人民共和国住房和城乡建设部, 2014. 工程岩体分级标准: GB/T 50218—2014[S]. 北京: 中国计划出版社.

中华人民共和国住房和城乡建设部, 2022. 水利水电工程地质勘察规范(2022 年版): GB 50487—2008[S]. 北京: 中国计划出版社.

周朝, 尹健民, 周春华, 等, 2020. 考虑累积微震损伤效应的荒沟电站地下洞室群围岩稳定性分析[J]. 岩石力学与工程学报, 39(5): 1011-1022.

周火明, 盛谦, 李维树, 等, 2004. 三峡船闸边坡卸荷扰动区范围及岩体力学性质弱化程度研究[J]. 岩石力学与工程学报, 23(7): 1078-1081.

周家文, 李海波, 杨兴国, 等, 2020. 水电工程大型地下洞群变形破坏与动态响应[M]. 北京: 科学出版社.

周少怀, 杨家岭, 2000. DDA 数值方法及工程应用研究[J]. 岩土力学, 19(2): 123-125, 140.

卓家寿, 王润富, 陈振雷, 等, 1993. 小浪底工程地下洞群和地下厂房的围岩变形与稳定性的非线性分析[J]. 河海科技进展, 13(3): 98-104.

BALMER G, 1952. A general analytical solution for Mohr's envelope[J]. American Society for Testing and Materials, 52: 1260-1271.

BARTON N, 2002. Some new Q-value correlations to assist in site characterisation and tunnel design[J]. International Journal of Rock Mechanics and Mining Sciences, 39(2): 185-216.

BARTON N, LIEN R, LUNDE J, 1974. Engineering classification of rock masses for the design of tunnel support[J]. Rock Mechanics, 6: 189-236.

BIENIAWSKI Z T, 1979. The geomechanics classification in rock engineering application[C]. Proceeding of 4th International Congress on Rock Mechanics, Montreux: 41-48.

BIENIAWSKI Z T, 1993. Classification of rock masses for engineering: The RMR system and future trends[C]. Rock Testing and Site Characterization, Pergamon: 553-573.

BRADY B H G, CRAMER M L, HART R D, 1985. Preliminary analysis of a loading test on a large basalt block[J]. International Journal of Rock Mechanics and Mining Sciences and Geomechanics Abstracts, 22(5): 345-348.

BROWN E T, 2008. Estimating the mechanical properties of rock masses[C]. Proceedings of the 1st Southern Hemisphere International Rock Mechanics Symposium - SHIRMS 2008, Perth: 3-21.

BUTCHER A, STORK A L, VERDON J P, et al., 2021. Evaluating rock mass disturbance within open-pit excavations using seismic methods: A case study from the Hinkley Point C nuclear power station[J]. Journal of Rock Mechanics and Geotechnical Engineering, 13(3): 500-512.

CAI M, KAISER P K, UNO H, et al., 2004. Estimation of rock mass deformation modulus and strength of jointed hard rock masses using the GSI system[J]. International Journal of Rock Mechanics and Mining Sciences, 41(1): 3-19.

CARRANZA-TORRES C, 2004. Elasto-plastic solution of opening problems using the generalized form of the Hoek-Brown failure criterion[J]. International Journal of Rock Mechanics and Mining Sciences, 41(3): 480-491.

CARRANZA-TORRES C, FAIRHURST C, 1999. The elasto-plastic response of underground excavations in rock masses that satisfy the Hoek-Brown failure criterion[J]. International Journal of Rock Mechanics and Mining Sciences, 36(6): 777-809.

CARTER J P, BOOKER J R, 1990. Sudden excavation of a long circular tunnel in elastic ground[J]. International Journal of Rock Mechanics and Mining Sciences and Geomechanics Abstracts. Pergamon, 27(2): 129-132.

CHEN M, LU W B, YAN P, et al., 2016. Blasting excavation induced damage of surrounding rock masses in deep-buried tunnels[J]. KSCE Journal of Civil Engineering, 20: 933-942.

CHEN Y, HU S, WEI K, et al., 2014. Experimental characterization and micromechanical modeling of damage-induced permeability variation in Beishan granite[J]. International Journal of Rock Mechanics and Mining Sciences, 71: 64-76.

CHEN Z, YAO Y, WANG B, et al., 2024. Stability analysis and failure mechanism of multiple parallel soft-rock tunnels considering the random distribution of rockmass joints[J]. Engineering Failure Analysis, 159: 108150.

EVERITT R A, LAJTAI E Z, 2004. The influence of rock fabric on excavation damage in the Lac du Bonnett granite[J]. International Journal of Rock Mechanics and Mining Sciences, 41(8): 1277-1303.

FAIRHURST C, DAMJANAC B, 2018. The excavation damage zone-An international perspective[C]. Distinct Element Modelling in Geomechanics, Routledge: 1-26.

FALLS S D, YOUNG R P, 1998. Acoustic emission and ultrasonic-velocity methods used to characterise the excavation disturbance associated with deep tunnels in hard rock[J]. Tectonophysics, 289(1-3): 1-15.

FU X, XIE Q, LIANG L, 2015. Comparison of the Kaiser effect in marble under tensile stresses between the Brazilian and bending tests[J]. Bulletin of Engineering Geology and the Environment, 74: 535-543.

GHORBANI M, SHAHRIAR K, SHARIFZADEH M, et al., 2020. A critical review on the developments of rock support systems in high stress ground conditions[J]. International Journal of Mining Science and Technology, 30(5): 555-572.

GOODMAN R E, SHI G H, 1985. Block Theory and Its Applications to Rock Engineering[M]. Englewood Cliffs: Prentice-Hall.

HAST N, 1967. The state of stresses in the upper part of the earth's crust[J]. Engineering Geology, 2(1): 5-17.

HOEK E, BROWN E T, 1997. Practical estimates of rock mass strength[J]. International Journal of Rock Mechanics and Mining Sciences, 34(8): 1165-1186.

HOEK E, CARRANZA-TORRES C, CORKUM B, 2002. Hoek-Brown failure criterion-2002 edition[C]. Proceedings of the 5th North American Symposium-NARMS-TAC, Toronto: 267-273.

KACHANOV L M, 1958. Time of the rupture process under creep conditions[J]. Izvestia Akademii Nauk SSSR, Otdelenie Tekhnicheskich Nauk, 8: 26-31.

LAUBSCHER D H, 1990. A geomechanics classification system for the rating of rock mass in mine design[J]. Journal of the Southern African Institute of Mining and Metallurgy, 90(10): 257-273.

LI A, LIU Y, DAI F, et al., 2022. Deformation mechanisms of sidewall in layered rock strata dipping steeply against the inner space of large underground powerhouse cavern[J]. Tunnelling and Underground Space Technology Incorporating Trenchless Technology Research, 120: 104305.1-104305.8.

MOJTABAI N, BEATTIE S G, 1996. Empirical approach to prediction of damage in bench blasting[J]. Transactions of the Institution of Mining and Metallurgy. Section A. Mining Industry, 105(1): A75-A80.

MURAKAMI S, OHNO N A, 1981. Continuum theory of creep and creep damage[C]. Creep in Structures: 3rd Symposium, Leicester: 422-444.

PALMSTRØM A, 1996. Characterizing rock masses by the RMi for use in practical rock engineering: Part 1: The development of the Rock Mass index (RMi)[J]. Tunnelling and underground space technology, 11(2): 175-188.

PRIEST S D, 2005. Determination of shear strength and three-dimensional yield strength for the Hoek-Brown criterion[J]. Rock Mechanics and Rock Engineering, 38(4): 299-327.

RABOTNOV Y N, 1963. On the equation of state of creep[C]. Proceedings of the Institution of Mechanical Engineers, Conference Proceedings, London: 2117-2122.

SHENG Q, YUE Z Q, LEE C F, et al., 2002. Estimating the excavation disturbed zone in the permanent shiplock slopes of the Three Gorges Project, China[J]. International Journal of Rock Mechanics and Mining Sciences, 39(2): 165-184.

SONG Y H, XUE H S, JU G H, 2020. Comparison of different approaches and development of improved formulas for estimating GSI[J]. Bulletin of Engineering Geology and the Environment, 79: 3105-3119.

SOULEY M, HOMAND F, PEPA S, et al., 2001. Damage-induced permeability changes in granite: A case example at the URL in Canada[J]. International Journal of Rock Mechanics and Mining Sciences, 38(2): 297-310.

THONSTAD T, KENNEDY B J, SCHAEFER J A, et al., 2017. Cyclic tests of precast pretensioned rocking bridge-column subassemblies[J]. Journal of Structural Engineering, 143(9): 04017094.1-04017094.13.

VARAS F, ALONSO E, ALEJANO L R, et al., 2005. Study of bifurcation in the problem of unloading a circular excavation in a strain-softening material[J]. Tunnelling and Underground Space Technology, 20(4): 311-322.

WANG H, JIANG Y, XUE S, et al., 2015. Assessment of excavation damaged zone around roadways under dynamic pressure induced by an active mining process[J]. International Journal of Rock Mechanics and Mining Sciences, 77: 265-277.

WEI Y F, FU W X, YE F, 2021. Estimation of the equivalent Mohr-Coulomb parameters using the Hoek-Brown criterion and its application in slope analysis[J]. European Journal of Environmental and Civil Engineering, 25(4): 99-617.

WONG T, SZETO H, ZHANG J, 1992. Effect of loading path and porosity on the failure mode of porous rocks[J]. Applied Mechanics Reviews, 45(8): 281-293.

XIAO S Y, SU L J, JIANG Y J, et al., 2019. Numerical analysis of hard rock blasting unloading effects in high in situ stress fields[J]. Bulletin of Engineering Geology and the Environment, 78: 867-875.

YANG J H , YAO C, JIANG Q H, et al., 2017. 2D numerical analysis of rock damage induced by dynamic in-situ stress redistribution and blast loading in underground blasting excavation[J]. Tunnelling and Underground Space Technology, 70: 221-232.

YOUNG R P, COLLINS D S, 2001. Seismic studies of rock fracture at the Underground Research Laboratory, Canada[J]. International Journal of Rock Mechanics and Mining Sciences, 38(6): 787-799.

ZHANG L, 2016. Determination and applications of rock quality designation (RQD)[J]. Journal of Rock Mechanics and Geotechnical Engineering, 8(3): 389-397.